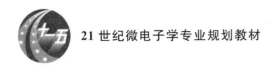21世纪微电子学专业规划教材

集成微纳系统的前沿技术

Advanced Technologies of Micro-Nano Integrated System

张海霞 张晓升 杨卓青 编著

北京大学出版社
PEKING UNIVERSITY PRESS

图书在版编目(CIP)数据

集成微纳系统的前沿技术/张海霞，张晓升，杨卓青编著. —北京：北京大学出版社，2023.1
21世纪微电子学专业规划教材
ISBN 978-7-301-33236-8

Ⅰ.①集…　Ⅱ.①张…②张…③杨…　Ⅲ.①集成电路－微电子技术－纳米技术－高等学校－
教材　Ⅳ.①TN4

中国版本图书馆 CIP 数据核字（2022）第 142718 号

书　　　　名	集成微纳系统的前沿技术
	JICHENG WEINA XITONG DE QIANYAN JISHU
著作责任者	张海霞　张晓升　杨卓青　编著
责 任 编 辑	王　华
标 准 书 号	ISBN 978-7-301-33236-8
出 版 发 行	北京大学出版社
地　　　址	北京市海淀区成府路 205 号　100871
网　　　址	http://www.pup.cn　新浪微博：@北京大学出版社
电 子 信 箱	zpup@pup.pku.edu.cn
电　　　话	邮购部 010-62752015　发行部 010-62750672　编辑部 010-62765014
印 刷 者	北京市科星印刷有限责任公司
经 销 者	新华书店
	730 毫米×980 毫米　16 开本　23.5 印张　504 千字
	2023 年 1 月第 1 版　2023 年 1 月第 1 次印刷
定　　　价	68.00 元

前　言

2020 年春，新型冠状病毒肺炎疫情肆虐，给全球带来了巨大的挑战和威胁，特别是教育；为了让世界各地的学生们在此期间能够继续保持学习热情和科研兴趣，我发起了 iCANX Talks 全球在线科技直播(Global online Science Talks)，从 2020 年 4 月 17 日起每周五晚上北京时间 8 点邀请两位世界一流的科学家进行在线学术讲座。取名 iCANX Talks 有如下寓意：

X，是等待我们解答的问题，没有它，科学将无处安身；

X，是未知的领域与可能性，没有它，人类将无从进步；

X，是连接此岸彼岸的纽带，没有它，心灵将无法共鸣。

iCANX Talks，相信每个人的心灵都是一个小宇宙；

相信交流与表达会让彼此的小宇宙紧密相连；

无数个小宇宙的紧密连接将汇成浩瀚的宇宙；

改变当下、创造未来、带领人类进入全新的纪元；

iCANX Talks，连接世界与宇宙。

iCANX Talks 自播出以来受到了国内外师生的热烈欢迎，也成为北大全球课堂 X-LENSE 的一部分，每一期在线收看人数超过 30 万，总在线收看人数超过 2500 万。本书选取其中来自中国、美国和欧洲的 21 位世界一流科学家的精彩学术报告，作为在智慧树平台上线的同名公开课的教材，内容涵盖微纳米技术的前沿和主要领域，包括新材料、新工艺、新器件、柔性电子、微流控系统及其在人工智能与生物医疗健康方面的应用。本书适合理工科高年级本科生、研究生以及教师作为专业课教材来学习，是了解和掌握高科技前沿的最佳工具书。

序　言

　　随着后摩尔时代的到来,传统集成系统发展的瓶颈亟待突破。为了实现集成系统的柔性化、微型化和多功能集成化,诸多学者围绕集成微纳系统展开了多方面的研究。为了克服传统集成系统的刚性,涌现了基于硅基、金属基和柔性材料的电子器件与系统研究,其主要目的是实现异质异构微纳集成系统的批量化制造。此外,为了赋予微纳集成系统更广泛的功能和实用性,研究人员也在不断尝试将微纳集成技术与生物医疗、安全健康、能源采集等多个领域相互融合,在交叉的方向上碰撞出更多的火花。正是围绕"集成微纳系统的前沿技术"这一核心主题,我们组织主办了 iCANX Talks 国际学术交流活动,并针对每个讲座嘉宾的精彩报告进行了系统全面的总结,结集出版。

　　iCANX Talks 国际学术交流活动是源于 iCAN 国际创业大赛。自 2007 年成功举办第一届 iCAN 创新大赛,至今已是第 15 个年头了。大赛发起人兼主席——北京大学张海霞教授致力于引导和激励青年一代勇于创新,培养了大批具有原始创新能力的优秀人才。一路走来,几经风雨,使 iCAN 发展壮大,成为具有全球影响力的创新创业交流平台。2020 年初,一场突如其来的疫情席卷全球,各国的线下教学活动被迫暂停,无数科研工作者的工作计划也被中断和打乱。随着线上直播教学形式的兴起,足不出户也可以进行教学活动,大大拉近了知识传播的距离,于是我们萌生了组织线上讲座的想法,希望邀请学科前沿的学术大师进行学术报告,扩展青年一代科研工作者和广大研究生的科研视野,使大家在疫情期间也能通过与国际学术大师的交流,真正做到停课不停学,有所收获,不断成长。这一想法一经提出,很快得到了广泛的支持,并获得了每期约 30 万人同时线上观看的巨大成功。截至今日,iCANX Talks 已经持续举办了两年,每周五都给大家带来精彩的报告,并将继续展示微纳领域最新的研究和视角,启发青年一代去创造更有价值的科学技术。

　　面对 iCANX Talks 的巨大成功,我们和学术工作小组没有因为感到满足而停滞不前。我们考虑,有没有一种更有效、更直接的方法,将这些精彩内容结集成专业的书籍,不再以单篇形式分散地传播?为了能更好地传播嘉宾演讲的精彩内容,为广大科研工作者提供最新的前沿研究成果,我们决定将 iCANX Talks 的精彩内容结集成册。本书即为 iCANX Talks 前两季内容的呈现,包含了 21 个报告,来自全球各地的 21 位顶尖学术大师围绕着集成微纳系统,在能量收集、材料应用、器件和系统、生物医疗等各个方面进行了深入而细致的介绍。他们的报告经志愿者收集、整理和补充,形成了言简意赅的中文版本,便于莘莘学子阅读和理解。这二十一章的作者分别是:

　　第 1 章作者:王中林,郭行,巴彦远

第 2 章作者：锁志刚，吴昕昱，李博远

第 3 章作者：Yury Gogotsi，李建民，孙德恒

第 4 章作者：方绚莱，李意，田运

第 5 章作者：李秀玲，许久帅，冯涛

第 6 章作者：Juergen Brugger，王志勇，原理

第 7 章作者：巩金龙，张恭，葛瑞清

第 8 章作者：胡良兵，陈朝吉

第 9 章作者：Miso Kim，王凯，任超

第 10 章作者：John Rogers，陈学先，文丹良

第 11 章作者：余存江，张永操，易海平

第 12 章作者：陈晓东，王婷，徐晨

第 13 章作者：Tony Jun Huang，张进鑫

第 14 章作者：岑浩璋，潘益

第 15 章作者：侯旭，张运茂

第 16 章作者：徐升，宋宇，王若涛

第 17 章作者：赵选贺，万基，邓海涛

第 18 章作者：C. T. Lim，江宽，张洹千

第 19 章作者：顾臻，陈国军，王金强，牛艳

第 20 章作者：谢曦，黄新烁，李湘凌，杨成

第 21 章作者：高伟，宋宇，于游

iCANX Talks 的成功和本书的出版离不开许多人的共同努力。在这里，特别感谢 iCAN 发起人、iCAN 国际创业大赛主席——北京大学张海霞教授。张老师十几年如一日地致力于创新教育事业，逐步扩大了 iCAN 的影响力，是吸引国际学术大师作为嘉宾无偿进行知识传播的最大动力；她自主研发了 iCANX Talks 线上交流平台，没有她的付出和努力，就没有影响全球的这一场场知识盛会。感谢在 iCANX Talks 上为大家带来自己研究方向最新进展的学术大师们，你们的付出照亮了青年一代创新的道路，引领着青年一代不断进取。感谢 iCAN 团队的不懈努力与创新，是你们无数个日日夜夜在幕后默默地支持，让 iCANX Talks 越来越完善和成熟。感谢来自全球各地的学术小组的志愿者们，你们秉承 iCAN 精神，孜孜不倦、精益求精，扫清了集成微纳系统知识传播的障碍，呈现给大家这本精彩纷呈的学术著作。最后，感谢每周五晚上准时收看 iCANX Talks 的观众朋友们，你们的关注和支持是我们不断前进的动力！

在本书的撰写、整理、编辑和出版过程中，我们也得到了很多热心朋友和学者的支持，在此一并对大家的付出与支持表示感谢！

张晓升

2022 年 4 月 8 日于电子科技大学

目　　录

第 1 章   接触起电的机理与摩擦纳米发电机

1.1   绪   论

2 600 年前人们就已经发现了广泛存在于日常生活中的接触起电现象（即摩擦起电 triboelectrification 现象），但是其中的物理机理却一直存在争论。过去很长一段时期，摩擦起电现象一直被当成是一种需要避免的负效应。例如，在某些电子器件中的场效应晶体管会被摩擦起电所产生的静电荷的高电压所破坏。因此摩擦起电效应也一直没有得到深入的研究和实际的应用。直到 2012 年，王中林教授[①]团队开创性地发明了摩擦纳米发电机（triboelectric nanogenerator，TENG），其工作原理是基于接触起电（摩擦起电）效应与静电感应效应的耦合作用，从此，摩擦起电效应开始被应用于微纳能源采集的领域当中，并作为物联网时代的新能源技术引起人们的广泛关注[1,2]。随着研究的进一步深入，王中林教授团队对摩擦起电的物理机理进行了理论建模，奠定了摩擦纳米发电机的理论基础。在应用方面，已经有众多研究团队将摩擦纳米发电机应用在微纳能源、自供能传感、蓝色能源与高压电源等领域。此外，王中林教授已经开发出了基于摩擦纳米发电机的多种商业化电子产品，为其大规模商业化应用起到了示范性作用。基于摩擦纳米发电机的输出特性，王中林教授对其在多个领域的应用规划了建设性的技术路线，指引了摩擦纳米发电机未来的发展方向。

本章主要围绕摩擦纳米发电机的物理机理、工作原理、工作模式、品质因数以及应用展望等内容进行介绍。

1.2   摩擦起电的物理机理

摩擦起电效应广泛存在于自然界中，例如雷电天气的产生，经丝绸摩擦过的塑料棒可以吸附起微小物体[3]，如图 1.1 所示。其本质通常被认为是，当两种材料接触时，在接触的表面会形成化学键，电荷从一种材料转移到另一种材料。但是上述过程转移的电荷到底是电子、离子还是分子？这背后的物理机理一直存在争议。

---

① 王中林，中国科学院北京纳米能源与系统研究所教授，所长，美国佐治亚理工学院终身校董，中国科学院外籍院士、欧洲科学院院士、加拿大工程院外籍院士。王中林教授是国际纳米能源领域著名期刊 *Nano Energy* 的创刊者，并担任主编至今。

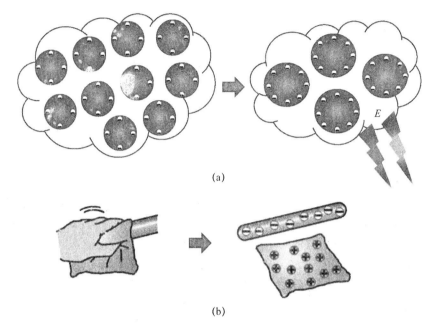

(a)

(b)

图 1.1　生活中常见的摩擦起电现象

（a）雷电天气的产生；(b) 丝绸与塑料棒的摩擦起电现象(图片再版许可源自爱思唯尔(Elsevier)出版社[3])

　　为了深入探究摩擦起电的物理本质,王中林教授设计了如图 1.2(a)所示的实验装置,通过调控材料的温度并观测摩擦电荷的衰减情况,发现了摩擦电荷倾向于从热端传递到冷端、在高温下摩擦起电现象会减弱甚至消失,如图 1.2(b)～(d)所示[4]。这表明摩擦起电效应本质上是电子的转移,而且实验结果也符合热电子发射模型。

　　更进一步地,王中林教授通过能带理论阐述了摩擦电荷的转移过程:当两种材料表面接触时,电子会从高能级向低能级跃迁,在两种材料分开之后跃迁的电子不能完全返回,进而在摩擦材料表面形成净电荷[5]。如图 1.3 所示,通过实验设置金属针尖和介电体样品的温度,当金属针尖表面电子的费米能级对应的能量比样品表面电子能量高时,升高金属针尖的温度,金属针尖表面电子则带有更高的能量,因此会有更多的电子从金属针尖转移到样品表面;当金属针尖表面电子的费米能级对应的能量比样品表面电子能量低时,如果温度相同,则样品表面的电子能量更高,电子从样品表面转移到金属针尖。升高金属针尖的温度,针尖表面的电子能量则会升高,到一定温度使得两者表面的电子能量相同时,两种材料不会再发生电荷的净转移;当达到更高的温度时,则金属针尖的电子反而会向样品表面转移。

　　对于日常的大多数摩擦材料而言,它们并没有相应的能带结构。因此王中林教授提出了电子云势阱模型模拟接触时原子间的相互作用[4],如图 1.4 所示。根据研究结果,只有当

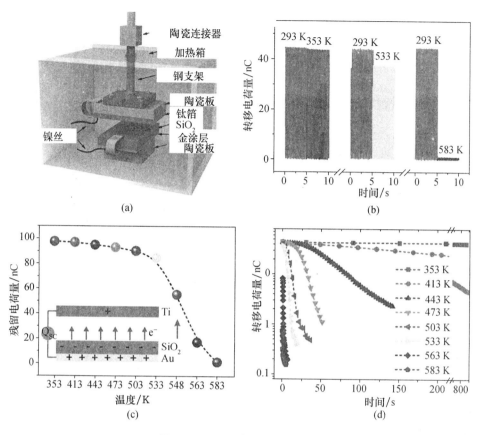

图 1.2　温度对摩擦起电的影响

（a）测试台；（b）两组在室温和其他高温下的转移电荷量对比；（c）残留电荷量随温度的变化；（d）不同温度下转移电荷量随时间的变化（图片再版许可源自 Wiley 出版社[4]）

两个原子之间的距离足够小时，电子云会重叠形成离子键或者共价键[6]。在外界施加压力时，势阱相互交叠使得电子可以在两个原子之间移动，此时电子会从高能级跃迁到低能级。当撤去外力或者两个原子相互分离时，由于势垒的存在，转移的电子无法返回，因此在相互接触的物体表面形成等量异种的摩擦电荷。

摩擦起电效应不仅仅发生在固体与固体之间，固体与液体之间也存在着摩擦起电效应。王中林教授团队通过实验观察与理论分析，提出了固-液接触时双电层的形成过程：固-液接触表面电子云势阱交叠实现电荷转移，然后带电的表面通过库仑力吸附带电离子形成双电层[7]。通过上述理论和实验，王中林教授完整地阐述了摩擦起电的物理机理。

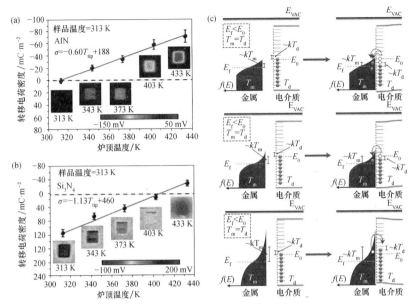

图 1.3　摩擦起电的能带模型

（a）氮化铝（AlN）表面的转移电荷密度；（b）氮化硅（Si₃N₄）表面的转移电荷密度；（c）温差诱导电荷转移的能带结构模型（图片再版许可源自 Wiley 出版社[5]）

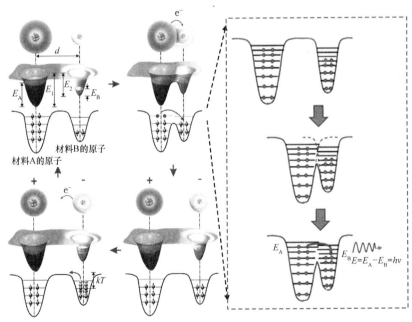

图 1.4　摩擦起电的电子云势阱模型

（图片再版许可源自 Wiley 出版社[4]）

1.3　摩擦纳米发电机的工作原理

王中林教授从麦克斯韦方程组出发,推导出了摩擦纳米发电机的第一性原理,从而奠定了摩擦纳米发电机的学科架构[8]。1861 年,麦克斯韦为了满足电荷的连续性方程,在安培定律中引入了位移电流,证明了电和磁是等效的,随后在通信领域获得了广泛的应用。2017 年,王中林教授拓展了位移电流的表达式用于衡量摩擦纳米发电机的输出,因此摩擦纳米发电机也可以看成是位移电流在能源领域的应用。将因表面静电荷引起的极化密度 P_s 引入位移电流矢量 D 中($D = \varepsilon_0 E + P + P_s$),则麦克斯韦方程组被重新拓展为:

$$\nabla \cdot D' = \rho - \nabla \cdot P_s \tag{1.1}$$

$$\nabla \cdot B = 0 \tag{1.2}$$

$$\nabla \times E = -\frac{\partial B}{\partial t} \tag{1.3}$$

$$\nabla \times H = J + \varepsilon \frac{\partial E}{\partial t} + \frac{\partial P_s}{\partial t} \tag{1.4}$$

式(1.4)最后一项 $\frac{\partial P_s}{\partial t}$ 是由王中林教授提出的由机械触发产生的表面静电荷引起的极化密度随时间变化而导致的位移电流,这是摩擦纳米发电机的第一性原理。摩擦纳米发电机的概念首次被提出是 2006 年王中林教授发明的氧化锌(ZnO)纳米线压电发电机[9]。但是随着摩擦纳米发电机第一性原理被提出,摩擦纳米发电机的定义已经被拓展到了所有基于位移电流作为驱动将机械能转化成电能的电子器件。

传统的电磁发电机是基于洛伦兹力驱动自由电子的阻抗式传导,这一过程主要以传导电流来表示,其特点是低电压、高电流、适用于高频领域,但缺点是质量大、造价高。而摩擦纳米发电机则是基于位移电流,因此集中在热释电、压电、摩擦起电效应等领域,其特点是小电流、高电压、适用于低频领域,优势是具有多种不同的工作模式以匹配相应场景、具有多样化的材料选择。

如图 1.5(a)所示,磁场与电场在麦克斯韦方程组中是等效的,对于传统的电磁发电机来说,是由变化的电场直接产生电流。对于摩擦纳米发电机来说,是由变化的表面电荷极化密度产生电流,摩擦纳米发电机在工作中器件带电表面的电荷密度几乎不发生变化,是由于其带电表面距离发生变化而在内部产生位移电流。

基于拓展后的麦克斯韦位移电流,我们可以知道影响摩擦发电机性能的因素表现在表面结构、表面摩擦电荷密度、介电性能、表面粗糙度等方面。如图 1.5(b)所示,由于麦克斯韦提出了位移电流的第一项从而催生出了天线、微波、雷达等无线通信技术[8]。王中林教授拓展了麦克斯韦方程组奠定了摩擦纳米发电机的应用基础,它已经在蓝色能源、新能源、传感网络、人工智能、物联网等领域得到了广泛的关注。

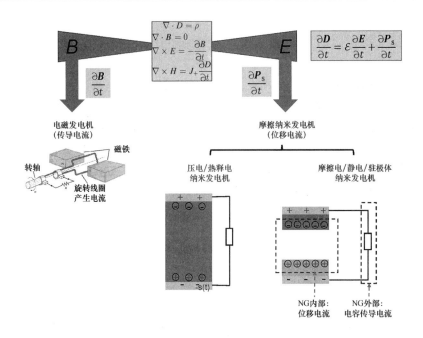

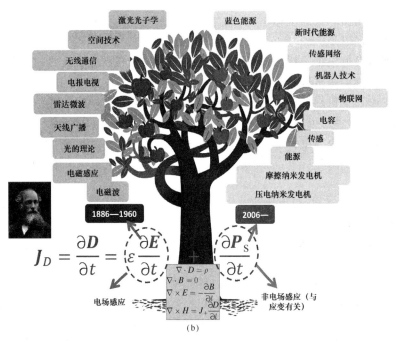

图 1.5　摩擦纳米发电机的第一性原理

（a）基于位移电流的摩擦纳米发电机与基于传导电流的电磁发电机之间的区别与联系；（b）拓展后的麦克斯韦位移电流，左边为电磁波理论，右边为摩擦纳米发电机理论（图片再版许可源自 Elsevier 出版社[8]）

1.4　摩擦纳米发电机的工作模式

为了适应不同的工作场景,到目前为止,摩擦纳米发电机具有垂直接触分离、水平滑动、单电极、独立层等四种工作模式[10],如图 1.6 所示。

垂直接触分离模式是摩擦纳米发电机最基本、最常用的一种工作模式。如图 1.6(a)所示,其基本结构由两层带有背电极的介电体充当摩擦材料层,上下电极通过一个负载连接。当摩擦层相互接触时,如前文 1.2 节中所述,电子会从其中一个介电体表面转移到另一个介电体表面;当摩擦层相互分离时,两层介电体的表面会形成带有等量异种电荷的带电表面。在此工作模式下,两层摩擦层会周期性地重复进行接触-分离这一过程。两个带电表面之间的距离随时间的变化而发生变化,两层介电体的背电极之间会产生出感应电势差。感应电势差会驱动两个电极之间的电子在外电路转移,随着两个带电表面之间的距离周期性变化,外电路中电流也呈现出相应周期性的交流信号。

图 1.6　摩擦纳米发电机的工作模式

(a) 垂直接触分离模式;(b) 水平滑动模式;(c) 单电极模式;(d) 独立层模式(图片再版许可源自英国皇家化学学会(Royal Society of Chemistry,RSC)出版社[10])

水平滑动模式的基本结构如图 1.6(b)所示,其结构与图 1.6(a)中的垂直接触分离模式相似,不同的是其应用大多是在具有滑动的场景,因而两层摩擦层是紧密接触的,工作时两层摩擦层直接发生相互滑动。当两层摩擦层的表面完全重叠时,带正电荷的表面与带负电荷的表面相互屏蔽,因此在两层介电体的背电极之间没有电势差;但是当摩擦层开始发生相互滑动时,带正电荷的摩擦层则具有更高的电势,带负电荷的摩擦层具有更低的电势。在电势差的驱使下,电子将从带负电荷摩擦层的背电极向带正电荷摩擦层的背电极上流动,以抵消两层摩擦层之间的电势差。随着滑动的不断进行,外电路中转移的电子也不断增加,直到两层摩擦层完全分离。随后,当两层摩擦层又滑回到相互重合的过程中,其电势差会逐渐减少,摩擦层背电极上的电子也会逐渐向相互的方向移动,形成相反的电流。如此往复滑动,在外电路上也会不断产生相应的交流电流。

某些特定应用场景中只有一个摩擦层是自由移动的,且很难将导线连接到其背电极上,为了采集该场景中的机械能,则需要采用单电极模式的摩擦纳米发电机。单电极模式的摩擦纳米发电机与前面两种工作模式具有相似的摩擦起电过程,但其结构却相对简单如图 1.6 (c)所示,只需要将导线的一端连接到其中一个摩擦层的背电极上(也可以如图 1.6(c)所示将背电极直接作为摩擦层),另一端接到一个参考电极上(也可以直接接地)。在单电极模式下,另一个摩擦层可以自由移动,无须连接电极。在摩擦纳米发电机工作时,两层摩擦层(上层为介电体摩擦材料,下层为摩擦层与电极)之间的距离随时间变化,下层电极的电势随着距离的增加而增加直到两者之间的距离达到最大。在这一过程中,由于电势差的驱动,下层电极与地之间将产生相应的电流。当两者之间的距离开始逐渐减小时,下层电极的电势也会随之慢慢变小,此时在下层电极与地之间会产生一个相反方向的电流。综合整个过程,外电路中显现的是交流形式的电流。

摩擦纳米发电机的第四种工作模式是独立层模式。这种工作模式的基本结构如图 1.6 (d)所示,由一个表面摩擦电荷已经饱和的介电体充当摩擦层。该介电体可以自由移动,甚至可以不需要与下面的电极相接触。这种工作模式的摩擦纳米发电机适用于非接触式的移动物体的能量收集,如运动的汽车与行人等。在这种工作模式下,随着介电体在下层两个电极之间往复运动,两电极直接的电势差也随之改变,因此在外电路中产生一个交流形式的电流。

基于上述四种基本工作模式,可以在不同的应用场景中利用摩擦纳米发电机将机械能有效地转化为电能。

1.5　摩擦纳米发电机的品质因数

为了定量表征和对比不同工作模式下纳米发电机的输出性能,摩擦纳米发电机需要一个类似于热机卡洛效率、太阳能转换效率的统一标准。王中林教授从输出电压-转移电荷曲线出发,对摩擦纳米发电机的周期能量进行了研究,首次提出了摩擦纳米发电机的能量输出循环(cycles for energy output,CEO)。在每个能量输出循环中,稳态下最大和最小的转移电荷量的差值被称为总循环电荷 Q_c。通过设计一个开路与瞬时短路相结合的开关系统,可以实现总循环电荷 Q_c 达到最大值 $Q_{SC,max}$。此时,能量输出循环的输出能量达到最大,被称为最大化能量输出循环(cycles for maximized energy output,CMEO)。

在最大化能量输出循环中,参考电磁发电机平均输出功率和能量转换效率的定义,王中林教授提出了摩擦纳米发电机的三个品质因数作为衡量摩擦纳米发电机的标准,其中,FOM_M 为材料品质因数,与表面电荷密度相关;FOM_S 为无量纲的结构品质因数,与结构和最大位移量相关;FOM_p 为性能品质因数[11]。

$$FOM_M = \sigma^2 \tag{1.5}$$

$$FOM_S = \frac{2\varepsilon_0}{\sigma^2} \frac{E_m}{Ax_{max}} \tag{1.6}$$

$$FOM_p = FOM_S \cdot \sigma^2 = 2\varepsilon_0 \frac{E_m}{Ax_{max}} \tag{1.7}$$

确定了摩擦纳米发电机的材料品质因数,可以作为评价摩擦纳米发电机的统一标准。从公式(1.5)~(1.7)可以看出,表面电荷密度 σ 是唯一一个与材料相关的参数,它与摩擦纳米发电机中的摩擦起电部分紧密相关。提高表面电荷密度 σ 将极大地改善摩擦纳米发电机的输出性能。进一步地,王中林教授团队开发了一种基于液态金属的摩擦纳米发电机,利用汞进行表面电荷密度的测量研究。通过测量不同材料相对于汞产生的电荷密度,结合材料品质因数 FOM_M,可以将不同材料的摩擦序列进行定量化排序[12]。这些标准和评价方法都为摩擦纳米发电机的应用奠定了良好的基础。

1.6 摩擦纳米发电机的应用

随着物联网时代的到来,传统的集中式输电线已经无法满足数量巨大的分布式传感器的供能需求,而摩擦纳米发电机可以采集周围环境中的能量并将其转化为电能,从而为解决物联网中传感器的供能问题提供了新思路。目前摩擦纳米发电机已经被广泛应用在微纳能源、自供能传感器/系统、蓝色能源等多个领域[13],如图 1.7 所示。

针对微纳能源采集,王中林教授团队开发了基于织物的摩擦纳米发电机,具有柔性、可拉伸性、可编织和防水性等,可以穿戴在身上实时采集人体运动过程中产生的机械能[14],如图 1.8(a)所示。可植入生物体内的摩擦纳米发电机,可以收集呼吸时产生的机械能给心脏起搏器供能,在该案例中只需要几次小鼠呼吸时产生的机械能,就能驱动心脏起搏器工作一次,在生物医学领域极具应用前景[15],如图 1.8(b)所示。只需低频的外界机械刺激,通过摩擦电荷周期性地转移与中和就可以实现对微马达的持续驱动,该摩擦纳米发电机在 0.8 Hz 的低频机械能下可以驱动微马达转速达到 1 350 转/分钟[16],如图 1.8(c)所示。为了更高效地收集能源,王中林教授团队还开发了专门针对摩擦纳米发电机的具有低频、小电流、高电压等特点的能量管理电路,并通过能量管理电路将收集到的能量储存在电容中为电子设备供能。利用能量管理电路与储能装置可以与摩擦纳米发电机形成一个完整的微纳能源系统[17]如图 1.8(d)所示。

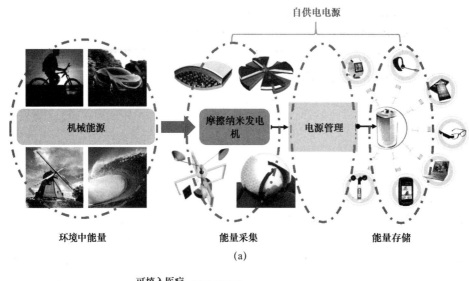

(a)

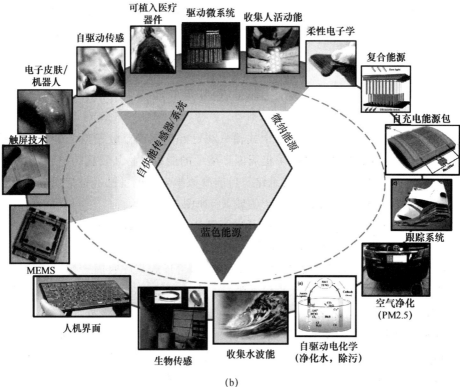

(b)

图 1.7 摩擦纳米发电机的应用概述

（a）基于能量采集和能量存储的自供能传感器/系统；（b）纳米发电机在自供能传感器/系统、微纳能源、蓝色能源等主要领域的应用（图片再版许可源自 Elsevier 出版社[13]）

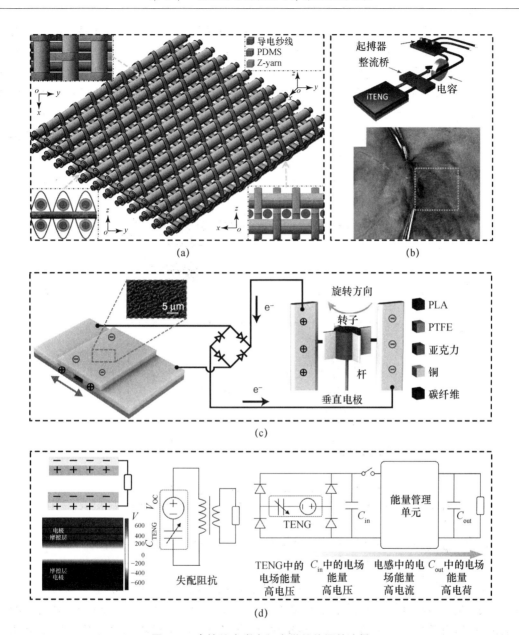

图 1.8 摩擦纳米发电机在微纳能源的应用

（a）基于织物的摩擦纳米发电机（图片再版许可源自 Wiley 出版社[14]）；（b）植入生物体内的摩擦纳米发电机（图片再版许可源自 Wiley 出版社[15]）；（c）摩擦纳米发电机驱动的微马达（图片再版许可源自 Springer Nature 出版社[16]）；（d）摩擦纳米发电机的能量管理电路（图片再版许可源自 Elsevier 出版社[17]）

在自供能传感/系统领域,基于摩擦纳米发电机的传感器可以在无须外界供电的情况下进行信号传递。例如,通过基于摩擦纳米发电机设计的智能乒乓球桌,可以利用乒乓球与桌面接触时的摩擦电信号分析乒乓球运动轨迹、对乒乓球下降点统计分析,以及判断边缘球等等[18],如图 1.9(a)所示;通过智能键盘设计,利用敲击键盘产生的摩擦电信号进行智能防伪识别[19],如图 1.9(b)所示;通过摩擦信号实时测量人体的脉搏与血压信号等;模拟人耳的功能,利用摩擦纳米发电机记录外界的声音并进行回放[20],如图 1.9(c)所示。利用摩擦纳米发电机自供能系统实现电极保护[21]与废水处理[22]等。

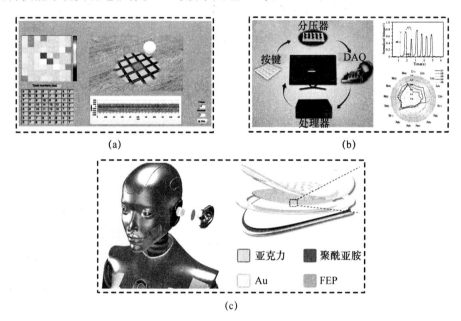

图 1.9　摩擦纳米发电机在自供能系统中的应用

(a) 自供能乒乓球分析系统(图片再版许可源自 Springer Nature 出版社[18]);(b) 自供能防伪识别系统(图片再版许可源自 Elsevier 出版社[19]);(c) 自供能声音传感系统(图片再版许可源自美国科学促进会(American Association for the Advancement of Science,AAAS)出版社[20])

蓝色能源指收集能量巨大的海洋能。王中林教授已经在采集水滴能量上取得了重大进展。对于水滴能量的收集,得益于聚四氟乙烯(polytetrafluoroethylene,PTFE)对电荷的保持能力,采用有效的发电机结构,当水滴接触到铝电极时,积累的电荷会迅速从掺锡氧化铟(indium tin oxide,ITO)电极转移到铝电极中。瞬时发电效率比以往的液滴发电机提高了上千倍[23],如图 1.10(a)所示。对于蓝色能源的收集,王中林教授提出了一种滚球结构收集低频的水波能量将每个滚球结构作为基本单元,多个单元进行串联或并联,可以高效地收集海洋中的波浪能[24],如图 1.10(b)所示。另外,王中林教授还设计了一种 U 形管道的摩擦发电机,当处于外界振动的环境时,U 形管道内的液体和管壁会相互摩擦从而在电极上产生电荷输出[25],如图 1.10(c)所示。摩擦纳米发电机以非常低的成本收集巨大的蓝色能源,而不需要像传统的电磁发电机那样在水底建设巨大且昂贵的电磁设备,因此蓝色能源的收集是摩擦纳米发电机在能量采集上的重要发展方向之一。

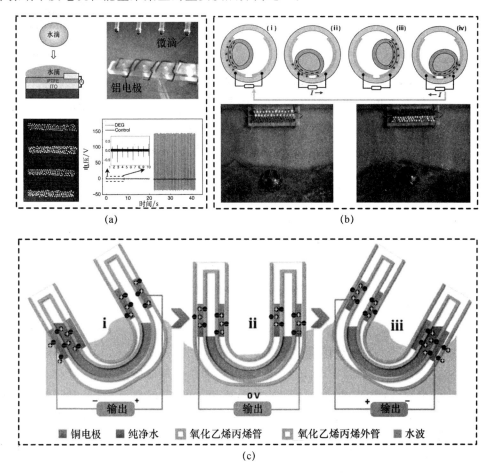

图 1.10　摩擦纳米发电机在蓝色能源的应用

（a）高效水滴能量收集（图片再版许可源自 Springer Nature 出版社[23]）;（b）蓝色能源收集
（图片再版许可源自 Elsevier 出版社[24]）;（c）基于 U 形管的蓝色能源收集（图片再版许可
源自施普林格（Springer）出版社[25]）

摩擦纳米发电机的高电压输出可以实现对微颗粒的吸附,在高压能源领域具有广阔的应用前景。目前,王中林教授团队已经开发了商业化空气净化器、尾气排放处理等产品。与此同时,王中林教授团队开发的装有无电池自供能全球定位系统（global positioning system,GPS）的夜跑鞋也已经上市[1,2]如图 1.11 所示。这些产品的上市表明摩擦纳米发电机具有巨大的商业应用价值。

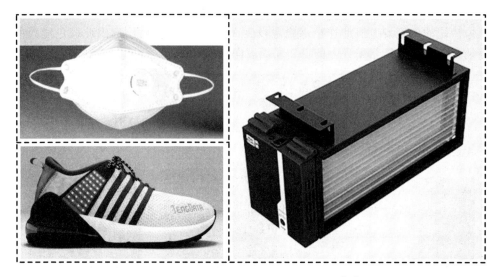

图 1.11　摩擦纳米发电机的商业化应用[1,2]

1.7　总结与展望

通过对理论和实验的深入研究,王中林教授揭示了摩擦起电的物理本质是由于接触表面原子势阱的重叠与电子从高能级到低能级的跃迁,提出了麦克斯韦位移电流的第二项,并指出摩擦纳米发电机是麦克斯韦位移电流在能源领域的应用,为摩擦纳米发电机奠定了坚实的理论基础;参考其他能量转换器件,提出了摩擦纳米发电机品质因数作为其性能评价的统一标准;阐述了满足分布式物联网时代的新型能量供给方式,并规划了摩擦纳米发电机在微纳能源、自供能传感/系统、蓝色能源、高压能源领域的发展方向,以及逐步推进其商业化进程。

1.8　常见问题与回答

Q1:摩擦表面的纳米结构对摩擦纳米发电机表面电荷密度有什么影响?

A1:我们最早是使用两种不同材质的平坦的表面,但是当它们真正接触时,看起来平坦的表面在原子层面上并非如此。而只有当它们的距离小于一定数值时才会发生电荷的转移,因此只有很少一部分的接触面进行了电荷的转移,这表明宏观平坦的摩擦表面效果并不好。而如果使用具有金字塔结构的摩擦面,则可以让输出功率增加 20 倍。所以说将其中一个摩擦表面进行微纳结构加工,不仅能增加接触面积,也能增加两个面之间的电荷转移量。但是如果两个面都是粗糙的,则会降低发电机的性能,这说明表面过于粗糙是对发电机不利的因素。所以在进行表面纳米结构加工时要控制粗糙的程度,从而得到最佳的性能。

Q2:TENG 作为物联网节点的商业化能源这一愿景所面对关键的问题有哪些?

A2:像任何技术一样,我们也希望 TENG 具有更高的效率、更小的尺寸、更大的输出功率或能量密度,以及更好的稳定性,所以需要继续提升它的效率、封装技术、稳定性和输出功率。TENG 这项技术最早在 2012 年被提出,十年的时间里,世界上很多人对它非常感兴趣。对太阳能电池来说,它虽然经历了数十年的发展,但现在人们依旧对这项技术有着开放性的兴趣。我认为 TENG 在物联网节点供能方面,在很短的时间内就会有很好的应用出现。所以大家要开放思维,坚持不懈,保持兴趣,我们的发现会超出想象。

Q3:湿度对 TENG 在实际应用中有什么影响?

A3:人们总是会担心水分对 TENG 输出的影响。最新的研究显示,作为摩擦层的薄膜在含水量为 95% 时,TENG 仍能工作。当然,如果把它直接浸入水里是无法工作的,所以需要对材料进行封装,完全的封装可以保证水无法渗入其中。虽然对于封装材料来说,只要不渗水都是可以的,但是我们仍需寻找新材料使得封装更加持久和稳定。

Q4:纤维/织物基 TENG 的品质因数如何进行标定?

A4:类似于太阳能电池的品质因数的标定。只有当材料的几何形貌是平面时,我们才能进行比较准确地计算。例如,塑料的摩擦性能是多少?若把它制作成笔,它拥有了形状,就会很难测量,因为笔的直径是不同的。但是把塑料制作成薄膜,就可以测量出数值了。因此人们如果想测量织物的品质因数,应该使用这种织物的构成材料的光滑薄膜进行标定,这里品质因数是对材料的标定。

Q5:影响 TENG 产生表面电荷的因素有哪些?

A5:当你测量 TENG 的效率时,需要着重关注几个参数。比如 σ^2 与材料相关,是电荷密度的平方。像在上一个问题中提到的,如果你有织物、薄膜或者笔,在这种情况下,我们就有两个品质因数,一个是材料的,一个是结构的。结构品质因数也会被代入到公式中。将材料品质因数和结构品质因数分开,可以更好地定义性能。

参 考 文 献

[1] 王中林教授课题组. 王中林教授课题组[EB/OL]. https://www. nanoscience. gatech. edu/.

[2] iCANX Talks. iCANX Talks 视频[EB/OL]. https//：www. iCAN-x. com/talks.

[3] Wang Z L, Wang A C. On the origin of contact-electrification[J]. Materials Today, 2019, 30: 34-51.

[4] Xu C, Zi Y, Wang A C, et al. On the electron-transfer mechanism in the contact-electrification effect [J]. Advanced Materials, 2018, 30(15).

[5] Lin S, Xu L, Xu C, et al. Electron transfer in nanoscale contact electrification: effect of temperature in the metal-dielectric case[J]. Advanced Materials, 2019, 31(17).

[6] Li S, Zhou Y, Zi Y, et al. Excluding contact electrification in surface potential measurement using kelvin probe force microscopy[J]. ACS nano, 2016, 10(2): 2528-2535.

[7] Lin S, Xu L, Wang A C, et al. Quantifying electron-transfer in liquid-solid contact electrification and the formation of electric double-layer[J]. Nature communications, 2020, 11(1): 1-8.

[8] Wang Z L. On the first principle theory of nanogenerators from Maxwell's equations[J]. Nano Energy, 2020, 68.

[9] Wang Z L, Song J. Piezoelectric nanogenerators based on zinc oxide nanowire arrays[J]. Science, 2006, 312(5771): 242-246.

[10] Wang Z L. Triboelectric nanogenerators as new energy technology and self-powered sensors-Principles, problems and perspectives[J]. Faraday discussions, 2015, 176: 447-458.

[11] Zi Y, Niu S, Wang J, et al. Standards and figure-of-merits for quantifying the performance of triboelectric nanogenerators[J]. Nature Communications, 2015, 6(1): 1-8.

[12] Tang W, Jiang T, Fan F R, et al. Liquid-metal electrode for high-performance triboelectric nanogenerator at an instantaneous energy conversion efficiency of 70.6%[J]. Advanced Functional Materials, 2015, 25(24): 3718-3725.

[13] Wang Z L. On Maxwell's displacement current for energy and sensors: the origin of nanogenerators [J]. Materials Today, 2017, 20(2): 74-82.

[14] Dong K, Deng J, Zi Y, et al. 3D orthogonal woven triboelectric nanogenerator for effective biomechanical energy harvesting and as self-powered active motion sensors[J]. Advanced Materials, 2017, 29(38).

[15] Zheng Q, Shi B, Fan F, et al. In vivo powering of pacemaker by breathing-driven implanted triboelectric nanogenerator[J]. Advanced materials, 2014, 26(33): 5851-5856.

[16] Yang H, Pang Y, Bu T, et al. Triboelectric micromotors actuated by ultralow frequency mechanical stimuli[J]. Nature Communications, 2019, 10(1): 1-7.

[17] Harmon W, Bamgboje D, Guo H, et al. Self-driven power management system for triboelectric nanogenerators[J]. Nano Energy, 2020, 71.

[18] Luo J, Wang Z, Xu L, et al. Flexible and durable wood-based triboelectric nanogenerators for self-powered sensing in athletic big data analytics[J]. Nature Communications, 2019, 10(1): 1-9.

[19]　Wu C, Ding W, Liu R, et al. Keystroke dynamics enabled authentication and identification using triboelectric nanogenerator array[J]. Materials Today, 2018, 21(3): 216-222.

[20]　Guo H, Pu X, Chen J, et al. A highly sensitive, self-powered triboelectric auditory sensor for social robotics and hearing aids[J]. Science Robotics, 2018, 3(20).

[21]　Zhu H R, Tang W, Gao C Z, et al. Self-powered metal surface anti-corrosion protection using energy harvested from rain drops and wind[J]. Nano Energy, 2015, 14: 193-200.

[22]　Gao S, Su J, Wei X, et al. Self-powered electrochemical oxidation of 4-aminoazobenzene driven by a triboelectric nanogenerator[J]. ACS nano, 2017, 11(1): 770-778.

[23]　Xu W, Zheng H, Liu Y, et al. A droplet-based electricity generator with high instantaneous power density[J]. Nature, 2020, 578(7795): 392-396.

[24]　Cheng P, Guo H, Wen Z, et al. Largely enhanced triboelectric nanogenerator for efficient harvesting of water wave energy by soft contacted structure[J]. Nano Energy, 2019, 57: 432-439.

[25]　Pan L, Wang J, Wang P, et al. Liquid-FEP-based U-tube triboelectric nanogenerator for harvesting water-wave energy[J]. Nano Research, 2018, 11(8): 4062-4073.

第2章　离子、电子和离电器件

　　本章主要围绕离子与电子的耦合与复合展开,详细介绍离电子学的飞速发展,基于离电子学制得的可拉伸、透明、离子导电体,包括水凝胶、离子凝胶和离子弹性体,以及通过一种或多种离电导体组装制备得到的离电器件,及其在柔性显示屏、可拉伸电缆、致动器、传感器、生物电极等方面的应用。此外,简要介绍电子导体和离子导体之间、离子导体与电介质之间,以及异种离子导体之间的异质结。①

2.1　绪　　论

　　随着时代的发展,机器正在人类生活中扮演着越来越重要的角色。近百年来,人类所发明的机械电器(譬如汽车、冰箱和电话等)主要利用电子传递电信号;而对于自然界所创造的生物体(植物和动物),离子则是生物信号传输的媒介。在对大脑、心脏和肌肉的电生理学研究中,离子与电子相互耦合共同传输信号。离子与电子的耦合电路在实际生活中应用广泛,例如电池化学反应中离子与电子的耦合作用,以及生物传感中电子器件用于感知生物的离子系统。这种离子与电子的耦合,推动着离电子学的飞速发展,如图 2.1 所示[1~4]。在离电子学中,材料作为不可忽视的一环,使人机交互达到了新的高度。

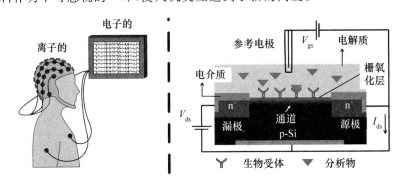

图 2.1　离子和电子密不可分的两种器件
(图片再版许可源自 Springer Nature 出版社[3,4])

---

　　① 锁志刚,美国哈佛大学(Harvard University)教授。同时,他是美国工程院院士、美国国家科学院院士。现任多个学术委员会重要职务,发起和组织了多个国际学术会议。他在固体机械学和材料科学领域开展了诸多开创性的研究工作。

由于水凝胶在离电子学中发挥了至关重要的作用,本章以水凝胶为中心介绍其近些年来的发展与应用。水凝胶由水分子和聚合物网络构成,水分子赋予了水凝胶液体的性质,使得其他分子可以在其中扩散和反应,而聚合物网络又使水凝胶具有弹性体的性质,可以承受较大的载荷。在我们的生活中,人工合成的水凝胶已经在隐形眼镜、吸水型尿布和人造组织中有了广泛的应用。

2.2　水凝胶的进步与发展

天然和早期合成的大多数水凝胶由于机械强度较弱,容易受到外力破坏。2003 年,龚剑萍教授提出了通过诱导亲水性聚合物组合形成双重网络(double-network,DN)结构的方法,为上述问题的解决提供了新的思路[5]。DN 水凝胶的断裂强度显著提高,且由于摩擦系数极低,因而具有很高的耐磨性。此外,人们发现 DN 水凝胶中的两个网络具有两种作用:增加弹性应力和提高应变性能。并且,网络的摩尔比和交联密度对于水凝胶十分关键。当第二网络与第一网络的摩尔比在几到几十之间时,DN 结构的水凝胶的机械强度会得到显著的提高。经过实验,DN 水凝胶可以承受很大程度的压缩而不被破坏,这成了水凝胶进一步发展与应用的开端。

受到上述增强方法的启发,一种基于离子和共价交联网络的具有延展性和韧性的聚合物水凝胶被研制出来[6],该水凝胶的韧性主要源自共价交联网络形成的裂缝桥接和离子交联网络产生的迟滞现象的协同作用,制成的藻酸盐-聚丙烯酰胺混合凝胶(alginate-polyacrylamide hybrid gel)可以拉伸至其原始长度的 20 倍而不会破裂,展现了强大的延展性,如图 2.2(a)所示。此外,如果混合凝胶上有一个缺口,拉伸后缺口变钝并保持稳定,证明了混合凝胶对缺口的不敏感性,如图 2.2(b)所示。此外,在撞击模拟实验中,薄膜受撞击仍能保持完整并恢复其初始的平坦结构,充分地展现了混合凝胶的韧性。

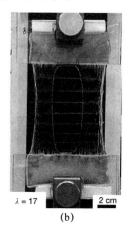

$\lambda = 21$　　2 cm　　　　(a)　　　　　　$\lambda = 17$　　2 cm　　　　(b)

图 2.2　混合凝胶的特性
(a) 混合凝胶具有高度的延展性;(b) 混合凝胶对缺口的不敏感性(图片再版许可源自 Springer Nature 出版社[6])

这种韧性来自弱键和强键的结合。两种不同类型的交联聚合物：离子交联的藻酸盐（alginate）和共价交联的聚丙烯酰胺（polyacrylamide）可以合成极具延展性和韧性的水凝胶[6]，如图 2.3 所示。在水溶液中，不同藻酸盐链中的 G 链段与钙离子形成离子交联，从而在水中形成藻酸盐水凝胶网络。在聚丙烯酰胺水凝胶中，聚合物链通过 N,N-甲基-双丙烯酰胺（N,N-methylenebisacrylamide）共价交联形成网状结构。通过添加不同交联剂，两种聚合物网络相互缠绕，并通过共价交联剂连接聚丙烯酰胺分子链上的酰胺基和藻酸盐链上的羧基，从而实现韧性的大幅度提升。

不仅是韧性，水凝胶的附着力近年也得到了里程碑式的提升：将具有长链聚合物网络的坚韧水凝胶通过化学方法共价固定到非多孔固体表面，实现强力的键合，成功制备具有黏结特性的水凝胶[7]。与物理作用相比，化学锚固作用使水凝胶在脱离过程中具有更高的附着力，界面韧性大幅度提升。这种方法使水凝胶与玻璃、硅、陶瓷、钛和铝等固体之间的黏结具有极强的韧性。

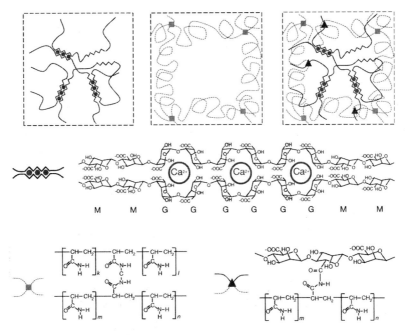

图 2.3　三种水凝胶的原理
（图片再版许可源自 Springer Nature 出版社[6]）

此后，一种受生物启发的黏合剂被设计出来。该黏合剂由两层组成：黏合剂表面和耗散阵列，如图 2.4 所示[8]。前者通过静电相互作用、共价键和物理相互渗透附着在基体上；后者通过迟滞放大能量耗散。由于黏合剂表面需要满足润湿组织和细胞带负电荷，并且必须在顺应组织动态运动的同时跨界面形成共价键，所以，可以采用在生理条件下带正电伯胺基团（primary amine group）的桥联聚合物。而耗散阵列基体要求保持坚韧并且能够在受到应力时有效地耗散能量,因此耗散能量的水凝胶则可以作为耗散阵列基体使用。与现有的黏合剂相比,这两层的协同作用使黏合剂在润湿表面上具有更高的韧性。

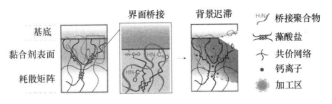

图 2.4　生物组织黏合剂的设计
(图片再版许可源自 AAAS 出版社[8])

在加入具有牺牲键的主网络后,迟滞随着韧性提高也相应提高,如图 2.5(a)和 2.5(b)所示。通过使用低弹性模量基体和高弹性模量纤维的组合,基体和纤维形成强黏附力,实现了高韧性和低迟滞性的并存[9]。在裂纹前缘,软基体剪切力很大,在每根纤维中施加很大的拉伸力。当纤维断裂时,存储在高度拉伸段中的所有弹性能被释放。应力的分散类似于单个聚合物网络中的应力分散,但破裂发生在纤维中而不是聚合物链中,区别是前者的容量比后者大得多,如图 2.5(c)所示。该复合材料可通过较大的纤维/模量对比度实现高韧性,而无须牺牲键。由于具有高弹性模量对比度和强黏合力没有牺牲键,两种低迟滞材料复合的新型材料保留了原材料的低迟滞性,但是比原材料更坚韧,并且具有更强的耐疲劳能力,如图 2.5(d)所示。

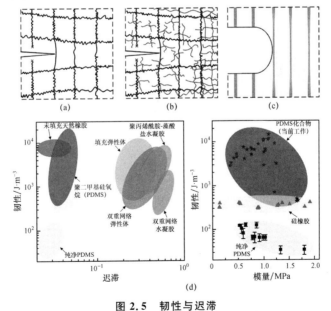

图 2.5　韧性与迟滞
(a)未填充的聚合物网络通常具有低韧性和低迟滞特点;(b)加入牺牲键的主网络具有高韧性和高迟滞特点;(c)由软基体和硬纤维组成的复合材料具有高韧性和低迟滞特点;(d)韧性-迟滞和韧性-模量(图片再版许可源自美国国家科学院(National Academy of Sciences,United States,NAS)出版社[9])

2.3 离子导体、离电导体及其器件与应用

2000 年,Ron Pelrine 等提出了一种基于介电弹性体薄膜的电致动器,其由绝缘弹性体薄膜以及两侧涂覆的顺应性电极材料组成[10]。当在两侧电极上施加大电压时,产生的静电力会压缩薄膜的厚度并扩大其面积,从而使得弹性材料发生变形。为了将电荷输送到绝缘体表面,碳脂等材料常被用作电极。但与介电弹性体薄膜透明特性不同的是,碳脂的不透明特性影响了其在人造肌肉上的应用。

2.3.1 可拉伸且透明的离子导体

水凝胶作为可拉伸且透明的离子导体的概念被提出并被广泛研究。这里介绍一种可拉伸离子器件的基本设计方法:将两个电子导体制成电极,作为电解质的离子导体和作为绝缘体的电介质串联放置[11],如图 2.6(a)所示。电极与电解质接触的界面形成双电层(electrical double layer,EDL),如图 2.6(b)所示。双电层是电极和电解质的组合,如果界面上的电压维持在 1 V 以内,则界面是理想可极化的,即电子和离子不会穿过界面,不会发生电化学反应,此时近似于一个电容器,如图 2.6(c)所示。而另一端电介质将离子导体和电子导体隔开,也近似于一个电容器。在整个设计中,双电层和电介质可以看作是两个串联但电容值差异很大的电容器,它们耦合两个电极携带的电信号,并通过交流电传输能量。在双电层中,电极

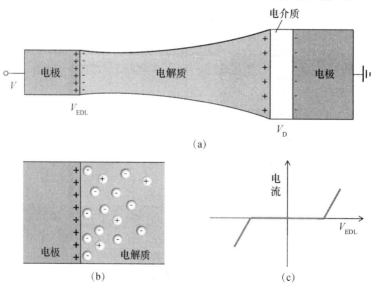

(a)

(b)　　　　　(c)

图 2.6　可拉伸离子导体的基本设计

(a) 电极、电解质和电介质的串联;(b) 电极、电解质界面形成的双电层;(c) 当施加的电压在一定范围内时,电子和离子不跨界,不发生电化学反应,双电层表现为电容器(图片再版许可源自 AAAS 出版社[11])

和电解质中的电荷被分隔至纳米级别,这种极小的间隔会导致大电容。电介质两个面上的电荷的间距由其厚度决定,一般在毫米级别,这种相对大的间距导致电容较小。在平衡状态下,两个电极之间施加的电压,完全由双电层和电介质承载,两个电容器加入了等量电荷,满足

$$c_D A_D V_D = c_{EDL} A_{EDL} V_{EDL} \tag{2.1}$$

其中,c_{EDL} 是双电层电容,c_D 是电介质电容,A_{EDL} 是双电层的面积,A_D 是电介质的面积。

由于 A_{EDL}/A_D 约为 0.01;当电介质两端的电压约为 10 kV 时,较大的 c_{EDL}/c_D 可确保双电层 V_{EDL} 两端的电压远低于 1 V。较小的 V_{EDL} 可以防止电化学反应,而较大的 V_D 有助于机电转换。

基于上述概念,一个具有透明、高速、大应变特性的人造肌肉的模型被研发出来[11]。其基本结构是:将弹性电介质膜夹在两个弹性电解质膜中间;弹性电介质和电解质均是可拉伸且透明的,由于电解质与电极的接触界面可以比与电介质的接触面积小得多,电极可以被放置在有源区域之外且不要求电极具有透明特点,如图 2.7(a)所示。在本设计中,水凝胶被选为电解质,金属线将两个水凝胶层连接到外部电源。电源在两条金属线之间施加的电压会导致金属中的电子和水凝胶中的离子在金属和水凝胶之间的界面移动。同时,移动的离子在水凝胶与弹性电介质接触的两个界面处累积,导致这两个界面带有相反的极性,它们的吸引力导致弹性体的厚度减小而面积增大,如图 2.7(b)所示。得益于水凝胶比弹性体软得

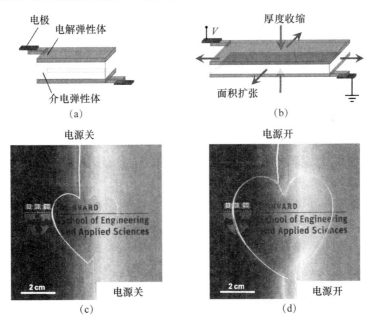

图 2.7　能够快速引起电压诱导变形的透明致动器

(a) 人造肌肉的模型,电介质夹在两层电解质中间,电介质和电解液都是透明和可拉伸的;(b) 施加电压后,两层电解质将极性相反的离子扩散到电介质的两侧,由于异性相吸,电介质厚度减小且面积增大;(c) 交替施加和移除电压;(d) 人造心脏会扩张和收缩(图片再版许可源自 AAAS 出版社[11])

多,所以水凝胶对弹性体的变形不造成干扰。由于机电耦合是高度非线性的,根据几何形状的改变可以实现不同形式的人造肌肉。此外,通过将弹性电介质夹在两层心形水凝胶之间,薄的水凝胶线连接到外部的铜电极上设计成一个人造心脏。当施加和移除电压时,人造心脏会扩张和收缩,且跳动的人造心脏始终保持透明,如图 2.7(c)和 2.7(d)所示。

由于离子导体能够实现远超基本共振的机电转换性能,该致动器还可以改造成一个在 20 Hz～20 kHz 可听范围内产生声音的透明扬声器[11],如图 2.8(a)所示。电脑音频输出的电压信号经过一个高压放大器输入到这个扬声器;扬声器将电压信号转换成声音,然后用麦克风记录下来,如图 2.8(b)所示。通过向扬声器提供恒定幅度的测试信号以及由 20 Hz 增至 20 kHz 的正弦信号来研究声音的保真度。因为扬声器框架共振产生干扰,在最初的几秒钟内录制声音的幅度很大;其他时间内,信号仅幅度略有变化。记录的声音频谱图显示,在整个可听频率范围内,原始测试声音的主信号成功地被扬声器复制,如图 2.8(c)和 2.8(d)所示。

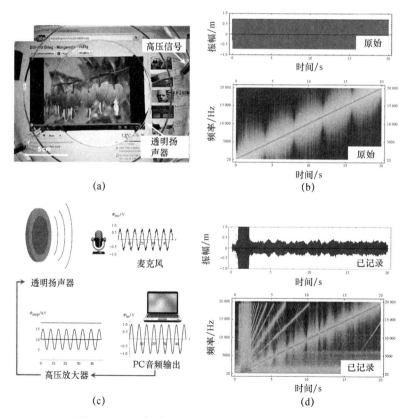

图 2.8　透明扬声器能够在全可听范围内产生声音

(a)透明扬声器;(b)声音记录实验数据;(c)测试信号;(d)扬声器发出声音的振幅与频谱图对比(图片再版许可源自 AAAS 出版社[11])

2.3.2　离子电缆

离子导体的另一种应用是可以模拟神经轴突实现距离长、速度快的电信号传输。在人体神经系统中，大脑发出信号指挥手指移动，信号从大脑通过长距离的媒介传输到手指。轴突就起到传输离子信号协调人体传感、决策等功能。在真实神经中，轴突外存在盐溶液(体液)，轴突内也有盐溶液。内外盐溶液间存在的界面是一种脂肪组织称作髓磷脂。通过离子互连界面可以模拟轴突的信号传输，这称作"离子电缆"，如图 2.9(a)所示[12]。在离子电缆中，两条平行的离子水凝胶模拟轴突内外盐溶液，中间疏水弹性体充当电介质层模拟髓鞘，这种结构设计为电信号传输建立了快速通道。离子电缆的一端施加电压，经过长距离的传输后，检测另一端是否有相应的信号输出。这种透明、可拉伸的离子电缆很好地模拟了轴突的功能。如图 2.9(b)和 2.9(c)所示，将人工轴突一端输入手机播放的音乐信号，另一端连接扬声器和示波器检测输出信号。当音乐开启后，电压施加到输入端口，人工轴突传递音乐信号到输出端口。通过扬声器我们就可以听到悠扬的音乐，示波器也显示出信号波形。在拉伸至初始长度 8 倍的过程中，我们感受不到输出的音乐品质的改变，说明该人工轴突在拉伸状态下依然保持良好的传输性能。下面解释人工轴突在长距离下快速传递信号的机理。

对于给定时间 t 和给定人工轴突轴向位置 x，设 $v(x, t)$ 为电压。电压在离子导体中的扩散遵循扩散方程：

$$\frac{\partial v}{\partial t} = D \frac{\partial^2 v}{\partial^2 x} \tag{2.2}$$

电信号的扩散率 D 遵循：

$$D \approx \frac{bd}{\rho \varepsilon} \tag{2.3}$$

其中，b 是离子导体的厚度，ρ 是其电导率，d 是电介质的厚度，ε 是介电常数。

代入实验参数可得：

$$D \approx \frac{(10^{-3} \text{ m}) \cdot (10^{-3} \text{ m})}{(10^{-2} \text{ } \Omega \cdot \text{m}) \cdot (10^{-11} \text{ F} \cdot \text{m}^{-1})} = 10^7 \text{ m}^2 \cdot \text{s}^{-1} \tag{2.4}$$

这远远超出离子在水中的扩散率 10^{-9} $\text{m}^2 \cdot \text{s}^{-1}$。

这是由于该离子电缆由离子导体和电介质组成。尽管离子导体电阻率较大，但是电介质的介电常数较小。给定极小的时间尺度，再加上离子导体与电介质厚度，使信号具有很大的传输率。基于信号的大传输率以及理论分析，可以实现 1 MHz 频率的信号在 1 m 长度人工轴突中的传输。

这里介绍另外一个应用实例来凸显离电信号的传输[12]。众所周知，发光二极管(light emitting diode，LED)通过电子工作，而上述结构中离子将在水凝胶-金属界面被阻断。这里巧妙设计了"摇椅 LED"的电路，即在离子电缆输入端接入交流电源，将两个极性相反的

LED 接入输出端,如图 2.9(d)所示。施加电压后,LED 灯 A 充满电发光,而 LED 灯 B 不发光。接着 LED 灯 A 将给 LED 灯 B 提供电子,灯 B 发光。在交变电压下,两个灯泡相互供电,实现亮暗交替的"摇椅 LED"设计,如图 2.9(e)所示,证明了离子电缆对交流电信号的成功传输。

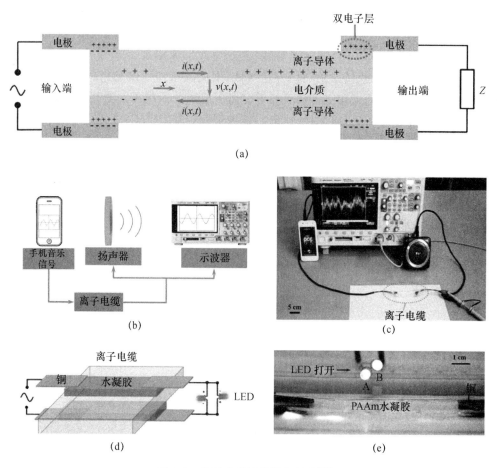

图 2.9　离子电缆模拟神经轴突[12]

（a）离子电缆的结构和电学特性；（b）可拉伸的透明离子电缆传输音乐信号实验装置；（c）实物；（d）离子电缆传输电能以打开发光二极管；（e）实验装置(图片再版许可源自 Elsevier 出版社[12])

2.3.3　离电发光器件

前述研究表明,水凝胶很容易作为可拉伸和透明的导体,并适用于人造肌肉、皮肤和轴突等方面,这类器件集合了离子和电子成分,被称为离电子器件(ionotronics)。

　　下面介绍一种离电发光器件。如图 2.10(b)所示,当施加电压后,器件会出现发光的现象[13]。离电发光器件由夹在两个弹性体层和两个水凝胶层之间的荧光粉颗粒层组成,如图 2.10(a)所示。这种陶瓷颗粒的直径在纳米到几十微米之间,如图 2.10(c)所示。在交变电场作用下,荧光粉内部产生可移动的电子和空穴,它们随后重新结合以光子的形式释放能量,产生光。在该器件中,电压通过水凝胶施加,水凝胶是离子导体,弹性体是绝缘层。施加正弦电压会导致上下两层极性相反的离子导体产生电场,从而使荧光粉变亮[14]。因此,在电致发光器件中可以用离子导体代替电子导体。因为水凝胶和其他材料都是透明、可拉伸的,如图 2.10(d)所示[13]。一个可以发光的心形图案,在拉伸条件下它仍然可以发出相同强度的光。

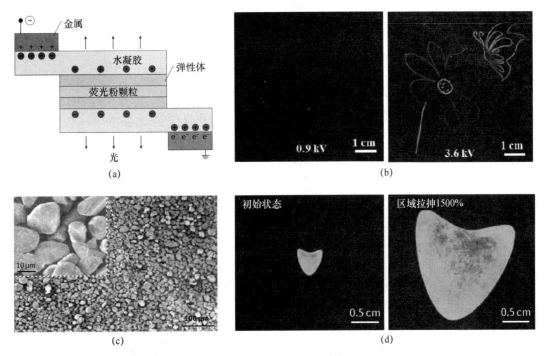

图 2.10　离电发光器件[13]

(a) 离电发光器件(图片再版许可源自 Springer Nature 出版社[1]);(b) 离电发光的发光性能;(c) 荧光粉颗粒;(d) 在 1 500%的区域拉伸下,离电发光器件光强度保持不变(图片再版许可源自 Wiley 出版社[13])

2.3.4　离电液晶显示屏

　　离电液晶(liquid crystal,LC)器件使用液晶作为电压驱动光开关[15]。当施加电压时,该装置变得透明,撤去后恢复乳白色不透明状态。有机液晶处于中间层,两侧各贴附一层透明介电弹性体和水凝胶导体,如图 2.11(a)所示。当施加电压时,能够把液晶从无序态变成取向态,如图2.11(b)所示。液晶在无序态时会阻碍光线的传输,整齐排列时使得光线能够透光。这里水凝胶起到两种作用:一是可以施加电压;二是具有良好的透明性。此外,该设备具有高拉伸性。水凝胶离电液晶显示屏的高拉伸性提供了一种新的操作模式:可根据电压和机械力的刺激组合进行响应切换,如图 2.11(c)所示。预先施加电压将液晶层保持在不透明状态,而在不增加电压的情况下进行拉伸会导致液晶层变得透明。在拉伸时,液晶层的面积增加,并且厚度减小,导致跨液晶层的电场增加。如果电场高于液晶分子排列的阈值,则液晶层变为透明。

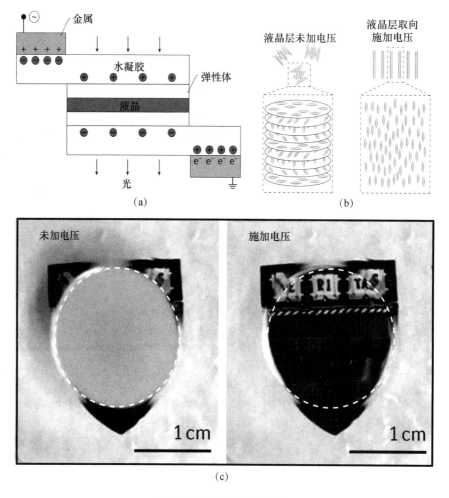

图 2.11　离电液晶显示屏

(a) 离电(LC)器件;(b) 胆甾型 LC 形成扭曲的液晶层并在电压关闭时散射光,一旦施加电压,这些液晶取向并透射光;(c) 水凝胶 LC 液晶显示屏柔软且可拉伸

2.3.5 离子皮肤/触摸屏与传感器

人体皮肤具有可拉伸性,可以感知压力、温度和湿度,这些特性激发了人们对人造皮肤的关注,使用可拉伸的电子导体或可拉伸的离子导体(例如水凝胶),研发了大量用于娱乐和保健的可穿戴或可植入电子产品。基于水凝胶的离电式人造皮肤包含夹在两个水凝胶之间的弹性体,两个水凝胶通过两条金属线连接到电容表。人造皮肤通常被两层额外的弹性体包裹起来,以实现电绝缘和保水,如图 2.12(a)所示。弹性体和水凝胶都是透明可拉伸的,金属线在有效区域之外,从而使离电式人造皮肤透明且可拉伸[16]。

触摸屏将感官和显示屏结合起来提供直观的人机交互体验。其感应机制包括电阻、电容、表面声波和红外感应。水凝胶的离电式触摸屏由一条两端带有金属电极的水凝胶带组成,这些金属电极要经受相同的交流电压。当手指触摸水凝胶中的一个点时,离子电流在每个端点和触摸点之间流动。每个双电层处的电容耦合都会使电子电流流过电流表,测两处的电流就可确定触摸点的位置。手指的电容很小(大约 100 pF),因此,即使对于厚度为 10 μm、表面电阻为 100 Ω·sq^{-1} 的水凝胶,电阻-电容(resistive-capacitive,RC)延迟约为

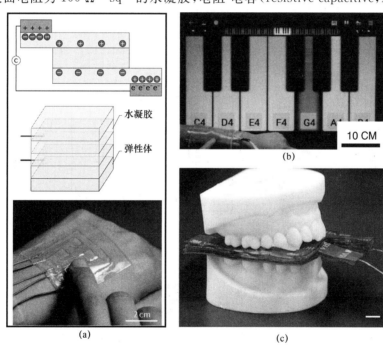

图 2.12 离子皮肤、触摸屏与传感器

(a) 人造皮肤由夹在两个水凝胶之间的弹性体组成,该水凝胶通过两条金属线连接到电容表,压力或拉伸会导致弹性体形状和电容改变,此类压力传感器(离子皮肤)的阵列可以连接到手背(上图再版许可源自 Springer Nature 出版社[1];下图再版许可源自 John Wiley and Sons 出版社[16]);(b) 高度可拉伸、透明的离子触摸屏(图片再版许可源自 AAAS 出版社[17]);(c) 离子传感器可提供完整的牙齿动态咬合力(图片再版许可源自 Elsevier 出版社[19])

10^{-3} s,小于大多数测量仪器的采样时间(大约 10^{-2} s)。水凝胶离电触摸屏柔软且可拉伸,为人机交互开发柔软无缝接口提供了机会,如图 2.12(b)所示,当用手指触摸离子触摸屏就可以控制与之连接的终端[17]。

2.3.6　离子传感器

这里介绍一种由水凝胶和介电弹性体制成的离子传感器[18,19]。这种离子传感器将机械力的变化转换为电容的改变,并且它非常柔软,可以感知到每颗牙齿的咬合力,如图 2.12(c)所示,解决了现有硬质传感器很难适应牙齿的不规则形状的问题。这种离子传感器在不规则或动态表面收集信息具有重要应用价值。

水凝胶也可以用于探测神经信号。与一般的金属电极(铂和银)相比,水凝胶神经接口在机械、化学和电学上模拟神经元的生存环境,其免疫化学排斥反应小得多。这里介绍一种弹性体密封的水凝胶电极。水凝胶作为神经元与电脑的连接界面,神经元与水凝胶都是通过离子传递信号[20]。水凝胶自身变化可以引起电脑中电信号的变化,如图 2.13(a)所示。为了解决软电极难以插入老鼠大脑的问题,锁志刚教授提出通过在 0℃的温度下冷冻,使水凝胶结冰得到硬电极,可以顺利地插入老鼠大脑。在大脑内,水凝胶电极熔化变软,与神经元连接并将信号传递给电脑,如图 2.13(b)所示。这一工作与浙江大学医学院王浩教授合作,证实了采用这种方法可收集到小鼠大脑信号。如图 2.13(c)所示,当老鼠睡眠或清醒时,能够探测到不同信号。

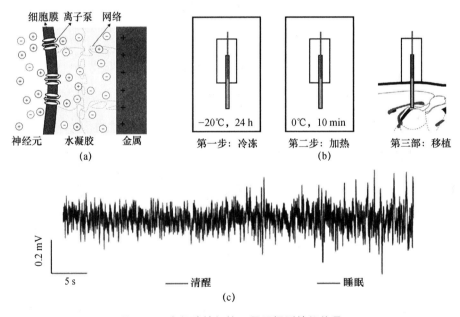

图 2.13　水凝胶神经接口用于探测神经信号

(a)水凝胶作为神经元与电脑接口的工作原理;(b)植入步骤;(c)老鼠在清醒和睡眠时的信号(图片再版许可源自 Elsevier 出版社[20])

2.4　离子弹性体

可拉伸电子器件通常是裸露的,需要类橡胶材料对其进行封装保护,虽然这些材料具有良好的可拉伸性能,但是这种类橡胶材料,即使是疏水橡胶对水的渗透性都很高,远高于二氧化硅、氮化硅、石墨烯等无机材料。所以,微电子产品能工作是因为有这些无机密封材料的保护。可拉伸性和渗透性在分子水平上有着千丝万缕的联系,目前还很难实现既可拉伸又具有低渗透性的材料。弹性体对离子和水的渗透性成为生物电子器件的基本局限[21],原则上来说它们不能保存很长时间。长期工作中,水和离子通过弹性体渗透有所损失,限制了器件长期工作的稳定性。

离子弹性体具有"离子半导体"之称。在离子弹性体中,一种离子(阴离子或阳离子)被固定在弹性体网络上,而与它极性相反的离子是可以自由移动的,这分别使材料成为类似于p 型和 n 型电子半导体的离子弹性体[22],如图 2.14 所示,碳纳米管电极嵌入在每个离子弹性体中,导致低阻抗(高电容)的离子双层产生。聚阴离子/聚阳离子异质结形成了离子双层(ionic double layer,IDL),与半导体的 p-n 结的耗尽层十分相似。这一结果使可伸展的离子电路元件成为可能,包括二极管、晶体管等。离子弹性体由交联的聚电解质网络和相关联的抗衡离子组成且不含液体成分。因此,它们本质上不会受泄漏或蒸发的影响。此外,离子弹性体中流动的离子在两层之间提供了强大的静电黏附力,形成的离子双层具有高韧性和自发黏附等特点。

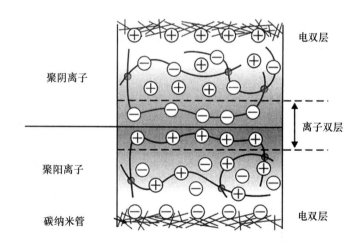

图 2.14　聚阴离子/聚阳离子的结合
(图片再版许可源自 AAAS 出版社[22])

2.5　3D 打印离电器件

与集成电路将电子器件集成在一起相类似,软机械的发展也需要软材料的集成。因此,通过 3D 打印技术可以制备具有较强黏附力的、外形灵活的水凝胶和弹性体[23]。在打印过程中,每种材料的油墨都在压力梯度下通过喷嘴,且在重力和毛细作用下保持形状,如图 2.15(a)所示。在固化过程中形成共价键,将单体连接成聚合物链,将聚合物链共价交联成水凝胶和弹性体的聚合物网络,并将两个聚合物网络共价互联成一个整体结构,如图 2.15(b)所示,通过在弹性体油墨中加入交联剂,在固化过程中诱导水凝胶网络和弹性体网络之间形成共价互联。通过这种方法打印出的集成结构具有高断裂能和高黏附力,变形结构可以承受膨胀,为医学和工程领域广泛应用的软结构/器件制备开辟了道路。

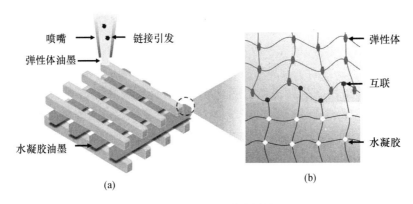

图 2.15　3D 打印离电器件

(a) 在打印过程中,两种油墨按任意顺序挤出,并在重力和毛细作用下保持形状;(b) 固化过程中,每个网络内部形成共价互联(图片再版许可源自 Wiley 出版社[23])

2.6　总结与展望

本章详细介绍了电子导体、离子导体、离电导体的相关知识并展示了其在透明、可拉伸器件中的制备与应用。同时,提出在可拉伸器件中,材料的柔性与渗透性难以兼容的问题,对相关领域的研究具有良好的启发性和指导意义。离子导体、离电导体及其器件在人机交互、生物传感等领域具有巨大的应用潜力。例如 iMusic,iTunes,iPad,iSkin 等,基于离电子学的透明、可拉伸器件将会不断涌现。最后,正如锁志刚教授所说,离子无所不能(iCANX = Ions can do everything)。

2.7　常见问题与回答

Q1：为了在亚克力胶带和水凝胶之间实现良好的黏合,是否需要任何特殊的步骤？是否已研究过其他用于电介质的材料？

A1：当我们制备第一版的 iTunes 时,只是将水凝胶放在亚克力胶带上面,黏合得很不好。有时候我们在两端施加循环电压,当电压施加到一定程度时,水凝胶会从弹性体表面脱落,两者间的黏附效果非常差。其实,水凝胶与弹性体或者其他材料的黏附已经困扰大家几十年。直到 2016 年,美国麻省理工学院的赵选贺教授取得突破性进展,他研制的水凝胶可以黏附所有物体。这引起我们的注意,但是我们发现他并没有解决水凝胶与弹性体和组织的黏附问题,因此我们开始这方面的研究,现在可以肯定地宣告水凝胶可以黏附一切材料。获得诺贝尔奖的第一块集成电路就是将半导体、金属、塑料组装制得的。现在,我认为将软材料与人体、生物体、植物集成得到的新型器件将是未来几十年的发展方向,而我们的研究正处于领先地位。

Q2：离子二极管和晶体管可用于刺激神经系统吗？有没有相关尝试？

A2：我认为是可以的,它们可以模拟神经系统,但是这与离子弹性体具有不同的物理特性。据我所知,只有离子弹性体是一种可以移动的材料,但是神经系统中的多种物质都可以移动。相关尝试目前我还没有听说过。但是我鼓励你大胆尝试。

Q3：这种透明材料是否已经商业化？在商业化应用中遇到哪些困难？

A3：首先,透明材料并不是一种材料,是几类材料的总称。例如,从一些大公司(例如3M)已经可以买到透明弹性体。对于水凝胶,目前还没有听说公司或者团体实现了商业化。但是,参考我们发表的文章,任何从事高分子科研的组将很容易制得透明水凝胶。你可以与他们合作。但是弹性体就不一样了,不是所有的组都能合成。你要找到合适的组。比如,可延展的电解液就是一种新型材料。不过,现在我们发表了相关文章以后,难度就下降很多了。我认为现阶段将该材料进行商业化是非常好的时机,进入商业化的障碍非常小。

Q4：水凝胶可以用作人工肌肉(例如,人工轴突)的良好介质,水凝胶能否真正与人体组织和骨骼结合在一起？我认为水凝胶与目前植入人体的辅助钢板或硬质合金相比具有很大优势。

A4：水凝胶与人体组织的结合已经实现了。例如,替换损伤软骨组织。现在的新趋势在于,不仅使用水凝胶替换人体组织,并且要实现大量的功能。例如,你可以使用电子设备对组织进行检查,相关数据将发送到手机并上传到云端。所有数据通过云端传递给医生或计算机。通过这样的方式,计算机对大量的数据进行分析处理。你的数据可能对其他人疾病的治疗提供帮助,实现疾病的云治疗。在未来几十年,这些都可能实现。

Q5:这种离子水凝胶除了具有良好的导电性能外,还具有其他优异的性能。这种材料在其他领域的应用怎么样,例如储能或生物传感器件?

A5:在储能方面,水凝胶作为离子导体可作为电池中的电解质,它还具备许多其他性能,我认为在生物传感上它也有良好的前景。如何与人体集成?如何实现同时测量多种生物物质?如何在单次电压测量下区别不同信号?可能初期需要机器学习来实现。因为人体就是一个复杂的水凝胶体系,如果我们能区分出这些信号,我相信我们将能创造出更好的水凝胶体系。

参 考 文 献

[1] 锁志刚教授课题组.锁志刚教授课题组[EB/OL].https://suo.seas.harvard.edu.

[2] iCANX Talks.iCANX Talks 视频[EB/OL].https://www.iCAN-x.com/talks.

[3] Yang C, Suo Z. Hydrogel Ionotronics[J]. Nature Reviews Materials, 2018, 3(6): 125-142.

[4] Rollo S, Rani D, Olthuis W, Pascual Garcia C. The Influence of Geometry and Other Fundamental Challenges for Bio-Sensing with Field Effect Transistors[J]. Biophysical Reviews, 2019, 11(5): 757-763.

[5] Gong J P, Katsuyama Y, Kurokawa T, Osada Y. Double-Network Hydrogels with Extremely High Mechanical Strength[J]. Advanced Materials, 2003, 15(14): 1155-1158.

[6] Sun J Y, Zhao X, Illeperuma W R, Chaudhuri O, Oh K H, Mooney D J, Vlassak J J, Suo Z. Highly Stretchable and Tough Hydrogels[J]. Nature, 2012, 489(7414): 133-136.

[7] Yuk H, Zhang T, Lin S, Parada G A, Zhao X. Tough Bonding of Hydrogels to Diverse Non-Porous Surfaces[J]. Nature Materials, 2016, 15(2): 190-196.

[8] Li J, Celiz A D, Yang J, Yang Q, Wamala I, Whyte W, Seo B R, Vasilyev N V, Vlassak J J, Suo Z, Mooney D J. Tough Adhesives for Diverse Wet Surfaces[J]. Science, 2017, 357: 378-381.

[9] Wang Z, Xiang C, Yao X, Le Floch P, Mendez J, Suo Z. Stretchable Materials of High Toughness and Low Hysteresis[J]. Proceedings of the National Academy of Sciences, 2019, 116(13): 5967-5972.

[10] Pelrine R, Kornbluh R, Pei Q, Joseph J. High-Speed Electrically Actuated Elastomers with Strain Greater Than 100%[J]. Science, 2000, 287: 836-839.

[11] Keplinger C, Sun J-Y, Foo C C, Rothemund P, Whitesides G M, Suo Z. Stretchable, Transparent, Ionic Conductors[J]. Science, 2013, 341: 984-987.

[12] Yang C H, Chen B, Lu J J, Yang J H, Zhou J, Chen Y M, Suo Z. Ionic Cable[J]. Extreme Mechanics Letters, 2015, 3: 59-65.

[13] Yang C H, Chen B, Zhou J, Chen Y M, Suo Z. Electroluminescence of Giant Stretchability[J]. Advanced Materials, 2016, 28(22): 4480-4484.

[14] Vaicekauskaite J，Yang C，Skov A L，Suo Z. Electric Field Concentration in Hydrogel-Elastomer Devices[J]. Extreme Mechanics Letters，2020，34.

[15] Yang C H，Zhou S，Shian S，Clarke D R，Suo Z. Organic Liquid-Crystal Devices Based on Ionic Conductors[J]. Materials Horizons，2017，4(6)：1102-1109.

[16] Sun J Y，Keplinger C，Whitesides G M，Suo Z. Ionic Skin[J]. Advanced Materials，2014，26(45)：7608-7614.

[17] Kim C-C，Lee H-H，Oh K H，Sun J-Y. Highly Stretchable，Transparent Ionic Touch Panel[J]. Science，2016，353(6300)：682-687.

[18] Cheng S，Narang Y S，Yang C，Suo Z，Howe R D. Stick-on Large-Strain Sensors for Soft Robots [J]. Advanced Materials Interfaces，2019，6(20).

[19] Cheng S，Chen B，Zhou Y，Xu M，Suo Z. Soft Sensor for Full Dentition Dynamic Bite Force[J]. Extreme Mechanics Letters，2020，34.

[20] Sheng H，Wang X，Kong N，Xi W，Yang H，Wu X，Wu K，Li C，Hu J，Tang J，Zhou J，Duan S，Wang H，Suo Z. Neural Interfaces by Hydrogels[J]. Extreme Mechanics Letters，2019，30.

[21] Le Floch P，Meixuanzi S，Tang J，Liu J，Suo Z. Stretchable Seal[J]. ACS Applied Materials & Interfaces，2018，10(32)：27333-27343.

[22] Kim H J，Chen B，Suo Z，Hayward R C. Ionoelastomer Junctions between Polymer Networks of Fixed Anions and Cations[J]. Science，2020，367(6479)：773-776.

[23] Yang H，Li C，Yang M，Pan Y，Yin Q，Tang J，Qi H J，Suo Z. Printing Hydrogels and Elastomers in Arbitrary Sequence with Strong Adhesion[J]. Advanced Functional Materials，29(27).

第3章　MXene 的合成与应用

　　材料是人类文明进步的基石,构筑了我们的世界。同时,材料也是万物赖以生存发展的物质基础,是科学技术进步的核心。材料的发展与创新也从侧面反映了人类社会的科技发展进程。人类从石器时代进入青铜时代的标志就是铜的使用,而发展至硅时代,人类开始了从仅仅使用自然材料到创新发展材料的过渡,如图 3.1 所示。每一种新材料的发现与兴起不仅会推动材料科学的发展,也会带动多领域研究的融合。2011 年,Yury Gogotsi 教授[①]报道了一种通过选择性刻蚀制备二维过渡金属碳化物与氮化物(MXene)的新方法,为二维材料家族引进了大量的新成员。作为一种新型的二维材料,MXene 具有电导率高、亲水性好、表面性质可调等优异的特点,在众多领域表现出了应用潜力。Yury Gogotsi 教授的工作主要围绕不同种类 MXene 的合成及其在电化学储能、电催化、生物传感器、医学、电子学、光学等相关领域的应用展开[1,2,3]。

材料推动着人类的进步

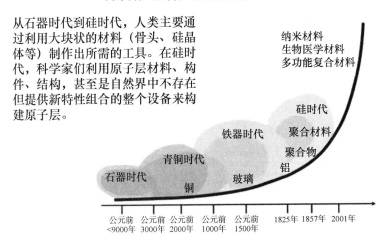

　　从石器时代到硅时代,人类主要通过利用大块状的材料（骨头、硅晶体等）制作出所需的工具。在硅时代,科学家们利用原子层材料、构件、结构,甚至是自然界中不存在但提供新特性组合的整个设备来构建原子层。

纳米材料
生物医学材料
多功能复合材料

硅时代
聚合材料
聚合物
铝

铁器时代

青铜时代

石器时代　　铜　　玻璃

公元前　公元前　公元前　公元前　公元前　　1825年　1857年　2001年
<9000年　3000年　2000年　1000年　1500年

图 3.1　材料发展与人类文明史的关系[1,2]

---

　　① Yury Gogotsi,美国德雷塞尔大学(Drexel University)材料科学与工程学院杰出教授,兼任 A. J. Drexel 纳米材料研究所主任。他致力于新型二维材料的设计、合成与应用,在相关领域累计发表论文 600 余篇,参与编写著作 14 本,有 60 多项专利获得授权。

本章主要从 MXene 的起源、合成、发展、应用以及总结与展望等来介绍 MXene 的相关研究。

3.1　绪　　论

在多学科交叉融合的物联网领域中,万物互联的关键在于能够进行实时的信息交换和信息感知,而拥有优异性能的纳米材料为物联网的发展提供保障。目前,可穿戴电子设备逐渐走入人们的生活,例如与人体皮肤契合的织物基可穿戴电子设备受到广泛欢迎。新材料的发现为人们提供了革新的灵感和观念的转变,并进一步推动了材料科学的持续发展。

与零维纳米颗粒、一维纳米线和三维纳米网络相比,二维纳米材料具有如下独特的性质:

(1) 如图 3.2 所示,由于二维纳米材料(尤其是单原子层纳米片)被限制在二维平面内,增加了电子特性,使其成为基础凝聚态材料研究和电子器件应用的理想材料;

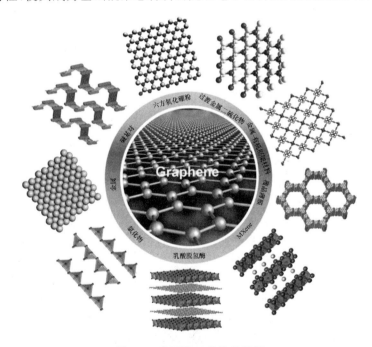

图 3.2　典型的二维纳米材料

(图片再版许可源自美国化学学会(American Chemical Society,ACS)出版社[3])

(2) 强烈的面内共价键和原子级厚度为它们提供了理想的机械柔韧性和光学透明性,使之有望用于制造高柔韧性和透明的光电子器件;

（3）由于二维纳米材料拥有极大平面尺寸的同时还能保持原子厚度，因此赋予了其极大的比表面积。

MXene 是一类新型二维过渡金属碳化物和氮化物，其厚度仅为几个原子层，中心为金属层（例如 Ti 或者 Mo），用来提供大量电子，所以其电导率普遍非常高。MXene 表面由于官能团（例如 −OH，＝O）的存在，可以理解为一层过渡金属氧化物和氢氧化物。

因此，MXene 将金属和金属氧化物/氢氧化物的性质进行了整合，可以将其看作是导电黏土或者金属相的氧化石墨烯。根据金属和非金属的层数来划分，MXene 具有不同的类型（相），目前有 M_2X，M_3X_2，M_4X_3 和 M_5X_4 四种类型（相）。从金属和非金属的种类来看，目前已经发现了多种 MXene，其中最有代表性的，也是研究最为广泛的，就是 2011 年第一个被报道的 $Ti_3C_2T_x$[4]。后续研究发现利用固-溶（solid-solution）法，无论是金属层 M 还是非金属层 X 都可以进一步增加种类，极大地丰富了 MXene 家族。

如图 3.3 所示，从 2011 年被首次报道以来，每一年 MXene 都有重大发现。例如 2011—2014 年，MXene 发展了一套从刻蚀到剥离的合成流程[5]；2015 年首次报道了有序化双金属 MXene[6]；2016 年首次报道了氮化物 MXene[7]；2017 年实现了有序化的双缺陷 MXene 的合成[8]；2018 年开发出非 Al 元素 MAX 相的刻蚀[9]。因此，经过多年的发展，MXene 已经形成了一个庞大的二维材料新家族（图 3.4），包括多种不同类型的过渡金属碳化物、氮化物、碳氮化物。2019 年底，含有五层金属、四层非金属的 M_5X_4 相被首次发现，预示着还有更多新奇的、有重大潜力的 MXene 等待着被开发[10]。

MXene 的关键核心性质[11]包括：超高的电导率（高达 20 000 S/cm）；亲水的极性表面；高强度和硬度；超薄薄膜状态下的高透光性；利用等离子体效应和电致变色效应可以实现颜

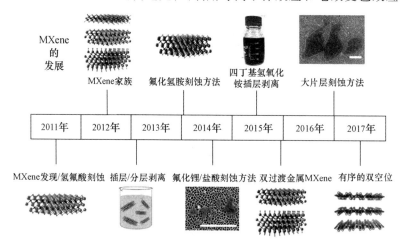

图 3.3　MXene 的发展历史

（图片再版许可源自 ACS 出版社[5]）

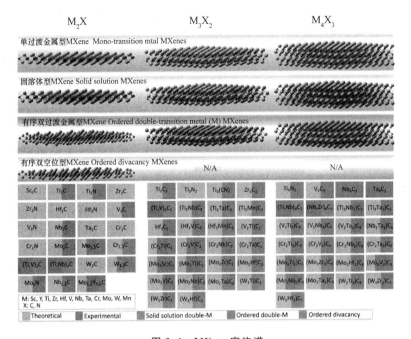

图 3.4　MXene 家族谱

（图片再版许可源自 ACS 出版社[11]）

色的变化；水中良好的分散性；超高的电化学活性表面；通过组分和结构的设计实现性能调控等等。以 $Ti_3C_2T_x$ 为例，它具备氧化石墨烯（graphene oxide，GO）的亲水性和良好的分散性，但是硬度和强度远超 GO，同时 $Ti_3C_2T_x$ 的导电率和在可见光范围的透过率也优于氧化还原石墨烯（reduced graphene oxide，rGO）。从理论角度来看，MXene 被预测具有很多新奇的物理特性，例如，不含官能团的 MXene（bare-MXene）都是金属相的，但是当表面含有官能团的时候，可能会引起金属到半导体的相转变过程，例如 Ti_2CO_2 就是一种有 0.24 eV 带隙的间接带隙材料[12]。此外，包括 MXene 的磁性、赛贝克效应、功函数调节和拓扑绝缘体等性质也已经被广泛地研究。虽然 MXene 具备如此多优异的性能，它也需要与其他材料复合获得有价值的应用，例如用于储能器件的电极材料就需要由 MXene 和其他过渡金属氧化物、石墨烯等复合来获得更高的能量和功率密度。

3.2　MXene 的合成及其光电特性

MXene 的合成采用的是选择性刻蚀方法，即从前驱物 MAX 相中选择性刻蚀掉 A 元素。MAX 相是一种已经发展了几十年的经典陶瓷材料。美国德雷塞尔大学的 Barsoum 教授在该领域研究多年，是 MAX 研究领域的开拓者之一。从原子结构来看，MAX 是用 A 类元素将过渡金属碳化物或氮化物连接起来形成的一种陶瓷材料,其中 A 类元素包括 Al、Si、Ga 等。由于 A 与 M 之间基本为金属键,因此需要用化学方法选择性刻蚀掉 A 元素。目前已经报道的方法包括了以 HF 为代表的酸刻蚀、熔融盐刻蚀和电化学刻蚀等方法。刻蚀掉 A 元素后,就可以得到多层 MXene,通过剥离,就能得到单层 MXene。对于这类新型材料,大家肯定关心其产量问题,因为这与未来的产业化相关。绝大部分报道的新材料(可能 99%)的产量都是较低的,MXene 在合成初期也面临同样的问题。如图 3.5 所示,2020 年 Yury Gogotsi 教授通过优化反应器的设计,已经可以实现每批次 50 g MXene 的合成,测试表明得到的 MXene 与传统方法基本一致[13]。

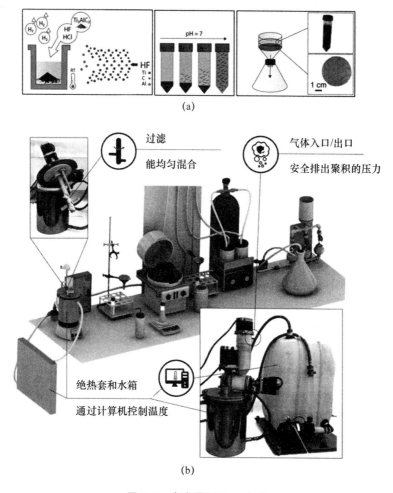

图 3.5　高产量 MXene 合成

(a)示意;(b)优化反应器的设计(图片再版许可源自 Wiley 出版社[13])

由于 MXene 可以均匀分散在水或者其他有机溶剂中,无须其他表面活性剂的辅助就能制成墨水。这一特性使得 MXene 可以很方便地利用喷涂、旋涂和打印等方法制备薄膜或者涂覆在其他衬底上。此外,基于 MXene 的复合物也被广泛研究,显示出了巨大的应用潜力。由于 MXene 本身具备非常高的强度和硬度,利用 MXene 功能化石墨烯,可以实现超强韧复合薄膜,MXene 也被添加进陶瓷和金属材料中以增强性能。MXene 的电学性能是可以被调控的。原位测试表明,官能团的脱落并不会改变 $Ti_3C_2T_x$ 的电学性能,其一直维持金属相的特性。但是对于 Ti_3CNT_x 和 $Mo_2TiC_2T_x$ 来讲,随着官能团的脱落,其电学性能会从半导体行为转换为金属行为。对于某些领域的应用(例如光探测器、神经接口和柔性电子器件等),MXene 的电学性能甚至优于金(尽管金的导电率更高)。

此外,MXene 的功函数被证明是可调控的,如图 3.6 所示。实验证明,随着表面-OH 官能团的脱落,MXene 的功函数会提高,而进一步-F 官能团的脱落会降低功函数。利用功

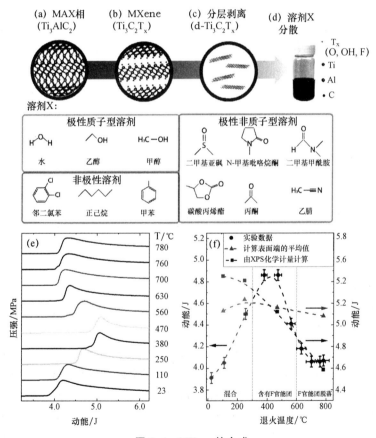

图 3.6 MXene 的合成

(a)~(d) MXene 在不同溶剂中良好的分散性(图片再版许可源自 ACS 出版社[16]);(e),(f) MXene 的功函数随官能团含量改变的变化规律(图片再版许可源自 ACS 出版社[17])

函数可调的特性,MXene 电极已经被应用于钙钛矿电池[14]。同时还在其他光学应用领域,例如光电二极管、电致变色、飞秒激光、等离子体和光探测器等,展示出了巨大的应用潜能。

鉴于 MXene 的应用潜力,阿卜杜拉国王科技大学的 Husam N. Alshareef 教授提出一个新概念"MXetronics",指出 MXene 可以被用于电子学研究领域[15]。除电子学领域外,MXene 也表现出了对分子的高吸附力,用于制备可穿戴人工肾脏和高性能气体传感器等。

3.3　MXene 的应用

3.3.1　在储能中的应用

随着电动汽车、医疗器械、便携式电子产品、物联网以及可穿戴设备的飞速发展,现代社会对能源的需求日益提高,开发具有高效可逆充放电性能的能量存储器件势在必行。与传统的储能材料相比,由于纳米材料具有更高的离子传输效率和电子电导率,使得开发具有高能量密度和高功率密度的储能器件成为可能。到目前为止,包括零维纳米颗粒、量子点、一维纳米线、纳米管、二维纳米片在内的多种纳米材料在能量存储领域表现出了广阔的应用前景,有些甚至已经在商业化储能器件中得到应用。可以通过喷涂、喷墨打印、3D 打印、对辊、静电纺丝以及刮涂法等工艺实现纳米材料到三维宏观材料的设计和制备。其中,由于 MXene 可以在多种溶剂中实现高浓度均匀分散这一特质,使得其在材料合成方面具有天然优势。目前为止,MXene 已经在超级电容器、电池等领域表现出优异的性能。由于 MXene 具有超高的电导率,因此可以直接用作电极材料集流体或者导电黏合剂。此外,MXene 具有很高的电荷存储能力,通过不同的材料制备工艺不仅可以用作传统储能器件的电极材料,还可以实现芯片储能、可穿戴储能等多种新型储能器件的制备。

在能量存储领域,MXene 通常被用作超级电容器的负极材料。如图 3.7(a)所示,$Ti_3C_2T_x$ MXene 在 $3MH_2SO_4$ 电解质中的循环伏安(cyclic voltammetry,CV)曲线,在负电压范围内表现出很明显的赝电容特性[18]。特别是在低扫速下,其氧化电位与还原电位之间的峰位置仅有很小的偏移,表现出准平衡状态。说明 MXene 在储能过程中具有快速可逆的氧化还原反应,这主要得益于电化学反应过程中 $M_{n+1}X_nO_2$ 和 $M_{n+1}X_n(OH)_2$ 的可逆转化。然而,由于纳米材料具有较高的表面能,因此通常比较容易团聚。MXene 在材料干燥过程中,片层容易发生堆叠,而堆叠的结构会严重限制电解质离子在电极材料(特别是几十微米的厚电极)内部的传输,直接导致电极材料的倍率性能下降。因此,防止制备过程中 MXene 片层的堆叠现象,对提高 MXene 基电极材料性能至关重要。Yury Gogotsi 教授通过模版法制备了多孔结构的 $Ti_3C_2T_x$ 薄膜,与紧密堆叠的薄膜相比不仅具有更高的比电容,还表现出更加优异的倍率稳定性如图 3.7(b)和 3.7(e)所示。此外,如图 3.7(c)中不同充电状态下的电化学阻抗谱表明,MXene 电极具有很小的电荷转移电阻。另一方面,随着电极电量不断充满(电压＞－0.7 V),离子在电极材料中的扩散阻抗表现出明显的增大,这与 CV 曲线中氧化还原峰的电位相对应,说明离子扩散阻抗的增大与储能反应中的氧化还原反应有关。

　　为了对不同组分 MXene 的储能特性进行总结和预测,使储能效率达到最优化,Yury Gogotsi 教授与加利福尼亚大学河滨分校(University of California,Riverside)的 Den Jiang 教授合作,通过密度泛函理论对不同 MXene 的理论电容量进行了计算,如图 3.7(f)所示[19]。其中,越正的氢吸附自由能 DG_H,表示材料与氢之间的键合越弱;而越小的 DV_{PZC} 则可以引起较高的理论比电容,其中,DV_{PZC} 表示 $M_{n+1}X_nO_2$ 和 $M_{n+1}X_n(OH)_2$ 电位差的一半。因此,一个理想的电极材料应该同时具有较高的 DG_H 和较低的 DV_{PZC}。

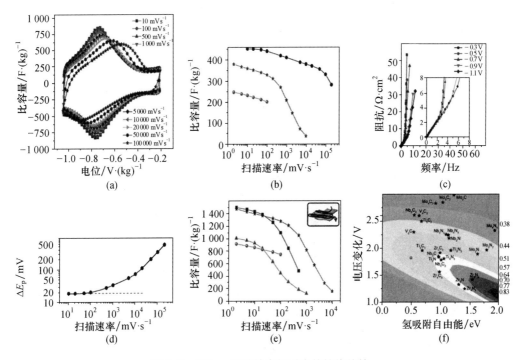

图 3.7　MXene 在酸性电解质中的储能特性

((a)～(e)再版许可源自 Springer Nature 出版社[18],(f)再版许可源自 ACS 出版社[19])

(a) MXene 在 $3MHg_2SO_4$ 电解质中的比容量;(b) 不同厚度 MXene 薄膜的比容量;(c) 不同充电状态下的电化学阻抗谱;(d) 多孔与紧致 MXene 薄膜的输出特性比;(e) 不同厚度 MXene 薄膜的比容量;(f) 密度泛函理论计算不同 MXene 的理论电容量

　　除了电极材料外,电解质作为离子的导体在超级电容器工作过程中也发挥着至关重要的作用。因此,选择合适的电解质同样有利于提高电极材料的电容值。基于这一点,Yury Gogotsi 教授通过在三种不同溶剂(二甲基亚砜(dimethyl sulfoxide,DMSO)、乙腈(acetonitrile,ACN)和碳酸丙烯酯(propylene carbonate,PC))的电解质中对 $Ti_3C_2T_x$ 薄膜的电化学性能进行了测试[20]。有趣的是，$Ti_3C_2T_x$ 薄膜在三种电解质中表现出完全不同的循环伏安曲线，如图 3.8(a)所示。通常 ACN 基电解质具有较高的离子电导率，却表现出最小的 CV 面积(最小的电荷容量)。DMSO 基电解质较 ACN 基电解质容量有所提高，而在 PC 基电解质中，$Ti_3C_2T_x$ 薄膜具有最大的电压窗口(-2.4 V)以及最大的电荷量(468 C)。此外，$Ti_3C_2T_x$ 薄膜在 DMSO 和 ACN 基电解质中表现为电容主导的储能行为，而 PC 基电解质 CV 曲线上两对对称的氧化还原峰则表明，其储能行为受快速的氧化还原反应主导。

电解质离子在充放电过程中的去溶剂化现象对储能行为也有着重要影响，如图 3.8(f)所示，因此，他们结合原位 X 射线衍射(X-ray diffraction，XRD)和分子动力学(molecular dynamics，MD)模拟去溶剂化状态，如图 3.8(b)、(c)、(d)、(e)、(g)、(h)所示。结果表明，随着充放电反应的进行，$Ti_3C_2T_x$ 的层间距在 DMSO 和 ACN 基电解质中分别表现出

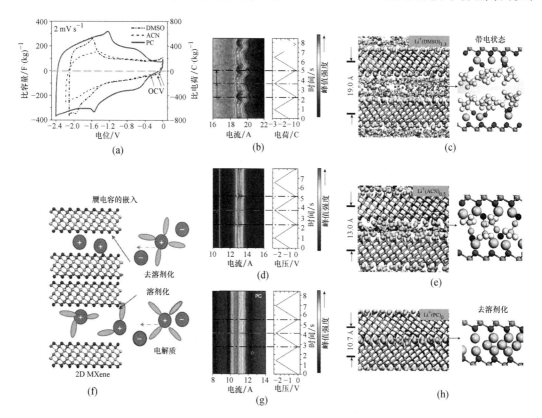

图 3.8 溶剂对 MXene 储能特性的影响

(a)三种 MXene 的循环伏安曲线；(b)原位 X 射线衍射分析带电状态；(c)分子动力学模拟带电状态；(d)原位 X 射线衍射分析溶剂化现象；(e)分子动力学模拟溶剂化现象；(f)电解质离子的充放电示意；(g)原位 X 射线衍射模拟去溶剂化现象；(h)分子动力学模拟去溶剂化现象(图片再版许可源自 Springer Nature 出版社[20])

0.5Å 和 0.4Å 的可逆变化,而在 PC 基电解质中则保持不变。根据 $Ti_3C_2T_x$ 层间距变化计算得到,每一个锂离子嵌入过程中伴随着 1.3 个 DMSO 分子的嵌入,这些嵌入的 DMSO 分子亲水端与 $Ti_3C_2T_x$ 表面结合,在 $Ti_3C_2T_x$ 片层间构成疏水通路,为锂离子提供快速传输的通路。与之相比,只有 0.5 个 ACN 分子与锂离子一同嵌入到 $Ti_3C_2T_x$ 片层间,少量的 ACN 分子仅能与单侧的 $Ti_3C_2T_x$ 结合,无法构成疏水通路,不利于锂离子的传输。而在 PC 基电解质中,$Ti_3C_2T_x$ 层间距一直保持在 2.9Å,无法为溶剂的共同嵌入提供空间,这说明 PC 基电解质中的锂离子在充放电过程中发生了完全的去溶剂化。这一现象导致 $Ti_3C_2T_x$ 薄膜在 PC 基电解质中的储能过程与锂离子电池中的固态扩散类似,但是由于 $Ti_3C_2T_x$ 高导电的二维结构可以为电化学反应提供更多的活性点位,$Ti_3C_2T_x$ 薄膜仍然表现为赝电容特性。

由于其超高的电导率和稳定的分散性,MXene 在多种新型超级电容器,如柔性微芯片结构超级电容器[21]、透明超级电容器[22]、可穿戴超级电容器[23]和高速整流器件[24]等方面具有广阔的应用前景,如图 3.9 所示。

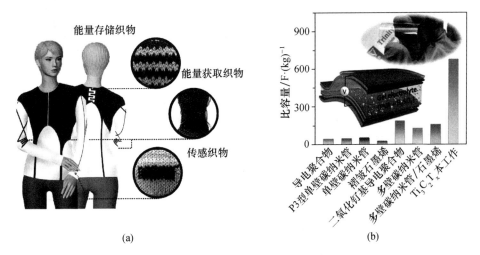

图 3.9 MXene 在新型电容器中的应用

(a) 可穿戴超级电容器;(b) 透明超级电容器(图片再版许可源自 Wiley 出版社[22,23])

液晶是一种热力学稳定的中间态,具有液体流动性和晶体有序性。将液晶的特性赋予拥有高导电性和电化学活性的纳米材料,可以为器件提供高度有序的结构。从理论上来讲,液晶相 MXene 可以在一定温度和浓度时表现出介于液体和晶体间的有序流体状态。如图 3.10 所示,为了解决 MXene 片层堆叠造成的性能下降,Yury Gogotsi 教授通过自组装的方法实现了 $Ti_3C_2T_x$ 薄膜盘状液晶相的垂直排列,这种结构能够促进离子的传输,电极厚度增加也不影响其电化学性能,可规模化应用,这使得其在储能领域和工业化方向具有巨大的潜力[25]。

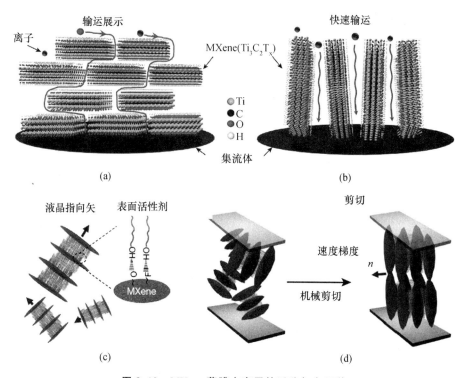

图 3.10　MXene 薄膜中离子的迁移与自组装

（a）片层堆叠的离子输运；（b）垂直排列实现快速输运；（c）表面活性剂的作用；（d）有序排列（图片再版许可源自 Springer Nature 出版社[25]）

二维材料中液晶相的发现，使其向三维宏观结构的发展成为可能。如图 3.11 所示，Yury Gogotsi 教授首次提出了一种无须使用液晶添加剂、黏合剂或者稳定剂的水性 MXene 油墨[26]。

研究表明，从各向同性到列相的转变浓度受 MXene 薄片长宽比的影响。当调整 MXene 薄片的长宽比和浓度时，MXene 油墨呈现列型液晶相。采用湿法纺丝可以制备具有高导电率与高储能特性的液晶相 MXene 纤维，通过改变油墨配比、凝固浴和纺丝参数等条件，可以控制 MXene 纤维的形态。同时，MXene 薄片的尺寸、排列和堆积密度对纤维的电学性能有显著的影响。该研究结果为智能纺织品的应用提供了多种可能性，包括超级电容器、电加热以及其他应用前景。

3.3.2　在无线通信中的应用

随着物联网技术的发展，人们对超薄的可穿戴电子设备的需求迅速增加，射频天线是物联网无线通信的重要组成部分。金属被广泛应用于天线的制造之中，但是它们的体积限制了柔性天线的发展。近年来，石墨烯、碳纳米管和导电聚合物等纳米材料开始在无线通信中

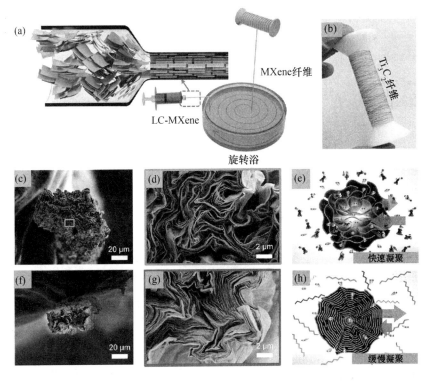

图 3.11　液晶相 MXene 纤维

（图片再版许可源自 ACS 出版社[26]）

被使用。然而,不理想的导电性限制了它们的应用。基于此,Yury Gogotsi 教授提出了一种基于简单喷涂工艺的 MXene 无线通信射频器件[27]。

如图 3.12 所示,约 100 nm 厚的 MXene 天线拥有小于−10 dB 的反射系数,通过将天线厚度增加到 8 μm,则可以获得−65 dB 的反射系数。同时,在 860 MHz 的频率下,基于 MXene 的射频识别标签的读取距离可以达到 8 m。MXene 材料为制造射频和可穿戴电子设备开辟了新途径。

对于无线通信来说,信息的可靠传输是最为关键的,而新型的超薄多功能电磁干扰屏蔽材料可以为电子设备的通信提供保障。由于 MXene 材料的高导电性与优异的二维结构,使其成为目前合成材料中电磁屏蔽性能最好的材料之一,并且 MXene 可以采用喷涂或者沉积工艺在任意基底的表面上制备独立式的薄膜。研究表明,MXene 家族的许多成员都可以用于电磁屏蔽,这有助于设计超薄、柔性和多功能的电磁屏蔽膜[28,29],如图 3.13 所示。

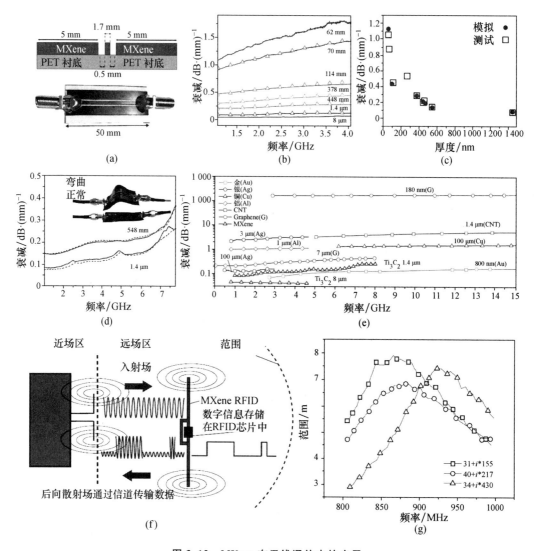

图 3.12　MXene 在无线通信中的应用

（a）器件结构；（b）频率-衰减曲线；（c）厚度-衰减曲线；（d）对比曲线；（e）多种材料对比；（f）应用场景；（g）读取距离与频率曲线（图片再版许可源自 AAAS 出版社[27]）

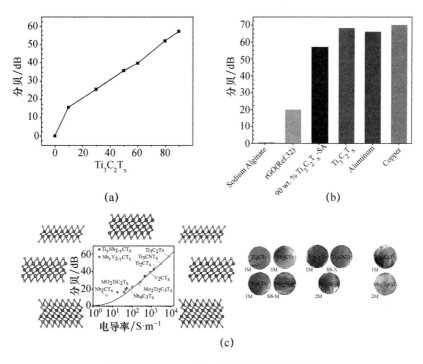

图 3.13　MXene 在电磁干扰屏蔽中的应用

（a）电磁屏蔽效果；（b）多种材料电磁屏蔽对比；（c）电导率与构型关系（图（a），（b）再版许可源
自科学（Science）出版社[28]；图（c）再版许可源自 ACS 出版社[29]）

3.4　MXene 的展望

从 2011 年 MXene 被发现以来，因其独特的性质，受到了全球科学家的广泛关注，目前已在电化学、电催化、生物传感器、医学、电子学、光学等相关领域得到了深入研究。然而，超过 70% 的 MXene 研究都集中在第一个发现的 MXene，即 $Ti_3C_2T_x$ 上，如图 3.14 所示，对许多研究人员来说，MXene 这个名字已经成为 $Ti_3C_2T_x$ 的同义词，但是 MXene 这个未被充分开发的材料家族依旧有其独特的魅力。MXene 的本质使我们相信，我们仍处于MXene 研究的早期，例如对于 MXene 的原子缺陷来说，基于密度函数理论的计算证实，并预测了缺陷对表面形貌和端接基团的影响。总的来说，虽然 MXene 的研究还处于早期的探索阶段，目前依旧存在许多的挑战，包括未知的和已知的，但是毋庸置疑，许多令人兴奋的发现即将到来。

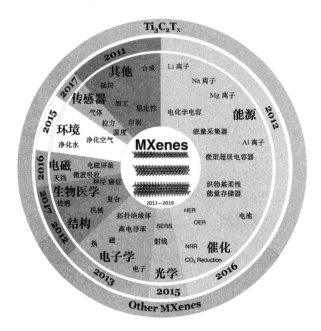

图 3.14　MXene 的特性与应用

（图片再版许可源自 ACS 出版社[30]）

3.5　常见问题与回答

Q1：MXene 在喷墨打印过程中的稳定性如何？

A1：事实上，喷墨打印是一项非常可控的技术手段。首先，通过对 MXene 分散液进行简单的超声处理，就可以破坏大片 MXene 的结构，从而将 MXene 片层的尺寸减小到 100 nm 左右。但是，对于很多应用领域来说，希望使用微米尺寸的大片 MXene，因为大片 MXene 可以提供更高的电导率和机械稳定性。另外，通过设计喷墨打印机的喷头，也可以实现大颗粒墨水的打印。事实上，我们实验室正在与相关公司合作进行这方面的开发。

Q2：单层与多层 MXene 的性能有什么差别？

A2：在薄膜材料中，单层 MXene 表现为非常整齐的紧密堆叠结构，片层间接触面积大，因此薄膜通常具有较高的电导率、较小的片层间距离以及较强的机械强度和机械稳定性。而对于多层 MXene 来说，其排列并不像单层 MXene 一样紧密，而是表现为松散的结构。这导致薄膜的支撑很弱、渗透率很高、电导率很低。所以，如果需要高电导率、低渗透率、高机械强度的薄膜，则应该使用单层 MXene 的分散液来制备。如果你想要具有高渗透率的薄膜,例如电极材料需要为电解质渗透提供充足的空间,使用多层 MXene 将更有优势。

Q3：制备大面积、单晶 MXene 的可行性和必要性是什么？

A3：我们没有理由对合成大片的 MXene 单晶说"不"。现在人们知道如何在铜箔上制备大片的石墨烯,但并不是一开始就用这种方法。在最开始的时候,人们用微米尺寸的石墨来剥离石墨烯。像石墨烯、MoS_2 以及黑磷这些材料的发展一样,我们需要逐渐优化 MXene 的制备工艺。既然人们可以制备几百微米的 MoS_2 单晶,那么制备大片的 MXene 单晶也是可以实现的。关于它的必要性,实际上我并没有很好的答案。研究大片单晶 MXene 的性能听起来很有意思,我不知道在应用中是否真的需要这种材料。到目前为止,利用现有的 MXene 已经可以获得高强度、稳定的高导电 MXene 薄膜。同时,通过溶液法来制备 MXene 显然成本更低。但是,如果你有办法能够制备大片的 MXene 单晶,我会来学习。

Q4：MXene 在微芯片超级电容器以及整流电容器的相关问题有哪些？

A4：首先,高电解质渗透率电极材料的制备。这要求我们将 MXene 片层进行特殊的排列,例如,利用碳纳米管对 MXene 进行插层,可以防止 MXene 片层堆叠。将 MXene 片层进行垂直排列是一个很好的办法,这是实现高性能电极材料结构设计的有效途径。此外,还有很多挑战,例如拓宽工作电压窗口、提高稳定性等,总之,这是一个非常宏大的课题。

Q5：提高 MXene 在有机溶剂中分散性的方法有哪些？

A5：我们可以在水中得到非常稳定的 MXene 分散液,在某些有机溶剂中我们也可以得到比较稳定的 MXene 分散液,但是获得可以在有机溶剂中均匀分散的 MXene 片仍然是一个非常大的挑战。或许问题的关键在于要找到一种 MXene 可以稳定分散的溶剂,而不是对 MXene 进行表面改性。当然,你也可以通过在 MXene 表面接枝疏水基团的方法,使其可以分散在非极性溶剂中。但是我们发现,与其他材料相比,MXene 的优势就在于不需要改性就可以在很多领域表现出优异的性能。像半导体、金属颗粒、量子点、石墨烯、碳纳米管等这些材料都需要进一步的处理,例如高温处理,来实现较好的性能。关于 MXene 的表面改性,我想你可以借鉴其他低维纳米材料的改性方法。

Q6：MXene 在科学研究和应用领域的发展未来怎样？

A6：MXene 的未来十分光明。在科学研究领域,我列举几个可能的方向:二维磁性 MXene,包括铁磁性和反铁磁性;MXene 在超导材料中的作用;拓扑绝缘特性在物理界有很广阔的应用前景;MXene 片层与电磁波之间的相互作用。我的实验室也正在研究 MXene 片层与电磁波的相互作用,希望相关文章很快会发表。在报告中,我努力想让大家知道 MXene 是一种易于制备的材料。目前,我们已经可以大批量生产 MXene 分散液,用很简单的方法制备 MXene 薄膜。那么,对于应用来说,因为 MXene 很容易获得,所以有很好的应用前景,我个人比较看好电磁屏蔽和天线。当然,我相信还有很多领域等待我们去研究。

Q7:作为一个初入 MXene 领域的研究者,哪里是进入该领域比较好的切入点?

A7:到目前为止,已经有成百上千的研究者加入 MXene 的研究中来,但是并没有上千种 MXene 的组合。所以,如果让我来做,我会寻找一种还没合成出来的新的 MXene 材料。我的实验室现在正在合成新的多金属固溶体,研究不同金属的比例对 MXene 性能的影响,而这些研究之前并没有人做过。如果你想聚焦在 MXene 的应用上,那么就去了解它的基本性质,去思考这些性质可以在哪些领域产生不一样的效果。

参 考 文 献

[1] Yury Gogotsi 教授课题组. Yury Gogotsi 教授课题组[EB/OL]. https://Nano. materials. drexel. edu.

[2] iCANX Talks. iCANX Talks 视频[EB/OL]. https://www. iCAN-x. com/talks.

[3] Zhang H. Ultrathin two-dimensional nanomaterials[J]. ACS nano,2015,9(10):9451-69.

[4] Naguib M,Kurtoglu M,Presser V,et al. Two-Dimensional Nanocrystals Produced by Exfoliation of Ti3AlC2[J]. Advanced Materials,2011,23(37):4248-4253.

[5] Alhabeb M,Maleski K,Anasori B,et al. Guidelines for synthesis and processing of two-dimensional titanium carbide ($Ti_3C_2T_x$ MXene)[J]. Chemistry of Materials,2017,29(18):7633-7644.

[6] Anasori B,Xie Y,Beidaghi M,et al. Two-dimensional,ordered,double transition metals carbides (MXenes)[J]. ACS nano,2015,9(10):9507-9516.

[7] Urbankowski P,Anasori B,Makaryan T,et al. Synthesis of two-dimensional titanium nitride Ti_4N_3 (MXene)[J]. Nanoscale,2016,8(22):11385-11391.

[8] Tao Q,Dahlqvist M,Lu J,et al. Two-dimensional Mo1. 33C MXene with divacancy ordering prepared from parent 3D laminate with in-plane chemical ordering[J]. Nature communications,2017,8 (1):1-7.

[9] Alhabeb M,Maleski K,Mathis T S,et al. Selective etching of silicon from Ti_3SiC_2 (MAX) to obtain 2D titanium carbide (MXene)[J]. Angewandte Chemie,2018,130(19):5542-5546.

[10] Deysher G,Shuck C E,Hantanasirisakul K,et al. Synthesis of Mo_4VAlC_4 MAX Phase and Two-Dimensional Mo_4VC_4 MXene with Five Atomic Layers of Transition Metals[J]. ACS nano,2020,14 (1):204-217.

[11] Anasori B,Gogotsi Y. 2D metal carbides and nitrides (MXenes) [M]. Springer,2019.

[12] Khazaei M,Ranjbar A,Arai M,et al. Electronic properties and applications of MXenes:a theoretical review[J]. Journal of Materials Chemistry C,2017,5(10):2488-2503.

[13] Shuck C E,Sarycheva A,Anayee M,et al. Scalable Synthesis of $Ti_3C_2T_x$ MXene[J]. Advanced Engineering Materials,2020,22(3).

[14] Agresti A,Pazniak A,Pescetelli S,et al. Titanium-carbide MXenes for work function and interface

engineering in perovskite solar cells[J]. Nature materials, 2019, 18(11): 1228-1234.

[15] Kim H, Alshareef H N. MXetronics: MXene-Enabled Electronic and Photonic Devices[J]. ACS Materials Letters, 2019, 2(1): 55-70.

[16] Maleski K, Mochalin V N, Gogotsi Y. Dispersions of two-dimensional titanium carbide MXene in organic solvents[J]. Chemistry of Materials, 2017, 29(4): 1632-1640.

[17] Schultz T, Frey N C, Hantanasirisakul K, et al. Surface Termination Dependent Work Function and Electronic Properties of $Ti_3C_2T_x$ MXene[J]. Chemistry of Materials, 2019, 31(17): 6590-6597.

[18] Lukatskaya M R, Kota S, Lin Z, et al. Ultra-high-rate pseudocapacitive energy storage in two-dimensional transition metal carbides[J]. Nature Energy, 2017, 2(8): 1-6.

[19] Zhan C, Sun W, Kent P R, et al. Computational screening of MXene electrodes for pseudocapacitive energy storage[J]. The Journal of Physical Chemistry C, 2018, 123(1): 315-321.

[20] Wang X, Mathis T S, Li K, et al. Influences from solvents on charge storage in titanium carbide MXenes[J]. Nature Energy, 2019, 4(3): 241-248.

[21] Peng Y-Y, Akuzum B, Kurra N, et al. All-MXene (2D titanium carbide) solid-state microsupercapacitors for on-chip energy storage[J]. Energy & Environmental Science, 2016, 9(9): 2847-2854.

[22] Zhang C, Anasori B, Seral-Ascaso A, et al. Transparent, flexible, and conductive 2D titanium carbide (MXene) films with high volumetric capacitance[J]. Advanced Materials, 2017, 29(36).

[23] Uzun S, Seyedin S, Stoltzfus A L, et al. Knittable and Washable Multifunctional MXene-Coated Cellulose Yarns[J]. Advanced Functional Materials, 2019, 29(45).

[24] Jiang Q, Kurra N, Maleski K, et al. On-Chip MXene Microsupercapacitors for AC-Line Filtering Applications[J]. Advanced Energy Materials, 2019, 9(26).

[25] Xia Y, Mathis T S, Zhao M-Q, et al. Thickness-independent capacitance of vertically aligned liquid-crystalline MXenes[J]. Nature, 2018, 557(7705): 409-412.

[26] Zhang J, Uzun S, Seyedin S, et al. Additive-Free MXene Liquid Crystals and Fibers[J]. ACS Central Science, 2020, 6(2): 254-265.

[27] Sarycheva A, Polemi A, Liu Y, et al. 2D titanium carbide (MXene) for wireless communication[J]. Science advances, 2018, 4(9).

[28] Shahzad F, Alhabeb M, Hatter C B, et al. Electromagnetic interference shielding with 2D transition metal carbides (MXenes)[J]. Science, 2016, 353(6304): 1137-1140.

[29] Han M, Shuck C E, Rakhmanov R, et al. Beyond $Ti_3C_2T_x$: MXenes for Electromagnetic Interference Shielding[J]. ACS nano, 2020, 14(4): 5008-5016.

[30] Gogotsi Y, Anasori B. The rise of MXenes [M]. ACS Publications. 2019.

第 4 章　纳米剪纸技术与超材料的应用

　　超材料(meta-materials)指的是一类具有特殊性质的人造材料,这些材料是自然界中原本不存在的,它们拥有一些特异的性质,例如用光、电磁波等可以改变它们的本征特性,增强材料的负折射,用来构建具有超分辨率、超透镜的显微镜,以观察分子水平的细节,或者用来让飞机甚至人隐身等等,而这样的效果是传统材料无法实现的,这些奇特性质源于其精密的几何结构及尺寸。近年来,方绚莱教授[①]课题组围绕金属纳米剪纸技术,探索了功能性微/纳光子和机械器件、太阳能变色水凝胶等,高分辨、像素化的量子点色彩转换技术和超低功耗的下一代微显示器[1];在声学超材料结构设计和微/纳制造技术方面,探索声波的结构化元结构等,展现了上述新兴材料及先进微/纳制造技术在芯片级光子传感器、激光、发光二极管、太阳能技术以及超声进行聚焦和重新布线等相关领域具有广泛的应用前景[2]。

　　本章主要包括四个方面内容:具有可调光学手性的纳米剪纸技术;高效的太阳红外排斥的热致变色水凝胶;微像素化 LED 色彩转换器;声学超材料和微/纳结构设计。

4.1　绪　　论

　　"艺术来源于生活又高于生活,科学也来自生活,但服务于生活",艺术和科学的创造都离不开对生活的点滴观察,而纳米剪纸技术正是将宏观折纸工艺创作的思想应用于微观纳米世界,将剪纸艺术和三维(three dimension,3D)纳米技术进行有机的结合,从而实现具有可调光学特性的 3D 纳米结构。

　　3D 纳米结构具有独特而灵活的功能,特别是在集成和重构方面。剪纸或者是折纸的方法(kirigami or origami method)是一种很有前景的 3D 纳米技术,使用一定的手段对平面对象进行切割或者是折叠,从而创造出多种多样的形状,在微/纳机电系统、储能系统、生物医学设备、机械和光子材料等领域具有广泛的应用前景。与传统的 3D 微/纳米制造技术相比,这种新兴的剪纸和折纸工艺使形状从二维到三维的转换不再需要多层叠加的精确对准,并且拥有独特的变换特性(如旋转和扭转),极大地丰富了三维空间的几何形状和复杂性。这里详细介绍一个原位纳米剪纸方法及其制备的具有纳米级精度的原位切削和屈曲悬浮金薄膜。

---

　　①　方绚莱,美国麻省理工学院(Massachusetts Institute of Technology,MIT)机械工程系终身教授,纳米光电及 3D 纳米生产技术实验室创始人、主任。主要研究领域为纳米光子学、能源转换、通信和生物医学成像。2022 年 7 月入职香港大学。

4.2　具有可调手性的纳米剪纸技术

不同于通常使用多种材料的介观(介于宏观与微观之间的一种体系)剪纸技术,宏观的剪纸技术可以简单地通过切割单一材料并将其手工转换成所需的形状,就像图 4.1(a)中的可膨胀圆顶的剪纸结构。但是,在微观尺度上实现单一材料剪纸技术是非常困难的,因为这需要一个足够复杂的微/纳米操作工具,而且该纳米剪纸技术具有闭环多体系统的特点,相互连接结构的最终形成取决于整体的应力平衡,而不是单个构件的孤立折叠,这就进一步增加了纳米剪纸技术实现复杂三维形状的难度[3]。

如图 4.1(b)所示,采用基于镓离子的聚焦离子束(focused ion beam,FIB)在 80 nm 厚的金膜上进行高剂量铣削和低剂量全局照射,一个可膨胀穹顶的剪纸结构在显微镜下得到了很好的再现,该结构有低于 50 nm 的特征尺寸。如图 4.1(c)～4.1(f)中的 12 叶螺旋桨和图 4.1(g)～4.1(j)中四臂风车所示[4],在图中以旋转图 4.1(h)和 4.1(i)中虚线可以看出,中央部分的结构可以动态地扭曲和旋转,是闭环多体系统的典型特征。

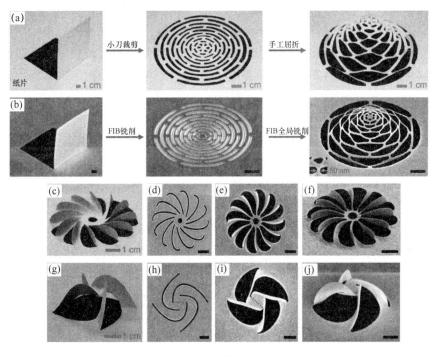

图 4.1　宏观和微观剪纸艺术

(a)纸基剪纸工艺;(b)金属膜剪纸工艺;(c)～(f)螺旋桨结构;(g)～(j)风车结构
(图片再版许可源自 AAAS 出版社[4])

4.2.1　光学效应与力学耦合的纳米剪纸技术

纳米剪纸技术可以轻松实现各种复杂的三维形状。纳米剪纸技术的主要机制是利用镓离子与金薄膜碰撞所产生的残余应力,如图 4.2(a)所示,但是这种碰撞机制下的制造方式难免存在一定的不确定性,如果能通过建立薄膜力学模型,准确地预测纳米结构的屈曲、旋转和扭转等三维形状变化,那么就能实现复杂微纳三维形状的可控制备。由此将金薄膜简化为双层模型,如图 4.2(a)所示薄膜顶部为拉伸应力 σ_t 的非晶层,底部为变形应力 σ_b 的多晶层。当此悬吊结构的一端固定后,顶部的拉伸力会使悬吊结构向上弯曲,形成如图 4.2(b)所示的舌形弯曲结构。这种向上弯曲机制可以同时应用于复杂几何的多个亚单元,例如图 4.2(c)中花状结构的向上弯曲的“花瓣”。然而,这在纳米尺度上是具有挑战性的,因为纤维引起的结构变化和材料改性通常超出了弹性区域,而以往纯弹性材料处理 Stoney 公式的假设对于复杂的结构转变是不够的[5]。经过一定的分析,我们建立了综合力学模型,并通过实际的4.3(d)结构验证了模型的准确性。

二维图形的形貌在纳米级剪纸中是至关重要的,可以通过改变二维图形的边界来改变结构的弯曲方向。当悬吊区域的多端固定时,在相同的残余应力下,结构可能向下发生屈曲,如图 4.2(d)和 4.2(e)所示,通过改变弧长及其填充比,在全局离子束照射下,弧形向下弯曲,与图 4.2(c)中向上弯曲的花瓣完全不同,即使在展弦比和弧长相同的弧段结构中,图 4.2(e)中同心圆弧段结构的下屈曲也明显大于图 4.2(d)中蛛网结构的下屈曲;在相同应力下,图 4.2(c)~4.2(e)的模型计算很好地再现了这些电镜下的观察结果。这种精确的建模还提供了除结构分布之外的信息,例如在特殊形状下的平衡应力的最终分布,如图 4.2(d)中的蛛网结构,通过模型计算出的应力主要集中在径向连接部分,而图 4.2(e)中的同心圆弧结构应力分布较为均匀。这说明在相同展弦比下,大剂量离子束照射下,蛛网结构比同心圆弧结构更脆弱。

实验和模型计算的良好一致性表明,多结构间的应力平衡和相邻部件之间的形状变化具有很强的相关性,通过建立的力学模型可以很好地预测希望得到的结构。这种方法可以构建形式多样的复杂三维结构,如图 4.2(f)~4.2(h),这些三维纳米剪纸结构在传统的纳米制造技术中是难以实现的,它们丰富了纳米光子器件和微机电系统(microelectromechanical system,MEMS)/纳机电系统(nano-electromechanical system,NEMS)的设计和制造种类。

4.2.2　应力诱导的 3D 纳米剪纸技术

根据纳米剪纸形成奇异的几何图形可以进一步演变为一个金属纸风车组,如图 4.3(a)所示。入射光的电场 E_x 对左旋(LH)叶轮在平行方向的电力矩(p_x,L)和磁力矩(m_x,L)均有诱导作用,如图 4.3(b)所示。同理,入射光的磁场 H_y 也可以诱导 y 方向上的电力矩和磁

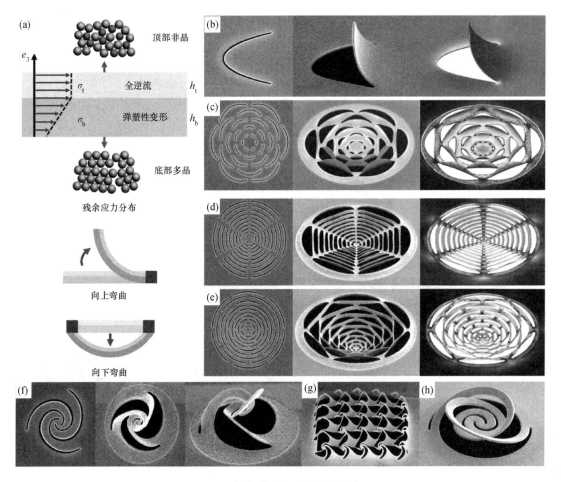

图 4.2　角膜地形图引导的纳米剪纸

(a) 双层模型;(b) 舌形弯曲;(c) 花瓣结构(向上弯曲);(d) 蛛网结构;(e) 花瓣结构(向下弯曲);(f)～(h) 螺旋结构(图片再版许可源自 AAAS 出版社[4])

力矩如图 4.3(c)。由于光的手性依赖于 $p \cdot m$ 的强度,所以电和磁是平行力矩并强烈地相互作用,从而引起明显的光学手性。同时,可以看出,电磁矩的感应方向与四个叶轮扭转高度相关,在叶轮中,电力矩的方向分别和磁力矩的方向相反,引起光学手性。

利用纳米剪纸技术,可以进一步设计出更为直观的三种类型的二维螺旋图,如图 4.3(d)所示。将残余应力应用于力学模型,可预测出不同高度和臂宽的三维风车结构,与图 4.3(a)中的风车设计在几何上等价。这些数值设计和结果在图 4.3(e)的装配式结构中得到了很好的验证,显示了所提出的力学模型的准确性和"鲁棒性"。

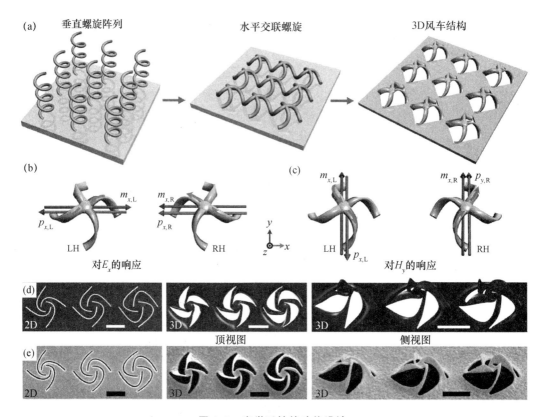

图 4.3　光学手性的功能设计

（a）几何图形；（b）对 E_x 响应；（c）对 H_y 的响应；（d）二维螺旋图；（e）装配式结构（图片再版许可源自 AAAS 出版社[4]）

　　通过制作栅格周期性为 $1.45\ \mu m$ 的二维和三维风车阵列，实现了通信波长的光学手性，如图 4.4(a) 和 4.4(b) 所示。通过特定的波长对这些二维和三维的风车阵列进行照射，建立了三维和二维阵列的线偏振旋转角与波长的关系，如图 4.4(d) 和 4.4(e) 所示。通过二维和三维剪纸结构的对比清晰地表明，这种纳米剪纸技术简单地引入三维旋转结构就可以显著提高结构的光学手性。同时，与其他具有太赫兹、千兆赫或中红外波长的多层或扭曲结构的手性结构相比，纳米剪纸工艺具有纳米级精度，在保持结构复杂性的前提下显著降低了制作难度和复杂程度。

　　为了进一步拓展纳米剪纸技术的光学转换应用，通过聚焦离子束(FIB)闭环纳米剪纸方法，成功地制造了螺旋桨形状周期性阵列，该阵列的周期性大小为 $1.45\ \mu m$[6]。这种基于聚焦离子束诱导的悬浮超薄金薄膜的连续形状，具有单轴宽带极化转换和手敏相位特性的针状超表面，通过对具有不同旋向的元表面的图形化处理可以成功地在线性和径向配置下观察

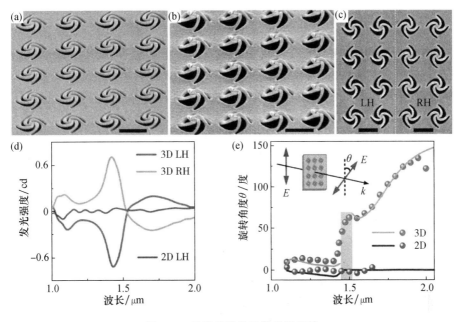

图 4.4　纳米剪纸的显著光学手性

（a）二维风车阵列；（b）三维风车阵列；（c）包括左旋（LH）和右旋（RH）的风车阵列；（d）三维风车阵列手性；（e）三维和二维旋转结构对性能的提升（图片再版许可源自 AAAS 出版社[4]）

到高对比度的交叉极化衍射。这种新型超表面以及它们用于重构电位的悬浮特性，为探索功能性和可重构的微/纳光子和电子器件开辟了新的可能性。

　　纳米剪纸技术和微电子加工技术的有效结合是下一步的重点发展方向。通过亚微米像素的电子可重构的纳米剪纸技术将机电系统制备在与互补式金属氧化物半导体（complementary metal-oxide-semiconductor，CMOS）兼容的 Au-SiO$_2$-Si 衬底上，能够实现纳米剪纸结构和 CMOS 电子器件的完美结合。这种器件是通过顶部金纳米结构和底部硅衬底间的静电力进行操作的，在大面积的纳米剪纸三维形貌中明显观察到可伸缩的像素大小下降到 0.975 μm。

4.3　热致变色水凝胶

　　超材料不仅在电子器件方面会给人们的生活带来新的变化，而且还将在改善人类的生活环境中起到重要作用。地球表面太阳光能量超过 52% 的是近红外波段（>300 W/m^2），当太阳光穿过普通玻璃时，由于对光线中的近红外波段没有有效的阻挡作用，会导致室内温度升高。特别是夏天，人们为了享受到舒适的环境，会使用空调制冷来降低房间内的温度，消耗大量的电能。调查研究表明,2017 年香港商业楼宇耗电量占总能源供应的 43%,其中 30% 的能源用于暖通空调。很多人一直致力于节能建筑的发展,以减少供热、通风和空调系统对能源的消耗。其中,智能窗户的发展给这项工作带来了新的机遇。以往智能窗户的透过率调制过程主要依赖于热致变色金属氧化物或电致变色活性材料对太阳光的吸收或转化。在实际应用中,存在几个关键问题,如夜晚光线的透明度、透射率调制效率,制造和操作的经济性,以及稳定性和可扩展性。

为了进一步提升智能窗户在人们日常生活中的作用,研发了一种新的热致变色材料,聚(n-异丙基丙烯酰胺)2-氨基乙基甲基丙烯酸盐酸盐(pNIPAm-AEMA)水凝胶颗粒。这种温度响应型水凝胶具有可调的散射行为,可以实现智能窗户的光管理。为了实现工业化应用,方教授课题组制作了 12 cm×12 cm 的智能窗户样品如图 4.5 所示[7]。

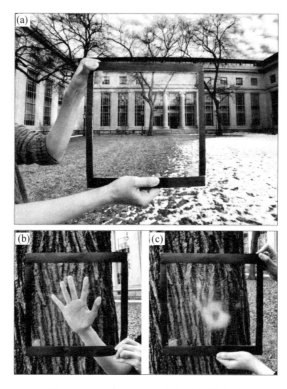

图 4.5   12 cm×12 cm 水凝胶智能窗户

(a) 智能窗户样品;(b) 测试(手按压);(c) 手印(热致变色)(图片再版许可源自 Elsevier 出版社[7])

如图 4.6 所示,该温度响应型水凝胶颗粒的独特之处在于,它们的散射行为可以根据水凝胶颗粒的大小、内部结构和体积分数进行相应的调整。我们合成得到了颗粒尺寸在 200 ～ 2 000 nm 均匀可控的水凝胶颗粒,在红外区域首次实现了高效透射率调制。此外,与热致变色二氧化钒（VO₂）薄膜生产相比，这种水凝胶颗粒的液相合成适合大规模工业化生产，具有巨大的成本效益。

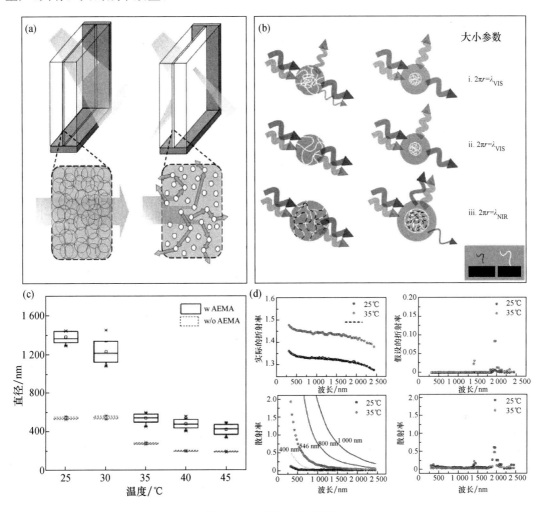

图 4.6　水凝胶的温度响应

（a）温度响应示意图；（b）水凝胶颗粒大小；（c）颗粒尺寸对温度的响应；（d）波长选择性（图片再版许可源自 Elsevier 出版社[7]）

　　为了实现高效节能的光管理，理想的热变色智能窗需要近室温转换和透射率的高梯度变化。在对不同温度下薄膜的透射光谱测量和在对水凝胶薄膜在加热和非加热两种方式下，分别用普通相机、热红外相机和红外相机对薄膜实物进行了拍照，如图 4.7 所示，可以清晰直观地看到水凝胶的温度响应特性以及对红外线的屏蔽功能，同时，搭载着这种水凝胶技术的智能窗模拟房屋实验装置的测试表明，使用该技术将会减少 26% 的制冷消耗。

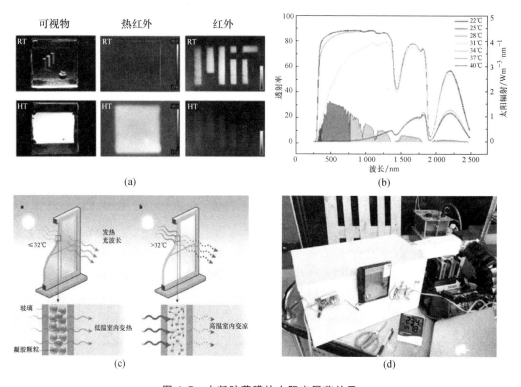

图 4.7　水凝胶薄膜的太阳光屏蔽效果

（a）测试图像；（b）温度响应；（c）工作原理示意图；（d）测试装置（图片再版许可源自 Elsevier 出版社[7]）

4.4　LED 彩色转换器

目前，LED 技术的发展逐渐趋于微型化，从一开始的毫米像素单元发展至目前的 10 μm 甚至更小的像素单元[8]。与传统的 LED 和液晶显示器（liquid crystal display，LCD）相比，这种微 LED（μLED）在能耗、对比度、亮度和功能性方面有着极大的优势，未来在 LED 电视墙、μLED 显示屏和虚拟现实（virtual reality，VR）等领域有着巨大的应用前景[9,10]。但目前，大规模 μLED 集成化的研究还处在早期阶段，仍有许多挑战需要克服。首先集成的红色、绿色和蓝色发光的 LED 像素的常规贴片方法不再适用于如此小尺寸的 μLED（其像素单元需控制在 10 μm 下保证最佳成本）。而与集成的红色、绿色和蓝色发光的 μLED 相比，对量子点（quantum dots，QDs）进行颜色转换的蓝色/紫外线 μLED 阵列上图案化可以简化制造过程，并降低产品缺陷率。目前，喷墨、气溶胶和光刻方法已应用于 QDs 转换像素低于 100 μm 的蓝色/紫外线 μLED。在蓝色/紫外线 μLED 阵列上图案化像素色彩转换器对全色 μLED 显示来说是目前看来最有前景的方法。

像素化颜色转换器将通过转换蓝色/紫外线 μLED 来实现全彩色高分辨率显示。而 QDs 是一种很有前景的窄带变换器,具有高量子效率和高亮度,可以在显示器上实现宽色域的饱和色。目前一般采用的喷墨、气溶胶印刷方法仍存在一些问题,仅能图案化 $50\ \mu m$ 的 QDs 像素,此外 QDs 的聚集在高负载下会导致发光不均匀并降低量子效率,而使用液体为主的材料在采用喷墨印刷时会产生咖啡环效应(即在滴注时,其颗粒物质会在基质上留下一个染色的污渍,并且污渍的颜色是不均匀的,边缘部分要比中间更深一些,形成环状斑的现象)。而采用硫醇-烯反应能有效避免上述情况[11]。NOA86 包含四官能硫醇,具有至少两个烯基的丙烯酸单体并且它是对紫外/可见光敏感的光引发剂。硫醇-烯反应以 $405\ nm$ 的紫外线投射引发,然后,它随着在噻吩基和烯官能团之间的键形成而传播,并最终形成交联的聚合物基质。由于胺的表面基团,QDs 不太可能参与硫醇-烯的聚合反应,从而阻止了相分离和 QDs 的聚集。

确定好 QDs 颜色转换器的主机材料后,方绚莱教授采用投影光刻法绘制的像素化 QDs/NOA86 颜色转换器,具有高分辨率、多形状的特点,像素间距 $<25\ \mu m$,大小 $<10\ \mu m$,高度 $<10\ \mu m$。使用紫外线数字光处理打印机对像素化的红色和绿色 QDs/硫醇-烯光敏聚合物进行复合的直接投影光刻技术,用于蓝色 LED 色彩下转换。数字光处理技术可提供高分辨率的可缩放和空气处理图案化程序,可以实现 $30\ \mu m$ 的间距和 $10\ \mu m$ 的厚度,以达到 $25\ \mu m$ 的正方形像素阵列。

在得到了像素化的红色和绿色 QDs/NOA86 后,需要将其在蓝色 LED 芯片上进行图案化以得到更广的色域。图案化后,红色和绿色像素的低轮廓形状厚度都会低于 $10\ \mu m$,这种低轮廓像素形状和 QDs 的高像素密度都有利于宽角度发射分布。由蓝色 LED 芯片激发的红色和绿色像素的归一化角发射都接近理想扩散辐射的朗伯发射轮廓,且在图案化后,色域得到了扩展,可以实现 DCI-P3 颜色空间的 95% 色域覆盖。通过控制 μLED 旁边的电源电压,可以将 QDs/光聚合物颜色转换器用于蓝色 μLED 阵列上的全彩色转换。并且,QDs 的选择范围更广,可以使蓝色 LED 色彩下转换的色域具有可调性。

在得到可调色域的同时,也带来了新问题:颜色串扰。像素之间的蓝光泄漏或绿色 QDs 附近的红色 QDs 的无意激发都可能导致两个像素之间发生光耦合。而方绚莱教授采取的做法是在红色和绿色转换器完成构图后,在相邻像素的缝隙间涂抹上黑色光敏聚合物形成黑色矩阵墙,这些黑色矩阵墙有效减轻了来自相邻绿色像素之间的绿色发光耦合以及红色像素的意外激励。通过在像素化色彩转换器之间对"黑矩阵"进行构图,可以减少 40% 的色彩串扰。

4.5　声学超材料和微纳结构设计

噪声在现代都市生活中无处不在,从机械车间到数据中心再到家用设备等都存在噪声。因此对新型降噪材料的需求也在逐渐增长,特别是针对交通工具的新型隔音技术,目前全球汽车声学材料的市场预计将增长到 100 亿美元[12]。虽然目前已经开发出了轻量化的汽车、飞机和轨道交通系统,但却是以降低发动机噪声为代价的。福特 2015 年的 March Ⅱ 研究报告指出了轻量化的严重瓶颈,即汽车的隔振和降噪。因此,如何利用超材料和设计特定的微纳结构对声波/弹性波进行操纵,是"声开关"领域的一个重点方向[13]。

4.5.1 磁活性声学超材料

具有负本构参数(模量和/或质量密度)的声学超材料在从声波掩盖、反常折射和超透镜到消除噪声的各种应用中显示出巨大潜力。美国南加利福尼亚大学(University of Southern California,USC)的王启明教授利用具有负本构参数的声学材料,在受到磁场作用时晶格屈曲可在正负之间切换的特性,成功研制了声学开关设备。如图 4.8(a)所示,材料由铁磁颗粒增强的弹性体构成,并基于立体光刻的制造方法制备晶格结构。将此晶格结构固定在底部并对其加载可控的磁场 B,由磁场引起的压缩载荷对八角形桁架施加了压缩力,当达到阈值时,结构发生屈曲,继续增大磁场,晶格结构会被完全压实[14]。并且,由磁驱动的晶格折叠是可逆的且非常迅速,随着磁场的减小,晶格能够可逆地展开并返回初始的形状和高度。同时,负本构参数在局部共振相关的频率范围内实现了异常的声音传输禁止/耗散。图 4.8(b)表示结合负模量和质量密度,可以使用磁场灵活地在单负和双负之间切换。当施加的磁场为 0.12 T 和 0.37 T 时,晶格结构在机械上稳定且具有正模量。因此,声学传输仅显示与负密度相关的 2 500～3 450 Hz 的低传输频带。但是,当施加的磁场约为 0.32 T 时,密度在 2 500～3 450 Hz 内为负。低于 3 000 Hz 的频率,模量为负。因此,将频率分为具有不同负本构参数对的四个状态:对于 1 000～2 500 Hz,$\rho>0$ 且 $E<0$;对于 2 500～3 000 Hz,$\rho<0$ 且 $E<0$;对于 3 000～3 450 Hz,$\rho<0$ 且 $E>0$;对于 3 450～5 000 Hz,$\rho>0$,$E>0$。单负态的声波传输率相对较低,即在 1 000～2 500 Hz 和 3 000～3 450 Hz 内低于 0.15。但是,双正和双负的声传输率相对较高,即在 3 450～5 000 Hz 内大于 0.75,在 2 500～3 000 Hz 内达到 0.6。利用这种磁活性声学超材料实现了通过各种远程方式来开启和关闭声学设备。

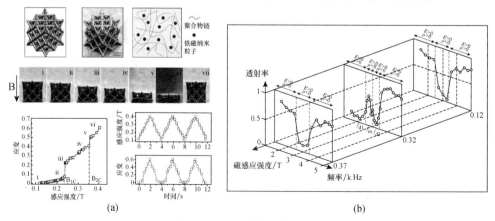

图 4.8　磁活性声学超材料

(a)弹性体晶格的磁驱动;(b)在具有磁场的单负和双负之间切换(图片再版许可源自 Wiley 出版社[14])

4.5.2　声滤波器和远场超透镜

超凝胶是通过在韧性水凝胶内部设计用于填充空气、水和液态金属的通道的方法来制备的,实现在宽频下可调节的匹配空气、水和固体的声学性能。如图 4.9(a)显示了超凝胶在兆赫兹频率下的可调声学特性[15]。在 4 MHz 的频率下当超凝胶通道中填满水时,青蛙可以通过超声探头清晰地成像,一旦通道充满空气,青蛙图像就消失。这显示了声波可以透过充满水的异质凝胶传播,但被充满空气的异质凝胶散射。声波在透过空气时,其振幅和相位都会受到干扰。根据这个原理,能够以"打开"状态和"关闭"状态实现对目标对象成像。通过将水或空气泵入超凝胶的相应区域,可以控制"开"和"关"之间的切换,选择性地阻挡不希望的强散射区域的能力可以潜在地使超声成像具有增强的对比度。由此,超凝胶可以作为声学过滤器控制超声波成像的开关。

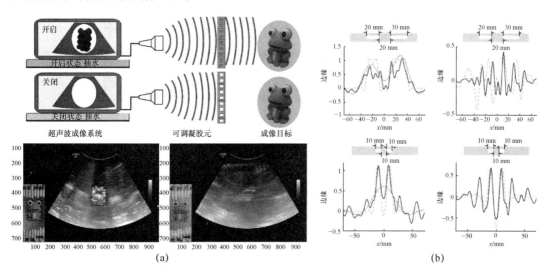

图 4.9　超凝胶

(a) 超凝胶在超声波成像中的应用(图片再版许可源自 Wiley 出版社[15]);(b) 一维单缝和双缝的亚波长成像和边缘检测(图片再版许可源自 Springer Nature 出版社[16])

声学成像的分辨率由于携带亚波长信息的渐逝场的损失而受到衍射极限的限制。当前,大多数克服声学中衍射极限的方法仍然选择在物体的近场上工作。而基于波矢量滤波和转换设计的远场亚波长声波成像系统可以在一定程度上解决这个问题,其在近场具有发射器,在远场具有空间对称的接收器。尽管发射器仍然需要靠近物体,但接收器可以远离物体,并且该距离可以灵活控制,通过调整发射/接收对的几何参数,可以分离不同的空间频带并将其投影到远处。如图 4.9(b)所示[16]四个镜头成功捕获了 20～30 mm 双缝的边缘和整个图像。

4.5.3 声学超材料与仿生

目前,声学超材料的发展趋于柔性,也可从生物组织中获取。硬质声学超材料与软组织和水的阻抗匹配困难,且存在形状和材料特性一旦成型就固定的缺点。赵选贺教授采用海洋动物(如鳗鲫)发育出由活性透明水凝胶组成的组织和器官,实现在水中敏捷运动和自然伪装的功能[17]。

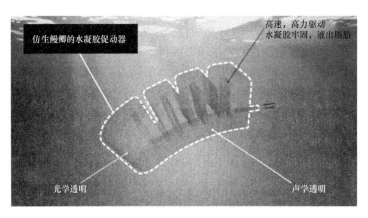

图 4.10 水凝胶促动器
(图片再版许可源自 Springer Nature 出版社[17])

如图 4.10 显示了受鳗鲫启发制作的水凝胶促动器,能够在水中进行光学和声音透明性的高速、高力驱动。经过充分对照实验后得到表 4.1,发现 PAAm-藻酸盐水凝胶的声阻抗速度 z_0 与纯水的声阻抗(1.448)仅相差约 1%。水凝胶和纯净水内部的声音分布及其密度几乎相同,且水和水凝胶之间的声反射系数低至 0.013。此外,由于水是从水凝胶中的液压腔中泵入和流出,因此该驱动不会影响水中水凝胶的光学或声音透明性,而渗透性水凝胶驱动器通常会在溶胀状态下变得不透明。

表 4.1 水、水凝胶和弹性体的光学和声音特性比较(表格再版许可源自 Springer Nature 出版社[17])

	水	水凝胶	Ecoflex(硅胶)	弹性体	Sylgard 184(硅胶)
N 折射率	1.3330	1.3365	NA*	NA*	1.4225
i/i_0 相对水的透过率	100%	>90%	<5%	<0.1%	>90%
C 介质中声速/m·s^{-1}	1447.5	1485.7	983.4	979.6	1022.4
z_0 声阻抗/Pa·s·m^{-3}	1.448×10^6	1.487×10^6	1.052×10^6	1.058×10^6	1.053×10^6
R 声反射系数	0	0.013	0.158	0.156	0.158

除了仿生鳗鲫的水凝胶促动器外,一种对海豚定向发射进行物理建模和验证的方法也被提出。无尾海豚居住在太平洋沿岸的水域会产生定向回声,它们定位并跟踪猎物,具有探测水下目标的能力。在海豚发出超音波期间,回声位置已确定为位于下方的猴唇/背面囊,

因此方绚莱教授提出了一种物理定向发射模型,以弥补海豚的生物声呐与人工超材料之间的差距。受海豚生物声呐传输系统的解剖学和物理特性的启发,制造了由多种复合结构组成的混合超材料(physics-based porpoise model,PPM)系统。该混合超材料在较宽的带宽内显著提高了方向性和主瓣能量。如图 4.11(a)和(b)分别显示了实验装置和水下目标检测的照片,图 4.11(c)和(d)分别表示不带有和带有 PPM 的探测器在穿孔角为 $\theta=20°$ 和 65°时测得的压力,表明了在没有 PPM 的直接信号的激励下,散射会振动并激发各种声学模式[18]。

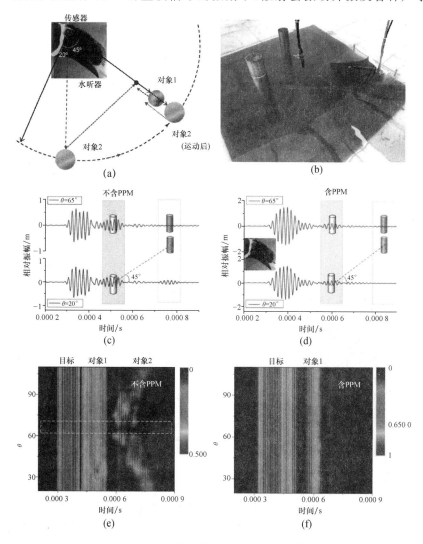

图 4.11　PPM 设备的定向目标检测应用程序

(a) 实验装置;(b) 水下目标;(c) 不含 PPM 的检测;(d) 含 PPM 的检测;(e) 不含 PPM 的压力分布;
(f) 含 PPM 的压力分布(图片再版许可源自牛津大学(University of Oxford)出版社[18])

图 4.11(e)和(f)则显示了没有 PPM 和有 PPM 的穿孔角 θ 的压力分布。虚线表示对象 1 后面的对象 2 的范围。对于 PPM,多重散射导致直接信号的持续时间更长,而声指向性抑制了直接波和散射波之间的干扰,从而减少了散射信号的持续时间。这表明了复杂的材料几何形状和多相复合物会导致亚波长声源产生定向水下声束。它为开发用于控制水下声传播的人造超材料提供了有价值的生物启发模型。

4.5.4 微纳结构与声吸收

在大多数情况下,由于空间限制,低频空气噪声抑制是一个需要重点关注的问题。方绚莱教授采用穿孔板吸振器以达到降噪的目的。与其他吸振器相比,其几何特征虽然要简单得多,但是它却是非常有效的谐振系统,如图 4.12(a)所示。这些装置通常由一个有周期性穿孔(通常是圆孔或狭缝)的刚性面板组成,由一个空腔支撑,形成一个声学谐振器,通过这些孔传播的声波的衰减是由这些孔中的粘热损失产生的[19]。同时,它依赖于通过使用相对于面板表面倾斜排列的穿孔来增加面板的有效长度。如图 4.12(b)显示了所制备样品的特性以及相应的理论与实际的声吸收系数。它表明通过简化模型,实验结果得到了预期的效果。当样品穿孔角 θ= 60°,频率为 730 Hz 时,吸收峰值达到0.89。所以,只要适当选择吸振器的几何特性,就可以实现共振频率向低频方向的移动以及吸声量的增加。

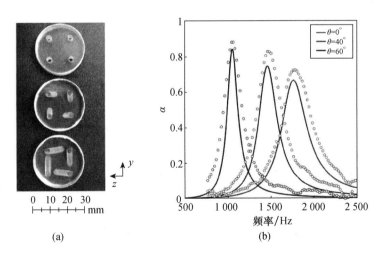

(a)   (b)

图 4.12 穿孔板吸振器及应用

(a) 穿孔板吸振器;(b) 理论与实测的声吸收系数(图片再版许可源自美国物理联合会(American Institute of Physics,AIP)出版社[19])

4.6　总结与展望

在微纳光学领域,未来还会有很多的研究工作需要去探索,例如,如何高效地鉴别和筛选光子材料,进一步拓展光子学的应用,将其和计算机硬件进行有效的互联,发展新型绿色纳米光学,这些都将是今后研究的重点。

尽管超材料近年来发展迅速,但它也存在一些问题和面临着一些挑战,例如:在接近几纳米的界面层中,光收集和转换的最终极限是什么? 什么是允许新颖功能和有效材料参数的最佳架构和先进制造工艺? 使用紧凑的亚波长设备动态重新配置和主动控制波的机会是什么? 这些都有待人们去探索。

4.7　常见问题与回答

Q1:智能窗户非常的神奇,它什么时候可以实现商业化?

A1:我们已经着手准备将其推向市场,通过和香港机构的合作,已经做了前期的一部分工作,但是产业化的过程需要考虑很多因素,比如天气和稳定性等因素,我们将会与合作单位开展进一步的试点研究。

Q2:纳米剪纸激光加工是否难以避免微细结构产生热损伤?

A2:目前,纳米剪纸激光加工还需要进一步的深入研究,从现在的显微镜观察的结果来看,这种结构可以在目前的制备工艺下保持较长时间的生命周期。

Q3:对于量子点的主体材料,液体是很好的选择,黏度的影响和长期稳定性如何?

A3:将量子点材料分散到液体中,形成溶液,这样适合旋涂和打印等薄膜制备方式,因此,以量子点为主体材料的液体是很好的选择。该溶液的黏度主要受到主体材料的浓度和分散剂本身的黏度影响,需要根据具体的情况去调节。量子点材料大部分都是无机材料,稳定性还是可以的,同时一些纳米包覆等方法也会进一步提高材料的长期稳定性。

Q4:QDs LED 为什么像素越来越小? 成本是否会降低?

A4:这里所说的成本降低是相对的,每一种技术成本降低都有多方面的因素,像素越小的确需要更精确的设备,但是许多成本优势是通过技术的大规模量产实现的。

Q5:热致变色智能窗口以哪种方式施加热量? 热致变色的精度如何?

A5:我们并没有指定某种特定的光源,但是在不同天气情况下,热致变色智能窗户的性能可能不同。

集成微纳系统的前沿技术

Q6：QDs 的成本和前景如何？

A6：在这里并不能对 QDs 的成本给出准确的答案，但是目前该技术已经得到广泛的研究，在进一步的发展过程中成本是大家共同关注的问题，相信最终的 QDs 会变成一个成本和价值皆可被大家接受的产品。

参 考 文 献

[1] 方绚莱教授课题组. 方绚莱教授课题组［EB/OL］. https://web. mit. edu/nanophotonics/.

[2] iCANX Talks. iCANX Talks 视频［EB/OL］. https://www. iCAN-x. com/talks.

[3] Buchner T. Kinematics of 3D Folding Structures for Nanostructured rigamiTM［J］. thesis, Massachusetts Institute of Technology, 2003.

[4] Liu Z, Du H, Li J, Lu L, Li Z-Y, Fang NX. Nano-kirigami with giant optical chirality［J］. Science Advances, 2018, 4(7).

[5] Samayoa MJ, Haque MA, Cohen PH. Focused ion beam irradiation effects on nanoscale freestanding thin films［J］. Journal of Micromechanics and Microengineering, 2008, 18(9).

[6] Liu Z, Du H, Li Z-Y, Fang NX, Li J. Invited Article: Nano-kirigami metasurfaces by focused-ion-beam induced close-loop transformation［J］. Apl Photonics, 2018, 3(10).

[7] Li X-H, Liu C, Feng S-P, Fang NX. Broadband Light Management with Thermochromic Hydrogel Microparticles for Smart Windows［J］. Joule 2019, 3(1): 290-302.

[8] Ding K, Avrutin V, Izyumskaya N, Ozgur U, Morkoc H. Micro-LEDs, a Manufacturability Perspective［J］. Applied Sciences-Basel, 2019, 9(6).

[9] Wu T, Sher C-W, Lin Y, et al. Mini-LED and Micro-LED: Promising Candidates for the Next Generation Display Technology［J］. Applied Sciences-Basel, 2018, 8(9).

[10] Xie B, Hu R, Luo X. Quantum Dots-Converted Light-Emitting Diodes Packaging for Lighting and Display: Status and Perspectives［J］. Journal of Electronic Packaging, 2016, 138(2).

[11] Li X, Kundaliya D, Tan ZJ, Anc M, Fang NX. Projection lithography patterned high-resolution quantum dots/thiol-ene photo-polymer pixels for color down conversion［J］. Optics Express, 2019, 27(21): 30864-30874.

[12] Che KK, Yuan C, Wu JT, Qi HJ, Meaud J. Three-Dimensional-Printed Multistable Mechanical Metamaterials With a Deterministic Deformation Sequence［J］. Journal of Applied Mechanics-Transactions of the Asme, 2017, 84(1).

[13] Chen YY, Hu GK, Huang GL. A hybrid elastic metamaterial with negative mass density and tunable bending［J］. Journal of the Mechanics and Physics of Solids, 2017, 105: 179-198.

[14] Yu K, Fang NX, Huang G, Wang Q. Magnetoactive Acoustic Metamaterials［J］. Advanced Materials, 2018, 30(21).

[15] Zhang K, Ma C, He Q, et al. Metagel with Broadband Tunable Acoustic Properties Over Air-Water-Solid Ranges［J］. Advanced Functional Materials, 2019, 29(38).

70

［16］ Ma C，Kim S，Fang NX. Far-field acoustic subwavelength imaging and edge detection based on spatial filtering and wave vector conversion［J］. Nature Communications，2019，10.

［17］ Yuk H，Lin S，Ma C，Takaffoli M，Fang NX，Zhao X. Hydraulic hydrogel actuators and robots optically and sonically camouflaged in water［J］. Nature Communications，2017，8.

［18］ Dong E，Zhang Y，Song Z，Zhang T，Cai C，Fang NX. Physical modeling and validation of porpoises' directional emission via hybrid metamaterials［J］. National Science Review，2019，6（5）：921-928.

［19］ Carbajo J，Mosanenzadeh SG，Kim S，Fang NX. Sound absorption of acoustic resonators with oblique perforations［J］. Applied Physics Letters，2020，116(5).

第 5 章　金属辅助化学刻蚀与自卷曲纳米薄膜技术

　　和运动员追求"更高、更快、更强"的奥林匹克精神一样,制造"更小、更轻、更节能、更经济"的器件,是科学家和工程师们一直追逐的梦想和目标,纳米科技应运而生。纳米科技是在纳米尺度(0.1～100 nm 之间)研究物质的相互作用和运动规律。制造纳米结构通常有两种方式:"自下而上"和"由上而下",前者是通过单个原子或分子的沉积和叠加构建纳米结构,后者是利用机械和蚀刻技术构建纳米结构。李秀玲教授[①]一直致力于研究纳米结构的设计和制造,通过在不同的材料上制造不同的纳米结构,创建新的研究方法,发展新的研究理念,从而制造出可以应用于提高生产和改善生活的新型纳米器件。其中,纳米结构制造方法的研究有以下几个关键点:第一无损,第二兼容,第三可量产,并且纳米技术应该是具有实用价值,在刻蚀纳米结构时不损坏材料的性能[1,2]。

　　本章将主要从两个部分展开:第一部分是基于"由上而下"的纳米结构刻蚀技术:金属辅助化学刻蚀(metal assisted chemical etching,MacEtch)技术;第二部分是基于"自下而上"和"由上而下"两种技术相结合发展出的一种新型纳米结构制造技术:可控的自卷曲纳米薄膜技术。

5.1　金属辅助化学刻蚀技术

　　硅是一种广泛存在于地壳中的元素,高纯硅是最主要的半导体材料,可用于制作半导体器件、太阳能电板、光纤和集成电路等。硅纳米结构的研究促使晶体管的类型和品种的增加、性能的提高,而且造就了大规模和超大规模集成电路的发展。金属辅助化学刻蚀技术不仅能用于构建硅纳米结构,也可以用于其他的半导体材料。利用 MacEtch 技术对硅(Si)进行刻蚀,构建三维纳米结构的工艺流程,如图 5.1 所示。

　　首先,可以利用光刻、纳米压印等各种纳米技术在硅表面沉积图形化的金属。然后,把带有图形化金属层的样品浸入氢氟酸和过氧化氢的混合液中,金属所覆盖的部分就会被刻蚀掉。

---

　　① 李秀玲,原伊利诺伊大学厄巴纳-尚佩恩(University of Illinois at Urbana-Champaign,UIUC)分校电气和计算机工程系的微纳技术实验室的轮值主任。现任美国得克萨斯大学奥斯汀分校(University of Texas at Austin,UT-Austin)教授。

图 5.1　MacEtch 技术对 Si 的刻蚀[1,2]

在传统的纳米结构加工方法中,"由上而下"的纳米结构刻蚀技术包括湿法腐蚀(wet etch)和干法刻蚀(dry etch)两种,湿法腐蚀通常是各向同性的、没有选择性的刻蚀,不能制造高深宽比的结构。如果想获得高深宽比的结构,必须采用干法刻蚀,例如深反应离子刻蚀法(deep reactive-ion etching,DRIE)等,这种方法常包含等离子体和高能离子等,会损害硅样品的表面。而"自下而上"的纳米技术,例如有机金属化学气相沉积法(metal-organic chemical vapor deposition,MOCVD),操作需要使用反应器,并且沉积的过程中会应用到有毒气体。与以上的传统方法相比,MacEtch 是一种新型的可以获得高深宽比结构的湿法腐蚀。这种方法不仅可以用于腐蚀单晶 Si(对 Si 的刻蚀速度可以达到每分钟数微米),也可用于腐蚀其他半导体材料,而且这种方法非常灵活,兼容性好,成本低,可以用于批量生产纳米结构[1,2]。

利用 MacEtch 技术获得不同形状的纳米结构很简单,即利用不同的光刻技术,在硅表面沉积不同的金属图案即可。想获得纳米柱的阵列,就在孔以外的地方沉积金属,这样,有孔的地方不会被刻蚀,而余下被金属覆盖的地方会被刻蚀掉,因此形成纳米柱阵列。同样的道理,也可以获得纳米孔和纳米板的阵列,以及其他任何形状的阵列。

李秀玲教授利用沉积金作为辅助金属的 MacEtch 技术刻蚀 Si 20 min 获得的纳米线,如图 5.2 所示[4],直径为 550 nm,而高度达到了 51 μm,而利用干法刻蚀很难获得如此高深宽比的结构。从理论上分析,利用 MacEtch 技术可以构建深宽比无限大的纳米结构。因为刻

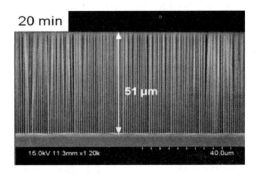

图 5.2　利用沉积金作为辅助金属的 MacEtch 技术刻蚀 Si 20 min 获得的纳米线
(图片再版许可源自英国物理学会(Institute of Physics,IOP)出版社[4])

蚀发生在金属和硅接触的界面,而金属已经随着刻蚀沉到了硅纳米结构的底部。如果刻蚀继续,依然只会在硅的底部进行,而不会影响已经获得的纳米结构,所以,理论上讲,只要这个接触面存在,刻蚀就可以无限地进行下去。在实验中,由于表面形貌等因素,这个界面不会永远存在,所以刻蚀的深宽比也会有极限。

5.1.1　MacEtch 技术的原理

原理简单是 MacEtch 技术的优点,它既不需要额外的电路设计,也不需要外接电源。只要有金属和半导体,刻蚀反应就可以在溶液中发生。MacEtch 技术刻蚀硅的过程包括一对氧化还原反应:阴极反应是金属和液体的接触面发生的还原反应,金属中的电子转移到氧化剂(H_2O_2);阳极反应发生在金属和硅的接触面,硅的电子扩散到金属中的空穴中,从而硅被氧化成二氧化硅,氧化的硅又会被氢氟酸腐蚀掉,如图 5.3 所示。因为这是一个原位电化学反应,刻蚀反应只会在金属周围发生,而二氧化硅被腐蚀掉之后,金属随之下沉,然后新的腐蚀过程发生,从而使刻蚀不断地进行。整个反应的过程中,金属只是充当催化剂的角色。因此,MacEtch 技术不需要任何外部仪器和催化[5]。

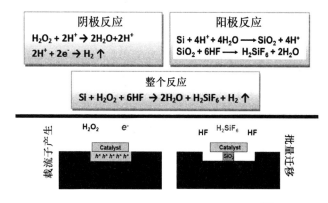

图 5.3　MacEtch 技术的原理和反应过程[2]

5.1.2　影响 MacEtch 技术刻蚀速度的因素

在 MacEtch 过程中,刻蚀速率和轮廓主要由载流子产生(carrier generation,CG)的过程和批量迁移(mass transportation,MT)的过程决定如图 5.3 所示。CG 过程包含空穴的产生、电子的注入和扩散,空穴的消耗从而形成二氧化硅,而 MT 过程包括反应物和副产物的迁移。李秀玲教授通过分析纵向的最大刻蚀速率和图形化金属催化物的直径关系,以及 H_2O_2 的浓度对刻蚀速率的影响,发现了 CG 和 MT 过程对 MacEtch 速率影响的动力学原理。催化剂直径小的区间内,增加 H_2O_2 的浓度可以促进 CG 的过程,而催化剂直径大的区间内,刻蚀速率得到补偿,因为和溶液有限的接触限制了 MT。

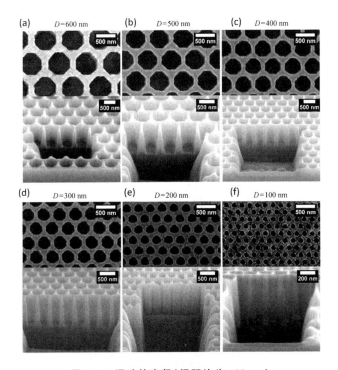

图 5.4　通孔的直径(间距均为 100 nm)

(a) 600 nm;(b) 500 nm;(c) 400 nm;(d) 300 nm;(e) 200 nm;(f) 100 nm(图片再版许可源自 John Wiley and Sons 出版社[6])

基于此发现,他们成功地制造了直径从 900 nm 到 100 nm 以下的硅穿孔阵列,在 0.56 m HF、0.39 m H_2O_2、0.88 m DI 水、0.21 m IPA 的混合溶液中利用 MacEtch,图 5.4 给出了对 Si 不同直径穿孔阵列刻蚀后的顶视图和 52°斜视的 SEM 图像。这个发现不仅有助于制造高面密度存储器和光电装置,也推动了硅通孔技术在三维集成电路的应用[6]。

5.1.3　MacEtch 技术对其他半导体材料的刻蚀

MacEtch 技术对其他半导体材料的刻蚀是一个新的挑战,因为如果利用 MacEtch 单晶硅的参数对多晶硅进行刻蚀,结果并不理想。于是,李秀玲教授对原有的 MacEtch 技术进行了改进,提出了一种新型的自锚式 MacEtch(self-anchored catalyst MacEtch, SAC-MacEtch)技术,利用多孔金属作为催化膜,通过催化膜的孔刻蚀出纳米线。纳米线在下一步刻蚀过程中充当阻止催化膜下移绕行的物理锚点。SAC-MacEtch 不仅可以决定多晶硅刻蚀的方向,还可以提高刻蚀速率。他们成功地利用 SAC-MacEtch 法在 550 μm 厚的单晶硅片上实现了硅穿孔。

基于 MacEtch 对材料的"无损"特性以及刻蚀方法的灵活多变,使用 MacEtch 对其他半导体材料的刻蚀也是值得研究的,例如对 Ge、GaAs、GaN、Ga_2O_3 等材料,可以是单晶、多晶或者无定形半导体材料。李秀玲教授利用 MacEtch(HF,去离子水和 $KMnO_4$ 溶液)对 p-、i- 和 n-型半导体进行了选择性刻蚀,研究了温度和氧化剂竖直方向刻蚀速率,并且通过调整稀释水平,实现了对纳米结构形貌的控制,如图 5.5 所示,用 MacEtch(15 mL HF,15 mL DI 和 0.025 g $KMnO_4$)后的 p-GaAs 样品的 SEM 斜视图,插图为局部放大图,比例尺为 1 μm。沉积的金催化层边缘的不平整导致了刻蚀之后粗糙的纳米结构表面。光致发光和电致发光的鉴定结果显示,发光强度随暴露的纳米结构面积的增大而增加。和平面结构的半导体材料相比,表面构建高深宽比纳米结构的半导体材料的发光强度明显增加[7]。

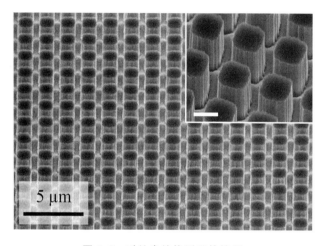

5 μm

图 5.5　对纳米结构形貌的控制
(图片再版许可源自 AIP 出版社[7])

此外,通过将具有亚波长光栅尺寸的周期性金属膜阵列掩埋在高折射率半导体材料中,MacEtch 还可以用来构建高性能的掩埋式光学投射光栅。和平面的半导体材料相比,这种新型金属掩埋式纳米结构不仅具有均匀的电接触,还极大地提高了透射效率,如图 5.6 所示。傅立叶变换红外透射光谱的研究结果表明,金属膜覆盖面积大约为 50% 的光学透射光栅结构的透射率可以达到 65%(在没有对基材和散射引起的损失进行校正的情况下)。实验结果和三维严格耦合波分析(rigorous coupled wave analysis,RCWA)模拟结果一致。通常情况下,金属结构与半导体材料和/或光电设备的集成无法兼备有效的电接触(金属覆盖)和光耦合的自由空间(开放,无金属的表面)。而光学透射光栅结构的发现,实现了金属膜与高折射率半导体材料的高效和低损耗的集成,为制造下一代高性能光电器件提供了更多可能[8]。

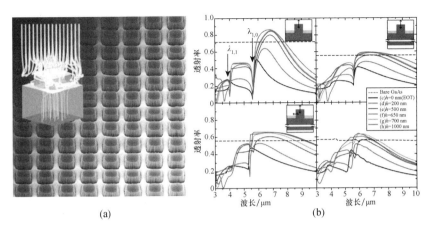

图 5.6　纳米投射光栅和三维严格耦合波分析对不同高度纳米柱的投射模拟结果

（a）纳米结构水平方向尺度不变；（b）不同高度纳米柱的投射模拟结果（图片再版许可源自 Wiley 出版社[8]）

5.1.4　MacEtch 和数字刻蚀法

制造密集堆积的高深宽比的、具有无损表面的 $In_{0.53}Ga_{0.47}As$ 纳米结构对超越 Si-CMOS 纳米电子器件和光电器件具有重要的意义。传统的干法刻蚀过程中用到高能离子会对材料表面产生不可逆的损害，而 MacEtch 后的 $In_{0.53}Ga_{0.47}As$ 纳米结构表面又常常是多孔粗糙的。于是，李秀玲教授提出了两步 MacEtch 法，首先利用 MacEtch 技术对 $In_{0.53}Ga_{0.47}As$ 进行无损刻蚀；然后利用数字刻蚀（digital etching）法对粗糙表面进行平滑处理。这种方法可以彻底移除 $In_{0.53}Ga_{0.47}As$ 纳米结构中粗糙和多孔的部分，如图 5.7 所示。通过分析纳米柱的形貌、表

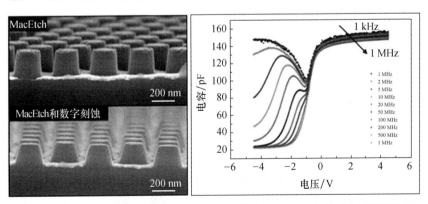

图 5.7　利用 MacEtch 技术和两步 MacEtch 技术（MacEtch 和数字刻蚀）获得的 $In_{0.53}Ga_{0.47}As$ 纳米结构的 SEM 剖面图

（图片再版许可源自 ACS 出版社[9]）

面孔隙、刻蚀条件以及铟含量的关系，对刻蚀的机理进行了进一步的研究。与其他禁带更宽的材料（例如 Si 或者 GaAs）相比，MacEtch 对 $In_{0.53}Ga_{0.47}As$ 的刻蚀行为可以用肖特基（Schottky）势垒高度模型来解释，因为它的势垒高度较低，刻蚀反应只在传质受限区域内持续发生。两步 MacEtch 法发现的重要意义在于，利用这种方法可以彻底消除 MacEtch 过程中产生的粗糙多孔表面，以及刻蚀引起的表面缺陷，有利于大规模生产基于 $In_{0.53}Ga_{0.47}As$ 的纳米电子器件，如三维晶体管和高效红外光电探测器等[9]。

5.1.5　I-MacEtch 的原理与应用

在提出两步刻蚀法之后，李秀玲教授又发明了 MacEtch 纳米技术的变种：反向 MacEtch（inverse-MacEtch，I-MacEtch）技术。顾名思义，I-MacEtch 和 MacEtch 发生在相反的区域，在 MacEtch 过程中，刻蚀只发生在金属覆盖的部分，而在 I-MacEtch 过程中，没有被金属覆盖的部分会先发生刻蚀，然后金属覆盖的边缘部分也会发生刻蚀，如图 5.8 所示。与 MacEtch 技术不同的是，图形化的金属的粗糙边缘会导致 MacEtch 后半导体纳米材料的表面变得粗糙，而利用 I-MacEtch 技术刻蚀得到的纳米结构和金属图案的边缘粗糙度无关，非常平整，如图 5.9 所示。但是，因为刻蚀会在部分金属下发生，所以 I-MacEtch 获得的纳米结构的高、深、宽比无法达到像 MacEtch 的结构那样大。利用 I-MacEtch 获得的高深宽比 InP 纳米板具有更平整的表面，与传统蚀刻方法相比，能够以更高的性能和更低的成本实现基于 InP 的晶体管和光电器件的规模化量产[10]。此外，利用 I-MacEtch 技术制造的包括金字塔或周期性纳米压痕阵列的表面结构的垂直 Schottky Ge 光电二极管，不仅提高了光吸收的响应度，还改善了暗电流。暗电流的减少归因于 Schottky 势垒高度的增加和在 c-Ge 表面顶部形成的 I-MacEtch 诱导的 α-Ge 层的自钝化效应。这项工作的结果表明，MacEtch 也可

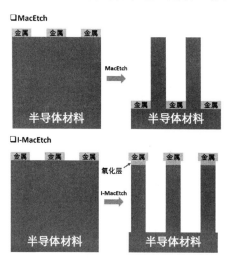

图 5.8　MacEtch 和 I-MacEtch 流程[1,2]

以用于设计 Ge 和其他基于半导体的光电器件中的高级光捕获和表面工程[10]。

β-Ga$_2$O$_3$ 是一种新兴的超宽带隙(能隙为 4.85 eV)透明半导体氧化物,该氧化物单晶可以进行 n 掺杂。近年来,通过多种外延技术直接从熔体和外延层中生长大块单晶,以及对材料特性和底层物理特性的研究,为使用 β-Ga$_2$O$_3$ 制造器件奠定了坚实的基础。β-Ga$_2$O$_3$ 在半导体产品(Schottky 势垒二极管和场效应晶体管)、光电电子产品(太阳能和可见盲光电探测器、火焰探测器和发光二极管)和传感系统(气体传感器和核辐射探测器)的制造方面展示了巨大潜力。因此,如何加工和刻蚀基于 β-Ga$_2$O$_3$ 的纳米结构就成了一个重要问题。

防反射结构是比入射光波长尺寸小(亚波长尺寸)或者大(表面纹理)的纹理阵列,其可以在材料表面形成渐变的折射率,从而减少表面光的反射而增强吸收。李秀玲教授利用 I-MacEtch 在 β-Ga$_2$O$_3$ 表面制造纳米沟槽纹理和高深宽比纳米板阵列的方法,制造了金字塔形、梯形和叶片形三种三维纳米结构。通过对结构的研究发现,由于在刻蚀过程中,不同纳米结构表面氧的流失不同,Pt 和三维纳米结构表面以及切面的 Schottky 势垒高度随着垂直结构纵横比的增加而降低,这些结构的制造和发现,对将来制造基于 β-Ga$_2$O$_3$ 3D 晶体管、光电探测器、其他三维功率器件和光电器件有重要的意义[11]。

图 5.9　利用 I-MacEtch 技术获得的 InP 纳米结构

(a) 沉积图形化 Pt 方块后刻蚀获得的 InP 纳米柱阵列;(b) 沉积图形化 Au 后刻蚀得到的纳米板阵列(刻蚀完成后 Au 被移除);(c) 沉积图形化 Au 后获得的"UIUC"字母图案;(d) 沉积图形化 Au 后环刻蚀获得的微米 InP 圆环结构(图片再版许可源自 ACS 出版社[10])

值得一提的是,李秀玲教授发现 MacEtch 的过程,和弗莱明发现青霉素的经历非常相似。她在用传统的阳极刻蚀多孔硅的过程中,由于偶然的失误极其意外地得到了很好的结果,从而阴差阳错地揭开了 MacEtch 技术的面纱。时至今日,MacEtch 技术已经发展成为半导体材料纳米结构加工领域内最重要的技术之一。这一经历再次启示我们,重要的发现往往和对实验细节的注意和重视是分不开的。

5.2　三维自卷膜纳米技术

本节重点介绍三维自卷膜(Self-Rolled-up Membrane,S-RuM)纳米技术,该技术可用于实现包括电感、变压器和滤波器在内的无源电子元件的超微型化。如果说金属辅助化学刻蚀（MacEtch）是"由上而下"的,那么三维自卷膜就是"自下而上"和"由上而下"的结合,其中最为关键的两个因素是应变双层和牺牲层的存在。应变诱导的三维自卷膜技术在微米和纳米尺度上将二维膜自组装成三维管状结构,非常适用于光子的极端小型化集成,电子、机械组件和生物医学领域的应用。三维自卷膜形成原理如图 5.10 所示,对二维膜进行按压以及相应的选择性刻蚀[12],由于存在表面应力如图 5.10(c)所示,结构释放后呈现出的自卷曲效果如图 5.10(d)所示。

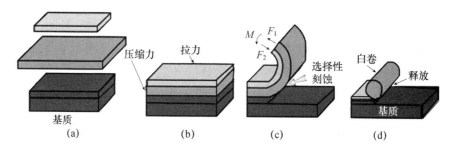

图 5.10　三维自卷膜形成原理及过程[2]

5.2.1　三维自卷膜卷曲程度的精确控制

目前,三维自卷膜纳米技术可以精确地控制卷曲程度[13],S-RuM 管形成的有限元模型如图 5.11(a)所示,直径可控的锥形管如图 5.11(c)所示和层叠间隙可控的三维自卷膜如图 5.11(d)所示,皆实现了精确控制。在某些应用中,可以通过对顶部应变子层进行构图来设计局部应力,该应变子层用于获得特殊的卷起几何形状,以实现电、光和生物功能。一旦了解了轧制变形的机理并采用了数值模拟,就可以实现更复杂的三维形状。

一个简单实用的情况如图 5.11(b)所示,Ni/Au 的层沉积在 SiN_x 构成的顶部,在两个区域 A_1 和 A_2 中具有不同厚度的双层。因为有限元仿真(finite element method,FEM)允许设置不同壳元素的材料属性,例如子层数和子层尺寸,所以通过单独定义局部区域 A_1 和 A_2 并将它们"黏合"在一起以执行准静态模拟,可以轻松对这种复杂情况进行建模。卷起的结构被设计为具有不同内径的管中管结构。通过在顶部沉积不同厚度的金属层,可以调节局部应力以形成不同的内径。外管的内径设计为内管的两倍。图 5.11(c)显示了 SiN_x 双层薄膜的扫描电镜图,该薄膜以 1/4、2/4、3/4 和整匝卷起,展示出了极高的控制精

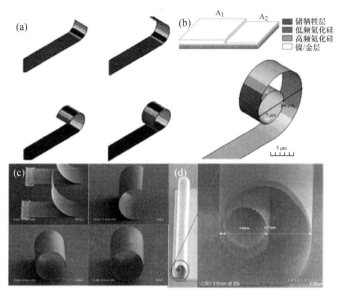

图 5.11　三维自卷膜纳米技术

（a）S-RuM 管形成的有限元模型；（b）形成具有两个不同内径的同轴卷起结构所需的平面结构的设计；（c）直径可控的锥形管；（d）层叠间隙可控的三维自卷膜（图片再版许可源自 ACS 出版社[13]）

度。图 5.11(d)显示了精确模拟的内管和外管的测量直径，该方法甚至可以控制卷起的膜的小圈数。

5.2.2　三维自卷膜纳米技术在射频集成电路中的应用

如何将射频集成电路（radio frequency integrated circuits，RFICs）在尺寸上做得更小，是一个难题。RFICs 中 80%～90% 都是无源器件，且占据着 70%～80% 的晶圆区域。李秀玲教授提出了一种片内自卷式三维微管电感[14]，如图 5.12 所示。它占用面积极小，具有非常优异的高频性能，对衬底电导率的依赖性很弱。该器件使用应力相反的 SiN_x 双层薄膜作为导电金属带的滚动载体，在 SiN_x 双层的顶部沉积并图形化，制备长度 L_c 和宽度 W_c 的金属连接线，以及作为射频信号的输入/输出端口的两条馈线的长度 L 和宽度 W_s 的薄金属带，如图 5.12(a)所示。采用双频等离子体增强化学气相沉积方法沉积 SiN_x 双层膜，即压应力层和张应力层。通过腐蚀掉锗(Ge)牺牲层，内建应力产生净滚动力矩，触发 SiN_x 双层和金属带的自卷起过程，形成如图 5.12(b)所示的三维多圈管状结构。在此基础上，最终成功制备出了片上自耦三维微管电感，具有超小、超轻、高集成度的优异特性。

电感与匝数呈线性关系，即卷起的电感的圈数越多，电感越大，并且电感的增加速度要快于电阻的增加速度。李秀玲教授用 S-RuM 纳米技术结合毛细管力对磁流体材料的滚压

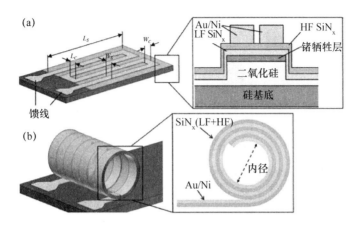

图 5.12   片内自卷式三维微管电感

（a）卷起前的管状电感器的二维图案；（b）相应的卷筒式电感器（图片再版许可来自 Springer Nature 出版社[14]）

积分[15]，将大面积、较厚（100～250 nm）的二维纳米膜变换为多圈三维空芯微管。图 5.13 （a）和（b）显示了未填充磁芯的所有批次器件的电感和 Q 因数的测量频率关系。与平面电感不同的是，卷起的电感匝间即使有着串扰耦合电容的影响，S-RuM 的工作频率仍然可以很高。

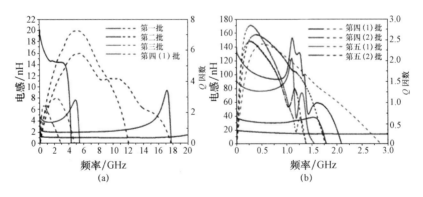

图 5.13   电感和 Q 因数的测量频率关系

（a）不同批次 Ⅰ；（b）不同批次 Ⅱ（图片再版许可源自 AAAS 出版社[15]）

　　传统的片上射频变压器的设计和制造都很复杂，且性能的扩展性有限，因此李秀玲教授设计制造了一个基于自卷膜技术的片内射频微波变压器[16]。该技术使我们能够创建高性能的变压器，同时保持超紧凑的器件尺寸，并且仅使用平面处理即可。与传统的片上平面无源电子器件不同，片内射频微波变压器的设计必须同时考虑水平布局和垂直布局。

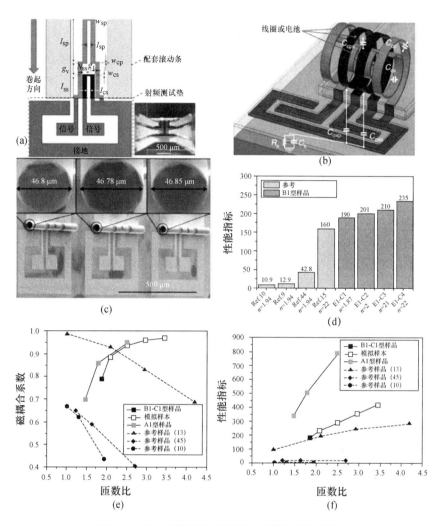

图 5.14　片内射频微波变压器变压器及其性能测试
（a）布局设计；（b）从平面布局图中汇总的三维变压器结构；（c）样品；（d）基准测试；（e）磁耦合系数与匝数比的关系；（f）性能指标与匝数比的关系（图片再版许可源自 Springer Nature 出版社[16]）

　　图 5.14（a）为片内射频微波变压器布局设计，每个卷起的金属带被称为"线圈单元"或"单元"，并且单元之间串联形成线圈，如图 5.14（b）所示。图 5.14（c）为片内射频微波变压器样品，表明了变压器在经过高温退火之后仍具有高度均匀的组织形态。与常规平面设计相反，三维片内射频微波变压器的性能随匝数比的增加而提高，如图 5.14（d）所示。如图 5.14（e）和（f）所示，随着匝数比的增加，片内射频微波变压器的性能指标呈持续优化的趋势，这得益于自卷起的薄膜三维结构固有的互磁耦合。

5.2.3 三维自卷膜纳米技术在生物医学中的应用

在神经接口的研究中,细胞培养通常是在扁平的、开放的、刚性的和不透明的基质上进行的,这对反映大脑的自然微环境和精确地与神经元接触构成了挑战。李秀玲教授制造了一种由有序微管阵列组成的神经细胞培养平台[17],该微管阵列采用应变诱导自卷膜纳米技术,在透明衬底上使用超薄氮化硅(SiN_x)薄膜,如图 5.15(a)所示。图 5.15(b)展示了单个神经元细胞(轴突)在微管中的生长过程,与裸玻璃载玻片相比,微管内部的增长率达到创纪录的 20 倍。这些微管显示出强大的物理限制和对初级皮质神经元生长的前所未有的引导作用。这项工作对构建智能合成神经电路具有明确的意义,为治疗神经疾病提供了新的思路。

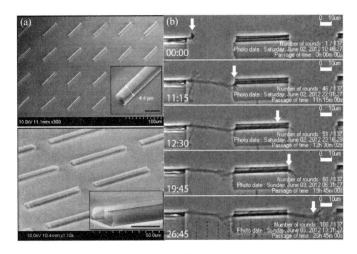

图 5.15 微管阵列

(a) SiN_x 微管阵列的 SEM 图像;(b) 微管中单个神经元的生长过程(图片再版许可源自 ACS 出版社[17])

5.3 常见问题与回答

Q1:MacEtch 方法是否适用于不同的晶体材料?非晶材料呢?

A1:之前在 PPT 中讲过 MacEtch 方法适用于不用类型的材料,晶体材料、单晶材料例如单晶硅、聚合晶体材料和一些非晶材料。对非晶材料不能说是通用的,但是它确实适用于很多非晶导体,我们唯一需要去做的是找到与之相应的正确的金属和方法,确定在哪一个区域用金属进行刻蚀。对于晶体材料 MacEtch 方法是全部适用的。

Q2:使用金属作为各向异性刻蚀的催化剂,获得的纳米结构具有更高的深宽比。整个刻蚀过程是一次完成,还是可以进行多次刻蚀叠加?是不是可以牺牲刻蚀纳米结构壁的平坦度,来增加刻蚀的次数,从而获得更高深宽比的纳米结构?

A2:在这个报告里呈现的纳米结构都是一次成型的,也可以再把样品放到溶液进行多次加工。因为 MacEtch 只发生在有金属的地方,也就是刻蚀结构的底部,已经获得的纳米结构不会被刻蚀掉。

Q3:MacEtch 是很有吸引力的纳米加工技术,灵活可控,而且结构多样,那么有没有具体应用的例子呢?

A3:事实上所有高深宽比的纳米结构,都可以用来制造性能更优异的纳米器件,可惜现在还没有商用的器件,不过我们最近有一个这样的项目在推进。

Q4:MacEtch 技术在刻蚀 Si 和 GaN 的纳米结构的应用上,能达到的最小横向分辨率分别是多少?

A4:我们可以用光刻、电子束光刻甚至可以用扫描透射电子显微来沉积单个原子或者刻蚀原子线图形,我们也在探索。我们能做到的最小结构是利用电子束光刻沉积金属图案获得 5 nm 的结构。

参 考 文 献

[1] Li,X. 李秀玲课题组[EB/OL]. https://mocvd. ece. illinois. edu/.

[2] iCANX Talks 视频[EB/OL]. https://www. iCAN-x. com/talks.

[3] Balasundaram K, Sadhu J S, et al. Porosity Control in Metal-Assisted Chemical Etching of Degenerately Doped Silicon Nanowires[J]. Nanotechnology, 2012, 23 (30).

[4] Li X, Bonn P W. Metal-Assisted Chemical Etching in HF/H$_2$O$_2$ Produces Porous Silicon[J]. Applied Physics Letters, 2000, 77 (16), 2572-2574.

[5] Kim J D, Mohseni P K, Balasundaram K, et al. Scaling the Aspect Ratio of Nanoscale Closely Packed Silicon Vias by MacEtch: Kinetics of Carrier Generation and Mass Transport[J]. Advanced Functional Materials, 2017, 27 (12), 1-8.

[6] Mohseni P K, Hyun Kim S, Zhao X, et al. GaAs Pillar Array-Based Light Emitting Diodes Fabricated by Metal-Assisted Chemical Etching[J]. Journal of Applied Physics, 2013, 114 (6).

[7] Liu R, Zhao X, Roberts C, et al. Enhanced Optical Transmission through MacEtch-Fabricated Buried Metal Gratings[J]. Advanced Materials, 2016, 28 (7), 1441-1448.

[8] Kong L, Song Y, Kim J D, et al. Damage-Free Smooth-Sidewall InGaAs Nanopillar Array by Metal-Assisted Chemical Etching[J]. ACS Nano, 2017, 11 (10), 10193-10205.

[9] Kim S H, Mohseni P K, Song Y, et al. Inverse Metal-Assisted Chemical Etching Produces Smooth High Aspect Ratio InP Nanostructures[J]. Nano Letters, 2015, 15 (1), 641-648.

[10] Kim M，Yi S，Kim J D，et al. Enhanced Performance of Ge Photodiodes via Monolithic Antireflection Texturing and α-Ge Self-Passivation by Inverse Metal-Assisted Chemical Etching[J]. ACS Nano，2018，12（7），6748-6755.

[11] Huang H C，Kim M，Zhan X，et al. High Aspect Ratio β-Ga$_2$O$_3$ Fin Arrays with Low-Interface Charge Density by Inverse Metal-Assisted Chemical Etching[J]. ACS Nano，2019，13（8），8784-8792.

[12] Li X. Transforming Electronics，Photonics，and Biomedical Research by Nanofabrication[EB/OL]. https：//talks. ican-x. com/detail/v_5eba29ebb3a95_CsyjwXnb/3.

[13] Huang W，Koric S，Yu X，et al. Precision Structural Engineering of Self-Rolled-up 3D Nanomembranes Guided by Transient Quasi-Static FEM Modeling[J]. Nano Letters，2014，14（11），6293-6297.

[14] Yu X，Huang W，Li M，et al. Ultra-Small，High-Frequency，and Substrate-Immune Microtube Inductors Transformed from 2D to 3D[J]. Scientific Reports，2015，5，1-6.

[15] Huang W，Yang Z，Kraman M D，et al. Monolithic Mtesla-Level Magnetic Induction by Self-Rolled-up Membrane Technology[J]. Science Advances，2020，6（3），28-30.

[16] Huang W，Zhou J，Froeter P J，et al. Three-Dimensional Radio-Frequency Transformers Based on a Self-Rolled-up Membrane Platform[J]. Nature Electronics，2018，1（5），305-313.

[17] Froeter P，Huang Y，Cangellaris O V，et al. Toward Intelligent Synthetic Neural Circuits：Directing and Accelerating Neuron Cell Growth by Self-Rolled-up Silicon Nitride Microtube Array[J]. ACS Nano，2014，8（11），11108-11117.

86

第6章　针对易碎材料的柔性微纳加工技术

基于聚合物的微纳米系统在可拉伸电子和生物医学应用中具有巨大的潜力,并且在工艺和集成技术方面也取得了长足的进步。但我们必须承认,到目前为止,将易碎的聚合物转化为日常能用的可靠的三维微系统,与硅集成微电子技术及其可扩展的晶圆级制造所获得的优异性能相比,还相差甚远。其原因在于易碎材料中涉及的材料范围广泛且需求多样,因此,还缺乏具有合适工具和工艺标准的制造平台。本章首先会概述微纳米技术的最新研究进展,其中的某些关键技术同样适用于处理易碎材料,但使用带电离子束或电子束以及化学腐蚀的工艺仍是有害的。然后,重点介绍纳米模版光刻、毛细组装和局部热处理这三项技术,它们共同构成了轻柔温和的"工具箱",适用于柔软可穿戴、可植入微器件的下一代微纳米制造。高分辨率镂空模版光刻使我们能够研究高度局部化的材料沉积,而无须进行苛刻的光刻步骤,例如高能束曝光、刻蚀或显影等。例如用于生物传感器的刚性和柔性聚酰亚胺、聚对二甲苯、SU-8 和聚二甲基硅氧烷(polydimethylsiloxane,PDMS)衬底上的金属纳米结构(<50 nm)。最近,通过物理气相沉积(physical vapor deposition,PVD)中模版减少的通量来控制分子的表面结晶,从而改善有机电子器件。毛细组装是一种特别温和的水基方法,用于将预先制造的胶体溶液中的纳米材料组装到特定位置,不仅具有高通量的特点,而且可以实现单一位置、方向和粒子间间隙的纳米级可控。另一个例子是具有亚微米分辨率的功能材料的局部热处理,这是一种新兴技术,使用纳米热扫描探针将设计图形写入基底、超分子聚合物、二维丝绸材料等。

6.1　绪　　论

自从 1982 年 *Silicon as a mechanical material* 文章发表以来,微纳米技术的研究重点在不断地发生变化,三十年前研究的重点是与硅有关的处理,二十年前研究的重点是追求更薄的尺寸、更高的分辨率以及寻找比硅材料性能更加优越的新材料,大约十年前,二维聚合物作为微系统的结构材料异军突起,而目前的研究重点是用于微纳米技术制造的"工具箱"开发。此外,科技也会推动相关应用的发展,在过去的几十年中,这个推动力主要来自互补金属氧化物半导体(complementary metal oxide semiconductor,CMOS)、信息技术(information technology,IT)和自动化,但在当下推动力已经转变为可穿戴电子设备和植入式设备。新的应用领域引发了新的需求,如器件需要具有良好的拉伸性、柔性和生物降解性等。因此,我们需要研究针对易碎材料的柔性加工技术。

6.2　柔性微纳加工技术

6.2.1　模版光刻

　　模版光刻是一项不需要复杂工艺制造过程的技术,通过不同的方法(例如沉积、刻蚀、离子注入),它通过使用掩膜版来遮蔽原子、分子或粒子的流量,从而在局部修饰衬底表面。与常规光刻使用抗蚀剂不同,模版光刻具有良好的机械稳定性并且可以自支撑,在制作过程中可以重复使用。但同时模版光刻也面临着几个重大的挑战,例如掩膜版和衬底表面的间距会影响模版光刻的分辨率,材料的沉积厚度也有可能导致掩膜版堵塞,影响掩膜版的再次使用。Juergen Brugger 教授[①]和 O. Vazquez-Mena 教授在 2008 年第一次使用模版光刻制造了铝和金纳米线,如图 6.1 所示。

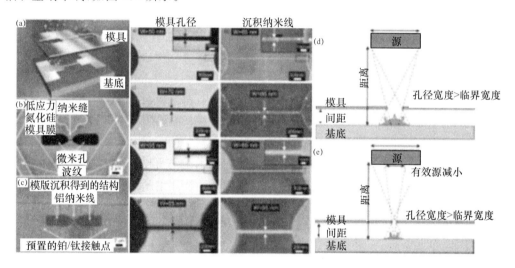

图 6.1　基于模版光刻制造的金属纳米线
(图片再版许可源自 ACS 出版社[3])

　　之后,Juergen Brugger 教授利用聚焦离子束制造模版光刻的模版,并成功利用模版光刻技术在整个晶圆规模上制造金属纳米线。Brugger 教授指出在常规的光刻技术中往往会使用到光刻胶和显影剂,而这些物质通常会对其他材料造成不同程度的污染,存在风险,通过采用模版光刻技术可以降低这些风险,在整个工艺过程中不会对材料造成任何的腐蚀。

---

　　① 　Juergen Brugger,瑞士洛桑联邦理工学院(École Polytechnique Fédérale de Lausanne,EPFL)微工程学及材料科学教授,曾在荷兰屯特大学(University of Twente)MESA 纳米技术研究所、IBM 苏黎世研究实验室以及日本东京日立中央研究实验室工作。主要研究领域集中在 MEMS 和纳米技术领域的多个方面。

　　柔性电子产品、人造皮肤和柔性太阳能电池等柔性器件对非平坦表面有着出色的适应性,其灵活性带来了新的应用。但是常规的纳米加工是基于刚性的硅技术和化学抗蚀剂处理得来的,通常不适用于柔性聚合物材料。因此,如何在柔性聚合物表面进行纳米加工是个难题。而模版光刻技术凭借其简单的加工方式和对衬底材料无污染的特性,在柔性聚合物的纳米加工方面展现出了强大的优势。模版光刻技术在聚合物表面的应用具有一定的优势,这些聚合物包括:PDMS(聚二甲基硅氧烷)、SU-8(一种光刻胶)、聚酰亚胺(Polyimide)和聚对二甲苯(Parylene),通过使用模版光刻技术可以在这些柔性聚合物表面进行纳米加工,如图 6.2 所示。

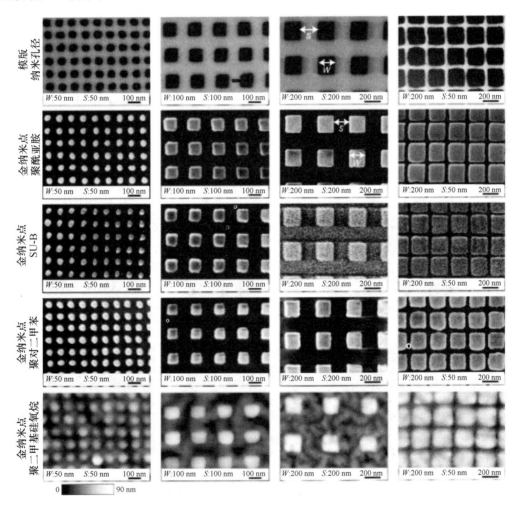

图 6.2　使用模版光刻在不同聚合物表面得到的金属纳米点的 SEM 图像

(图片再版许可源自 ACS 出版社[4])

通过利用模版光刻很容易地在不同聚合物表面得到金属纳米结构,尺寸可以达到 20 nm 和 50 nm。制备这些金属纳米结构不需要进行任何的抗蚀处理,制作过程稳定可靠,具有很好的重复性。与此同时,Juergen Brugger 教授对纳米点的消光光谱、欧姆行为和局域表面等离子共振进行了研究。研究结果表明,模版光刻是一种将纳米技术应用于柔性聚合物器件的一种极具前途的技术路线,在高分辨率纳米图形化和器件纳米级加工等方面具有出色能力。

模版光刻技术不仅在晶圆加工和柔性器件的制造上展现出了巨大的优势,而且在有机电子方面也有出色的表现,如图 6.3 所示。为了实现高性能的有机薄膜晶体管,有机半导体层的两个参数十分重要,一个是有机半导体层的单晶程度,另一个是有机半导体层的图案化,前者会影响迁移率,后者会影响晶体管的关态电流。通常高质量的单晶可以通过物理气相传输(physical vapor transport,PVT)法制备,但这种方法需要高温因而限制了 PVT 法在柔性电子中的应用。基于此,Juergen Brugger 教授提出使用模版光刻技术,利用真空热蒸发的方式在 40℃ 的低温下,直接沉积并五苯单晶阵列。通过缩减模版尺寸至 $1\ \mu m \times 1\ \mu m$ 来限制晶体的成核区域并保证每个孔径中只有一个晶核成核然后生长,并实现了对晶体膜厚度的精准控制,这种简单的方式可以用来实现有机薄膜晶体管的阵列化制造,为晶体的生长提供了新方案。

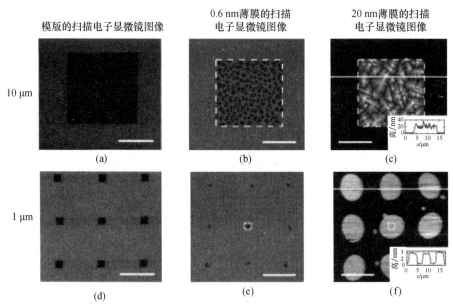

图 6.3　掩膜版和晶体结构的 SEM 图像

(a) 模版的 SEM(比例尺 1 μm);(b) 0.6 nm 薄膜的 SEM(比例尺 1 μm);(c) 20 nm 薄膜的 SEM(比例尺 1 μm);(d) 模版的 SEM(比例尺 10 μm);(e) 0.6 nm 薄膜的 SEM(比例尺 10 μm);(f) 20 nm 薄膜的 SEM(比例尺 10 μm)(图片再版许可源自 ACS 出版社[5])

6.2.2　毛细组装

"咖啡环效应"启发了关于毛细组装研究的灵感,含有少量固体颗粒的咖啡或茶水,液滴在干燥过程中通常会留下细小的环形污渍,这些污渍的形成是因为在蒸发过程中,含有固体颗粒的溶液半径不变,而接触角在不断地变小,为了保证液滴的面积,就会产生一个从中心到外边缘的流动,这个流动将溶质带到液滴与基板的接触线上并沉积下来,最后形成咖啡环效应,如图 6.4 所示。

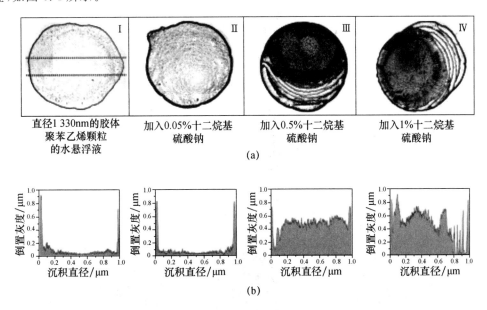

图 6.4　咖啡环效应

(a) 不同溶液的咖啡环效应;(b) 不同溶液在形成咖啡环效应的灰度图(图片再版许可源自 ACS 出版社[6])

受咖啡环效应启发,Juergen Brugger 教授研发了一种毛细组装装置,如图 6.5 所示。PDMS 模版固定在电动平移台上,在移动的基板和固定在基板上方的载玻片之间以大约 $500\,\mu m$ 的距离注入一定体积的溶液($40\,\mu L$)。整个装置安装在光学显微镜的平台上,可以直接观察装配过程,摄像头用来监控溶液的接触角。最后,开发了基于 LabView 的计算机界面,以控制装配过程中的温度和速度,使用粒子跟踪软件进行粒子速度的图像分析和测量。

利用毛细组装技术可以做到用液体来制造器件。在透明基板上制作柔性电子器件的挑战之一在于:纳米线的数量和柔性器件的透明度是相互制约的,透明基底上的纳米线越多,导电性能越优异,但器件的透明性也更差。因此,如何在保证器件透明性的情况下,提高器件的导电性成了关键所在。研究人员提出在三维空间上解决这一问题,自组装的纳米材料水膜在设计好的 PDMS 微结构上进行可控破裂,破裂时,纳米材料将有效地黏附在微结构的表层和侧壁上,在保证导电性的情况下大大地提高了器件的透明性,如图 6.6 所示。

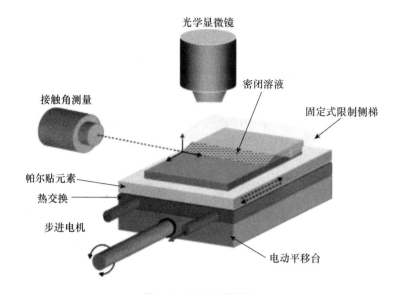

图 6.5　毛细组装装置

（图片再版许可源自 ACS 出版社[7]）

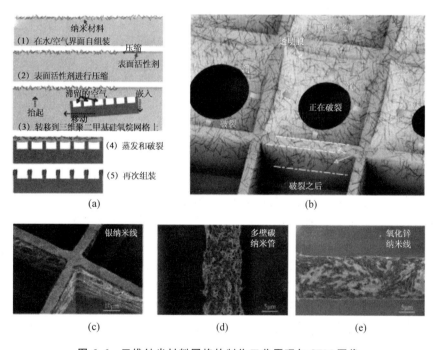

图 6.6　三维纳米材料网格的制作工艺原理与 SEM 图像

（a）制作工艺流程；（b）示意；（c）银纳米线局部 SEM；（d）多壁碳纳米管 SEM；
（e）氧化锌纳米线 SEM（图片再版许可源自 Wiley 出版社[8]）

6.2.3　热扫描探针光刻

热扫描探针光刻是通过加热的尖端产生的热能来诱导局部材料的变性,从而实现微纳米图形化的技术。热是物质转化的普遍刺激,能够诱导物质发生改变,如结晶、蒸发、熔化等等,在纳米尺度,由于只有很小的体积被加热,所以材料改性的特征时间是以纳秒量级来计算的。因此,加热几纳秒就足以改变针尖下的材料。对于刻写速度而言,悬臂梁的机械扫描速度成为图形化工艺速度方面的主要限制。

然而,凭借热扫描探针领域良好的技术积累,目前可以实现高达 20 mm/s 的刻写速度,能够满足大多数图案化制备需求。同时,在微纳图案结构的加工精度及分辨率方面,热扫描探针光刻技术可以制备特征线宽在 10 nm 以下的微纳结构。热扫描探针光刻技术主要有三种用途:通过热扫描探针升华去除物质;通过局部改变材料的物理性质如结晶性、磁偶极子方向或化学转变;通过熔融从加热的尖端转移到基板或从气相中加入功能材料,如图 6.7 所示。

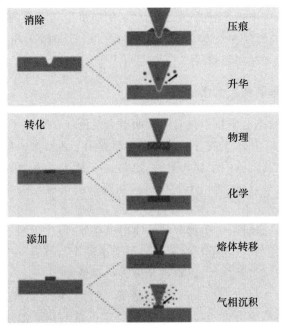

图 6.7　热扫描探针光刻技术的三种用途
(图片再版许可源自 ACS 出版社[9])

实现图形化工艺主要是基于所述的热扫描探针光刻技术,利用高温纳米针尖与一种热解胶作用,热解胶在高温作用下会挥发,从而使热针尖"画"过的区域没有热解胶,而热针尖没有"画"过的区域留存有热解胶,从而实现对热解胶的图形化处理。热扫描探针光刻技术有很多应用,例如,实现荧光超分子聚合物的图案化热致变色。荧光超分子聚合物在温度的作用下会发生反应从而导致颜色的变化,利用热扫描探针在聚合物中的局部定位加热,使得荧光超分子聚合物从红色变为绿色,当降温后,荧光超分子聚合物又变为红色,由于热扫描探针的特性,可以在微秒范围内完成操作。纳米级的荧光特征对于防伪检测、数据存储和传感器领域有着重要意义。

当前有几种二维材料,例如,石墨烯、过渡金属等,通常只有一个或几个原子的大小,大规模应用面临着稳定性、可靠性、被污染和被损坏等挑战。Juergen Brugger 教授利用上述技术实现了直接对二维材料进行纳米切割,在二维材料的表面进行加热升华使其键发生断裂以达到切割的目的。同时,纳米切割技术还具有多功能性的特点,将电子设备用纳米切割技术切割成二维胶片,并保证不破坏其结构。

6.3　易碎材料在微系统的应用

易碎材料在微系统中取得了较为广泛的应用,例如可生物降解的植入式镁微谐振器,摩擦纳米发电机 TENG 的聚合物及 MEMS 能源供给,3D 打印植入药物,以聚合物衍生陶瓷为主的导电植入物以及微摩尔波纹等。

6.3.1　可生物降解的植入式镁微谐振器

在生物医疗领域,瞬态电子技术具有巨大的潜力。例如在膝盖手术中,使用药物释放的胶囊能够避免植入物的不利影响或者二次手术。而在用于短暂植入物的可生物降解金属候选物中,镁(Mg)由于具有出色的生物相容性,已被用于制造可生物吸收的冠状动脉支架和瞬时电子电路。除此之外,镁还能用于制作可生物降解的可植入医疗设备的功率接收器和微型加热器。

图 6.8 是具有频率选择性、可生物降解的镁微谐振器,可作为瞬态电子设备的功率接收器和微加热器。在衬底上制造几个镁谐振器。每个镁谐振器都有一个通过其几何参数调整的不同谐振频率(f_0),这使得它们可以有选择地进行寻址。

通过使用外部射频(radio frequency,RF)磁场,能量只耦合到频率匹配的谐振器中,谐振器电磁感应的原理会感应出电流,从而仅导致特定设备的焦耳加热。通过在微型加热器的几何形状中添加折线,电流密度会局部增加一到两个数量级,从而在特定位置产生局部热点。除此之外,这种谐振器具有良好的生物降解性。图 6.9 展示了这种谐振器在温度为 37℃ 的缓慢磷酸缓冲盐溶液(phosphate buffered saline,PBS)进行温和搅拌,溶液中镁结构($2\,\mu m$)的溶解情况。

研究表明,水性介质中的镁降解速率从每小时几微米到几十微米不等。图 6.9 显示了在对温度为 37℃ 的磷酸缓冲盐溶液进行温和搅拌,溶液中连续光学图像。可以看到,图 6.9

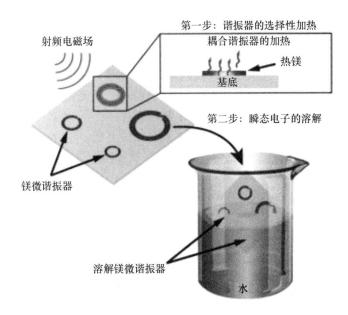

图 6.8 可生物降解的镁微谐振器

（图片再版许可源自 Wiley 出版社[10]）

（a）显示了浸入 PBS 几秒钟后的镁结构,图 6.9（b）显示了浸入 PBS 10 分钟后的镁结构。通过水解可以清楚地看到镁溶解过程中典型的氢气泡。而在 PBS 溶液中放置 50 分钟后,镁结构完全溶解,不再有气泡产生。这几十分钟的时间意味着,一旦植入体内,必须使用钝化层将降解时间调整为几天或几周。为此,可以使用例如丝绸、二氧化硅、氮化物、聚酸酐或聚乳酸-乙醇酸共聚物作为钝化层。整个器件的降解速率首先由钝化层的退化率来定义,然后再由实际器件层的退化率来定义。

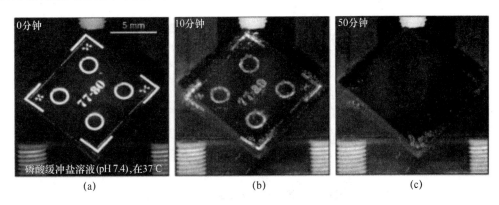

图 6.9 镁微谐振器的降解过程

（a）几秒后的镁结构;（b）10 分钟后的镁结构;（c）50 分钟后溶解完成(图片再版许可源自 Wiley 出版社[10])

6.3.2 用于摩擦发电的聚合物

目前,随着各种可穿戴设备的广泛普及和发展,可穿戴设备的能源是否可再生、能否便于获得的问题变得越来越重要。其中,纸基的各种材料或许是未来能够解决这一问题的可行方案。通过收集人体在与纸基材料接触过程中产生的摩擦电,将摩擦电存储起来供各种穿戴设备使用,是解决能源供给问题的一个方案。除了各种纸基材料外,丝素蛋白作为在摩擦电系列中占据最重要位置的新型材料,也可以加工制造成摩擦发电机,并已被证明是一种稳定的可再生能源,可以将周围的能源转化为出色的电能输出。这种基于丝素蛋白的摩擦发电机,如图6.10所示,其最大电压、电流和功率密度可以达到 268 V、5.78 μA 和 193.6 μW/cm^2。同时,在可见光谱区域的透射率高于 90%,并且在水溶液中的溶解度可控。作为一个能源供给装置其能够为两个液晶显示器供电并驱动微型悬臂梁工作。

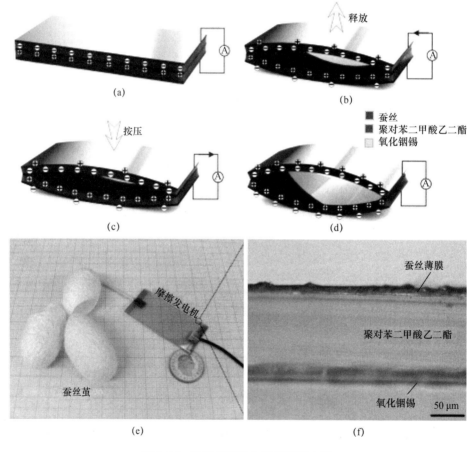

图 6.10　基于丝素蛋白的摩擦发电机

(a) 摩擦发电机的初始状态;(b) 摩擦发电机的开始释放状态;(c) 摩擦发电机的完全释放状态;(d) 摩擦发电机的按压状态;(e) 丝素蛋白摩擦发电机实物;(f) 横截面示意(图片再版许可源自 Elsevier 出版社[11])

6.3.3　3D 打印植入药物

在植入人工耳蜗的手术中,电极插入的创伤会导致残余听力受损,因此,如何保留残余的听力是一项重要的挑战,目前,局部给药是最有效的方法之一。众所周知,类固醇对听力保持的药物作用是免疫抑制和消炎。目前,电极插入类固醇后对听力保持的作用的相关研究也已经得到普遍认可。这些药物以持续释放的方式局部输送到内耳,最大限度地减少全身给药的副作用,同时使药效最大化。因此,图 6.11 展示了一种由微机电系统的柔性电极阵列和用于类固醇等药物存储库的三维微型支架组成的微型支架耳蜗电极阵列(micro-scaffold cochlear electrode array,MiSCEA),有望解决电极插入导致残余听力受损的问题。

基于 MEMS 的 MiSCEA,它允许类固醇洗脱到内耳中,且 MiSCEA 具有用于耳蜗插入的 MEMS 柔性电极阵列和用作药物储存器的微支架结构,从而能够使药物装载最大化。通过测量豚鼠模型($n=4$)中的电诱发听觉脑干反应来评估 MiSCEA 作为耳蜗电极阵列的特征,并通过实验分析听觉诱发性脑干反应的阈值变化,评估植入了类固醇洗脱的 MiSCEA 的动物残余听力改善的程度。

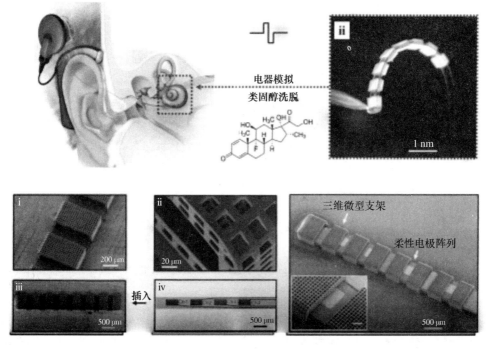

图 6.11　微型支架耳蜗电极阵列

(图片再版许可源自 Wiley 出版社[12])

6.3.4 聚合物衍生陶瓷作为导电植入物

由于医学上的起搏器电极不能够用金属制造,因为金属电极容易引发炎症,因而常用导电聚合物替代,其中,聚合物衍生陶瓷(polymer derived ceramic,PDC)在医学领域上具有非常亮眼的表现。

本节介绍一种用于制造具有高纵横比和微米尺度特征的 PDC 的方法。图 6.12 给出了填充结构的设计,主要由四个部分组成:填充容器、填充容道、断点和样品。其中,填充容器的存在使得液体能够在模具中形成平坦的表面;填充容道的主要功能是将 PDC 传输到目标样品的微模具;断点(尖端角度为 30°,向 150 mm 宽的通道突出 50 mm)是为了使在脱模过程中能够将应力集中在此并因此而产生裂纹,该裂纹会将样品与填充结构分离开,且不会损坏样品。

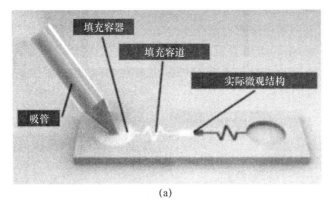

(a)

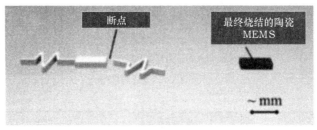

(b)

图 6.12 PDC 填充结构

(a) 填充结构;(b) 样品(图片再版许可源自 Wiley 出版社[13])

虽然微型起搏器电极已在体外(心肌细胞)、体内(大鼠外周肌)和离体(体外大鼠心脏)起搏实验中成功进行了测试,除此之外,PDC 还可运用于体外起搏实验和心肌细胞起搏实验中。从而引出了能够成功在动物模型中调节肌肉组织的导电 SU-8 C-MEMS 电极。这种碳微电极系统(carbon-microelectromechanical systems,C-MEMS)在起搏期间会释放碳,这将有助于植入后减少炎症的发生。C-MEMS 的电极在磷酸盐缓冲溶液中的细胞起搏实验显示出典型的细胞收缩行为。如图 6.13 所示,细胞在电压为 20 V 和频率在 2 Hz 下,以 4 ms 的脉冲宽度有效收缩。此外,如图 6.14 所示,植入 C-MEMS 电极分别在大鼠肌肉或心脏进行体内和体外实验显示了出色的起搏特性。实验结果表明,将这种 C-MEMS 的电极植入到心脏中是可行的,能够有效地将心率从 95 bpm 提高到 120 bpm。

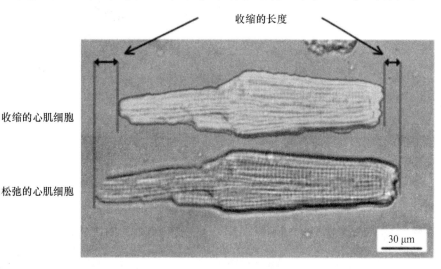

图 6.13　独立心肌细胞的体外测试
(图片再版许可源自 IEEE 出版社[14])

6.3.5　微摩尔波纹

摩尔波纹在我们的生活中随处可见,例如桥梁栏杆之间或窗前的窗帘折叠之间的摩尔波纹。通常而言,摩尔波纹是我们希望尽量避免的,例如扫描和打印中的伪影通常是由于周期性结构之间的摩尔波纹的干扰引起的。但同时,摩尔波纹这种包含非常小的结构的层会产生宏观形状。这些摩尔波纹可以随着层的相对位移而改变。当以非常高的分辨率产生时,这些层无法通过简单的方式进行复制,因此能够有效防伪。

依靠移动的二维云纹形状将视觉吸引力和防伪效果结合在一起的设备已开始生产钞票的防伪线。最新的研究成果中还出现了一种基于摩尔波纹效应的圆柱状小透镜阵列[15],其主要结构包括一个顶部的小透镜光栅和一个底部的小透镜光栅,其中顶部的小透镜光栅称为显示层,底部的小透镜光栅称为基础层。当由暗光或多色光从后面照亮时,两层小透镜光栅的叠加层形成了鲜明对比的古典摩尔波纹。这种小透镜光栅摩尔波纹也可以用于装饰和宣传。它们可以根据需要调整大小,也可以作为装饰元素放置在塑料或玻璃上,从背面照射小透镜光栅前面行走的人,能够观察到由于位置变化而引起的摩尔波纹。因此,小透镜光栅摩尔波纹能够为艺术、安全和装饰提供广阔的前景。

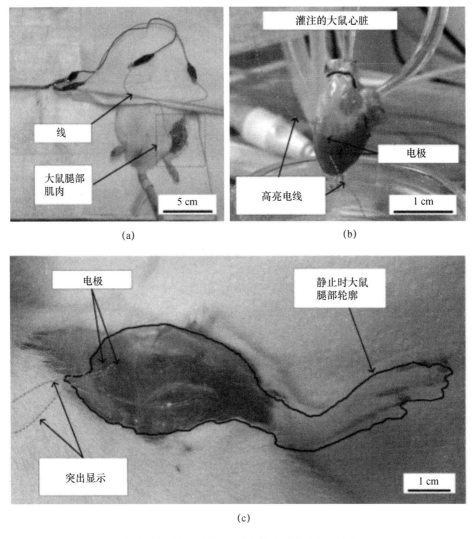

图 6.14　植入 C-MEMS 电极在肌肉中的表征

（a）实验装置；（b）局部细节；（c）生理剖面图（图片再版许可源自 IEEE 出版社[14]）

6.4　总结与展望

Juergen Brugger 教授对易碎材料的柔性加工技术、微工程、微纳技术工程等进行了深入研究。而微纳技术工程的发展是不断进步的，因而需要我们不断地探寻新的发展方向，同时新技术的开发与进步往往需要多个领域的交叉学习和合作。

6.5　常见问题与回答

Q1：纳米模版光刻技术在软质材料中的应用及挑战有哪些？

A1：原则上说它不需要与基材接触，所以这取决于溶液和软材料，例如聚合物的目标分辨率。我在报告中也展示了许多例子，例如用于生物传感器的聚酰亚胺膜（polyimide film）、PDMS、Parylene。所以这个问题的答案是肯定的，模版光刻是一种要求结构和聚合物基材高度结合的技术，因为聚合物不能在传统的光刻、刻蚀步骤中保存下来。所以我鼓励你去尝试，在相对较短的时间内取得有趣的结果并不难。模版光刻技术的挑战之一是它会把所有不带正电的物质剔除出去，所以薄膜可能会在某个点断裂，这取决于我们讨论的尺寸。另一个挑战是我强调的很重要的一点，对准。我们要制造多层结构，而不是单层的。如果需要对准，一个可以制备图案的工具是光刻机，它可以制备硅片的光掩膜。通过调整电荷，即使对硅片进行 1 nm 地对准也是可以实现的。

Q2：通过液体组装制备的透明电极的均匀度如何？以及将这种透明电极从硅片转移到目标衬底的困难是什么？

A2：银纳米线会漂浮在水面上，要转移到一个透明的物体上，这一切的操作都是需要手动的。这个已经在之前的一些报道中阐述过了，我们需要有一个放大的工具，可以让我们能够在小规模小尺寸上进行操作。如果这些能够标准化，那么问题都可以得到解决，这里你需要转移的那个透明材料的表面应该是均匀的，但我不知道你使用放大工具后的放大和控制情况，你可以看一看已经发表的一些文章里面会有一些最近的进展或许能给你更大的帮助。

Q3：生物医学领域是否会成为 MEMS 和传感器应用的未来趋势？

A3：很好的问题。如果每个人都知道答案，那么你现在就可以致富。但是我感觉，在生物医学中的应用确实存在。正如你所见，在面对新型冠状病毒性肺炎疫情流行的今天，你需要更多有关生命科学方面的知识，不仅是药理学，而且还包括生物医学设备等，并且这些是非常具有挑战性的。我认为未来的汽车和量子计算也会对他们有一定的需求。就个人而言，我相信如果能利用我们的大脑和我们的智慧发展出新的设备和方法来解决医疗保健和生物医学领域的紧迫需求，人类将受益匪浅。因此，我非常有信心，在接下来的十年中，这将是一个非常有趣的领域。

参 考 文 献

［1］ Juergen Brugger 教授课题组. Juergen Brugger 教授课题组［EB/OL］. https：//www. epfl. ch/labs/
lmis1/.

［2］ iCANX Talks. iCANX Talks 视频［EB/OL］. https：//www. iCAN-x. com/talks.

［3］ Vazquez-Mena O，Villanueva G，Savu V，et al. Metallic nanowires by full wafer stencil lithography
［J］. Nano Letters，2008，8(11)：3675-3682.

［4］ Vazquez-Mena O，Sannomiya T，Tosun M，et al. High-resolution resistless nanopatterning on poly-
mer and flexible substrates for plasmonic biosensing using stencil masks［J］. ACS Nano，2012，6(6)：
5474-5481.

［5］ Fesenko P，Flauraud V，Xie S，et al. Arrays of pentacene single crystals by stencil evaporation［J］.
Crystal Growth & Design，2016，16(8)：4694-4700.

［6］ Still T，Yunker P J，Yodh A G. Surfactant-induced Marangoni eddies alter the coffee-rings of evapo-
rating colloidal drops［J］. Langmuir，2012，28(11)：4984-4988.

［7］ Malaquin L，Kraus T，Schmid H，et al. Controlled particle placement through convective and capillary
assembly［J］. Langmuir，2007，23(23)：11513-11521.

［8］ Su Z，Yu H S C，Zhang X，et al. Liquid Assembly of Floating Nanomaterial Sheets for Transparent
Electronics［J］. Advanced Materials Technologies，2019，4(10).

［9］ Howell S T，Grushina A，Holzner F，et al. Thermal scanning probe lithography—a review［J］. Micr-
osystems & Nanoengineering，2020，6(1)：1-24.

［10］ Rüegg M，Blum R，Boero G，et al. Biodegradable Frequency-Selective Magnesium Radio-Frequency
Microresonators for Transient Biomedical Implants［J］. Advanced Functional Materials，2019，29
(39).

［11］ Zhang X S，Brugger J，Kim B. A silk-fibroin-based transparent triboelectric generator suitable for
autonomous sensor network［J］. Nano Energy，2016，20：37-47.

［12］ Jang J，Kim J，Kim Y C，et al. A 3D microscaffold cochlear electrode array for steroid elution［J］.
Advanced Healthcare Materials，2019，8(20).

［13］ Grossenbacher J，Gullo M R，Bakumov V，et al. On the micrometre precise mould filling of liquid
polymer derived ceramic precursor for 300-μm-thick high aspect ratio ceramic MEMS［J］. Ceramics
International，2015，41(1)：623-629.

［14］ Grossenbacher J，Gullo M R，Lecaudé S，et al. SU-8 C-MEMS as candidate for long-term implant-
able pacemaker micro electrodes：2015 Transducers-2015 18th International Conference on Solid-State
Sensors，Actuators and Microsystems (TRANSDUCERS)［C］. IEEE，2015：867-870.

［15］ Walger T，Besson T，Flauraud V，et al. 1D moiré shapes by superposed layers of micro-lenses［J］.
Optics Express，2019，27(26)：37419-37434.

第 7 章　人工树叶：从结构设计到器件组装

　　我国的能源需求一直在急速增长，然而，我国的能源结构依然以煤炭、石油等传统能源为主，由于其过度使用已经带来了二氧化碳（CO_2）过度排放的问题。为了满足我国的能源需求，同时减少 CO_2 排放，寻找替代能源或新型清洁能源是未来社会可持续发展的必经之路。巩金龙教授[①]带领天津大学能源和催化团队，着眼于可再生能源技术的开发与研究[1,2]，致力于为我国的新能源发展提供解决方案，助力未来社会的可持续发展。

　　太阳能是一种典型的可再生清洁能源。自上古代起，人类便开始利用太阳能（如取火、取暖等），但是始终无法实现太阳能的稳定储存。绿色植物的光合作用给了巩金龙教授团队极大的启发：他们设想直接利用光能，或者将光能转化为电能，通过电催化或者光电催化的方式，将过度排放的 CO_2 和地球含量较为丰富的水转化为氢气（H_2）、甲醇等燃料，从而将不稳定的太阳能以化学键中化学能的形式储存起来。整个过程不仅实现了太阳能向化学能的转化，还实现了零碳排放条件下的清洁能源供给。由于该过程类似于自然界的光合作用，因此整个催化反应过程被称为"人工光合作用"，得到的燃料称为"太阳能燃料"。本章将从人工光合作用的基本原理、光电水分解反应体系、光电 CO_2 还原反应体系、人工树叶的构建四个方面分别进行介绍，相信对实现太阳能的可持续利用具有一定的启示和指导作用。

7.1　绪　　论

7.1.1　人工光合作用装置的分类

　　与自然界的光合作用类似，完成人工光合作用需要依赖人工树叶。人工树叶指能够吸收光能，并将吸收的光能转化为化学能的装置或系统，它通常包含吸光组件和反应组件。吸光组件将入射光转化为电子和空穴，电子传递给还原反应催化剂用来还原 CO_2 或者水分子，空穴传递给氧化反应催化剂来氧化水分子。根据吸光组件和反应组件配置方式的不同，可以将人工树叶分为两种类型，如图 7.1 所示，光电化学池（photoelectrochemical cell，PEC）和光伏-电解池（photovoltaic-electrolyzer，PV-EC）[1]。其中，PEC 强调光电协同，而 PV-EC

---

　　① 巩金龙，美国得克萨斯大学奥斯汀分校（University of Texas at Austin，UT-Austin）博士，美国哈佛大学（Harvard University）博士后，合作导师 George Whitesides。现任天津化学化工协同创新中心团队负责人、国家首批"万人计划"入选者、国家杰出青年基金获得者、教育部长江学者特聘教授、国家重点研发计划项目首席科学家。

更侧重于电能的高效利用。这两种类型拥有不同的反应过程,其中 PEC 的反应过程更为复杂。

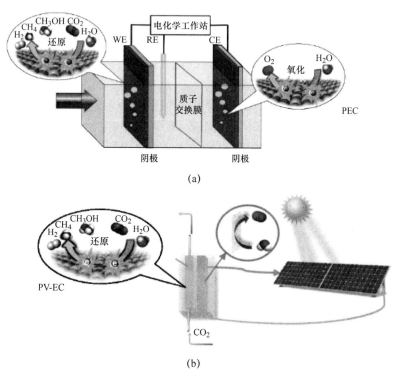

(a)

(b)

图 7.1 两种类型的人工树叶

(a) PEC;(b) PV-EC(图片再版许可源自 ACS 出版社[3])

7.1.2 PEC 的反应过程

PEC 的反应过程。首先需要产生光生载流子,即半导体材料在光的激发下,半导体价带中的电子被激发到导带,从而在价带中产生了空穴,得到了电子-空穴对。光生电子会参与到还原反应中,将水和 CO_2 还原为氢气、甲醇等产物;而空穴会参与到氧化反应中,把水氧化为氧气,如图 7.2(a)所示。PEC 的反应过程除了需要光生载流子的产生外,其产生的载流子的能量也很重要。常见的半导体材料的导带和价带位置,以及 CO_2 还原和水分解反应的热力学电位[4],如图 7.2(b)所示。从热力学上来说,为了实现水还原和 CO_2 还原,那么半导体的导带位置要比这些反应的热力学电位更负。从动力学上来讲,为了实现催化反应,还需克服一定的势垒(如图 7.2(b)中 CO_2/CO_2^- 电位所示),然而面对如此高的势垒,光生电子有时也"无能为力"。因此,需要外加电场来进行辅助,使用电场来进一步提高光生电子的能量,这就是 PEC 反应过程中需要光电协同的原因。但是,由于半导体产生的光生电子本身就具有一定的能量,因此与电催化反应相比可以施加较少的电能,从而一定程度上降低了电能的消耗。

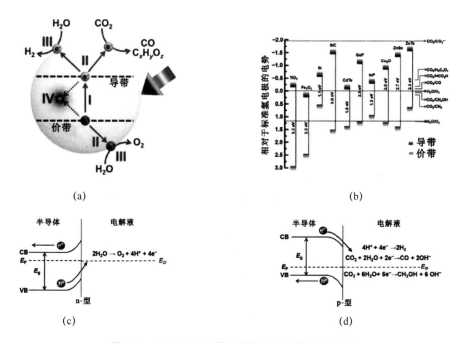

(a)　　　　　　　　　　　　　　　　(b)

(c)　　　　　　　　　　　　　　　　(d)

图 7.2　PEC CO₂ 还原和水分解反应的基本过程

(a) 光生载流子的产生;(b) 半导体材料的导带和价带(图片再版许可源自 RSC 出版社[4]);(c) n 型半导体的能带弯曲;(d) p 型半导体的能带弯曲

除了导带和价带位置,半导体材料的能带还会因为和电解液的接触而产生弯曲,从而产生内建电场,如图 7.2(c),(d)所示,在 p 型半导体中,固-液界面处的导带和价带向下弯曲,利于电子在内建电场的作用下向半导体表面移动,而空穴会同时在内建电场的作用下向电极方向移动,因此 p 型半导体经常用作阴极,在其表面发生水及 CO_2 的还原反应;与之相反,n 型半导体常用作阳极,其表面发生催化氧化反应。

7.1.3　PEC 和 PV-EC 反应过程的比较

如图 7.3(a)所示,PEC 反应过程虽然复杂,但是半导体可以直接将光生电荷传导至光电极表面反应[3];而 PV-EC 过程不仅存在着光生载流子在 PV 材料内的传输,还同时面临着将光生电荷经外电路传导的过程,因此 PV-EC 过程还存在着额外欧姆损失(由导线的电阻导致)[5]。因此,理论上 PEC 反应过程具有更高的光能转换效率。但是,PV-EC 反应过程受益于模块化的优势,具有更好的稳定性,更易于将系统规模放大,因此是目前最具应用潜力的太阳能利用技术。

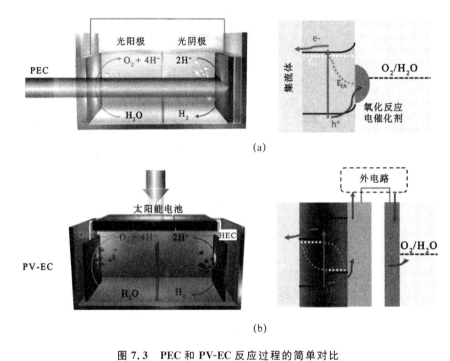

(a)

(b)

图 7.3　PEC 和 PV-EC 反应过程的简单对比

（a）PEC 反应过程；（b）PV-EC 反应过程（图片再版许可源自 RSC 出版社[5]）

7.2　光电水分解反应体系

7.2.1　构建异质结

结合国内外学者的研究成果,巩金龙教授首先对传统的铜铟镓硒光电（CuInx Ga(1-x)-Se2,CIGS）阴极进行了重新设计和优化,如图 7.4 所示。首先利用化学浴的方法,在 p 型 CIGS 基底沉积了 n 型 CdS,构建了 p-n 结,提升了 p 型 CIGS 的光生电压;同时 p-n 结区的内建电场又促进了光生载流子的分离和传输。

降低反应势垒,是实现光生载流子高效利用的另一个关键。针对光电极表面反应动力学差的问题,巩金龙教授创新地提出了两步镀铂（Pt）法,对 Pt 催化剂的颗粒尺寸和空间分布进行了调控[6]。两步镀铂法主要包括以下两个步骤:首先利用溅射在光电极表面物理沉积 Pt 晶种,但是该方法得到的晶种存在颗粒大小不均的问题;接着在含有 Pt 前驱体的溶液中,利用光电化学沉积的方法,调节电极表面晶种的大小,从而得到了纳米颗粒粒径均一且空间分布均匀的催化剂的负载形式。从光电水分解反应的测试中可以看到，相对于传统的利用磁控溅射法制备的 Pt 催化剂，两步镀铂法制备的光电极展现出更好的催化活性。

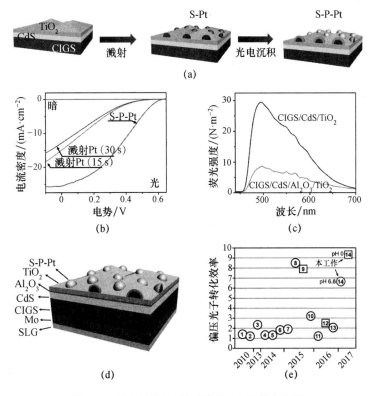

图 7.4　两步镀铂法，构建高效 CIGS 的光电极

（a）两步镀铂法的主要过程；（b）采用两步镀铂法与未采用该方法的光电极的催化性能对比；（c）利用氧化铝（Al_2O_3）钝化层进行界面修复；（d）完整的 CIGS 光电极结构；（e）CIGS 光电极的性能与文献报道值的对比（图片再版许可源自 RSC 出版社[8]）

　　但是该电极的电流密度-电压曲线（J-V 曲线）的填充因子较差，这是由于硒化镉（cadmium selenide）与电极最外侧的氧化钛（TiO_2）保护层之间存在界面缺陷，引起了光生电荷的过度复合。为此，他们又利用原子层沉积（atomic layer deposition，ALD）工艺在 CdS 与 TiO_2 之间沉积了氧化铝（Al_2O_3）作为界面钝化层，修复界面缺陷。从瞬态和稳态荧光光谱中可以看到，沉积了 Al_2O_3 的样品具有更低的界面复合速率，如图 7.4（c）所示。最终该光电极结构如图 7.4（d）所示，光子-电子转化效率（applied bias photon-to-current efficiency，ABPE）为 6.6%，稳定性达 8 小时以上；在强酸性电解质溶液中，该光电极结构能够获得 9.3% 的 ABPE，这是当时 CIGS 电极的最高效率，如图 7.4（e）所示。

7.2.2　肖特基结

除异质结外,巩金龙教授还对金属-绝缘体-半导体(metal-insulator-semiconductor, MIS)结构展开了研究。在单晶 Si 基 MIS 结构中引入了一种双面钝化机制,用于同时修复单晶 Si(crystalline silicon,C-Si)表面悬挂键和金属诱导的半导体的界面缺陷[7]。其中,底层非晶 Si(amorphous silicon,a-Si)薄膜可有效修复单晶 Si 表面悬挂键,如图 7.5(a)所示。

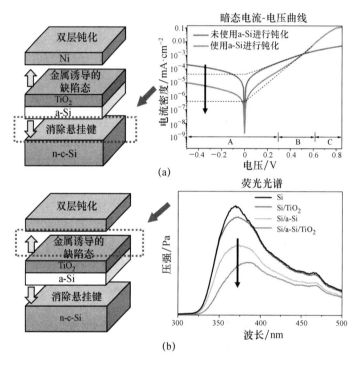

图 7.5　Si 基 MIS 结的双面钝化机理

(a) 单晶 Si 表面悬挂键;(b) TiO₂ 材料的引入(图片再版许可源自 RSC 出版社[7])

经过本征非晶 Si 修饰后,该电极的暗态电流相比修饰前有了明显的降低,少数载流子寿命从 $18~\mu s$ 提升至 $2~360~\mu s$,说明本征非晶 Si 薄膜有效修复了单晶 Si 表面缺陷,钝化效果优异。其次,针对金属在单晶 Si 表面诱导产生的缺陷态,巩金龙教授团队提出可以利用顶层氧化物对其进行修复。他们利用 ALD 技术沉积了 TiO₂,这种材料具有性能稳定、电荷传输通畅等优势,可兼顾缺陷修复与电荷传输的作用,如图 7.5(b)所示。从稳态荧光光谱可以看到,经过 TiO₂ 修饰,单晶 Si 表面缺陷复合程度明显降低,证明了金属诱导的缺陷态得到了有效的修复。

7.2.3　反式 MIS 结

巩金龙教授将具有双面钝化的 MIS 结 Si 基光电极首先应用于光电水氧化反应中，使用金属镍（Ni）作为表面催化剂。相对于没有界面修饰的 MIS 结，具有双面钝化的 MIS 结在光生电压、饱和电流密度等方面都有明显的提升，ABPE 可达 3.9%（属于 MIS 结中最高效率）。同时在碱性溶液中，30 h 内电极性能没有下降，具有较强的稳定性，如图 7.6(a) 所示[7]。另一方面，得益于双面钝化，MIS 结的少数载流子传输距离可达 1 690 μm，远大于单晶 Si 片厚度（155 μm），因此，理论上可以将产生光电压的结区移至电极背面。

利用双面钝化后 MIS 结的少数载流子传输距离远的优势，巩金龙教授又进一步设计了反式 MIS 结（inverse-MIS，I-MIS），用于解决传统 MIS 结中饱和电流与势垒高度不匹配的矛盾，并将该结构用于 PEC 水分解制氢反应中。测试结果显示，该结构具有较低的起始电位（0.62 V 相对于可逆氢电极）以及较高的 ABPE，同时，其稳定性超过了 100 h，如图7.6(b)所示[9]。

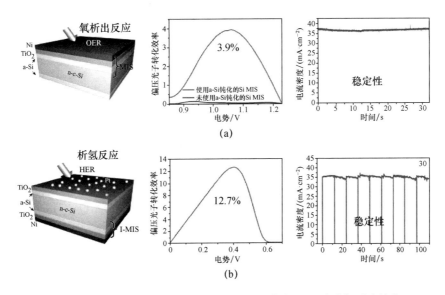

图 7.6　具有双面钝化特性的 Si 基光电极结构与 PEC 水分解反应性能

（a）具有双面钝化 MIS 结的 Si 基光电极及其催化水氧化反应的性能；（b）具有双面钝化 I-MIS 结的 Si 基光电极及其催化水氧化还原反应的性能（图片再版许可源自 RSC 出版社[7]）

7.3　光电 CO$_2$ 还原反应体系

7.3.1　提高反应驱动力

为了提高反应驱动力,巩金龙教授采用了非晶 Si 太阳能电池材料作为光电极的吸光基底,提供光生电压。光生电子在 p 型非晶硅-本征非晶硅-n 型非晶硅所形成的异质结(p-type a-Si/intrinsic a-Si/n-type a-Si,p-i-n)的内建电场的作用下与光生空穴发生分离,并传输到催化剂表面,进而参与 CO$_2$ 还原反应。为了减少金属催化剂对入射光的寄生吸收,还采用背照的形式(即入射光与固-液界面位于光电极的不同侧),进一步促进了基底的吸光,提高了光生电压,如图 7.7(a)所示。

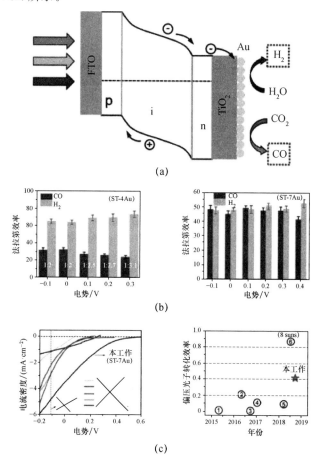

图 7.7　非晶 Si 光电极用于 CO$_2$ 还原的研究

（a）非晶 Si 光电阴极的电极结构;（b）该光电阴极用于 PEC CO$_2$ 还原时的产物分布;（c）该光电阴极的催化性能与文献报道值的比较(图片再版许可源自 RSC 出版社)[8]

通过电子束蒸发沉积的方法在电极表面沉积了金(Au)纳米粒子作为催化层,通过调控 Au 的粒径大小改变其晶界密度。利用中间体键合强度与 Au 晶界密度的线性关系,实现了产物合成气中 CO 和 H_2 比例的可控调变,其中包括工业上最常用的比例 1:1 和 1:2,如图 7.7(b)所示。在标准光照条件下,该非晶硅光电阴极的 ABPE 是当时的最高水平,如图 7.7(c)所示[8]。

7.3.2　抑制析氢副反应

由于水是 PEC CO_2 还原反应的重要反应物之一,然而水还原的热力学电位和 CO_2 还原的热力学电位非常接近,因此,CO_2 还原反应还面临着水还原产氢副反应的激烈竞争,可能会降低 CO_2 还原反应的含碳产物选择性。因此,为了进一步提高 CO_2 还原产物中含碳产物的选择性,需要寻找一种能够抑制产氢的同时促进 CO_2 还原的材料。氧化铜就是这样一种材料。然而,将 Cu_2O 直接用于光电催化反应时会发生失活,从而无法稳定实现高选择性的 CO_2 还原反应。巩金龙教授团队为了探究失活的主要原因,进行了一系列的对比实验。他们发现当采用背照时(即入射光和固-液界面位于光电极的不同侧),Cu_2O 的稳定性较好。这是因为正照时,光生空穴的传输距离更短,因此他们认为 Cu_2O 失活的主要原因是空穴的氧化腐蚀作用,如图 7.8 所示[9]。

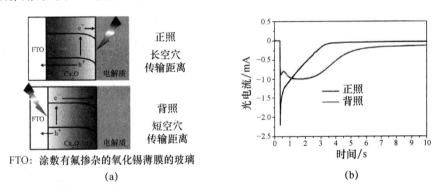

图 7.8　Cu_2O 在光照条件下失活的原因

(a) 不同的光照条件下光生载流子传输行为;(b) 不同的光照条件下 Cu_2O 的稳定(图片再版许可源自 Wiley 出版社[9])

针对光生空穴氧化腐蚀的难题,巩金龙教授提出了将 Cu_2O 置于暗阴极的方法,避免了光生空穴的产生,如图 7.9(a)所示;同时光生电子由光阳极产生,经外电路传递至 Cu_2O,从而驱动了高选择性 CO_2 还原反应的发生,如图 7.9(b)所示[11]。

为了探究该过程中催化剂表面能够抑制析氢反应的根本原因,他们使用了密度泛函理论(density functional theory,DFT)进行了理论计算。研究发现,Cu_2O 表面的羟基(OH)覆盖度,对 CO_2 还原反应的羧基中间体(*COOH),以及析氢反应的吸附态氢(*H)中间体的吸附能有很大的影响。当羟基的表面覆盖度适中时，Cu_2O 催化剂既能促进 CO_2 还原，又能抑制析氢反应。因此，暗阴极能够表现出良好性能的根本原因在于，TiO_2 光阳极能够同时产生较大的驱动力与适中的光电流，调整了暗阴极羟基表面覆盖度，如图 7.9(c) 所示[10]。

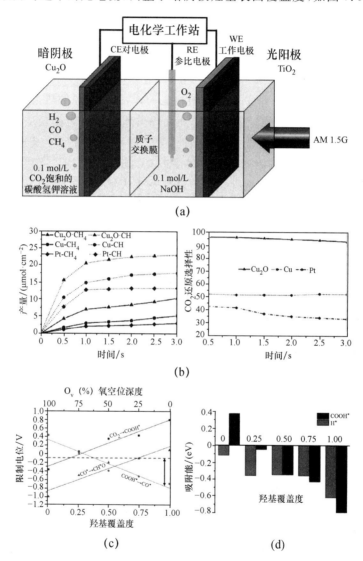

图 7.9 Cu_2O 暗阴极催化性能与机理

（a）Cu_2O 暗阴极反应系统；（b）Cu_2O 暗阴极反应系统催化 CO_2 还原反应；（c）CO_2 还原限制电位随羟基表面覆盖度的变化曲线；（d）羟基表面覆盖度对 Cu_2O 表面中间体的吸附能的影响（图片再版许可源自 Wiley 出版社[9,10]）

7.3.3　液相产物生成机理

相比于气相产物，液相产物具有储存方便、运输便利的优点。为了提高含碳产物中液相产物的比例，巩金龙教授对液相产物的生成机理进行了探究。通过总结前人的研究成果发现：当 CO_2 还原所需要的 H 元素来自吸附态 H（∗H）时，得到的产物是甲醇；而 H 元素的来自质子时，得到的产物是甲烷。因此，为了提高含碳产物中甲醇等液相产物的比例，提高催化剂表面 ∗H 浓度是关键。然而，Cu_2O 表面对 ∗H 的吸附能力较弱，这也就限制了甲醇的产生；而金属 Cu 对 ∗H 的吸附能力较强。通过理论计算，巩金龙教授提出的方案是将 Cu_2O 和 Cu 结合，构建金属/氧化物界面，提升 ∗H 的吸附能力，从而提高催化剂表面 ∗H 浓度。

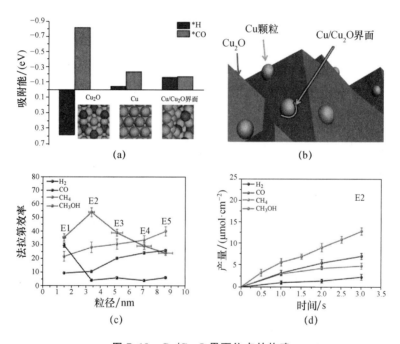

图 7.10　Cu/Cu₂O 界面位点的构建

（a）不同位点上 ∗H 与 ∗CO 的吸附能对比；（b）Cu/Cu₂O 界面位点；（c）不同粒径的 Cu 颗粒所形成的界面位点催化 CO_2 还原的产物选择性；（d）甲醇产量随反应时间的变化曲线（图片再版许可源自 Wiley 出版社[11]）

进一步的理论计算表明，在构建的界面位点处，∗H 和吸附态 CO（∗CO）的吸附能较为均衡，因此这样的活性位点结构可能利于甲醇的生成，如图 7.10（a）所示。在理论计算的指导下，该团队通过热蒸发的方式在 Cu_2O 表面制备了粒径可控的 Cu 颗粒，构建了长度可调的界面位点，如图 7.10（b）所示。将拥有界面位点的 Cu_2O 暗阴极用于 CO_2 还原反应，还原产物中甲醇的法拉第效率达到了 53.6％,这说明构建界面位点实现了对甲醇路径的调控,如图 7.10(c),7.10(d)所示[111]。

7.3.4 多碳产物的转化

与甲醇等一碳产物相比,乙烯、乙醇等多碳产物(C^{2+})的市场价值更大。为了实现 CO_2 向多碳产物的转化,巩金龙教授对 Cu 基催化剂表面 CO_2 还原为多碳产物的过程进行了研究。根据文献报道 *CO 之间的偶联是得到多碳产物的关键。于是他们首先通过理论计算,研究 Cu 基催化剂结构对 CO 在表面的吸附能力和转化过程的影响。根据理论计算,他们发现 Cu 上的晶界位点,如图 7.11(a)所示能够提高对 *CO 的吸附,如图 7.11(b)所示,从而有效降低 C-C 偶联中间体(即 COCHO)的形成能,因此,如果能有效地在 Cu 催化剂中构建晶界位点将有助于提高多碳产物的选择性,如图 7.11(c)所示[12]。

借助表面活性剂:聚乙烯吡咯烷酮,对电沉积动力学的调控作用,他们通过简单的电沉积方法成功地在金属 Cu 颗粒上构建出丰富的晶界位点。电化学 CO_2 还原反应的活性结果表明,与不含晶界位点的金属 Cu 催化剂相比,富含晶界位点的 Cu 催化剂展现出了更为突出的催化 CO_2 还原为多碳产物的能力,它所对应的多碳产物法拉第效率能在较宽的电压区间内保持在 70％左右,如图 7.12 所示。

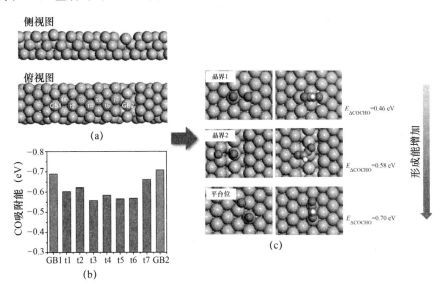

图 7.11 晶界位点的理论计算

(a) 晶界附近位点结构;(b) 不同位点的 CO 吸附能;(c) 不同位点的 C-C 偶联中间体形成能(图片再版许可源自 ACS 出版社[12])

为了进一步验证晶界的作用,他们还使用了原位的红外光谱对中间体的吸附转化进行探究。红外光谱的测试结果也证明了引入晶界之后,Cu 基催化剂表面对 * CO 有着更强的吸附能力。进一步地,他们将这种富含晶界的 Cu 基催化剂应用于 PV-EC 反应过程,实现了无偏压的 CO_2 还原反应,并获得了非常可观的太阳能到多碳产物的能量转换效率[12]。

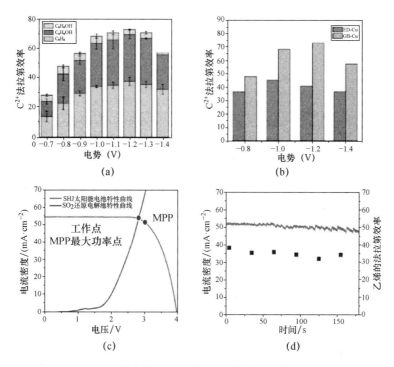

图 7.12　具有晶界位点的 Cu 基催化剂的性能探究

(a) 具有晶界位点的 Cu 基催化剂的多碳产物选择性;(b) 富含晶界的 Cu 基催化剂与不含晶界的多碳产物选择性的比较;(c) PV-EC 反应过程的工作条件;(d) PV-EC 反应过程的 CO_2 还原性能(图片再版许可源自 ACS 出版社[12])

7.4　人工树叶的结构

人工树叶构建的过程就是构建无偏压反应体系的过程。一般而言,自然光合作用包含两个相互关联的过程,一个过程是把水氧化为氧气,同时产生还原性的氢物种(NADPH),该过程必须在光照条件下发生,称为光反应;而另一个过程不需要光照,利用光反应产生的活性氢,在酶的作用下将 CO_2 固定为有机物。因此,水分解反应就相当于自然光合作用光反应,CO_2 还原就相当于自然光合作用的暗反应。

巩金龙教授首先利用之前研究的单晶 Si 或者 CIGS 电极进行了无偏压水分解反应的探索,尝试与目前性能最佳的钒酸铋(BiVO₄)光阳极进行串联,用于构建水分解。从能带结构可以看出,BiVO₄ 与单晶 Si 或 CIGS 相比具有更大的带隙,因此通过前后放置光阳极和光阴极,短波长的太阳光被 BiVO₄ 吸收,透过 BiVO₄ 的长波长的光被单晶 Si 或 CIGS 吸收。

巩金龙教授将 BiVO₄ 与 CIGS 进行叠层式串联,获得了 1.01% 的太阳能转化为氢能的效率(solar-to-hydrogen efficiency,STH),如图 7.13(a)所示[6];将具有 I-MIS 结构的单晶 Si 光阴极与 BiVO₄ 光阳极进行了叠层式串联,获得了 1.9% 的 STH,如图 7.13(b)所示[7];使用商业化的硅异质结(silicon heterojunction,SHJ)太阳能电池去辅助具有传统 p-n 结的单晶 Si 光阴极,并与 BiVO₄ 光阳极进行了串联实验,获得了 4.43% 的 STH,如图 7.13(c)所示[13]。

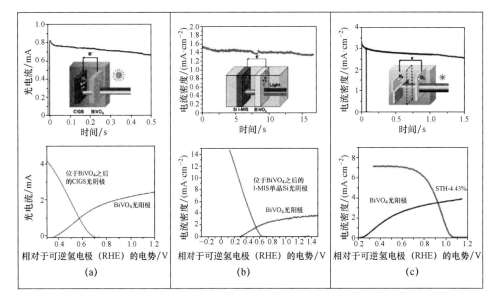

图 7.13　不同类型的 PEC 水分解

(a) CIGS 光阴极与 BiVO₄ 光阳极的叠层式串联;(b) 具有 I-MIS 结构的单晶 Si 光阴极与 BiVO₄ 光阳极的叠层式串联;(c) 由 SHJ 太阳能电池辅助的 p-n 结单晶 Si 光阴极与 BiVO₄ 光阳极的叠层式串联(图片再版许可源自 RSC 出版社[6,7,13])

7.5　总结与展望

制约人工光合作用投入实际应用的关键因素是成本。2016 年美国加州理工学院的 Lewis 教授对水分解反应的成本进行了核算[14],他们发现,当 PEC 和 PV-EC 反应过程的 STH 都为 10% 左右时,得到 1 kg 氢气需要分别花费 11.4 和 12.1 美元,可以看出这样的成本远高于干气重整制氢的成本(1.39 美元/kg)。由于 PEC 与 PV-EC 反应过程的制氢成本主要依赖于半导体吸光层，随着光伏产业的日益发展，PEC 与 PV-EC 反应过程制氢的成本会越来越接近化石能源制氢的成本。

2018 年，加拿大多伦多大学的 Sargent 教授也对太阳能驱动的 CO_2 还原技术的经济性进行了分析[15]。他们发现，当能量转化效率超过 60%，单一产物法拉第效率超过 90%，且新能源发电的电力价格达到 0.02 美元/(kW·h)，CO_2 还原技术的成本有望低于相关化学产品的市场价。随着光伏技术的发展，光伏发电的电力价格逐年下降。瑞典皇家理工学院的严晋跃教授经过统计发现，我国的光伏发电价格已经在 2018 年达到了 $0.29\sim0.79$ 元/(kW·h)[16]。因此，在未来十几年，有望实现低成本的太阳能驱动的 CO_2 还原。

现阶段研究的窄带隙半导体光电极，比如单晶 Si、CIGS，虽然已经表现出了优异的光能转换效率，但该效率还远低于理论上的最大光能转换效率。究其原因，催化剂层和保护层对太阳光的遮蔽作用是影响其效率提升的最大限制因素，因此消除催化剂层和保护层对太阳光的遮蔽作用有望成为接下来研究的重点。巩金龙教授认为可以从两个方面开展研究：第一，开发"全透明"催化剂，它既具有良好的透光性，也具有良好的催化特性；第二，将催化剂层和入射太阳光的位置进行空间解耦，实现在一个光电极结构中一面光照一面反应。

为了进一步提升光电极对太阳光的捕获效率，突破传统光电极只能从单面吸光的限制，设计具备双面吸光特性的光电极变得尤为重要，巩金龙教授在近期的探索中发现双面吸光的光电极可以显著提升光电极光能转换效率。

人工光合作用的另一个发展方向是设计和开发柔性 PEC 光电极。因为柔性电子器件具备质量轻、可弯曲性好、方便携带等优点，在可穿戴领域有着广泛的应用，未来柔性 PEC 光电极的使用将拓宽传统光电极的应用场景。

7.6　常见问题与回答

Q1：在没有 PV 辅助的情况下，有没有办法实现无偏压的 CO_2 还原？Cu_2O 作为 PEC 中的暗阴极和直接作为电催化中的阴极有什么区别？

A1：第一个问题我在本文中展示了两个示例，这些示例实现了无偏压的 CO_2 还原，没有提供任何额外的偏压。第二个问题，可以将 Cu_2O 用作光阴极，但是需要在该光阴极的表面包覆保护层。因此，之前我们课题组一直在进行的工作是：建立一个模型，研究 Cu_2O 光阴极失活的原因；然后在光阴极表面沉积透明且导电的保护层。这样的设计，可以使 Cu_2O 用作光阴极。

Q2：光电极表面的结构与性能之间的联系是怎样的？

A2：这涉及未来研究中可以开展的一些非常重要的工作。在本章最后，我提到了柔性

PEC 光电极,使用光刻或者其他相关的技术,在光电极表面构建立体的催化、吸光结构。我认为这将是非常有趣的工作。

Q3:无机半导体-有机酶的复合结构用于人工光合作用的可行性,以及该复合系统和报告中所展示的人工树叶各自具有的优缺点是什么?

A3:对于无机半导体-有机酶的复合结构,我们可以参考一下大自然。自然界中普遍存在这样的无机材料-生物酶混合系统。我认为这是一个全新的有价值的研究领域,即将细菌或酶与无机材料结合在一起,实现光能的转化与利用。例如,美国加州大学伯克利分校的杨培东教授将量子点与细菌结合在了一起。在这里我不能简单地判断人工树叶与这种复合结构的优缺点,因为每个事物都具有两面性。

Q4:PEC 是否需要 X 射线或太阳光来驱动? 是否需要贵金属催化剂? 人工树叶是否可以大量生产?

A4:我认为理想情况下,不必使用贵金属做催化剂,非贵金属催化剂用于人工光合作用是我们一直在进行的研究工作。但是,目前研究人员通常使用贵金属铂作为析氢反应的催化剂。

Q5:人工树叶在大规模生产中面临的挑战以及解决方法是什么?

A5:对于整个反应系统,尤其是反应器,进行规模生产是一个挑战。但是我认为与传统的化学反应器相比,它们(光电反应器)更加经久耐用,但是还需要在设计时考虑入射光的位置、电解质的选用等问题。

参 考 文 献

[1] 巩金龙教授课题组网. 巩金龙教授课题组[EB/OL]. https://www.gonglab.org.

[2] iCANX Talks. iCANX Talks 视频[EB/OL]. https://www.iCAN-x.com/talks.

[3] Sriramagiri G M, F Jiao. Towards Practical Solar-Driven CO_2 Flow-Cell Electrolyzer: Design and Optimization[J]. ACS Sustainable Chemistry & Engineering, 2017, 5(11): 10959-10966.

[4] Chang X X, J L Gong. CO_2 Photoreduction: Insights into CO_2 Activation and Reaction on Surfaces of Photocatalysts[J]. Energy & Environmental Science, 2016, 9(7): 2177-2196.

[5] Kim J H, J S Lee. Toward Practical Solar Hydrogen Production-An Artificial Photosynthetic Leaf-to-farm Challenge[J]. Chemical Society Reviews, 2019, 48(7): 1908-1971.

[6] Cheng M X, J L Gong. Spatial Control of Cocatalysts and Elimination of Interfacial Defects towards Efficient and Robust CIGS Photocathodes for Solar Water Splitting[J]. Energy & Environmental Science, 2018, 11(10): 2025-2034.

[7] Liu B, J L Gong. Bifacial Passivation of n-silicon Metal-insulator-semiconductor Photoelectrodes for Efficient Oxygen and Hydrogen Evolution Reactions[J]. Energy & Environmental Science, 2020, 13 (1): 221-228.

[8] Li C C, J L Gong. Photoelectrochemical CO_2 Reduction to Adjustable Syngas on Grain-boundary-mediated a-Si/TiO_2/Au Photocathodes with Low Onset Potentials[J]. Energy & Environmental Science, 2019, 12(3): 923-928.

[9] Chang X X, J L Gong. Stable Aqueous Photoelectrochemical CO_2 Reduction by a Cu_2O Dark Cathode with Improved Selectivity for Carbonaceous Products[J]. Angewandte Chemie International Edition, 2016, 55(31): 8840-8845.

[10] Yang P P, J L Gong. The Functionality of Surface Hydroxy Groups on the Selectivity and Activity of Carbon Dioxide Reduction over Cuprous Oxide in Aqueous Solutions[J]. Angewandte Chemie International Edition, 2018, 57(26): 7724-7728.

[11] Chang X X, J L Gong. Tuning Cu/Cu_2O Interfaces for the Reduction of Carbon Dioxide to Methanol in Aqueous Solutions[J]. Angewandte Chemie International Edition, 2018, 57(47): 15145-15149.

[12] Cheng Z Q, J J Gong. Grain-Boundary-Rich Copper for Efficient Solar-Driven Electrochemical CO_2 Reduction to Ethylene and Ethanol[J]. Journal of the American Chemical Society, 2020, 142(15): 6878-6883.

[13] Li H, T Wang. Construction of Uniform Buried p-n Junctions on Pyramid Si Photocathodes Using A Facile and Safe Spin-on Method for Photoelectrochemical Water Splitting[J]. Journal of Materials Chemistry A, 2020, 8(1): 224-230.

[14] Shaner M R, N S Lewis. A Comparative Technoeconomic Analysis of Renewable Hydrogen Production Using Solar Energy[J]. Energy & Environmental Science, 2016, 9(7): 2354-2371.

[15] Bushuyev O S, E H Sargent. What Should We Make with CO_2 and How Can We Make It? [J]. Joule, 2108,2(5): 825-832.

[16] Yan, J Y, Y Yang. City-level Analysis of Subsidy-free Solar Photovoltaic Electricity Price[J]. Profits and Grid Parity in China, 2109, 4(8): 709-717.

第8章 木材纳米技术

当我们思考人类的发展时,会发现其实人类面临众多挑战和困难,我们必须通过持续地努力才能解决这些难题[1,2]。在人类未来的短期或者长期发展过程中,可持续发展是最重要的话题,随后是水资源匮乏问题,以及能源短缺问题等。为了实现人类的可持续发展,寻找能够满足条件的基础材料是首要任务。目前我们常用的材料主要有两种:天然材料和人造材料。天然材料主要是自然生命体,例如,树叶、植物等,它们能够实现自我更新,具有可再生、可降解等特性。人造材料,例如玻璃、不锈钢等,经过数百年的发展具有独特的功能。但人造材料的制备过程相当复杂,且这些材料大多不能够天然降解,因此无法满足人类未来可持续发展的要求。本章将另辟蹊径,介绍以天然木材为基础的纳米技术。①

8.1 绪　　论

纤维素是自然界中含量丰富的原材料,它也是一种可再生、可降解的材料,因此它满足可持续发展的要求。纤维素来源于树木、草、竹子等常见的植物。除了纤维素成分,植物的化学成分还包含半纤维素、木质素以及一些抽出物等。植物具有多层次的多孔结构。以树木为例,它包含大量的中空管道和纤维细胞,通过木质素黏合在一起,如图8.1所示。树木利用这些孔道结构运输水分和营养物质,最终完成树木的生长。人类发现化学处理能够移除木材中的木质素,实现纤维的有效分离来制备纤维纸张。纤维纸张也是多孔结构,具有优异的柔韧性,能够实现油墨印刷。经过不懈努力,纸浆造纸领域已经取得了长足进步,可以制备多种具有特殊功能的产品。

纤维细胞也呈现中空结构,而且它的细胞壁是多孔结构[3]。进一步放大纤维细胞发现,它是由众多的直径为5 nm的微细纤维定向排列构成,微细纤维又是纤维素大分子有序组装的集成体。纤维素大分子表面含有重要的羟基官能团。这些独特的理化结构和性能,为纤维素纳米材料的发展提供了无限可能。

---

①　胡良兵,美国马里兰大学帕克分校(University of Maryland,College Park,UMD)杰出讲习教授,Inventwood LLC 和 HighT-Tech LLC 的联合创始人。获得 Wiley-Small 青年创新奖,Blavatnik 青年科学家 Finalist,TAPPI Nano Middle Career 奖等。专注材料创新、器件集成和制造方法的研究,发表论文 370 多篇。

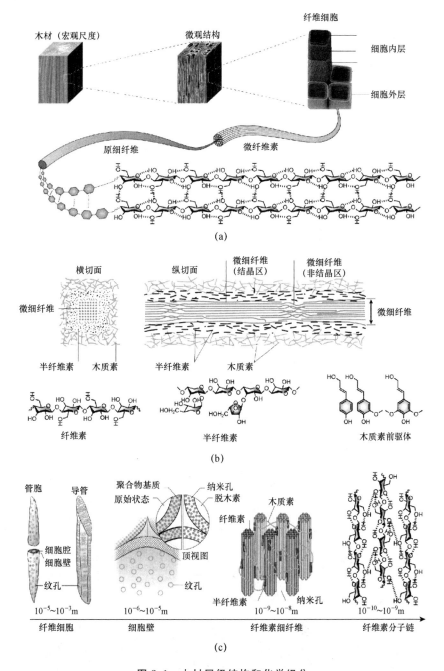

(a)

(b)

(c)

图 8.1　木材层级结构和化学组分

（a）木材在沿着树木生长方向呈现多层次的孔洞结构和中空的细胞腔；（b）木材的横切面和纵切面；
（c）木材具有多尺度的各向异性结构（图片再版许可源自 Springer Nature 出版社[3]；纤维细胞示意图
图片再版许可源自 Elsevier 出版社[4]）

通常,纤维素材料的加工制备技术有两种:自下而上(bottom-up)和自上而下(top-down)[6]。自下而上的技术要求人们首先从生物质中制备纳米纤维素,这些生物质可以是木材、竹子、草以及甘蔗等,典型的是针叶木纸浆纤维。纳米纤维素的制备涉及化学处理和机械处理。通过化学处理,可以引入新的官能团,再结合纤维素自身的羟基官能团,基于静电力作用实现纤维素之间的有效分离。接着通过机械磨浆处理,破坏纤维的致密结构,最终制备透明的凝胶状纳米纤维素。因为植物纤维原料的产量非常丰富,因此制备的纳米纤维素的成本较低。结合之前的工作,发展了一系列的纳米纤维素基柔性电子器件。但是,纳米纤维素的制备过程会涉及大量水,其纤维素凝胶的含水量高达98%,这无疑会制约其利用效率。

为此,胡良兵教授开发了自上而下的纤维素材料加工制备技术,研制成功了白木头,它没有木材中的发色成分木质素,同时具有多孔结构,太阳光经过这些孔的散射使材料呈现白色。并且,它继承了原始木材中定向排列的纳米纤维素,这赋予它许多独特的各向异性性能[3]。同时,白木头呈现多孔结构,具有优良的光学、隔热、辐射制冷和流体传输性能[7~10]。将具有跟纤维素折射率相匹配的高分子材料填充到白木头的孔中,则可以制备出具有高透明度、可控光学雾度、高机械性能和低热导率的新型光学材料——透明木头[11]。通过化学处理部分移除木质素并做进一步物理压缩处理,则可以制备出机械拉伸强度接近钢材而密度只有其六分之一的轻质高强材料[12]。自上而下的技术实现了木材纳米纤维素的材料平台,用于设计新结构来操控离子、声子、光子和调控机械性能,使其在轻质材料[13]、绿色节能建筑[14]、水能关联的高性能薄膜[15~17]、光学器件[11, 14, 18, 19]、声学器件[20]、储能器件[21~23]等领域得到广泛应用[3]。本章我们重点讨论木材纳米技术在轻质材料、绿色节能建筑和能源-水领域的应用,如图8.2所示。

图8.2 木材纳米技术

(图片再版许可源自胡良兵教授网站主页[1])

8.2　木材在轻质高强结构材料领域的应用

木材和大多数木材基材料都具有轻质的特点,其强度一般较低,为 20～60 MPa,虽然能够满足普通建筑要求,但是难以满足汽车和航空高端领域对结构材料性能的需求。这主要是由于木材多孔的结构缺陷导致的。然而,木材细胞组织结构的"骨架",纤维素,具有优异的力学性能,其中单根结晶纤维素的抗张强度和杨氏模量分别高达 $7.5～7.7 \ N/m^2$ 和 $110～220 \ GPa$,如表 8.1 所示[4],可媲美多壁碳纳米管(carbon nanotubes,CNT)和凯夫拉(Kevlar)纤维。

表 8.1　纤维素与几种增强材料的力学性能[4]

材料	密度/(kg·cm^{-3})	抗张强度/(N·m^{-2})	杨氏模量/GPa
凯夫拉-49 纤维	1.4	3.5	124～130
碳纤维	1.8	1.5～5.5	150～500
钢丝	7.8	4.1	210
碳纳米管	—	11～63	270～950
硼纳米晶须	—	2～8	250～360
结晶纤维素	1.6	7.5～7.7	110～220

8.2.1　自下而上的纳米纤维素材料的合成策略

为了应用纳米纤维素优异的力学性能,自下而上的制备方法是一种常见的纳米纤维素材料合成策略。该合成策略一般先通过机械处理或者化学预处理与机械处理相结合的方式从微米级的木材纤维分离得到纳米纤维素,然后再以纳米纤维素为原料通过多种方法制备多功能材料,如纤维线、透明薄膜、气凝胶、水凝胶及三维密实块体材料等。研究发现,随着纳米纤维素直径的逐渐减小,由其制备的纳米纤维薄膜的力学性能呈现显著的增长,如图 8.3 所示[24]。这主要是由于纳米纤维素直径减小,纳米纤维素薄膜的结构更加致密,内部缺陷更少,同时相邻纳米纤维之间形成更强的氢键结合。另外,纳米纤维素薄膜的韧性也与纳米纤维素的直径紧密相关,纳米纤维素直径减小,薄膜的韧性更强。可能原因是纳米纤维素薄膜内部的纳米纤维素主要通过氢键进行结合,然而氢键是一种弱的相互作用,薄膜在拉伸过程中氢键会发生断裂同时新的氢键又会形成,而且纳米纤维素直径越小,该过程越容易发生,从而导致纳米纤维素薄膜具有更高的韧性。

另外,为了进一步提高纳米纤维素薄膜的力学性能,我们还研究了一种具有取向结构的纤维素材料[25]。将薄膜中杂乱无章的纤维进行取向排列,能够有效地提高薄膜的力学性能。这里我们所采用的原料是细菌纤维素,通过湿拉伸的方式实现薄膜中纳米纤维素的取向排列。如图 8.4 所示,随着纳米纤维的取向度增加,薄膜的拉伸强度快速上升,当薄膜达到 40% 的湿拉伸时,其杨氏模量可以达到 1 GPa,远高于各向同性的纳米纤维素薄膜的强度,而且比各向异性的木材纤维素基纳米纤维素薄膜更强。有趣的是,随着该薄膜内部纤维的取向度增加,其韧性呈线性上升,克服了传统材料强度与韧性间的矛盾。

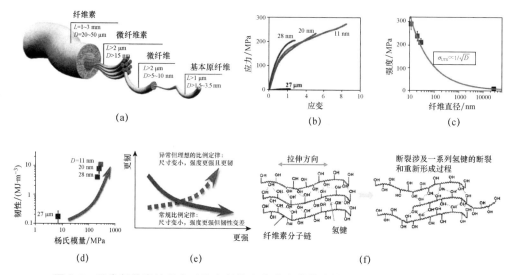

图 8.3　纳米纤维素的尺度对纳米纤维素薄膜力学性能的影响及其增强增韧机理

（a）木材纤维的层级结构；（b）不同直径的纳米纤维素纤维制备的纳米纸的应力-应变曲线；（c）拉伸强度与纳米纤维素纤维直径的平方根成反比；（d）随着纤维素纤维直径从微米级减小到纳米级，所制备纸张的拉伸强度和韧性均显著增加；（e）与传统的直径变小，强度更强但韧性变差的比例定律相反，该研究表明随着纳米纤维素直径减小，所制备的纳米纸强度和韧性都更强；（f）纳米纸的分子水平增韧机理（图片再版许可源自 PNAS 出版社[24]）

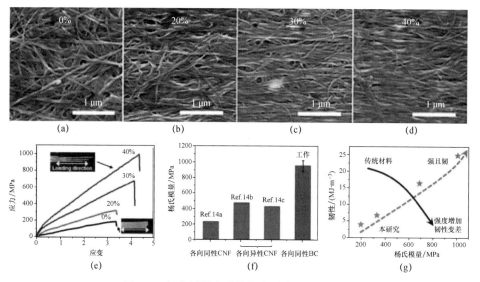

图 8.4　细菌纤维素膜的取向结构和力学性能

（a）～（d）0％，20％，30％和 40％湿拉伸细菌纤维素膜表面的 SEM 图像；（e）不同湿拉伸比例细菌纤维素膜的应力-应变曲线；（f）各向同性 CNF、各向异性 CNF 和各向同性 BC 的比较；（g）细菌纤维素膜的韧性和强度的比例定律与传统材料相反（图片再版许可源自 Wiley 出版社[25]）

8.2.2　自上而下的纳米纤维素材料的合成策略

通过前面的研究发现,想要得到具有优异力学性能的纤维素材料,首先需要分离得到纳米纤维素,然后再将其进行取向排列。然而,目前通过自下而上的技术实现纳米纤维素的取向排列还存在比较多的挑战,因此寻找新的制备方法势在必行。天然木材中纤维细胞壁在木材生长方向上取向排列,而且在纤维细胞壁的不同层级中纳米纤维素也按一定角度沿着纤维细胞壁的轴向取向排列。那么,如果直接利用木材这种独特的结构特性,可能更加高效地实现纳米纤维素的取向排列。因此,我们想到一种简单高效的自上而下的技术来实现纳米纤维素的取向排列[12]。首先,利用传统的造纸领域的制浆方法除去木材中的部分木质素,但不破坏木片天然的结构;然后,通过加压的方式除去木片中的孔结构,使木片变得致密,同时保持了纤维细胞壁内部纳米纤维素的取向结构,从而得到具有各向异性的高强纤维素材料。基于该想法,我们采用氢氧化钠和亚硫酸钠的蒸煮体系,在沸腾的条件下蒸煮木片一段时间,除去木片中的部分木质素,然后通过热压的方式对木片进行压缩,如图 8.5(a)所示。通过该操作,木片的厚度可减少 80%,而密度提升了 2 倍。如图 8.5(b)~图 8.5(g)所示,从 SEM 图像可以看出,经过最大限度地压缩处理,原始木材中的开孔导管全部被压缩闭合,形成互相交缠的类层状密实结构。放大后观察,可以看到原始木材中的成一定取向排列的纳米纤维素经过化学处理和压缩处理后仍能保持。这种纤维取向结构是致密木材获得高机械强度和韧性的一个重要因素。在获得优异机械性能的同时,这种致密木材的密度只有大约 $1.3~\text{g/cm}^3$,远低于大部分金属和合金结构材料。而且,超级木头的力学性能包括强度和韧性都超出天然木材 10 倍以上,如图 8.6(a)所示。这主要是由于超级木头经过致密化处理,最大限度地消除了天然木材存在的缺陷,因而赋予其优异的力学性能;同时完全致密化有效地促进了木材中的纤维素纳米纤维的有序排列程度和紧密度,从而极大限度地增加了纤维素纳米纤维之间的氢键结合,更进一步促进纤维素优异力学性能的转移,如图 8.6(b)所示。这种具有优异性能的超级木头在建筑、汽车以及航空航天领域有着广泛的应用前景。

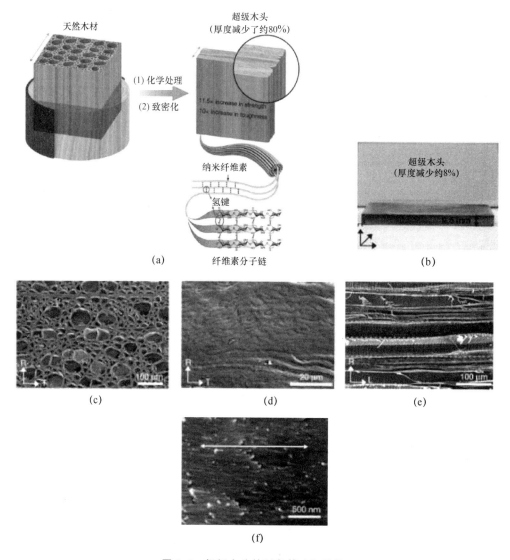

图 8.5 超级木头的制备策略和结构

（a）自上而下的两步法制备超级木头的原理；（b）超级木头样品；（c）垂直于树木生长方向的天然木材样品的 SEM 图像；（d）超级木头在垂直切向平面中的 SEM 图像；（e）天然木材样品在平行切向平面中的 SEM 图像；（f）纳米纤维的取向排列（图片再版许可源自 Springer Nature 出版社[12]）

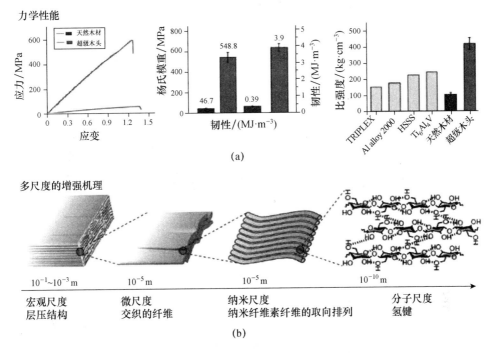

力学性能

多尺度的增强机理

$10^{-1}\sim10^{-3}$ m	10^{-5} m	10^{-5} m	10^{-10} m
宏观尺度 层压结构	微尺度 交织的纤维	纳米尺度 纳米纤维素纤维的取向排列	分子尺度 氢键

(b)

图 8.6　超级木头的力学性能及其多尺度增强机理

（a）超级木头与原木的力学性能比较（图片再版许可源自 Springer Nature 出版社[3,12]）；

（b）超级木头多尺度的增强机理（图片再版许可源自 Springer Nature 出版社[3]）

8.3　木材在节能建筑中的应用

随着人们环保意识的提高以及对舒适性环境的不断追求,绿色可持续节能建筑已成为当今的发展趋势。美国作为能源消耗大国,建筑物消耗的能源占全国总能源消耗的 40% 以上,其中供暖和制冷的能源消耗量又占到将近一半[9]。据统计,美国西南部家庭房屋制冷开支平均每年 400 美元左右。此外,空调制冷剂的大量使用,也造成了空气污染、温室效应等一系列的环境问题。因此,寻求绿色节能建筑材料、提高制冷效率、减少环境污染成为研究热点[6,25],如图 8.7 所示。

图 8.7　木材在建筑结构中的应用

（图片再版许可源自 Wiley 出版社[6]）

8.3.1　辐射制冷原理

众所周知,太阳-地球-太空三体辐射换热,太阳以高功率密度照射地球,而在稳态下地球也在以相应的功率向接近绝对零度的外太空辐射同等功率的能量。如图 8.8(a)所示,任何物体都会产生辐射,物体的温度越高,其辐射能力越强。考虑到地球表面温度约 300 K,而宇宙的温度约为 3 K,地球与宇宙之间巨大的温差使得利用红外辐射来冷却地球表面成为可能。其中,在大气红外辐射窗口(8～13 μm 波长)具有很高的辐射率,该窗口和 300 K 左右的物体的黑体辐射峰正好重合[27],如图 8.8(b)所示,能将吸收的热量以红外的形式发射向外太空,达到制冷的效果。与能耗大的空调制冷降温方法相比,太空辐射制冷作为 21 世纪新型制冷技术将在缓解能源消耗、全球变暖、空气污染等方面发挥重要作用。

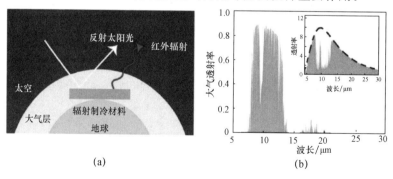

图 8.8　辐射制冷原理图

（a）宇宙辐射制冷原理;（b）8～13 μm 波长的大气透射率(图片再版许可源自 Wiley 出版社[27])

8.3.2　辐射制冷木的制备

提高辐射制冷效率的关键在于,一方面尽可能地减少材料对太阳光谱的吸收,另一方面尽可能地增加大气窗口的发射。天然木材具有多孔分级结构,其刚性细胞壁是由纤维素、半纤维素和木质素组成。其中,纤维素作为细胞壁的骨架物质,赋予材料抗拉强度;而木质素作为黏合剂,将纤维素结合在一起,它具有很多吸热官能团,吸收热量后,会发出近红外光,而近红外光很容易被周围空气中的分子吸收,空气由此获得热量,因此,需要去除吸热的木质素。如图 8.9(a)和图 8.9(b)所示,将天然木材浸泡在过氧化氢溶液中进行化学处理后,可将其中的木质素长链分子打断,小分子的木质素极易溶解在溶液中,从而将木质素从天然木材中脱除,然而却很好地保留了排列整齐且具有高结晶性的纤维素结构;再经过致密化处理,从而制备出可辐射制冷的新型结构材料——辐射制冷木。与天然木材相比,辐射制冷木的机械强度提高了约 8.7 倍,韧性提高了 10.1 倍,超过了钢合金、铝合金、镁合金、钛合金四大合金,如图 8.9(c)和图 8.9(d)所示。而去除在紫外和可见光吸光性较强的木质素组分,可大大降低木材的吸光性,如图 8.9(e)所示。此外,在辐射制冷木表面涂覆防水物质,不但增加了材料的防水性能,且不影响辐射制冷木的光学性质,如图 8.9(f)~图 8.9(h)所示。

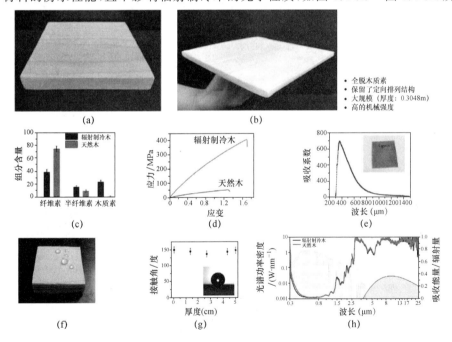

图 8.9　辐射制冷木的制备过程

(a)天然木材的数码照片;(b)辐射制冷木的数码照片;(c)天然木材和辐射制冷木的组分含量;(d)天然木材和辐射制冷木的拉伸力学性能;(e)在透明膜上沉积的木质素膜的吸收系数;(f)疏水辐射制冷木的数码照片;(g)辐射制冷木沿着材料厚度方向的接触角测试;(h)辐射制冷木和疏水辐射制冷木的吸收能量和功率密度(图片再版许可源自 AAAS 出版社[9])

8.3.3　辐射制冷木的光学特性

去除木质素后的辐射制冷木由于纤维素的低光学损耗和无序的光子结构,呈现出很高的光学白度,具有极高的反射率(96%),减少对太阳光谱吸收的同时将大部分太阳光反射出去。实验结果表明,含有纳米纤维素结构的辐射制冷木在室温黑体辐射的频谱范围(5～25 μm)内,有着较高的发射率,在大气红外辐射窗口(8～13 μm)的平均辐射率大于0.9,有效反向散射太阳光并在中红外区波段有强发射,使其在白天和晚上均有制冷效应,如图8.10所示。

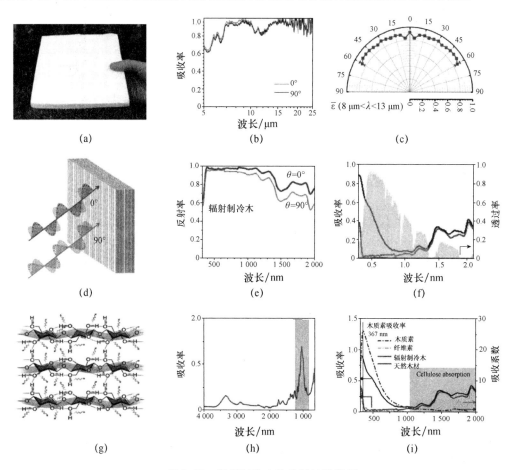

图8.10　辐射制冷木的光学特性表征

(a) 辐射制冷木的光学照片;(b) 在5～25 μm 之间不同发射角度下辐射制冷木的红外辐射光谱;(c) 辐射制冷木穿过大气窗口的平均辐射率的极地分布;(d) 辐射制冷木的偏振相关反射光谱;(e) 对应的反射光谱的测试;(f) 吸收光谱的测试;(g) 纤维素分子官能团振动红外发射原理;(h) 辐射制冷木的红外光谱;(i) 木质素和纤维素的吸收系数与波长的关系以及天然木材和辐射制冷木的吸收率与波长的关系(图片再版许可源自 AAAS 出版社[9])

8.3.4　辐射制冷木在建筑中的制冷效率

将辐射制冷木用于建筑物表面(如屋顶和墙板),可以使建筑物温度降低 10℃左右。在夜间和白天(上午 11 点至下午 2 点),辐射制冷木的温度都比天然木头的温度低 5~10℃,夜间和白天分别能够实现平均低于环境温度大于 9℃和大于 4℃,平均冷却功率分别为 63 W/m²和 16 W/m²。全天的平均冷却功率约为 53 W/m²。通过模拟计算,这种材料的应用能带来的节能效果在 20%~60%之间,这在炎热和干燥的气候中最为明显,如图 8.11 所示。辐射制冷木作为一种新型的节能建筑材料,通过大气窗口将热量辐射到宇宙中去,具有无须额外能源、无排放、对环境很友好等优点,可以有效缓解全球变暖和能源危机。

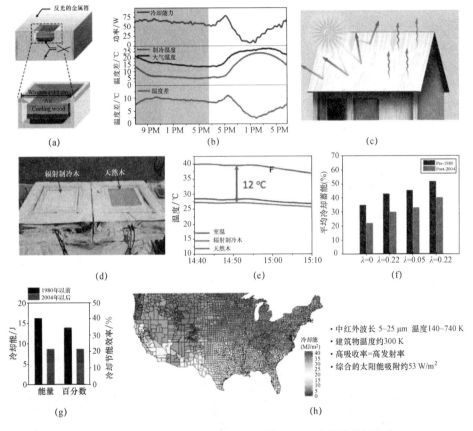

图 8.11　辐射制冷木在节能建筑中的应用及制冷效率模拟计算

(a) 用于表征辐射冷却功率和冷却温度的原理;(b) 24 h 连续测量 200 mm×200 mm 的辐射制冷木;(c) 作为建筑材料时,辐射制冷木具有高的太阳反射率和高的红外发射率;(d) 制冷装置;(e) 辐射制冷木在下午的制冷温度;(f) 1980 年以前和 2004 年以后,使用辐射制冷木作为屋顶和壁板材料的建筑平均制冷节能百分比随城市密度的变化而变化;(g) 冷却能和冷却节能效率;(h) 根据当地的气候区域,美国所有城市的中层建筑的节约冷却能源将增大(图片再版许可源自 AAAS 出版社[9])

8.4 离子木材在能源-水领域的应用

木材纳米科技除了制备超级木头和辐射制冷木外,还可应用于离子木材的制备,即对木头进行简单的改性后,以实现在特定的微纳米尺度通道内离子、水或其他物质的有效传导,且具有更高的传导速率和离子选择性。例如,当膜材料的孔道直径缩小到与离子直径接近的纳米尺度时,孔道内形成的双电层的德拜长度(Debye length)与孔道直径相当或更大。这时候纳米级通道内部的离子浓度由表面电荷控制,离子传输显示出典型的纳流体效应,也就是说,无论整体电解质溶液中的离子浓度如何,离子电导变得几乎恒定。通过对孔道尺寸和表面电荷性质的调控,可以实现孔道内离子传输行为的调节。例如,将某一特定类型的离子与其他类型的离子进行有效分离(即良好的离子选择性);改变离子传输速率,从而有效地提升离子的传递效率(即高的离子传导率)。前者可应用于离子选择分离膜,而后者可应用于离子电池等储能器件。

天然木材在自然界中每天都进行这种自发的离子识别与传递,当推开窗户望向户外的树木,它们此时此刻正在通过体内的孔道传递水分、钠盐和糖类碳水化合物等组分进行生长。木材拥有让人惊叹的分层结构,如大孔、小孔和微孔甚至是纳米孔,如图 8.12 所示。

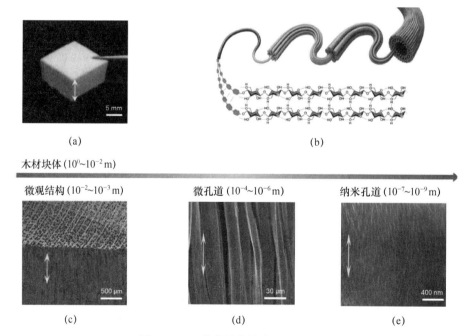

图 8.12 天然木材中的分层微纳结构

(a) 具有传导离子功能的纳米纤维素膜实物照片;(b) 纳米纤维素膜的分层结构;(c) 沿树木生长方向的微米纤维细胞;(d) 高度取向的微米纤维;(e) 高度取向的纳米纤维(图片再版许可源自 Springer Nature 出版社[10])

迄今为止,已经有很多对于木材传统结构的研究。当我们进入木材领域展开研究时,首先思考的问题是,该如何利用木材这种微纳结构呢? 例如,通过赋予纳米纤维更高的电荷,由于同种电荷之间的排斥效应,纳米纤维间的距离增大并形成更多的纳米级别孔道,进而研究离子在纳米孔道中的传递行为。但值得注意的是,植物纤维分子链结构单元中存在大量的亲水性羟基基团,可以与水溶液之间产生联系。因此,在结合物理处理的基础上,我们通过对这些羟基基团进行化学接枝,在纤维素的表面赋予更多的负电荷,并获得有意义的现象,如通过各种微纳孔道结合太阳能淡化海水产生水蒸气[16, 28]、鉴别定向传输离子[10]、离子热效应收集低热[27]等。

8.4.1　木材基除盐太阳能蒸发器

太阳能蒸发器是木材基膜材料的一个新兴应用[28, 29],如图 8.13 所示。

这个概念来源于对表面碳化的木头照射阳光时,木头表面吸收阳光并转化为热能,从而导致其表面温度的迅速上升。当太阳光照射在木头表面的碳化层时,聚集的热量将会驱动海水蒸发,而木材的多孔道的大孔和互相连接的微观结构能迅速补充表面蒸发的盐水,确保快速、持续地产生洁净的水蒸气。该装置对高浓度盐水进行淡化,在 6 个太阳照射的条件下的水汽蒸发速率为 $6.4 \, kg/m^2 h$,并且具有出色的长期稳定性。此外,巴沙木的大导管通道对阻止盐分积聚起到非常重要的作用。总而言之,该装置用于对高浓度盐水进行淡化,表现出高效、稳定、低成本和对环境友好的优点。

8.4.2　纤维素基离子型低热收集

几十年来,人们一直关注低热值热量发电。无处不在的低热源($<100℃$)通常产生于化石燃料、核能发电、工业过程以及太阳能加热。但是,将低热值热量转换为电力的方式相当有限。在基于电解液的热能转换方面,热耦效应已用于构建热力学循环,其中温度与不同的电极电位有关,以实现热电转换过程。然而,这些热回收过程的可扩展应用尚未得到证实。最近的研究表明,在使用不同的电解液时,热梯度比(类似于热电学的塞贝克系数)从 $2 \, mV/K$ 增加到了 $10 \, mV/K$。然而,由于相对低的转换效率,离子的热-电转换向实际应用的发展仍然受到限制。电解液中正负离子之间的热泳迁移率差异是热产生电的关键,因此,最近的理论猜想是使用带有明显双电层的带电纳米通道来增强热产生电压。从玻尔兹曼分布可知,双电层中正离子和负离子的密度存在很大差异,与热泳迁移率差异一起作用,有助于增强热产生电。

我们通过对天然木材进行简单的化学处理,使得离子迁移受到限制,并依靠纤维素分子链阵列,制备出了热梯度下具有高选择性扩散能力的纤维素膜[9],如图 8.14 所示。将电解质渗透到该纤维素膜并施加轴向温度梯度,该离子导体热梯度比为 $24 \, mV/K$,超过之前报道的最高值的两倍。该材料高热生电压性能归因于钠离子有效地插入到纤维素膜的带电分子链中。通过制备的木材热电转换装置有望实现热电转换的规模化生产。

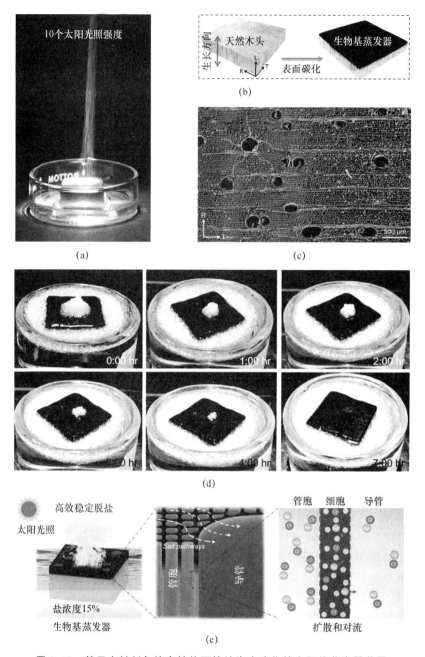

图 8.13 基于木材制备的高性能可持续海水淡化的太阳能蒸发器装置

（a）10 个太阳光照强度下蒸气生成照片（图片再版许可源自 Elsevier 出版社[28]）；（b）表面碳化的巴沙木的结构表征；（c）表面碳化的巴沙木的 SEM；（d）覆盖在巴沙木表层的氯化钠颗粒逐渐溶解；（e）双峰多孔结构的巴沙木的微观结构和对高浓度盐水进行淡化的工作原理（（b）～（e）图片再版许可源自 RSC 出版社[29]）

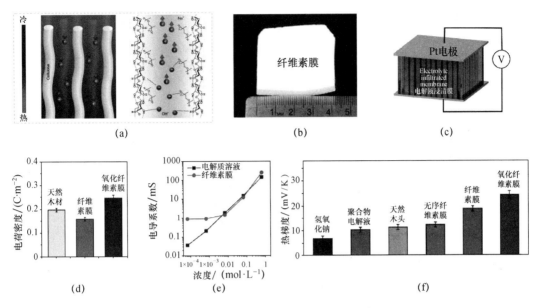

图 8.14　基于天然木材制备的离子型低热收集装置

(a) 纳米纤维素之间的纳米通道和分子键对纤维素膜的离子迁导率的影响及增强机理；(b) 有序取向
排列的纳米纤维素膜实物照片；(c) 纳米纤维素导电离子测试装置；(d) 天然木材、纤维素膜和氧化纤
维素膜的电荷密度；(e) 纤维素膜在不同浓度氢氧化钠溶液条件下的电导系数；(f) 不同溶液体系中各
种木材结构的热梯度比(图片再版许可源自 Springer Nature 出版社[10])

8.5　总结与展望

　　胡良兵教授所领导的 Bingnano 实验室对木材纳米技术进行持续不断的开发与拓展，
研制出了一系列具有特种功能的新型木材，把木材从传统的应用领域极大地扩展到一些
新的领域，例如超轻超强结构材料、节能环保建筑、能源、环境、光学器件、电子器件、医学
应用等领域。专注基础研究的同时，胡良兵教授也致力于木材纳米科技的产业转化。其
研究成果的意义在于推动环保、可再生、来源丰富的生物质材料在多功能复合材料领域的
应用，缓解了人类面临的环境污染、水短缺、能源紧缺等挑战，为实现人类社会的可持续发
展做出贡献。

　　虽然近年来这个领域在快速发展，但不可否认的是，该领域依然存在诸多重大的挑战亟
待解决。

8.6　常见问题与回答

Q1：木头是自然界中的重要元素，但是它很难和其他材料进行匹配进而提高性能，如何克服这个难题呢？

A1：集成技术一直是一个难题，因为不同材料具有不同性质。木材是柔性材料，我们可以通过机械切割制备各种形状的木材，然后基于机械联结技术实现彼此之间的结合；或者利用化学胶黏剂进行结合。传统木材呈现多孔结构，通过胶合技术可以实现化学材料和木材的结合。超强木头缺乏多孔结构，它的集成技术相对困难。但是我们要相信科研工作者的聪明才智，他们一定会发展出先进的技术和手段，实现木材和其他材料的有效集成。

Q2：超级木头可以规模化生产吗？它的成本如何呢？

A2：我们的 InventWood 公司正在开展这项研究。和其他高性能材料相比，超级木头具有成本上的优势，也具有潜在的商业化可能性。超级木头的制备过程较为简单，而且自然界中木材的含量丰富，其加工成本远低于不锈钢等材料。目前，我们采用生长速度快、价格低廉的树木制备超级木头。这项技术也可以应用于其他生物质原料，例如竹子。竹子的生长速度特别快，一天可以生长 1 m。这项技术为我们提供参考，可以有更加广泛的应用。

Q3：任何材料都有缺陷，因此我们真的可以实现致密化木头代替结构金属材料吗？

A3：的确，木材也有很多问题，例如，木材产品不能在湿润或者水环境中长时间存放。它不像其他塑料或者金属材料可以通过挤出或者铸造技术实现各种形状。此外，木材具有一定的外力阻抗作用，如果施加外力过大，就会破坏它的结构。它的机械制备会涉及一些问题，关于这个问题我们多次讨论研究，我们也会更加关注这些问题。

Q4：木材的应用已经超出我们想象。现在的木材纳米制造技术可以适用于所有木材吗？还是少数的木材呢？

A4：不同木材具有不同结构，需要不同的制造技术，这也为我们提供更多机会和可能性。就像每一个人都有其自身的特征，每种木材也是独一无二的，而且木材的不同部位或者不同尺寸都具有不一样的结构，不同结构产生不同性能，不同性能需要不同技术实现。例如轻木，它具有多层次的孔洞结构，包括大孔的管道和小孔的纤维，纤维细胞孔径较大，生长速度较快；而松木具有相对均匀的孔道结构，因此它们具有不同的性质。我们也希望通过人工智能构建结构-性能的关系，基于大数据分析，实现木材的高值化应用。我们也希望能够开展基因工程和生长科学方面的工作，调控木材的生长结构，合理架构具有优异性能的树木。

Q5：木材纳米制造中的化学处理会引发环境问题吗？和造纸技术相比较如何？

A5：造纸厂制备生产纸张过程中会涉及化学药品，造纸企业也开发了许多新技术提高化学药品的利用率，降低化学药品的污染。但是国家和政府已经制定相关政策，我们需要严格遵守这些相关政策，同时小心谨慎地对待化学药品。经过科学家的努力，我们也取得了长足的进步，正在解决这些问题。另外，我们需要开发可回收甚至快速可降解技术，实现材料的循环利用，尽量降低对环境的影响作用。我们现在使用的化学药品都是一些常规化学物质，它们的化学结构已经非常熟悉，因此我们可以正确处理这些化学药品。

Q6：普通木材在应用时会遇到尺寸稳定性和防火性的问题。和普通木材相比，超级木头在这方面会有什么区别吗？

A6：木材在遇到火源时容易燃烧。普通木材的多空结构也是木材容易燃烧的一种重要因素。超级木头经过致密化处理后，它的孔洞结构已经消失，因此具有较高的防火性能。如果是长时间地面对火源，超级木头也会燃烧殆尽。我们之前也做了很多工作，提高木材的防火性能[13,30]。木材尺寸稳定性也是类似的，我们尝试用不同的技术手段提高木材尺寸稳定性，保证木材在不同湿度环境中保持长时间的尺寸稳定，采取涂防水层是一种有效的手段。一些国家的木制电线杆就是很好例子。

Q7：与水凝胶材料相比，木材在柔性可穿戴电子器件领域有哪些优势呢？

A7：纤维素已经被用于制备水凝胶。许多科研工作者通过功能化纤维素替代其他化学物质制备水凝胶，因为纤维素表面含有众多羟基，因此可以很好地吸附水分，成为水凝胶材料的一员。因此我们可以通过纤维素与水凝胶的集成化处理，实现高值化的纤维素材料。柔性电子器件通常涉及油墨打印技术，因为通过卷对卷的打印技术才能实现规模化生产。纸张就是很好的打印基底。纸张具有多孔结构，能够很好地吸收电子油墨，制备柔性电子器件。在美国，柔性电子器件也是大力推崇和发展的新型方向。我们之前也做了很多关于木材和纤维素纸基在柔性电子器件中的应用。

参 考 文 献

[1] 胡良兵教授课题组.胡良兵教授课题组[EB/OL]. https://www.bingnano.com/.

[2] iCANX Talks. iCANX Talks 视频[EB/OL]. https://www.iCAN-x.com/talks.

[3] Chen C, Kuang Y, Zhu S, et al. Structure-property-function relationships of natural and engineered wood[J]. Nature Reviews Materials (2020).

[4] Kuang Y, Chen C, Cheng J, et al. Selectively aligned cellulose nanofibers towards high-performance soft actuators[J]. Extreme Mechanics Letters, 2019, 29.

[5] Hubbe M A, Bowden C. Handmade paper: A review of its history, craft, and science[J]. BioRe-

sources，2009，4(4)：1736-1792.

［6］ Jiang F，Li T，Li Y，et al. Wood-based nanotechnologies toward sustainability[J]. Advanced Materials，2018，30(1).

［7］ Li T，Song J，Zhao X，et al. Anisotropic，lightweight，strong，and super thermally insulating nanowood with naturally aligned nanocellulose[J]. Science advances，2018，4(3).

［8］ Song J，Chen C，Yang Z，et al. Highly compressible，anisotropic aerogel with aligned cellulose nanofibers[J]. ACS Nano，2018，12(1)：140-147.

［9］ Li T，Zhai Y，He S，et al. A radiative cooling structural material[J]. Science，2019，364(6442)：760-763.

［10］ Li T，Zhang X，Lacey S D，et al. Cellulose ionic conductors with high differential thermal voltage for low-grade heat harvesting[J]. Nature Materials，2019，18(6)：608-613.

［11］ Zhu M，Song J，Li T，et al. Highly anisotropic，highly transparent wood composites[J]. Advanced Materials，2016，28(26)：5181-5187.

［12］ Song J，Chen C，Zhu S，et al. Processing bulk natural wood into a high-performance structural material[J]. Nature，2018，554(7691)：224-228.

［13］ Gan W，Chen C，Wang Z，et al. Dense，Self-Formed Char Layer Enables a Fire-Retardant Wood Structural Material[J]. Advanced Functional Materials，2019，29(14).

［14］ Mi R，Li T，Dalgo D，et al. A Clear，Strong，and Thermally Insulated Transparent Wood for Energy Efficient Windows[J]. Advanced Functional Materials，2020，30(1).

［15］ Zhu M，Li Y，Chen G，et al. Tree-inspired design for high-efficiency water extraction[J]. Advanced Materials，2017，29(44).

［16］ Chen C，Li Y，Song J，et al. Highly flexible and efficient solar steam generation device[J]. Advanced Materials，2017，29(30).

［17］ Chen F，Gong A S，Zhu M，et al. Mesoporous，three-dimensional wood membrane decorated with nanoparticles for highly efficient water treatment[J]. ACS Nano，2017，11(4)：4275-4282.

［18］ Jia C，Chen C，Mi R，et al. Clear wood toward high-performance building materials[J]. ACS Nano，2019，13(9)：9993-10001.

［19］ Huang D，Wu J，Chen C，et al. Precision Imprinted Nanostructural Wood[J]. Advanced Materials，2019，31(48).

［20］ Gan W，Chen C，Kim H T，et al. Single-digit-micrometer thickness wood speaker[J]. NatureCommunications，2019，10(1)：1-8.

［21］ Chen C，Zhang Y，Li Y，et al. All-wood，low tortuosity，aqueous，biodegradable supercapacitors with ultra-high capacitance[J]. Energy & Environmental Science，2017，10(2)：538-545.

［22］ Zhang Y，Luo W，Wang C，et al. High-capacity，low-tortuosity，and channel-guided lithium metal anode[J]. Proceedings of the National Academy of Sciences，2017，114(14)：3584-3589.

［23］ Chen C，Xu S，Kuang Y，et al. Nature-Inspired Tri-Pathway Design Enabling High-Performance Flexible Li-O2 Batteries[J]. Advanced Energy Materials，2019，9(9).

［24］ Zhu H，Zhu S，Jia Z，et al. Anomalous scaling law of strength and toughness of cellulose nanopaper

[J]. Proceedings of the National Academy of Sciences，2015，112(29)：8971-8976.

[25]　Wang S，Li T，Chen C，et al. Transparent，anisotropic biofilm with aligned bacterial cellulose nano-fibers[J]. Advanced Functional Materials，2018，28(24).

[26]　Wimmers G. Wood：a construction material for tall buildings[J]. Nature Reviews Materials，2017，2(12)：1-2.

[27]　Hossain M M，Gu M. Radiative cooling：principles，progress，and potentials[J]. Advanced Science，2016，3(7).

[28]　Jia C，Li Y，Yang Z，et al. Rich mesostructures derived from natural woods for solar steam genera-tion[J]. Joule，2017，1(3)：588-599.

[29]　He S，Chen C，Kuang Y，et al. Nature-inspired salt resistant bimodal porous solar evaporator for ef-ficient and stable water desalination[J]. Energy & Environmental Science，2019，12(5)：1558-1567.

[30]　Gan W，Chen C，Wang Z，et al. Fire-Resistant Structural Material Enabled by an Anisotropic Ther-mally Conductive Hexagonal Boron Nitride Coating[J]. Advanced Functional Materials，2020，30(10).

第 9 章　基于超材料的机械能聚焦与能量收集

随着物联网技术的兴起与发展,智能传感器网络技术受到了极大的关注[1~3]。但是受限于传统化学电池功率密度较低、需要定期维护等问题,传统供能方案无法保证智能传感器稳定可靠地运行。目前,振动能量采集技术被认为是取代传统化学电池,实现自供能智能传感器最具潜力的技术之一。振动能量采集技术通过采集自然环境与工业生产中被"浪费"的机械能,利用各种换能机制将振动能量转换为电能,从而驱动微功耗电子系统的工作,实现自供能、免维护式的智能传感器[4]。Miso Kim 教授主要研究内容为超材料在机械能聚焦及其在振动能量采集器方面的应用与创新。主要有以下研究方向:

(1) 用于能量收集与传感的高性能压电材料;

(2) 带缺陷的声子晶体的能量局域化效应及其设计;

(3) 基于梯度指数的声子晶体对机械波的聚焦与调整。

本章分为绪论、研究方向以及总结与展望,全面介绍了基于超材料的机械能聚焦与能量收集方面的研究。①

9.1　绪　　论

机械能是一种广泛存在于自然环境与工业生产中的能量,而振动能量采集技术则是通过收集环境中"被浪费"的振动能量,通过各种换能机制(压电式、电磁式、静电式等[5~7])将机械振动能转换为电能。振动能量采集技术主要包括机械能收集、能量转换与能量存储模块,研究者大都通过优化结构设计以及高性能材料制备等方法实现振动能量的宽频高效率采集。近年来,研究人员也提出了一种新思路,即在能量收集前,引导输入的机械能使其到达指定的能量收集位置处,以此放大输入到能量收集装置的机械能。因此,学者将超材料(metamaterial)引入振动能量采集技术中,通过构建各种超材料,包括具有缺陷的声子晶体(phononic crystals,PnCs)和梯度指数(gradient-index,GRIN)的声子晶体(PnCs),实现了一种新的能量聚焦和收集的范例。上述基于超材料的能量采集系统也将为面向桥梁、铁路、建筑物等基础设施的结构健康监测的自供电无线传感器网络提供极具吸引力的解决方案。

---

① Miso Kim,韩国成均馆大学教授,曾任韩国标准科学研究院(KRISS)高级研究员。于 2004 年获得韩国国立首尔大学工学学士学位,随后分别于 2007 年和 2012 年在麻省理工学院(MIT)获得工学硕士、博士学位;同年加入 KRISS 担任高级研究员,致力于超材料振动能量采集器的研究。

9.2　压电式振动能量采集器

随着物联网(internet of things,IoT)与低功耗电子器件的发展,能量采集技术具有广阔的应用前景,而压电式振动能量采集器(piezoelectric energy harvester,PEH)以其高能量密度、易于集成等优点,在微型振动能量采集器领域受到较多的关注。本节以压电式振动能量采集器为对象,系统地介绍提升振动能量采集器工作性能的相关研究。

9.2.1　PEH 的能量传递与能量收集效率

振动能量采集器的工作过程涉及多参数、跨物理场以及强非线性的复杂能量转换,因此需要建立准确简洁的性能预测模型来指导参数设计。Kim 教授等[9]针对压电式振动能量采集器的能量转换过程与工作特点,对多因素影响下的压电振动能量采集器建立了性能预测模型,并在不同激励频率,不同电路负载的实验下对理论模型进行了动力学测试验证。结果证明,理论模型可以有效地预测压电式振动能量采集器的性能,为压电式振动能量采集器的参数设计与性能提升提供了理论支撑。

另外,振动能量采集器在实际工作中面临的激励情况极为复杂,需要合适的性能评价指标对实际的工作性能进行全面客观的评价,并以此为依据,指导振动能量采集器的系统设计与性能优化。基于以上建立的压电式振动能量采集器性能预测模型,Kim 教授等[10]进一步建立了压电式振动能量采集器工作效率的评价模型,实现了对压电式振动能量采集器性能的定量评价,工作效率具体的定义为器件输出功率与输入机械能功率的比值。基于提出的能量采集效率评价指标,可以对不同形式的振动能量采集器的工作性能进行评价。Kim 教授指出当分别以能量采集效率与输出功率作为优化目标对器件进行设计时,所得到的最优参数组合并不相同,该现象揭示了高能量转换效率与高功率输出之间的不一致关系。因此,需要使用多目标优化的方法指导压电式振动能量采集器的参数设计,以避免某个性能指标优化的同时,另一个性能指标急剧恶化。

9.2.2　PEH 的结构设计与高性能压电材料制备

基于以上建立的压电式振动能量采集器性能预测模型与能量采集效率评价指标,Kim 教授[11, 12]分别从结构设计与高性能压电材料制备展开研究,进一步提高能量采集效率与功率输出能力。不同于传统的基于平行极板式的压电振动能量采集器,Kim 教授提出一种新型的叉指形电极(interdigitated electrodes,IDEs)用于取代传统的平行金属板式电极。运用性能预测模型[9],对叉指形电极板的几何尺寸以及叉指数目进行了优化设计。通过理论与试验分析发现,叉指形电极板的引入可以从多个方面实现压电式能量采集器性能的提升,包括电容、系统耦合程度、输出电压以及功率等。与传统的平行金属板式电极相比,叉指形电极板的引入,可以同时将 d_{31} 与 d_{33} 工作模式的输出电压有效提高 10 倍,从而实现能量采集性能的提升。

压电材料是压电式振动能量采集器中实现振动—电能转换的核心所在,其材料属性直接影响能量转换效率,因此通过制备高性能、低损耗的压电材料,可以有效提高振动能量采集器的能量转换效率,实现性能的显著提升。Kim 教授等制备了一种低损耗压电单晶复合物,并将此材料与磁致伸缩材料相结合,提出了一种用于收集电磁波能量的性能振动能量采集器[12](microwavebased Magnetic Enregy Harvester,MME),如图 9.1 所示。该低损耗 MME 振动能量采集器可以实现 94 V(开路电压)与 120 mA(短路电压)的能量输出,并且能够成功驱动 60 个发光二极管。另外,此低损耗 MME 振动能量采集器还可以对超级电容充电(1 F),极大地推动了自供能设备的发展。

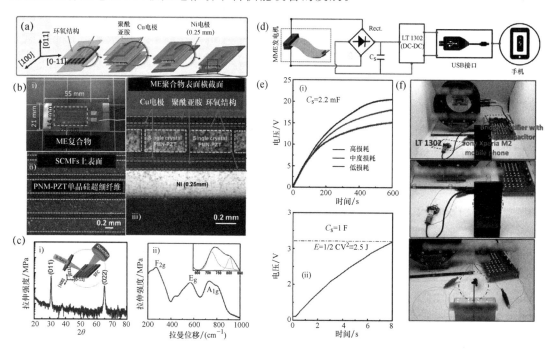

图 9.1　低损耗压电单晶复合物与高性能振动能量采集器在消费级电子产品中的应用
(a) MME 制备工艺;(b) 低损耗压电单晶复合物;(c) PMN-PZT 材料的 XRD 图谱与拉曼光谱分析;(d)~
(f) MME 在不同消费级电子产品中的应用(图片再版许可源自 John Wiley and Sons 出版社[12])

9.2.3　尺寸效应作用下的 MEMS 悬臂梁特性

随着振动能量采集器的微型化,尺寸效应逐渐显现并增强,使得微机电系统(micro-electro-mechanical system,MEMS)振荡结构的固有频率迅速上升并接近 GHz。为了降低

MEMS 能量采集器的工作频段,"悬臂梁＋质量块"是 MEMS 能量采集器中普遍采用的振荡结构之一,质量块的引入不仅可以降低振子的固有频率,也能够有效提高能量采集效率,从而实现对低能量强度激励的有效采集。

但是,不同于在宏观尺寸下悬臂梁中的质量块可以被简化为刚体和集总质量进行振子动力学特性的研究,在微尺度下,悬臂梁中的质量块相的尺寸难以被忽略,而且质量块极有可能随着悬臂梁的变形而发生变形。为了准确预测 MEMS 尺度下质量块对悬臂梁动力学特性的影响,Kim 教授[13]将 MEMS 尺度悬臂梁中的质量块作为"柔性质量块"进行分析,并提出一种"双梁"理论模型用于 MEMS 尺度悬臂梁的动力学特性分析,如图 9.2(a)所示。与另外两种分别将悬臂梁简化为刚体和质量块的模型相比,"双梁"模型能够更精确的预测悬臂梁的固有频率与应力情况,如图 9.2(b)~(d)所示。"双梁"模型有效地提高了微尺度下悬臂梁动力学特性预测的精度,为振动能量采集器的微型化提供了一定的理论基础。

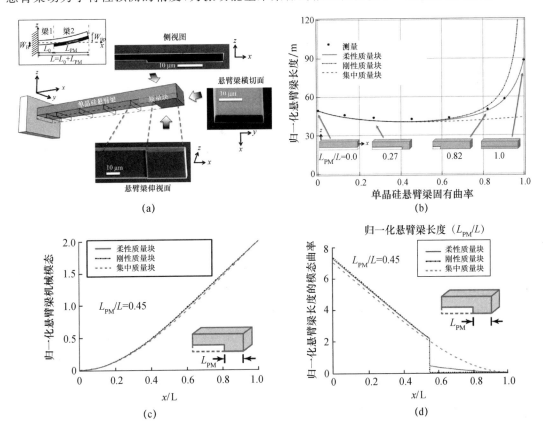

图 9.2　基于"双梁"模型的 MEMS 压电悬臂梁对固有频率以及模态特性的预测效果

(a) 悬臂梁结构;(b) 基于不同质量块模型的单晶硅悬臂梁固有频率与归一化悬臂梁长度的关系;(c) 归一化悬臂梁长度的机械模态;(d) 归一化悬臂梁长度的模态曲率(图片再版许可源自 AIP 出版社[13])

由于自然界分布的振动大都为随机振动,典型的谐波激励只存在于少数特定的应用场景中,所以在随机激励条件下表征能量采集器的性能显得尤为重要。为了定量评价振动能量采集器在随机激励下的性能,Kim 教授[8]基于两种典型的随机振动建立了压电振动能量采集器的性能预测理论模型,并通过实验验证了理论模型的准确性。该模型有效地解决了随机激励下振动能量采集器的性能预测问题,为后续的结构与性能优化提供了有效的理论依据,进一步拓宽了振动能量采集器的应用场景。

9.3 基于带缺陷的声子晶体的振动能量采集

自然界中有大量可被收集的机械能,为了高效地利用这些机械能,高性能的压电材料、合理的器件结构以及高效的能量管理电路一直是重点的研究方向。但是,近年来,科研人员也提出了一种新思路,即在收集能量前,引导输入的机械能使其到达指定的能量收集位置,以此放大输入到能量收集装置的机械能,如图 9.3 所示。

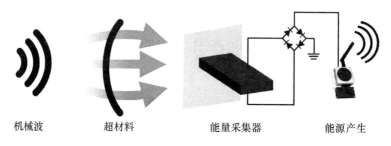

机械波　　　　超材料　　　　　能量采集器　　　　能源产生

图 9.3　振动能量采集增强方法
(图片再版许可源自 Elsevier 出版社[14])

声子晶体(PnCs)是超材料的一种类型。超材料是指人工设计的具有特殊结构的材料,由周期性的(非必须)单位晶胞组成,前缀"meta"表示超越(beyond),"material"表示材料性能(material properties),表明了超材料具有天然材料不具有的材料属性,例如在常规材料中质量密度和模量是正值,但是在超材料中且在一定频率范围内,这两个参数可以显示负值甚至零值。而模量和质量密度是决定波的传播尤其是波速的关键参数,当它们为负值时,会引起不同寻常的负折射和带隙现象。

9.3.1　基于单缺陷声子晶体的振动能量采集

基于单缺陷声子晶体(PnCs)的振动能量采集的研究工作已经有很多[15, 16],这种类型的超材料由周期重复的单位晶胞构成,可以限制机械波在一定波长范围的传播,即产生带隙;如果用另一个具有不同几何或材料特性的晶胞代替声子晶体中原有的一个晶胞,则会破坏超材料的周期性并在声子晶体中引入一个缺陷,这时带隙内产生了缺陷带。缺陷可以在缺陷带频率下形成机械共振,因此可以将输入的波集中到缺陷处,当将能量采集器连接到缺陷处时,其功率性能就能得到显著提高。先前的工作虽然为超材料整合到能量采集系统的相关研究开辟了道路,但仍存在一些需要改进的问题。

9.3.2　单缺陷声子晶体的能量局域化效应及其设计方法

在之前的研究中,大多数 PnCs 是凭直觉进行的简单设计,缺乏理论支持,一般被设计为周期性的圆形或圆筒形结构。虽然已有的基于带缺陷 PnCs 的超材料振动能量采集(metamaterial-based energy harvesting,MEH)系统的能量放大比率已经相当高,但它们产生的功率仍较低。因此,Kim 教授[14]提出了优化设计的二维八边形单缺陷声子晶体作为可收集高密度弹性能量的超材料。首先对 PnCs 结构中晶胞的参数进行优化设计,使其在工作频率 50 kHz 处实现带隙的最大化。如图 9.4(c)所示的能带结构可以看出,设计晶胞形成 46.93~52.86 kHz 的带隙且中心频率为 49.80 kHz,非常接近目标频率 50 kHz。

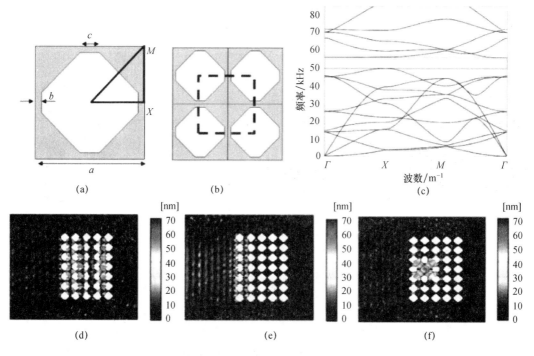

图 9.4　二维八边形单缺陷声子晶体

(a)晶胞设计;(b)由四个晶胞组成的 2×2 超晶胞的结构;(c)设计晶胞的能带结构;(d)频率为 40 kHz 时的位移场分布仿真;(e)频率为 50 kHz 时的位移场分布仿真;(f)缺陷处的能量定位的仿真(图片再版许可源自 Elsevier 出版社[14])

为了验证带隙效应,Kim 教授等[14]用 COMSOL 对 PnCs 进行了谐波分析,结果如图 9.4(d)～(f)所示。可观察到,40 kHz 的弹性波可以穿过 PnCs 并进一步向远处传播,而 50 kHz 的弹性波则被 PnCs 阻拦且在第二列之后波的幅度会大大衰减,这意味着大部分弹性能量被有效地限制在第二列。因此,将第二列的一个八角形孔去除引入点缺陷,此点缺陷可以调整能带结构的色散特性,进而实现波的定位和缺陷处能量的聚集。

仿真验证设计的合理性后,Kim 教授[14]通过实验进行了进一步的检验。先利用厚度为 2 mm 的铝板制造了超材料基板,设计 5×7 的声子晶胞于板中央,并在第二列的中间行引入缺陷。弹性波传播的可视化结果显示,缺陷处的振动幅度比入射波的幅度大得多,这表明波可以被局限在缺陷处,即 PnCs 具有能量局域化效应,如图 9.5 所示。Kim 教授将直径为 10 mm 厚度为 2 mm 的 PZT 陶瓷板安装在缺陷处进行电学测试,如图 9.6 所示,与裸板相比,设计的超材料成功地将功率扩大 20.6 倍,且利用铝板中的弹性波能量可产生 1.59 mW 的电能。

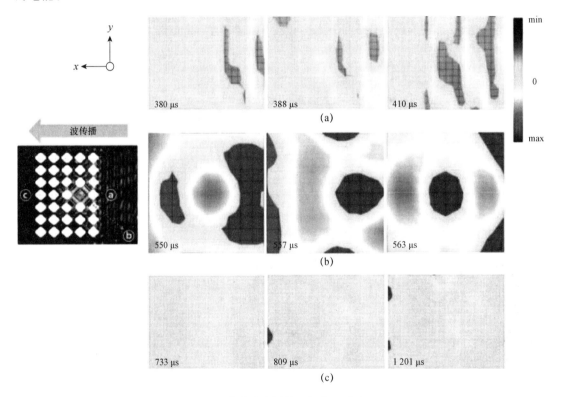

图 9.5　弹性波传播的可视化实验结果

（a）超材料前；（b）缺陷处；（c）超材料后（图片再版许可源自 Elsevier 出版社[14]）

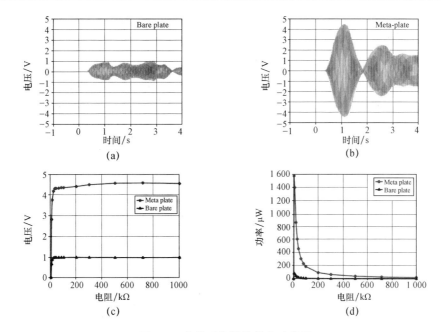

图 9.6　电能采集性能的实验结果

（a）在裸板上；（b）在超材料基板上；（c）裸板与超材料基板上输出电压与电阻的关系；（d）裸板与超材料基板上输出功率与电阻的关系（图片再版许可源自 Elsevier 出版社[14]）

上述研究有力地证明了晶胞形状对 PnCs 能量局域化效应的影响,除此之外,超晶胞（即多个单晶胞组成）的尺寸（super cell size）和缺陷的位置（defect location）也会对弹性波能量的定位和收集产生影响。基于此,Kim 教授[17]对声子晶体的结构设计进行了更深入的研究。如图 9.7（a）所示,单元晶胞被周期性地沉积在铝基板上,并形成一定尺寸的超晶胞,并替换压电式振动能量采集器其中的一个单元晶胞,PnCs 的周期性被破坏,形成单个缺陷。

研究发现,当缺陷位置一定时,机械能聚集增强的效果随着超晶胞尺寸的增加而增加,当超晶胞达到一定大小时,PnCs 的聚能效果向最大值收敛,如图 9.7（c）所示;而当超晶胞尺寸一定时,系统存在一个最佳的缺陷位置可以实现机械能增强效果的最大化,这种现象是共振和隐矢波振幅衰减共同作用的结果。

9.3.3　双缺陷声子晶体的振动能量采集

为了实现振动能量的宽频采集,在具有单缺陷声子晶体研究的基础上,Kim 教授[18]提出了一种双缺陷模式下的声子晶体,并对其拓宽工作频带的能力进行了研究。当将两个缺陷引入 PnCs 时,两个缺陷之间的耦合会导致缺陷带的分裂;同时,在分裂缺陷带频率 59.79 kHz 和 60.11 kHz 的弹性波激励下,两个缺陷带表现出同相和异相的振型,如图 9.8

(b)所示。如果两个缺陷处的压电能量采集器的电路连接方式不同,如图 9.8(c)所示,则系统整体的输出电压有所不同,但同时也可以发现缺陷带分裂带来的频率带宽扩展的优势。

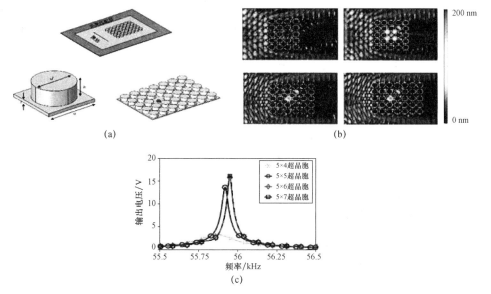

(a)

(b)

(c)

图 9.7 单缺陷声子晶体的 PEH 系统

(a) 基于单缺陷声子晶体;(b) 不同超晶胞尺寸下峰值频率的 z 方向位移场;(c) 输出电压和频率的关系(图片再版许可源自 Elsevier 出版社[17])

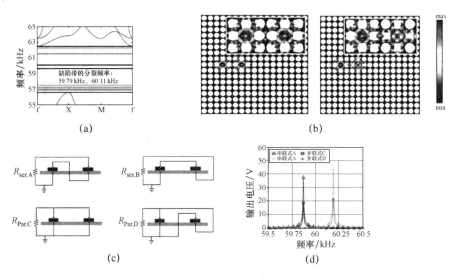

(a)

(b)

(c)

(d)

图 9.8 双缺陷声子晶体的 PEH 系统

(a) 短路条件下双缺陷模式的缺陷带分析;(b) 短路条件下分裂缺陷带频率处双缺陷的模态振型;(c) 两个 PEH 的连接电路;(d) 输出电压和频率的关系(图片再版许可源自 AIP 出版社[18])

9.4　基于梯度指数的声子晶体的振动能量采集

上一节主要介绍了带有缺陷的声子晶体的相关研究,本节重点讲解另一种能量聚焦的实现方式——具有梯度指数的声子晶体。梯度指数(Gradient Index,GRIN)是指在特定区域内折射率发生的变化,因此基于 GRIN 的能量收集(Gradient-index Energy Harvester,GRIN-EH)系统能够将机械波的方向和振幅都朝着聚焦位置进行调整。

9.4.1　基于梯度指数的声子晶体对弹性波传播特性的影响

为了使得弹性波能够在 GRIN 的声子晶体中定向传播到指定位置处,Kim 教授[19]提出了一种有关 GRIN 的声子晶体的系统设计方法,该方法将二维 Reissner-Mindlin 平板模型和遗传算法组合到一起,设计出具有任意折射率分布或单晶胞形状的 GRIN 的声子晶体,如图 9.9 所示。

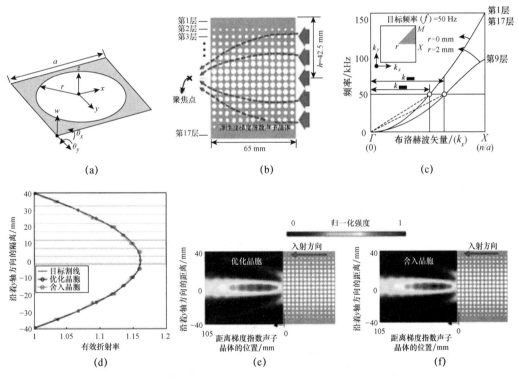

图 9.9　基于梯度指数的声子晶体系统的原理与模拟计算

(a) 二维 Reissner-Mindlin 平板模型;(b) GRIN 声子晶体;(c) 具有最小和最大孔半径的晶胞形状;
(d) 目标折射率剖面;(e) 数值计算的优化晶胞的二维强度分布;(f) 数值计算的舍入晶胞的二维强度分布(图片再版许可源自 AIP 出版社[19])

149

另外，Kim 教授[19]通过实验验证了最佳设计的 GRIN PnCs 的聚焦和能量收集性能，结果如图 9.10 所示。横向位移场的快照显示，弯曲波逐渐向最大焦点处集中，焦点位于距 GRIN PnCs 48.7 mm 的地方，与仿真结果（50 mm）基本一致。与没有 GRIN PnCs 的裸板系统相比，GRIN-EH 的能量采集力有 3.8 倍的增强，其面积功率密度达到 240.4 mW/m²。

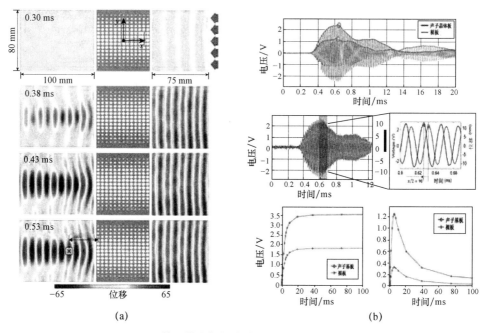

图 9.10　基于梯度指数的能量采集系统的实验结果

（a）横向位移场；（b）能量收集性能（图片再版许可源自 AIP 出版社[19]）

9.4.2　基于梯度指数的声子晶体的宽频机械波聚集

基于 GRIN PnCs 原理的透镜可将机械波汇聚到指定位置，但其在不同工作频率下会存在不同焦距的色差问题，为消除这种色差，Kim 教授提出了一种新方法：将消色差的涂层组装到声学 GRIN PnCs 透镜的前部和后部区域[20]，并基于拓扑优化（topology optimization，TO）的系统设计方法对消色差的涂层进行逆向设计，实现对不同机械波的空间聚焦不变。涂层成分如图 9.11（c）所示，黑色区域填充 ABS 塑料，而白色区域填充空气，且涂层与 GRIN PnCs 镜头存在最佳的间隙尺寸。

实验过程中，1/4 英寸麦克风产生的白噪声用来作为输入源，这种信号在大的频率范围内可以进行快速有效的测量，且具有良好的频率分辨率；由压缩驱动器、二维圆锥形喇叭和吸收材料组成的声波导波系统确保了二维平面波的产生。图 9.12（b）为有消色差和没有消色差涂层组件的 GRIN PnCs 声学透镜的实验结果，可以看到在引入消色差涂层时，3～

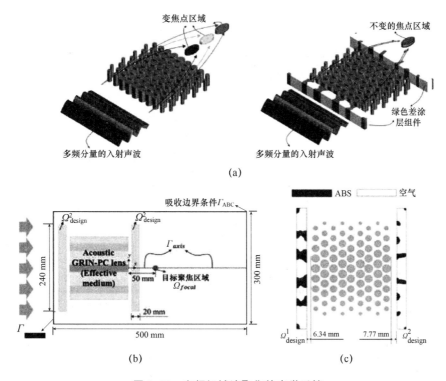

图 9.11　宽频机械波聚集的声学透镜

（a）具有和没有消色差涂层组件的 GRIN PnCs 声学透镜的概念；（b）利用拓扑优化的设计方法逆向设计消色差涂层；（c）具有消色差涂层组件的 GRIN PnCs 声学透镜设计（图片再版许可源自 AIP 出版社[20]）

5 kHz 频率范围内的声波所对应的焦点几乎都在约 50 mm 的距离处形成，证明了这种透镜可以实现宽频机械波的聚焦。

9.4.3　基于梯度指数的声子晶体的多方向机械波聚集

前面提到的机械波能量的聚焦和收集主要是针对单向波，当机械波从不同方向导入声子晶体时，其能量聚焦增强的效果极有可能会迅速衰减，因此 Kim 教授[21]设计并研究了一种全方位声波聚焦和能量收集的梯度折射率声子晶体，使得任何方向上的声波都能聚焦到目标中心区域进而实现声能的放大。

全向 GRIN 器件的概念在光学领域首先得到证明，光学黑洞的概念又激发了声学黑洞的产生，Kim 教授利用 Climente 等提出的声学黑洞的想法，开发了一种用于声波聚焦和增强能量收集的全向声学 GRIN PnCs 结构[21]如图 9.13 所示。由于其低像差特性，n 的径向方差的确定遵循双曲正割曲线，从而使得入射的声波向中心弯曲。

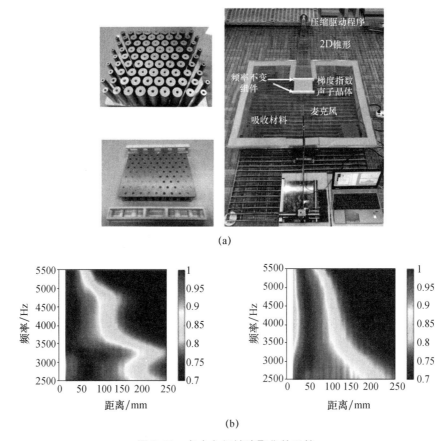

(a)

(b)

图 9.12　多方向机械波聚集的透镜

（a）带有消色差镀膜组件的 GRIN PnCs 声学透镜的实验装置；（b）实验结果（图片再版许可源自 AIP
出版社[20]）

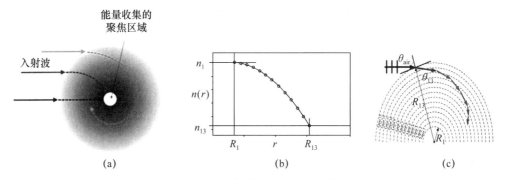

（a）　　　　　　　　（b）　　　　　　　（c）

图 9.13　全向声学 GRIN PnCs 结构

（a）全向声波聚焦和能量获取的概念；（b）沿 R_1 和 R_{13} 之间的正割曲线折射率的径向变化；
（c）具有均匀有效介质性质的球壳模型（图片再版许可源自 AIP 出版社[21]）

为了评估系统的能量采集性能,压电悬臂装置被固定在 GRIN 的声子晶体中心,与未采用该设计的结构相比,在 800 Hz 的声波频率下开路时的输出电压扩大了 2.5 倍,而最大输出功率扩大了 7.13 倍。Kim 教授指出[21],使用具有更高压电性能的装置代替当前使用的聚偏氟乙烯(vinylidene fluoride)膜制成的压电能量采集装置可以进一步提高系统的能量采集性能,如图 9.14 所示。

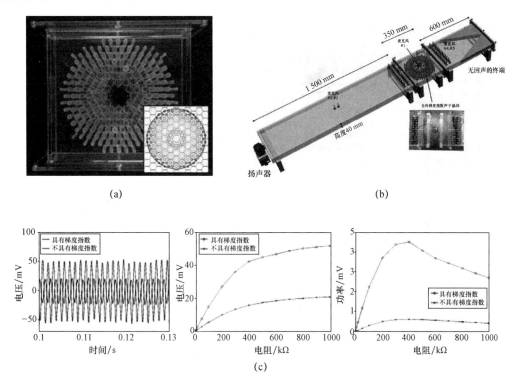

图 9.14　基于梯度指数的全向声学声子晶体能量采集器
(a) 全向声学 GRIN 的 PnCs 结构;(b) 测试装置;(c) 实验能量采集性能(图片再版许可源自 AIP 出版社[21])

9.5　总结与展望

从关于超材料振动能量采集器的研究现状来看,基于超材料的机械能增强技术通过聚焦并放大输入的机械能,有效地提高了能量收集效率,提升了振动能量采集器的工作性能。同时,基于超材料的振动能量采集器也面临一些亟待解决的问题,如工作带宽较窄、器件体积较大以及难以微型化等问题,如图 9.15 所示。而且从系统设计的角度考虑,要广泛应用超材料振动能量采集器还需要解决阻抗匹配、工作频带调整、后置能量管理电路等问题。

面对以上挑战,Kim 教授展开了一系列研究,有力地推动了超材料振动能量采集器的发展。她首先提出了系统的理论设计方法用于指导基于单缺陷声子晶体的设计,同时为了拓宽超材料振动能量采集器的工作带宽,提出了双缺陷声子晶体的振动能量采集方案。另一方面,具有梯度指数(GRIN)的声子晶体(PnCs),实现了对弹性波的引导与聚焦,同时将消色差涂层与梯度指数(GRIN)的声子晶体(PnCs)相结合,实现了对不同机械波的空间不变聚焦,为超材料技术在振动能量采集器中的应用提供启发与借鉴。

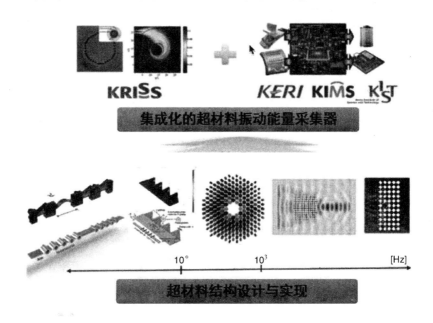

图 9.15　基于超材料的机械能增强与采集技术面临的挑战与发展方向[1,2]

9.6　常见问题与回答

Q1:将声子晶体中引入缺陷结构,实现振动能量采集,在长时间的工作中是否会破坏结构材料?

A1:人们普遍认为缺陷是指材料或结构设计上的缺陷,会导致器件性能恶化。实际上,报告中所指的缺陷是通过理论计算,人为设计并引入超材料的一种结构,对于实现能量局域化效应与机械能增强具有重要的作用,因此,此处的缺陷不会导致结构破坏,相反,可以极大地提高振动能量采集的性能。

Q2:弹力波能量采集器是否能用于收集低频振动能量?

A2：低频振动广泛存在于工业和人们的生活之中，例如桥梁、建筑等设施的振动，而基于超材料的振动能量采集器也可以采集低频振动的能量。但是需要注意的是，将 MEH 应用到低频振动环境时，不得不考虑环境对器件的尺寸要求。因为低频振动对应较长的机械波波长，对应地，不得不扩大采集器件的尺寸实现机械能的增强与采集，所以需要综合考虑器件的尺寸，才能决定是否将该技术用于低频振动能量的收集。

Q3：声学振动能量采集器是否能够用于手机之类的移动设备？

A3：实际上声能的能量密度较低，可以有效采集的能量也很少，这也是为什么需要在环境中布置多个声能采集器实现能量的采集，所以如果想要将声能采集器应用到采集一类的移动设备，意味着需要布置较多的器件尽可能采集多的声能，同时这也会增加设备的体积与重量，阻碍其设备的便携性。所以短时间内很难将声学振动能量采集器应用到手机一类的移动设备上。

参 考 文 献

[1]　Miso Kim 教授课题组. Miso Kim 教授课题组[EB/OL]. https：//scholar. google. com/citations？ hl＝zh-CN&user＝tJd6_uoAAAAJ.

[2]　iCANX Talks. iCANX Talks 视频[EB/OL]. https：//www. iCAN-x. com/talks.

[3]　Chen M，Wang M，Yu H，et al. A self-powered 3. 26-μw70-m wireless temperature sensor node for power grid monitoring[J]. IEEE Transactions on Industrial Electronics，2018，65 (11)：8956-8965.

[4]　Tang Q，He Q，Li M，Dong C，et al. Wireless Alarm Microsystem Self-Powered by Vibration-Threshold-Triggered Energy Harvester[J]. IEEE Transactions on Industrial Electronics，2016，63 (4)：2447-2456.

[5]　Liu H，Zhong J，Lee C，et al. A comprehensive review on piezoelectric energy harvesting technology：Materials，mechanisms，and applications[J]. Applied Physics Review，2018，5.

[6]　Tan Y，Dong Y，Wang X. Review of MEMS electromagnetic vibration energy harvester[J]. Journal of Microelectromechanical Systems，2017，26(1)：1-16.

[7]　Tao K，Lye S W，Miao J，et al. Out-of-plane electret-based MEMS energy harvester with the combined nonlinear effect from electrostatic force and a mechanical elastic stopper[J]. Journal of Micromechanics and Microengineering，2015，25(10).

[8]　Yoon H，Kim M，Park C S，et al. Time-varying output performances of piezoelectric vibration energy harvesting under nonstationary random vibrations[J]. Smart Materials and Structures，2018，27.

[9]　Kim M，Hoegen M，Dugundji J，et al. Modeling and experimental verification of proof mass effects on vibration energy harvester performance[J]. Smart Materials and Structures，2010，19.

[10]　Kim M，Dugundji J，Wardle B L. Efficiency of piezoelectric mechanical vibration energy harvesting [J]. Smart Materials and Structures，2015，24.

［11］ Kim M，Dugundji J，Wardle B L. Effect of electrode configurations on piezoelectric vibration energy harvesting performance［J］. Smart Materials and Structures，2015，24.

［12］ Annapureddy V，Kim M，Palneedi H，et al. Low-Loss Piezoelectric Single-Crystal Fibers for Enhanced Magnetic Energy Harvesting with Magnetoelectric Composite［J］. Advanced Energy Materials，2016，24(6).

［13］ Kim M，Hong S，Miller D J，Dugundji J，Wardle B L. Size effect of flexible proof mass on the mechanical behavior of micron-scale cantilevers for energy harvesting applications［J］. Applied Physics Letters，2011，99.

［14］ Park C S，Shin Y S，Jo S H，et al. Two-dimensional octagonal phononic crystals for highly dense piezoelectric energy harvesting［J］. Nano Energy，2019，57：327-337.

［15］ Lv H，Tian X，Wang M Y，et al. Vibration energy harvesting using a phononic crystal with pointdefect states［J］. Applied Physics Letters，2013，102(3)：175-149.

［16］ Wang W C，Wu L Y，Chen L W，et al. Acoustic energy harvesting by piezoelectric curved beams in the cavity of a sonic crystal［J］. Smart Materials & Structures，2010，19(4).

［17］ Jo S H，Yoo H，Shin Y C，et al. Designing a phononic crystal with a defect for energy localization and harvesting：Supercell size and defect location［J］. International Journal of Mechanical Sciences，2020，179.

［18］ Jo S H，Yoon H，Shin Y C，et al. Elastic wave localization and harvesting using double defect modes of a phononic crystal［J］. Journal of Applied Physics，2020，127.

［19］ Hyun J，Choi W，Miso Kim. Gradient-index phononic crystals for highly dense flexural energy harvesting［J］. Applied Physics Letters，2019，115.

［20］ Hyun J，Cho W H，Park C S，et al. Achromatic acoustic gradient-index phononic crystal lens for broadband focusing［J］. Applied Physics Letters，2020，116.

［21］ Hyun J，Park C S，Chang J，et al. Gradient-index phononic crystals for omnidirectional acoustic wave focusing and energy harvesting［J］. Applied Physics Letters，2020，116.

第 10 章　柔性电子及柔性微流控系统

随着生活水平的提高，人们对自身的健康状况越来越关注，为了完成健康状况的评估与检测，通常需要利用各种电子设备来提取人体的各项生理信息。然而，目前医院里的专业检测设备体积庞大、操作复杂，通常需要多根导线与人体相连才能完成数据的采集，不便于生命体征的连续记录。虽然市场上已有一些便携的穿戴式电子设备可以对心跳、血氧等信息进行采集，然而由于设备采用了硬质材料，无法与皮肤保形贴合，导致在佩戴舒适度以及数据采集精度方面存在一定的缺陷。为了解决上述问题，John Rogers 教授① 通过材料工程、机械工程、电子工程、化学工程等领域的交叉融合，基于微纳加工、3D 打印、激光加工等各种工艺技术，设计制作了多种传感单元及传感微系统，实现了无创或微创的健康监测，可对人体生理、物理、化学信息进行实时监测；进一步地，通过与生物医学工程以及临床医学等领域的结合，在新生儿重症监护、残疾人康复治疗、人体运动定量监测等方面做了应用尝试。John Rogers 教授的研究包括基于屈曲效应的 3D 加工技术、光遗传学、无线电子皮肤、基于颜色变化的无线汗液监测等多个方向，具有卓越的创新性和启发性，为柔性电子在生物医疗等领域的发展做出了杰出贡献[1]。本章主要从绪论、进展以及总结与展望等方面介绍如下两个领域的工作[2]：

（1）无线电子皮肤技术，可以实现人体心电图（electrocardiogram，ECG）、光体积变化描记图（photoplethysmograhy，PPG）等生理信息的测量；

（2）柔性表皮微流控系统可实现基于人体汗液相关化学成分的分析，并展示器件在运动监测和临床医学等领域的应用。

10.1　绪　　论

要实现可穿戴电子器件临床等级的健康监测功能，就必须实现设备与皮肤、心脏以及大脑等器官的紧密贴合。传统的穿戴式健康监测电子器件（例如智能手表、智能手环等）具有精度低、无法与皮肤保形贴合以及数据不准确等缺点，而实现可靠的临床数据采集通常需要复杂的设备以及各种导线与人体相连[2]。为了解决上述问题，John Rogers 教授团队开发了

---

① 　John Rogers，美国国家工程院、科学院、文理院以及医学院四院院士，至今已获得苏黎世联邦理工学院（ETH）化学工程奖章、IEEE 医药与生物工程协会的开拓者奖等诸多荣誉。其研究方向为生物集成电子器件，包括柔性材料、共形电子、微流体器件等。

一系列具有生物兼容性以及类表皮物理特性的电子器件,这些器件像贴纸一样,可以保形贴合在皮肤表面,实现精准的生理信息监测,同时能够将无线数据发送到手机或电脑等终端设备。如表 10.1 所示,这些器件可对人体的热学、电学、流体学、力学、光学、机械声学等各种物理或化学信息进行实时监测[2]。

表 10.1　电子皮肤器件对人体生理信息的监测

机理	人体生理信息
热学	热成像,热传导,水合状态
电学	生物电(心电图、肌电图、脑电图),水合状态
流体学	汗液,血流
力学	应力,模量,动作,压力
光学	紫外线,血氧,光体积描记图,静脉测绘
机械声学	心脏听诊(心率、心律、心音、杂音等)

10.2　无线电子皮肤技术

传统的电子材料或电子元器件都不具备拉伸性,要实现与皮肤保形贴合的电子皮肤,需要重新定义传统硬质电子元器件的组合连接方式。John Rogers 教授采用"岛-桥"结构设计,实现了具有柔性和可拉伸特性的电子设备。这些电子设备采用可拉伸材料作为衬底和封装层,将硬质的芯片、电极等单元看作浮动的"小岛",将硬质导线设计成蛇形结构作为芯片和电极间连接的桥梁,承受器件在拉伸条件下产生的应力和应变,从而保护芯片和电极等功能单元的性能。

如图 10.1 所示,John Rogers 教授团队利用蛇形结构连接形成可拉伸的二维网络,实现复合材料优异的弯曲性和拉伸性的同时,保证了器件原有的功能性(如金属材料的导电性)[3]。在器件受到拉伸时,蛇形导电网络会随着弹性材料的伸长变直,在应力释放后,弹性材料的恢复又使导电网络恢复到原来的形态,这有利于硅基电子及其他精密电子器件与柔性材料的集成。此外,这种方法还可以通过对网络结构的参数进行优化,提升器件的机械性能,进而实现与皮肤类似的非线性应变响应。因此,电子皮肤力学结构设计方法为实现与人体组织、器官精确匹配并具有丰富功能的电子皮肤提供了可靠途径。

10.2.1　应用于皮肤表面的电子皮肤器件

通过上述结构设计,可将具有多功能的电子器件连接到一起,形成具有拉伸特性的电子皮肤。本节列举了 John Rogers 教授近年来在无线电子皮肤领域的三个代表性工作。

2011 年,John Rogers 教授团队首次实现了系统级的电子皮肤,包括传感器模块、射频

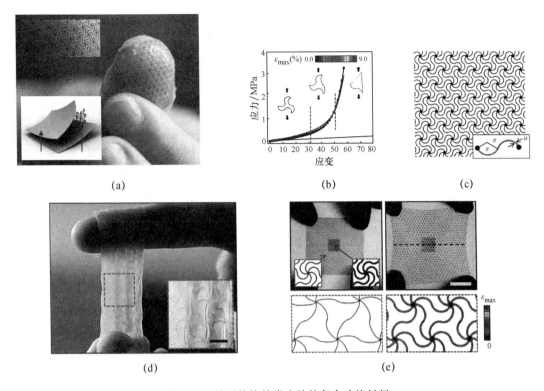

图 10.1　蛇形结构的类皮肤的复合功能材料

（a）皮肤状复合材料；（b）基于两个半圆组成的网络结构的特性；（c）三阶段应变响应；（d）网络结构优化后的复合材料具有与皮肤相似的拉伸性；（e）拉伸状态下网络结构受力分布（图片再版许可源自 Springer 出版社[3]）

模块、无线供能模块等单元[4]。如图 10.2 所示，该工作通过深入研究电子皮肤的厚度、杨氏模量（弹性模量）、弯曲刚度和面密度来实现器件与人体皮肤的保形贴合，这种保形覆盖仅依靠范德华力就可实现。此外，这种电子皮肤可以通过与电子文身集成的方式实现"隐形"，且保留电子皮肤的功能性，因而极大地增加了电子皮肤的适用性和实用性。这种系统级的电子皮肤也被称为表皮电子系统（epidermal electronic system，EES），其集成了大量的功能组件，包括电生理传感器、温度传感器、应变传感器、晶体管、发光二极管、光电检测器、射频电感器、电容器、振荡器、整流二极管、无线供能线圈等。然而，这种系统级的电子皮肤在走向应用的过程中仍存在挑战，其中最主要的问题如下：

其一，稳定性问题，即没有任何保护的功能组件易受到外界因素的破坏；

其二，性能问题，新型的柔性功能组件与传统硅基电子在性能方面仍然存在差距。

John Rogers 教授团队在 2014 年的工作中对上述问题做出了一定的改进，实现了高性

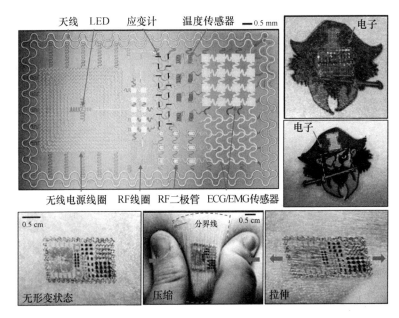

图 10.2　系统级的电子皮肤

（图片再版许可源自 AAAS 出版社[4]）

能硬质功能电子器件与柔性基底的集成,提高了电子皮肤的检测性能,并扩展了器件可监测的生理特征范围[5]。

　　如图 10.3 所示,该工作将高性能硬质功能电子器件(如放大器、IC 芯片、射频组件、传感器)与柔性基底相集成,并采用弹性材料对器件进行封装,因此,极大程度上弥补了 2011 年工作中存在的缺陷。通过将这些互连的高性能硬质功能电子器件用液体悬浮在薄弹性体中这一关键技术,该工作实现了电子皮肤 50% 的双轴可拉伸特性,且使整个系统在 50% 的形变条件下,高性能硬质功能电子器件的应变小于 0.2%。因此,该工作同时实现了卓越的柔性和优异的电学性能。此外,具有优异弹性的硅胶外壳除了提供可拉伸性,还能吸收外界机械力实现缓冲功能,提升了电子皮肤在使用过程中的鲁棒性和耐久性,使电子皮肤距离实际应用更近了一步。

　　经过多年的技术攻关,John Rogers 教授在 2019 年实现了无线电子皮肤在临床监测中的应用[6]。目前,新生儿重症监护病房的生命体征监测系统需要通过多根导线以及强力胶将硬质传感器与婴儿皮肤相连。为了解决上述问题,John Rogers 教授课题组开发了一款超薄、柔软、类皮肤的电子皮肤,可以达到传统监测系统的测量精度,同时摆脱了导线和硬质传感器的束缚。如图 10.4 所示,该工作在工程科学领域实现的突破包括以下几个方面:

　　第一,通过单个射频线圈实现无线信息传输、低噪声检测和高速数据通信;

　　第二,在传感器平台实现了实时的数据分析、信号处理和动态基线调制;

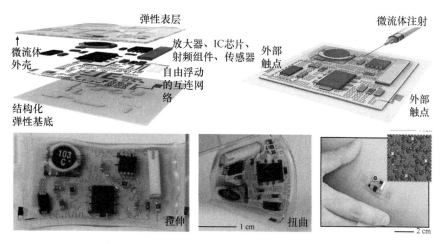

图 10.3 高性能硬质功能电子器件与柔性基底的集成
(图片再版许可源自 AAAS 出版社[5])

第三,两个独立器件的数据可实现同步传输;

第四,器件设计不影响医生对患者皮肤的医学视觉检查和对患者的磁共振成像、X 射线成像检查。

经过测试,该无线电子皮肤的性能可与最先进的临床检测系统媲美,这对电子皮肤的发展具有里程碑式的意义。

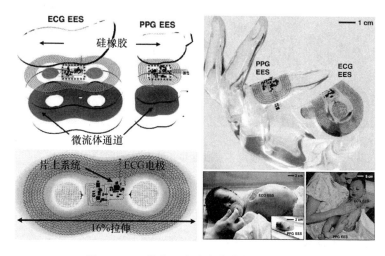

图 10.4 无线电子皮肤在临床监测中的应用
(图片再版许可源自 AAAS 出版社[6])

如上文所述,通过这种技术实现的无线电子皮肤已经可以应用到临床级别的健康监测中。John Rogers 教授团队近期完成的工作展示了无线电子皮肤在婴儿健康监测中的应用,使得临床监测摆脱了导线的束缚,便于患病婴儿与母亲有更好的交互[6,7]。如图 10.5 所示,该监测系统由两部分构成,其中一部分贴附在婴儿胸部实现心电信号的监测;另一部分贴在婴儿脚部,利用光电容积脉搏波(photoplethysmography,PPG)技术进行运动心率的监测。其监测精度和准确度得到了试点临床研究数据的验证,该监测平台极大地提高了新生儿和儿童重症监护的质量[6]。

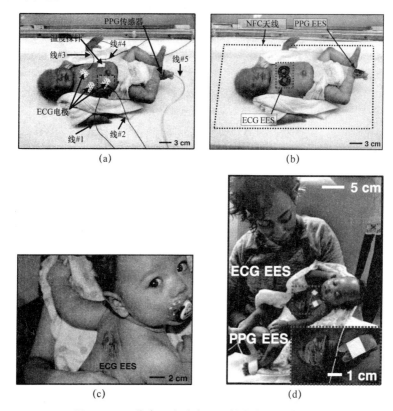

图 10.5　无线电子皮肤在婴儿健康监测中的应用

(a)~(c)用于新生儿重症监护的无线电子皮肤;(d)第二代无线新生儿重症监护系统(图片再版许可源自 AAAS 出版社[6])

10.2.2　应用于器官表面的电子皮肤器件

除了应用于人体表皮来进行监测外,电子皮肤同样具有直接应用于大脑、心脏等器官表面的潜力。用于记录和刺激大脑的电极阵列在整个临床医学和基础神经科学研究中很常见,但是由于需要在电极-组织界面上单独连接传感器,因此,无法在保持高分辨率的同时对大脑进行大面积采样。为了解决这个问题,John Rogers 教授团队开发了一种超薄的柔性电子皮肤,集成了硅纳米薄膜晶体管,使数千个多路复用传感器的阵列能够用更少的导线连接起来[8],如图 10.6(a)所示,这种具有电极阵列的电子皮肤被用于记录猫脑内部活动特性,展现了其作为新一代脑机接口设备的潜力。

　　除此之外,在心脏的医学研究和治疗中,高密度多参数生理测绘和刺激方法也至关重要。目前的共形电子系统基本上都是二维的薄片,在没有缝线或黏合剂的情况下,无法覆盖整个心外膜表面,也无法保持可靠的接触。针对这个问题,John Rogers 教授团队通过结合3D 打印技术和转印技术制备了一种三维电子皮肤薄膜[9],如图 10.6(b)所示,它可以精确地匹配心脏外膜,从而完美地包裹心脏。更重要的是,这种电子皮肤薄膜具有高弹性,因而可以在保持心脏正常工作的状态下提供稳定的生物-器件接触界面。该 3D 电子皮肤薄膜集成了产生电学、热学、光学刺激的执行器和用于感知 pH 值、温度、应力的传感器,体外生理实验证明这种电子皮肤薄膜有应用于心脏研究和诊疗的可行性。

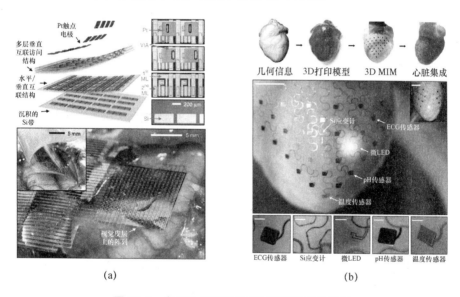

图 10.6　电子皮肤在其他器官表面监测的应用

(a) 应用于猫脑(图片再版许可源自 Springer 出版社[8]);(b) 应用于心脏(图片再版许可源自 Springer 出版社[9])

10.3　柔性表皮微流控系统

　　除了上述对人体的物理信息进行监测外,John Rogers 教授团队还致力于将电子器件与生物化学传感器相结合,实现了基于汗液的人体化学成分检测系统,通过对更易于获取的汗液样品进行成分分析,可以补充或替代一些血液样品检测的需要。与其他课题组采用电化学方式对汗液成分进行分析不同,John Rogers 教授团队主要通过柔性微流控系统将汗液收集到含有指示剂的腔室中,之后通过比色法对汗液成分进行可视化分析。该方法可以简单、快速地定量评估汗液流失量以及量化分析相关成分信息,并且减少器件对电子元件的依赖,具有结构简单、成本低廉、尺寸小等优势,利于实现汗液检测设备的商业化应用[10,11]。近年来,基于柔性表皮微流控系统实现了多项汗液检测工作,包括汗液成分的分析、汗液损失量的可视化检测、防水型汗液检测、可重启式汗液检测,沐浴诱导汗液采集以及连续汗液检测等。

10.3.1 汗液成分的分析器件

图 10.7 展示了 John Rogers 教授团队发布的微流控汗液检测器件[12],器件与皮肤接触的黏附层设置了特定的入口,使得入口内汗腺排出的汗液可自动经过微流体网络,收集到特定的腔室中,由于蛇形流道内部填充了比色染料,汗液流经的地方流道颜色会发生改变,从而能够可视化地对汗液流失量以及流失速度进行检测;另一方面,当一定量的汗液收集到腔室中后,汗液中的化学成分会与腔室中的指示剂发生酶促反应或化学反应,引起指示剂的颜色改变,从而实现 pH 值以及汗液中氯化物、乳酸和葡萄糖等物质的浓度检测。由于器件全部采用低杨氏模量材料制作,具有良好的柔性,可以保形牢固地附着到皮肤表面。人体实验表明,该器件可以对健身骑车的人体汗液进行实时分析。除了进行汗液检测外,类似的系统也可以作为基于比色法或传统实验室分析方法的体液采集和存储装置,如眼泪、唾液或伤口分泌物等,特别是对于小容量样本的收集,具有突出优势。

10.3.2 汗液损失量可视化检测器件

图 10.8 展示了 John Rogers 教授团队提出的一种专门对人体汗液损失量进行实时监测的微流控器件,该器件将可溶于水的染料存储在汗液入口附近,用于给汗液上色,使汗液损失量便于肉眼观察[13]。测试表明,在运动过程中,汗液损失量与人体运动时间具有正相关性,在运动过程中实时佩戴器件可以有效监测运动时的汗液损失量,提醒运动员及时地补充电解质和水分。

10.3.3 防水型汗液检测器件

我们知道,人体在游泳过程中也会大量排汗,然而由于处于水环境中,传统汗液检测器件无法在游泳运动中发挥作用。为了克服上述问题,John Rogers 教授团队设计了一种超薄型微流控汗液采集器件,如图 10.9 所示,该器件采用一种弹性可塑性聚合物作为封装材料,该材料对周围环境中的水、水蒸气和水媒化合物的渗透率极低,从而保证了器件的防水

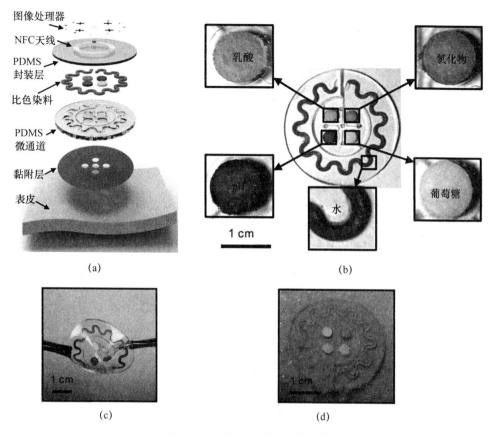

图 10.7　微流控汗液成分检测器件

（a）结构；（b）实物照片；（c）柔性展示；（d）汗液采集时的照片（图片再版许可源自 AAAS 出版社[12]）

特性；同时，特殊的入口和出口设计可有效阻隔外界水环境的干扰或污染，同时又不妨碍汗液进入微流道；此外，超薄型结构设计使得器件可将水冲击以及运动相关的剪切力降至最低，从而保证了器件与皮肤的牢固黏结，可以监测运动员在游泳过程中的汗液损失量[14]；特定皮肤黏结材料的选择及结构设计，使器件可以牢固地与皮肤贴合并实现稳定的水下汗液采集。此外，器件底部集成了柔性可拉伸的近场通信（near field communication，NFC）线圈和温度传感器等电子器件，可以进一步扩展器件的传感功能。

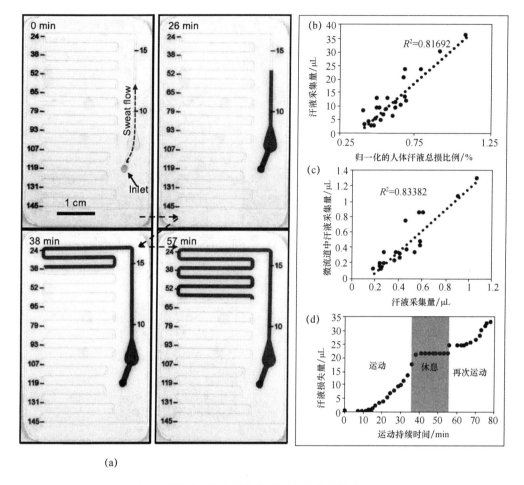

(a)

图 10.8　对汗液损失量实时监测的器件

（a）可视化汗液采集；（b）～（d）累计汗液损失量与运动持续时间的关系（图片再版许可源自 AAAS 出版社[13]）

10.3.4　可重启式汗液检测器件

　　尽管上述提出的各种汗液检测技术可以实现诸多功能,但汗液检测器件仍然面临运动员补水后器件前期的测量结果失效、器件内部指示剂无法重复使用以及无法在人体大量出汗时及时发出补水提醒的问题。为了实现汗液检测器件的可重复使用,John Rogers 教授团队借鉴气泵和液压泵中硬阀门的结构设计,提出了一种可重启式汗液损失量分析微流控器件,该器件集成了可逆流体指示结构、可重复使用的负压泵、软捏阀以及起泡泵[15]。如图 10.10 所示,通过拉伸器件底部的软捏阀可使底部流道中的压强减小,从而将检测系统中的汗液吸出,实现器件重启,解决了补水后器件重新检测的问题。此外,采用光学微结构作为

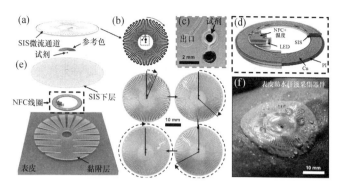

图 10.9　防水型汗液采集器件

（a）器件结构；（b）流道结构设计；（c）流道入口及出口部位的放大照片；（d）汗液采集时的实物照片；
（e）用于皮肤温度测量的近场通信线圈；（f）贴附于皮肤表面的器件实物图（图片再版许可源自 AAAS
出版社[14]）

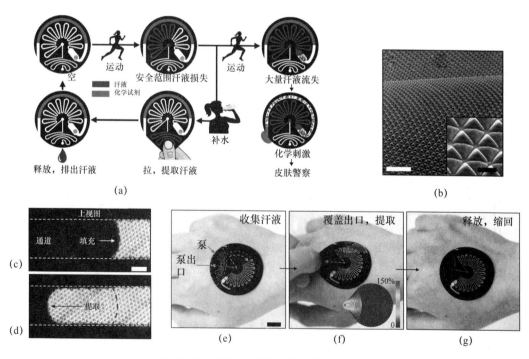

图 10.10　可重启式汗液损失量分析器件

（a）器件工作原理；（b）流道内部全反射微结构显微镜照片；（c），（d）汗液流入通道及流出通道时的
通道反射率照片；（e）～（g）汗液流入器件后通过拉伸重启器件的过程（图片再版许可源自 Springer 出
版社[15]）

比色反应的指示剂(汗液与外部弹性体具有相似的折射率,从而消除光学微结构的反射效果,使流道呈现黑色),使器件可对汗液存储量反复读取。测试表明,这种光学结构在汗液存在的情况下具有非常好的稳定性,可进行多达 20 次的循环。最后,通过在器件外部流道中填充起泡剂,使汗液损失量达到一定时,与起泡剂反应产生气泡,将最外侧流道中的辣椒素推出,引起对皮肤的刺激,从而自动触发大量汗液流失预警,提醒使用者有可能发生脱水的情况。该器件可用于汗液采集、收集和电解质分析,并具有用户反馈的能力,所有上述功能都不需要电子或有源元件。此外,该器件的加工方法是基于标准的微加工工艺,实现了单片集成以及可人工操作,是实现低成本、人工驱动的片上实验室和皮肤实验室的关键。

10.3.5 沐浴诱导汗液检测器件

传统的汗液分析器件均需要通过人体运动或者药物刺激来诱导汗液的产生,然而对于老年人或者婴儿这些行动不便且不适用药物刺激的群体,汗液的收集变得十分困难。为了解决上述问题,John Rogers 教授团队研制了一种结构简单、广泛适用的微流体汗液检测器件[16]。如图 10.11 所示,该器件可在人体沐浴或淋浴过程中进行汗液采集和分析;并且通过一组酶化学反应和比色方法测量出汗液中肌酐和尿素的浓度,从而为利用汗液进行肾脏疾病筛查创造了机会。这项研究成果扩大了微流体汗液检测器件的取样方式用于疾病诊断和健康监测的选择范围。

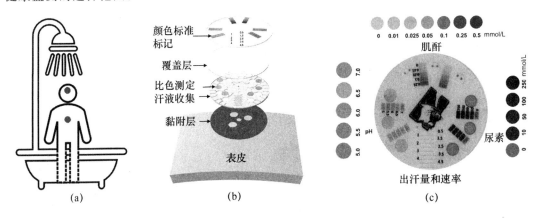

图 10.11 沐浴诱导汗液检测器件
(a) 沐浴时使用器件进行汗液采集;(b) 器件结构;(c) 实物照片(图片再版许可源自 RSC 出版社[16])

10.3.6 连续汗液检测器件

上述介绍的微流体汗液检测器件已经可以实现诸多化学成分的检测功能,然而由于比色剂单次反应后便失效的原因,相对于电化学检测器件来说,微流体汗液检测器件在汗液的长期动态监测方面还有难度。为了实现连续的汗液监测,John Rogers 教授团队开发了一种级联型微流控和腔室阵列的结构设计[17],如图 10.12 所示。通过采用可在不同压力下开启的毛细管爆裂阀结构,使汗液依次通过流道进入不同的腔室。由于腔室中放置了不同类型的比色指示剂,从而可以得知在连续监测过程中汗液成分随时间的变化情况,为健康监测提供更丰富的信息。

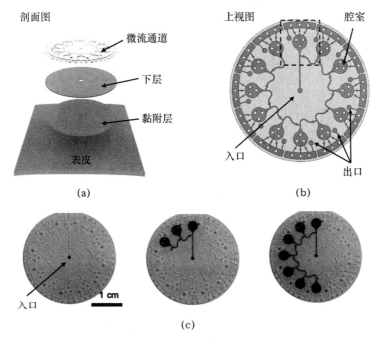

图 10.12　连续汗液检测器件

(a) 器件剖面;(b) 器件俯视图;(c) 汗液采集过程(图片再版许可源自 Wiley 出版社[17])

可以看出,John Rogers 教授团队针对微流体汗液检测器件进行了全面深入的研究,分别解决了汗液检测过程中汗液损失量检测、重复使用、防外部水环境干扰、非运动性汗液诱导产生以及连续性检测等方面的关键问题,为汗液检测器件实现大规模商业应用提供了充分的研究基础。John Rogers 教授不仅仅把这些汗液检测器件应用于实验室的研究中,还通过与运动员合作,使器件真正应用到人体健康监测之中,图 10.13 所示为 John Rogers 教授展示的将这些汗液检测器件应用于运动监测的场景[14]。

综合上述研究成果,John Rogers 教授还将该项技术进行成果转换,成立了一家创业公司,公司名称为 Epicore Biosystems,并将该器件应用于赛事运动员的运动状态监测[2]。

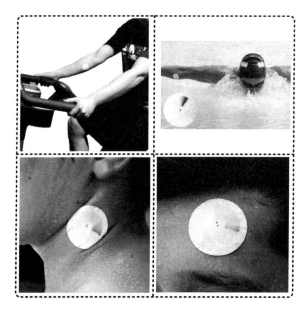

图 10.13　汗液检测器件在运动场景中的应用

（图片再版许可源自 AAAS 出版社[14]）

10.4　总结与展望

　　针对皮肤表面进行的健康监测是一个多学科交叉融合的领域,包括材料科学、机械科学、电气工程甚至是大数据分析等。针对皮肤表面的研究是一个很好的起点,因为与皮肤共形贴合的器件使得研究人员可以很快地将之应用于人体并得到测试结果。

10.5　常见问题与回答

　　Q1：比色汗液传感器的比色指示剂是否可以重复使用以及在连续监测过程中性能如何?

　　A1：其中有一些比色指示剂是可逆的,但大多数的指示剂的颜色变化不可逆,所以多数检测器件都是一次性的。如果采用上述毛细管结构可以将多个检测腔室连接起来,每个腔室都可以填充一种指示剂,从而实现连续的汗液检测。此外,也可以从化学的角度入手,实现一些可逆的化学传感物质,那将是非常强大的解决方案。当然采用电化学的检测方式可以实现汗液的连续检测,但集成了电子设备后,器件的成本将会大幅度提高。因此,我们也在尝试一些模块化的方法,在这个检测系统中,除了电化学电极外,你不一定会直接接触到电子设备,然后通过磁耦合的方式实现电子到机械的接口,从而实现电子器件部分的重复使用,然后将微流控平台做成一次性的。

Q2:基于自供电技术的传感器发展前景如何?

A2:这是一个非常有意思的研究方向,很多研究者正在进行各种研究,但传感器对周围环境的能量采集通常是间歇性的,因此需要本地的设备进行存储,例如超级电容器或电池。

Q3:目前的柔性电子皮肤传感器均采用聚合物加工,如何消除由于聚合物的黏弹性产生的传感器响应延迟呢?

A3:更广义的一个问题是什么材料更适合做这种电子皮肤传感器件?专业有机电子材料、复合材料以及量子点制成的薄膜等,都是非常有吸引力的选择。但是对于 John Rogers 教授课题组来说,他们更倾向于使用传统的材料以及与现有的电子器件更容易结合的材料。其在近年来的研究发现,医院里的医生和护士对健康监测器件的关注度仅在于准确度,如果器件的准确度达不到现有检测设备的水平,他们不会采纳你的方案。因此,虽然一些纳米材料,例如碳纳米管等,可以达到非常强大的传感功能,但仍然存在着一些阈值电压漂移等问题,导致传感精度的下降,以及湿度、温度等条件对器件的影响等,所以 John Rogers 教授不倾向于采用这些材料。他认为选择何种材料取决于你想要达到的目的,稳定性、准确性还是灵敏度等,需要做多种尝试,并需要平衡考虑,对于其课题组来说通过聚合物材料作为硅的替代品已经变得逐渐可行。

Q4:人体汗液中葡萄糖浓度的测量精度如何,可以根据身体在一个固定模式运动中的表现来测量其他化学物质吗?

A4:人体汗液中葡萄糖浓度比血液中低几百倍,因此需要对比色剂进行巧妙的校准,以使器件可以对这种非常低的浓度进行检测,这是可以做到的。其实更重要的问题是,汗液中的葡萄糖浓度与血液中的有什么关联,没有人知道。所以需要重点关心的问题也许不是汗液检测的准确度如何,而是汗液中各种物质的浓度意味着什么,它们是如何反映我们身体健康状况的。

Q5:柔性可穿戴电子器件未来的发展前景以及发展中需要解决的问题有哪些?

A5:柔性可穿戴电子器件将会在我们今后的生活中发挥非常大的作用,如果每个人都穿戴健康检测器件,这个器件一定要变得不可察觉,但同时又要具备检测精度高、可靠、无线,以及本地存储等功能,这就是我们需要做的。此外,器件监测过程中会产生大量的数据,因此也需要大数据或者机器学习对海量数据进行分析。在研究方向上,目前的研究中仅实现了 ECG、PPG 等传感功能,但需要做的不止这些,还需要有存储以及数据分析等功能。总的来说,在可预见的未来,这将是一个丰富、充满活力、活跃的研究领域。

参 考 文 献

[1] John Rogers 教授课题组. John Rogers 教授课题组[EB/OL]. https://rogersgroup. northwestern. edu/.

[2] iCANX Talks. iCANX Talks 视频[EB/OL]. https://www. iCAN-x. com/talks.

[3] Jang K I, Chung H U, Xu S, et al. Soft network composite materials with deterministic and bio-inspired designs[J]. Nature Communications, 2015, 6(1): 1-11.

[4] Kim D H, Lu N, Ma R, et al. Epidermal electronics[J]. Science, 2011, 333(6044): 838-843.

[5] Xu S, Zhang Y, Jia L, et al. Soft microfluidic assemblies of sensors, circuits, and radios for the skin[J]. Science, 2014, 344(6179): 70-74.

[6] Chung H U, Kim B H, Lee J Y, et al. Binodal, wireless epidermal electronic systems with in-sensor analytics for neonatal intensive care[J]. Science, 2019, 363(6430).

[7] Chung H U, Rwei A Y, Hourlier-Fargette A, et al. Skin-interfaced biosensors for advanced wireless physiological monitoring in neonatal and pediatric intensive-care units[J]. Nature Medicine, 2020, 26(3): 418-429.

[8] Viventi J, Kim D H, Vigeland L, et al. Flexible, foldable, actively multiplexed, high-density electrode array for mapping brain activity in vivo[J]. Nature Neuroscience, 2011, 14(12): 1599-1605.

[9] Xu L, Gutbrod S R, Bonifas A P, et al. 3D multifunctional integumentary membranes for spatiotemporal cardiac measurements and stimulation across the entire epicardium[J]. Nature Communications, 2014, 5(1): 1-10.

[10] Sekine Y, Kim S, Zhang Y, et al. A fluorometric skin-interfaced microfluidic device and smartphone imaging module for in situ quantitative analysis of sweat chemistry[J]. Lab on a Chip, 2018, 18(15): 2178-2186.

[11] Bandodkar A, Gutruf P, Choi J, et al. Battery-free, skin-interfaced microfluidic/electronic systems for simultaneous electrochemical, colorimetric, and volumetric analysis of sweat[J]. Science Advances, 2019, 5(1).

[12] Koh A, Kang D, Xue Y, et al. A soft, wearable microfluidic device for the capture, storage, and colorimetric sensing of sweat[J]. Science Translational Medicine, 2016, 8(366).

[13] Choi J, Ghaffari R, Baker L B, et al. Skin-interfaced systems for sweat collection and analytics[J]. Science Advances, 2018, 4(2).

[14] Reeder J T, Choi J, Xue Y, et al. Waterproof, electronics-enabled, epidermal microfluidic devices for sweat collection, biomarker analysis, and thermography in aquatic settings [J]. Science Advances, 2019, 5(1).

[15] Reeder J T, Xue Y, Franklin D, et al. Resettable skin interfaced microfluidic sweat collection devices with chemesthetic hydration feedback[J]. Nature Communications, 2019, 10(1): 1-12.

[16] Zhang Y, Guo H, Kim S B, et al. Passive sweat collection and colorimetric analysis of biomarkers relevant to kidney disorders using a soft microfluidic system[J]. Lab on a Chip, 2019, 19(9): 1545-1555.

[17] Choi J, Kang D, Han S, et al. Thin, soft, skin-mounted microfluidic networks with capillarybursting valves for chrono-sampling of sweat[J]. Advanced Healthcare Materials, 2017, 6(5).

第 11 章　橡 胶 电 子

在过去几十年的发展,硅基电子产品显著改善了人们的生活质量和生活水平。近年来,随着电子材料、制备工艺和器件结构的飞速发展,传统硅基电子器件已逐渐向柔性/可拉伸器件过渡。同时,由于这些柔性/可拉伸器件具备优异的机械性能(例如:柔软性、可弯曲性、可拉伸性、可扭曲性等),使得其在健康监测、人机界面、医疗植入器件、人造皮肤、可穿戴器件等方面具有很好的应用前景。

目前,柔性电子技术的研究方向主要分为两大类:一种是面向人类的健康监测,以更好地了解人体内部的生物或化学机理,如可穿戴电子器件、植入式医疗器件、人造皮肤等;另一种是丰富人们的日常生活,结合机器人技术的发展以解决人类劳动生产与日常活动中遇到的问题。对于前者健康监测来说,人体的组织器官都是柔软的,而基于传统电子技术所应用的材料通常都是硬质的,因此为了增加器件与生物体的相容性,降低性能差异所带来的伤害,制备的器件应具有与人体组织器官类似的力学性能。对于后者仿生机器领域来说,如何制备人机交互式机器人并使其具备与人类相似的感知能力,从而为人们的生活带来方便和乐趣,仍是一个亟待解决的问题。余存江教授[①]从柔性材料切入,开拓了橡胶电子的制备工艺,探索了其在医学和软体机器人等领域的应用效果和前景。

本章将从以下两个方面介绍橡胶电子领域近期的研究工作:

(1)橡胶电子材料的发展与制备;

(2)橡胶电子器件在不同领域的应用,包括电子、神经学电子以及生物医学等领域。

11.1　绪　　论

说起橡胶,最容易想到的就是生活中的橡胶手套、轮胎等制品,而橡胶电子器件是一种全部由橡胶电子材料制成的电子器件。由于所有基础材料都具有弹性、可拉伸的机械特性,橡胶电子表现出优良的电学特性和柔性可拉伸性能,该橡胶电子预期能够解决电子与生物交叉融合等技术难题。

迄今为止,用于可拉伸电子设备的半导体主要是传统无机半导体或新兴有机半导体。然而,无论是硅、砷化镓等无机材料,还是聚合物聚-3 己基噻吩(3-hexylthiophene-2,5-diyl,P3HT)、并五苯等有机材料,它们在机械上都是不可拉伸的,如图 11.1 所示[1,2],为了将这些不

---

① 余存江,现任美国宾夕法尼亚州立大学(The Pennsylvania State University,PSU)教授,曾任美国休斯敦大学(University of Houston,UH)副教授。目前,其课题组开展的研究主要包括柔性/可拉伸性电子、橡胶电子、生物电子、大规模微纳制造等。

可拉伸的材料制备成可拉伸的器件,现有策略主要是构建一些特殊的结构,例如平面外波浪形[3]、平面内蛇形[4]、岛桥式结构[5]以及剪纸结构[6]等。然而,这些方法需要复杂的结构设计与制造工艺,同时,由于可拉伸的内连接结构,大大降低了衬底所承载电子器件的密度。以上这些因素阻碍了柔性电子向高密度集成与封装、低成本和大规模生产等方向的进一步发展。

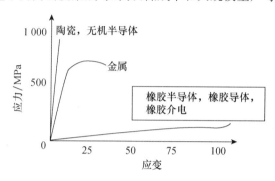

图 11.1　传统半导体材料、金属及橡胶电子材料的应力-应变曲线[1,2]

以心脏做类比,心肌组织具有很好的机械变形性能,而组成心肌组织的心肌细胞同样具有很好的机械变形性能,而且是全柔性无硬质结构。如果将心肌组织的可拉伸视为宏观结构,心肌细胞的可拉伸性则存在于微观材料。采用前文提及的宏观结构设计的方式可以使传统无机材料具备可拉伸性,但是如何从微观材料获得类似于心肌细胞材料的可拉伸性仍是一个亟待解决的问题。如果从材料本身出发,研制出既具有很好的机械变形性能,同时又具有很好导电性能的物质,进而基于这种材料所研制的电子器件,则具有微观材料和宏观结构的可拉伸性,同时又减少了结构设计的复杂性。

总的来说,橡胶电子材料便是解决上述问题的关键材料之一。橡胶电子既具有优异的机械拉伸性又具有导电性能,近年来,利用橡胶电子制备完全柔性的电学器件的报道越来越多。目前,组成橡胶电子的主要材料分为橡胶导体材料、橡胶介电材料和橡胶半导体材料。本章将依次阐述上述三种材料。

11.2　橡胶电子的材料

橡胶导体材料是橡胶电子的重要组成部分,通常拉伸比大于 20% 方可称为具有可拉伸性。目前,制备具有可拉伸性的导体分为以下两种形式:一种是可拉伸导电聚合物;另一种是绝缘橡胶基体混合纳米导电填料的复合材料。通过合理的化学处理,一些导电聚合物不仅能够获得 4100 S/cm 的优良导电性,而且能够实现 100% 的机械拉伸性[7]。而复合材料由于共混,既继承了橡胶的机械拉伸性能(拉伸性高达 700%),同时复合材料本身维持了所填充的金属的导电性[8];可作为填充的纳米材料有零维纳米颗粒[9]、一维纳米线/纳米管[10~11]和橡胶复合材料的二维纳米片[12]。

　　由于橡胶导体材料可以在源极电极和栅极电极上通过控制电势来控制源极和漏极之间的电流,所以,它对于橡胶电子具有重要的作用。目前,已经有多种橡胶导体材料制备的报道,主要分为弹性体和离子凝胶两类。由于弹性体具有非常好的拉伸性,而且制备工艺成熟,但可选择的种类较少,需要研究人员进一步探求。Bao 等[13]采用热塑性聚氨酯作为栅极电极,验证了热塑性聚氨酯在可拉伸晶体管中的应用潜力。离子凝胶在多孔聚合物基体中含有离子液体,是另一种常用橡胶介质,具有比电容大、机械变形能力强等优点。离子液体是离子凝胶的关键成分,在室温下处于液态,具有高离子电导率、极低蒸气压和高化学/热稳定性。然而,由于室温下呈现液相,离子液体的进一步使用受到了限制。因此,在保持离子液体优点的同时,可以将离子液体混合到聚合物基体中制备离子凝胶,利用其固态特性来拓展其在橡胶电子领域的应用。场效应晶体管中的离子凝胶工作机理不同于传统固态栅介质,在穿过离子凝胶的电场作用下,两个界面(离子凝胶/半导体和离子凝胶/栅极电极之间)形成一个薄的双电层,这导致了界面上的高电容。Takenobu 等[14]采用了离子凝胶薄膜制备晶体管,验证了离子凝胶在场效应晶体管和可拉伸电子器件方面有着巨大的应用前景。

　　晶体管是现代电子学的基本单元,它可以通过电压的控制实现开关和放大等功能,其结构主要包括源电极、漏电极、半导体层和介电材料层,其中半导体材料直接决定着晶体管的电学性能。橡胶半导体构建方法主要有两大发展方向,一种是可拉伸的聚合物半导体材料;另一种是基于聚合物和弹性体混合物的可拉伸半导体复合材料。为了构建可拉伸弹性电子器件,晶体管每一部分都需要具备拉伸性。橡胶电子材料为可拉伸晶体管和电子学提供了另一条可行的途径,并且巧妙地避免了上述问题,因为它们不需要复杂的分子结构和器件结构来设计,极大地简化了制备工艺的流程和难度。

11.2.1　第一代橡胶电子材料

　　第一代橡胶半导体聚-3 己基噻吩纳米原纤维(P3HT-NFs)的制备过程如图 11.2 所示。该制备过程主要包括两个步骤:

　　(1) 通过骤冷、聚-3 己基噻吩(P3HT)会在溶剂中自组装并形成一维 π-π 共轭堆叠的纳米原纤维结构;

　　(2) 通过和聚二甲基硅氧烷(PDMS)共混,在橡胶基体中形成 P3HT-NFs 的渗透网络。

　　这种制备过程不仅形成了有利于载流子传输的渗透网络,还提高了 P3HT 的结晶度,因此该体系的载流子迁移率得到了显著提升。

　　基于该 P3HT-NFs 材料,余存江教授[15]进一步探索了其拉伸性,如图 11.3(a)～图 11.3(c)所示。通过旋涂,P3HT-NFs 在 PDMS 衬底上形成相互缠绕的渗透网络结构。随着拉伸程度的增加,相互缠绕的纳米原纤维逐渐被拉直并最终开始出现断裂。如图 11.3(b)中箭头所示,当拉伸程度大于 50%时,尽管一些 P3HT-NFs 出现断裂,但是大部分的纳米原纤维仍然相互连接,维持着相互缠绕的渗透网络结构。由于 PDMS 为体系提供了优异的拉伸

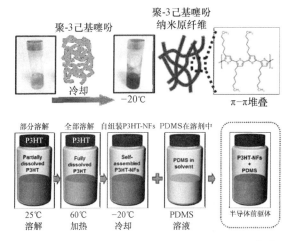

图 11.2　第一代橡胶半导体 P3HT-NFs 的制备[1,2]

性,加上相互渗透的 P3HT-NFs 为体系提供了良好的导电性能,因此所制备的材料薄膜在拉伸或扭曲的状态下未出现任何裂纹,如图 11.3 所示。因此,第一代橡胶半导体材料不仅保持了橡胶优异的机械性质,又具有半导体良好的导电性质。

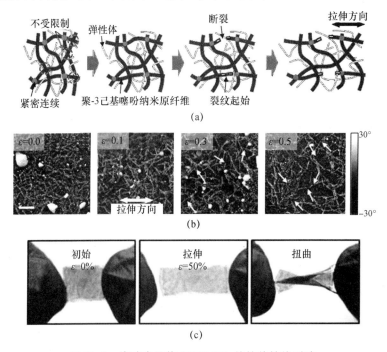

图 11.3　橡胶半导体 P3HT-NFs 的拉伸性能测试

（a）拉伸条件下变形[1~2];（b）微观形貌的变化（AFM）;（c）宏观变化（图片再版许可源自 AAAS 出版社[15]）

　　为了实现电路基本的功能,并检验该材料在拉伸条件下的电学性能,余存江教授[15]构建了由全橡胶电子材料组成的可拉伸弹性晶体管,其中包括橡胶导体(AuNPs-AgNWs/PDMS)、橡胶半导体(P3HT-NFs/PDMS)和橡胶栅隔离层(离子凝胶)(以上材料的应力-应变曲线如图 11.1 所示)。图 11.4(a),(b)分别展示了在不同拉伸程度下,垂直和平行于沟道宽度方向上,可拉伸弹性晶体管的转移曲线。如图 11.4(c)所示,在平行于沟道长度的方向上,器件的电子迁移率从 $1.4\ cm^2/(V\cdot s^{-1})$ 下降到 $0.8\ cm^2/(V\cdot s^{-1})$,阈值电压从 $-2.56\ V$ 升高至 $-2.45\ V$。相比于该方向,器件在垂直于沟道长度方向上展现了较为显著的变化。如图 11.4(d)所示,器件的电子迁移率从 $1.4\ cm^2/(V\cdot s^{-1})$ 下降到 $0.4\ cm^2/(V\cdot s^{-1})$,阈值电压从 $-2.56\ V$ 下降至 $-2.61\ V$。尽管器件的迁移率随着拉伸程度的增加有些许下降,但这种橡胶晶体管均可在 50% 的应力下仍然能保持稳定的半导体导电特性。

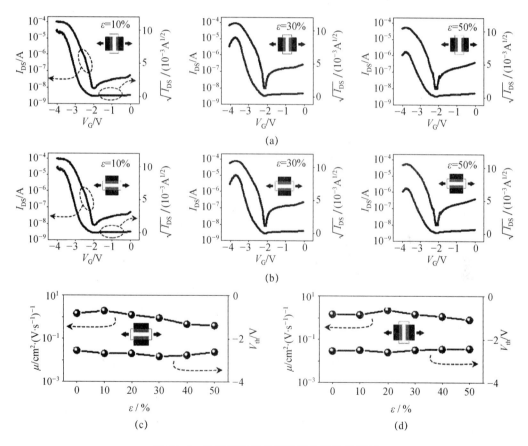

图 11.4　橡胶电子器件的电学性能拉伸测试

(a) 垂直于沟道拉伸;(b) 平行于沟道拉伸;(c) 平行于沟道拉伸的电子迁移率及阈值电压变化规律;
(d) 垂直于沟道拉伸的电子迁移率及阈值电压变化规律(图片再版许可源自 AAAS 出版社[15])

11.2.2　第二代橡胶电子材料

虽然第一代橡胶半导体 P3HT-NFs 在拉伸的过程中表现出了良好的导电性和稳定性,但是其载流子迁移率约 $1.4~cm^2/(V \cdot s^{-1})$ 仍无法满足集成电路的需求。因此,余存江教授[16]提出利用掺杂金属碳纳米管(m-CNTs)以制备第二代橡胶半导体。第二代橡胶半导体的制备过程如图 11.5(a)和(b)所示。通过简单的干法转移,将金属碳纳米管直接转移到 P3HT-NFs 薄膜的表面。这种方法制备的第二代橡胶半导体的迁移率平均高达 $7.3~cm^2/(V \cdot s^{-1})$。实验表明,由于 m-CNTs 的掺杂,P3HT 的结晶度大大地降低,因此性能提高并非是由于 m-CNTs 与 P3HT 的共混,其真正的原理是由于 m-CNTs 具备非常优异的导电性,同时在 m-CNTs 和 P3HT 之间存在较低的能量势垒(约 0.1 eV),m-CNTs 可以给载流子提供优良的传输路径,缩短载流子在沟道内的传输距离,从而显著提高有效载流子迁移率,如图 11.5(a)所示。金属碳纳米管就像日常生活中的高速公路一样,电子在其中的传输速率较快,因此第二代橡胶半导体中有效载流子迁移率被增强,如图 11.5(c)所示,展示了第二代橡胶半导体在不同 m-CNTs 浓度下的转移曲线、迁移率与开关比值随掺杂浓度的变化。值得一提的是,相比于第一代橡胶

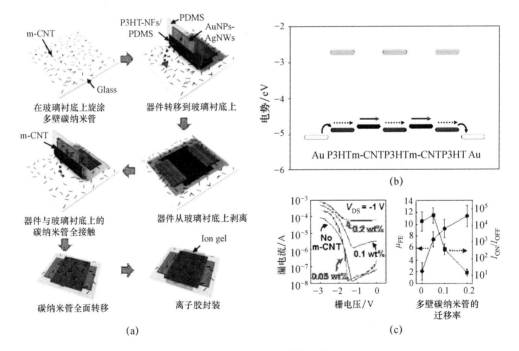

图 11.5　第二代橡胶半导体

(a) m-CNTs 掺杂 P3HT-NFs 的制备流程;(b) 有效载流子迁移率;(c) 不同 m-CNTs 浓度的转移曲线、迁移率与开关比随掺杂浓度的变化(图片再版许可源自 AAAS 出版社[16])

半导体来说,金属碳纳米管明显增强了器件的有效迁移率。实验表明,当 m-CNTs 浓度为 0.05 wt％时,器件的开关比并未受到明显的影响,而此时器件的有效迁移率达到最高。但随着 m-CNTs 浓度的增加,器件的开关比明显下降,其原因是在转移过程中源极与漏极之间形成 m-CNTs 的渗透网络,从而导致源极与漏极之间的短路。因此,合理掺杂 m-CNTs 浓度对提高该器件整体性能至关重要。

基于上述制备过程,余存江教授等[16]制备了 8×8 全橡胶晶体管阵列器件,如图 11.6(a)所示。实验结果表明,这种全橡胶晶体管可以重复制备,且产率高达 100％,如图 11.6(b)所示。在该 8×8 全橡胶晶体管阵列空穴迁移率最高可达 9.76 cm² /(V·s⁻¹)。平均来说,空穴迁移率、阈值电压及开关比分别为 7.30 cm² /(V·s⁻¹)、−1.90 V 和 1.23×10⁴。由于制备过程使用的材料均为橡胶态,因此该晶体管阵列和橡胶具备相似的性质,即在不同的力学形变下,不会出现任何物理损坏。

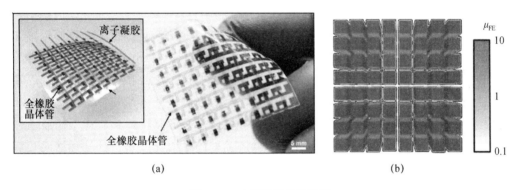

(a)　　　　　　　　　　(b)

图 11.6　全橡胶晶体管阵列

(a) 8×8 全橡胶晶体管阵列器件;(b) 8×8 全橡胶晶体管阵列有效迁移率计算分布(图片再版许可源自 AAAS 出版社[16])

总的来说,通过干法转移制备的可拉伸橡胶半导体具备以下优点:① 有效迁移率较高约[9.76 cm² /(V·s⁻¹)];② 基于商用的前驱体制备,无须进一步合成;③ 简单、可重复和可量产的制作方法;④ 成本低廉。同时,这种橡胶半导体可以和多种制备方式相结合生产大规模电子器件,例如:旋涂、3D 打印、丝网印刷和卷对卷制备等。

11.3　橡胶半导体在电子领域的应用

除了晶体管以外,进行布尔运算的逻辑门电路也是集成电路的重要组成部分,因此利用橡胶半导体材料制备逻辑门电路,对于实现更复杂功能的可拉伸柔性电子器件而言具有重要意义。余存江教授[16]基于第二代橡胶半导体制备了全橡胶逻辑门电路,其中包括可拉伸的全橡胶反相器、与非门和或非门。图 11.7(a)~(d)分别展示了全橡胶反相器的示意、实物、电路原理和该器件在沟道拉伸下的电学特征。实验数据表明,随着输入电压的升高,输出电压由高电位(即逻辑态"1")转为低电位(即逻辑态"0")。尽管在拉伸过程中,电压增益和开关阈值电压出现了轻微的变化,但是撤去外力后,器件基本恢复至原始状态,如图 11.7(e)所示。

与反相器不同的是,与非门和或非门都含有两个输入电压。对于与非门来说,只有当两个输入电压皆为高电位时(即逻辑态"1"),输出电压为低电位(即逻辑态"0")。与前者不同的是,或非门只有在两个输入电压皆为低电位时(即逻辑态"0"),输出电压为高电位(即逻辑态"1")。全橡胶与非门和全橡胶或非门的示意、实物、电路原理和该器件在静态及拉伸态下的电学特征如图 11.7(f)~11.7(l)和图 11.7(h)~11.7(o)所示。可以看出,无论这些全橡胶逻辑门在哪个方向上拉伸至 50%,均展现出稳定的电学特征。

同时,第二代橡胶半导体除了具备高载流子迁移率以外,其制备的器件性能稳定且可大规模制造。基于这些优点,余存江教授[16]制备了 8×8 有源矩阵的全橡胶触觉感知皮肤,如图 11.8(a)所示,进一步验证了橡胶形式的集成电路可以作为一种真正可行的技术。如图 11.8(b),图 11.8(c)所示,全橡胶触觉感知皮肤在弯曲和拉伸状态下都展现出了与橡胶相似的样貌。在有源阵列中,每一个单元的栅电极相连组成字线,源电极相连组成位线,如图 11.8(d)所示。通过控制字线的电压,位线可以收集到来自全橡胶晶体管的源漏电流。图 11.8(d)展示了有源阵列中橡胶晶体管在有无按压下的转移曲线。可以观察到,未按压时,源漏电流较小(约 10^{-11} A)。按压以后,压敏橡胶电阻迅速降低,全橡胶晶体管快速开启,源漏电压为所提供的 V_{DD} 展现出了较高的源漏电流。因此,阵列上各个单元可以检测受压所产生的电信号从而识别物体的形状,如图 11.8(f)~11.8(k)所示。实验表明,无论是垂直于还是平行于沟道长度的拉伸方向,全橡胶触觉感知皮肤输出电信号在撤去外力以后并未出现明显变化。同时,有源矩阵技术可以有效做到相邻传感单元之间没有串扰并减少排线数量。

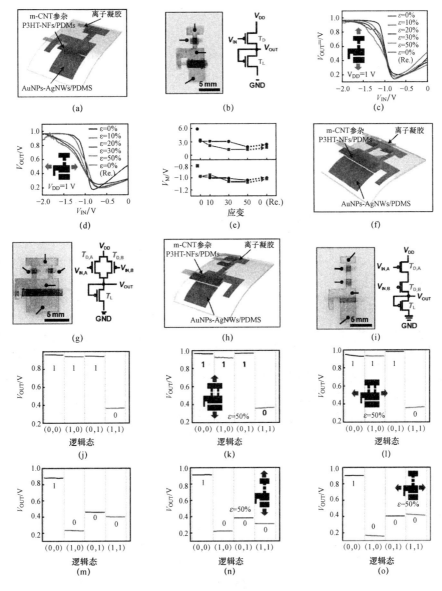

图 11.7　全橡胶逻辑门电路

（a）全橡胶反相器；（b）全橡胶反相器实物（左）与电路原理（右）；（c）平行于沟道方向拉伸的反相器电压转移曲线；（d）垂直于沟道方向拉伸的反相器电压转移曲线；（e）平行于和垂直于沟道方向拉伸下电压增益和开关阈值电压随形变的变化规律；（f）全橡胶与非门；（g）全橡胶与非门实物（左）与电路（右）；（h）全橡胶或非门；（i）全橡胶或非门实物（左）与电路（右）；（j）～（l）与非门在漏极电压为 1 V，拉伸量为 0 时，输出性能表征，平行于沟道方向拉伸量为 50% 时的输出电压，垂直于沟道方向拉伸量为 50% 时的输出电压；（m）～（o）或非门在漏极电压为 1 V 拉伸量为 0 时输出性能表征，平行于沟道方向拉伸量为 50% 时的输出电压，垂直于沟道方向拉伸量为 50% 时的输出电压（图片再版许可源自 AAAS 出版社[16]）

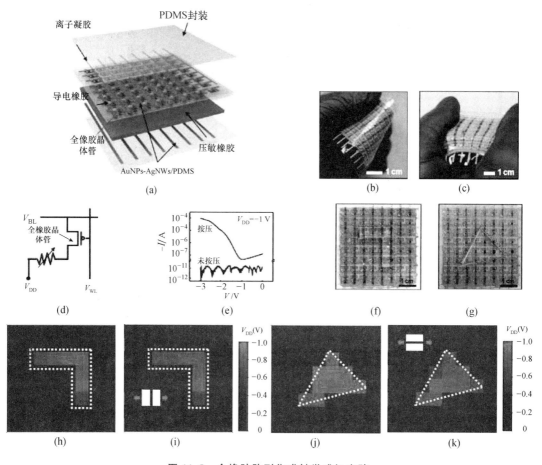

图 11.8 全橡胶阵列集成触觉感知皮肤

（a）全橡胶触觉感知皮肤示意；（b），（c）弯曲和拉伸状态下全橡胶触觉感知皮肤实物；（d）单个触觉感知像素的电路；（e）在施加压力和不施加压力情况下，橡胶晶体管在有源阵列中的传输特性；（f），（g）与定制橡胶块接触的全橡胶触觉感知皮肤实物；（h），（i）平行于沟道方向拉伸前和拉伸后的输出电压分布；（j），（k）垂直于沟道方向拉伸前和拉伸后的输出电压分布（图片再版许可源自 AAAS 出版社[16]）

11.4 橡胶半导体在神经学电子领域的应用

神经突触是神经元之间传递信息的关键部位，其独特的生物学结构可使其在生物体内传输电或化学信号，从而实现感官和思维的编码。在生物体内，神经突触通常十分柔软并且能够随着身体运动适应各种形式的机械形变。

余存江教授[17]受软体动物的启发，制备了可拉伸弹性神经突触晶体管，全部采用橡胶电子材料，且表现出一套完整的突触特性，其中包括，兴奋性突触后电流（excitatory postsynaptic current，EPSC)、双脉冲易化(paired-pulse facilitation，PPF)、滤波特性、短时记忆(short-term memory，STM)和长时记忆(long-term memory，LTM)。其中，橡胶神经突触在不同拉伸形变下的实物和 EPSC 随拉伸形变的变化如图 11.9(a)，11.9(b)所示。单一突触前电压脉冲作用到栅极时，离子在离子凝胶表面累积，在第一个脉冲结束之后，由于松弛，通道电导逐渐达到平衡。同时，值得一提的是，在 50％的拉伸条件下，该突触晶体管本身仍具有完整的生物神经突触特性。

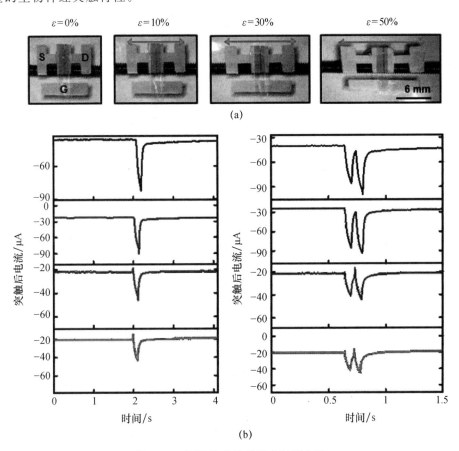

图 11.9　可拉伸橡胶神经突触晶体管

(a) 橡胶神经突触在不同拉伸形变下的实物；(b) EPSC 随拉伸形变的变化(图片再版许可源自 AAAS 出版社[17])

　　为了建立人造皮肤和人体的直接通信，余存江教授[17]制备了集成神经突触晶体管的全橡胶触觉感知皮肤。当皮肤受压时，机械感受器连接外部刺激并产生突触前脉冲，进而激发突触晶体管产生突触后电流，因此使其具备"触觉感知"，如图 11.10(a)所示。图 11.10(b)展示了全橡胶触觉感知皮肤的示意及在拉伸状态下的实物。可以观察到，该器件和人体皮肤具备相似的力学拉伸性。图 11.10(c)从电路原理的角度,说明了全橡胶触觉感知皮肤的工作原理:① 通过敲击压力感应器,产生相应的电压脉冲;② 将电压脉冲应用于神经突触晶体管的栅电极上,器件会响应出相应的突触后电流。通过检测不同位置突触后电流的变化,该人造皮肤可以用于表征不同物体的形状特征,如图 11.10(d)~(f)所示。

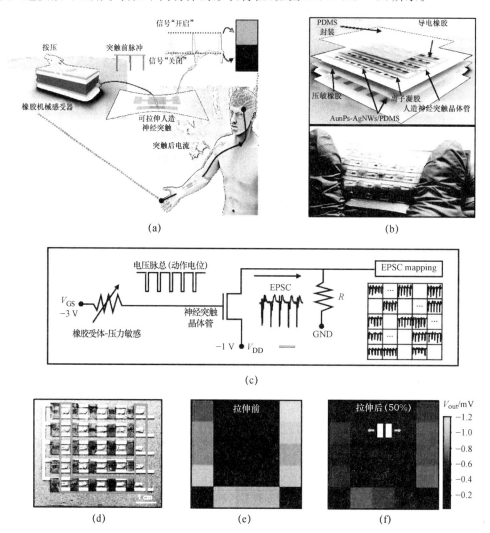

图 11.10 可形变的与神经系统集成的触觉感知皮肤

(a) 突触晶体管产生突触后电流;(b) 全橡胶触觉感知皮肤的示意原理(上)和实物(下);(c) 全橡胶突触感知皮肤的工作原理;(d) 用 U 形物体敲击感知皮肤实物;(e),(f) 5×5 感知阵列在受到敲击后的 EPSC 分布(图片再版许可源自 AAAS 出版社[17])

因此,全橡胶电子触觉感知皮肤具有正常皮肤相似的触觉感知,通过感知按压产生的突触后电流,可以建立起电子器件与人体神经系统的直接联系,这也为制造人造假体提供了一种新思路。

自然界中,毛毛虫等软体动物能通过自身的柔软性,高效、灵活地改变自身的形状和运动形式,并与外界进行各种交互,但如何开发出具有感知和自适应调节功能的软体仿生机器人是一个挑战。余存江教授[17]进一步提出了一种神经集成的自适应软体机器人,如图 11.11 所示。该机器人由纳米摩擦发电机和可拉伸弹性神经突触晶体管构成的柔性功能皮肤以及软体气动机器人组成。在敲击条件下,纳米摩擦发电机产生电脉冲,进而激发神经突触晶体管产生突触后电流,如图 11.11(a)所示。通过对不同敲击次数导致的 EPSC 变化进行编码,软体机器人实现了程序化的不同程度的弯曲以及自适应运动。实验表明,随着敲击次数的增加,突触后电流也随之增加,因此累计电流 w_n 与初始电流 w_1 的比值也随之增加。通过对不同 w_n/w_1 比值的编程,软体气动机器人可以实现不同程度的弯曲,如图 11.11(b)和 11.11(c)所示。图 11.11(d)则展示了在敲击右侧皮肤 4 次以后,自适应软体机器人出现了向右 40°的移动。值得一提的是,这是第一次机器人在感受突触后电流的变化

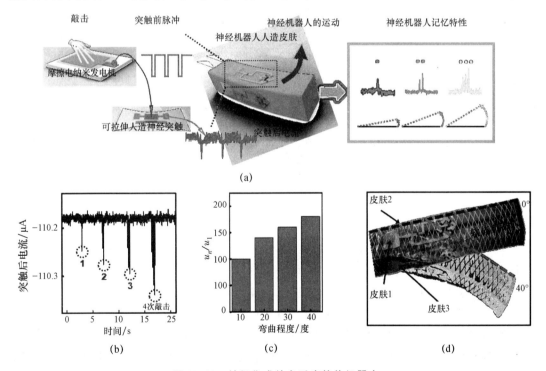

(a)

(b)　　　　　　　　(c)　　　　　　　　(d)

图 11.11　神经集成的自适应软体机器人

(a) 自适应软体机器人的原理;(b) 不同敲击次数的 EPSC;(c) 基于短期重量变化的自适应软体机器人弯曲角度(w_n/w_1);(d) 自适应软体机器人的实物(图片再版许可源自 AAAS 出版社[17])

后,实现的自行"思考"。

11.5 橡胶半导体在生物电子领域的应用

植入式心外膜装置是发现和检查心脏疾病的重要工具之一,它可以通过分析心电图、机械收缩/扩张行为等提取心脏的电生理和物理特征,从而判断心血管疾病的发生。因此,植入式心外膜装置不仅需要具有机械柔软性、可变形性,还要具备一定的电功能特性。

目前,通过结构设计,无机材料制备面内式蛇形结构并可以应用在心外膜上。尽管这种结构可以使器件整体具备一定的柔性和拉伸性,但是由于无机材料与心脏材料特性的差异,这类器件仍会对心肌细胞施加过度的应力。回归到前文所提及的问题:是否可以实现一种电子器件,同时具有微观材料和宏观结构的可拉伸性,并降低结构设计的复杂性呢? 答案是可以的。从材料角度来说,最理想的植入式心外膜装置应具备和心脏相类似的材料特性,橡胶电子是解决这一问题的途径之一。

余存江教授最新研制成功了一种新型多功能心外膜生物电子器件,该器件全部基于橡胶电子材料。通过全橡胶有源阵列,将力学传感器、温度传感器、心电图阵列和能量收集装置相连并应用于跳动的心脏表面。通过这些传感器,可以有效获得心脏生理和物理特征,为判断心血管疾病的发生提供依据。除此之外,这种全橡胶生物电子器件上的有源阵列和热促进器为心脏提供了起搏和热烧灼功能。值得一提的是,由于器件整体封装在PDMS中,该器件在生物液体中展现出了较高的稳定性。与基于刚性材料制备的柔性生物电子器件相比,柔性橡胶材料和生物组织具有相类似的力学性质,并且可以同时保持宏观和微观上的可拉伸性。可以说,橡胶电子为下一代生物电子器件和生物传感器提供一种新的设计思路。

11.6 总结与展望

最后,如图 11.12 所示,从材料、器件、电路以及大规模集成电路四个方面类比硅基无机半导体、橡胶电子的发展路线。从第一代橡胶半导体到第二代橡胶半导体,是由于材料、制备方法和结构设计的飞速发展。同时,橡胶电子器件可以通过将橡胶电子材料的合理调控和组装,以实现不同的功能,其中包括各种有源电子和传感器,如力学传感器、温度传感器、人造智能皮肤等。这些应用也在促进橡胶电子向着高密度、高集成度的方向发展。另一方面,采用橡胶电子材料构建可拉伸电子器件是柔性电子的一条新途径。与那些由不可拉伸材料制备的可拉伸电子相比,橡胶电子由于其物理性质和机械特性而具有许多独特的优势,例如,橡胶电子可以很好地与生物器官、组织等柔性生物系统兼容,更好地解决了电子器件与生物技术交叉融合的问题。虽然橡胶电子的发展时间较短,但它们在许多领域都显示出了潜在的应用前景,例如可穿戴式传感器、自适应软体机器人以及植入医疗电子等方面。

机遇与挑战同在。目前虽然实现了橡胶晶体管、光电管以及橡胶电子制备的各式传感器,但是橡胶电子的性能还没有达到预期水平,后期还需要解决的问题有:进一步地提高橡胶电子的载流子迁移率;缩小橡胶电子材料制备的单个器件的尺寸;提高器件集成度;减小寄生电容效应等。只有更好地解决这些问题,才能实现诸如开关、放大器等典型的高性能电路元件。同时,在更长远的商业化道路上,橡胶电子仍需要通过详细的实验和理论研究来设计和制造更高性能的橡胶电子材料,尤其是全面了解和掌握它们的结构-性能关系及规律。除了材料方面,工业化产出还需要以批量化生产的方式验证橡胶电子器件的可加工性、组装以及封装等。如果可以从以上这些方面去解决现存的问题,橡胶电子一定会给我们的日常生活带来更大的影响。

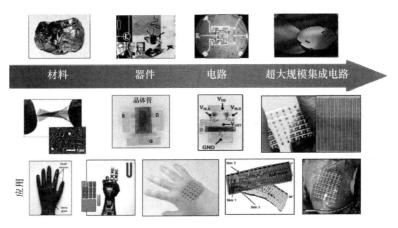

图 11.12　橡胶电子的发展路线[1,2]

11.7　常见问题与回答

Q1:橡胶电子的长时间稳定性如何?

A1:首先这是一个很好的问题。如何实现有机半导体的长时间稳定性的确是有挑战的,我们的课题组也在攻坚这个难题。根据我们组目前的实验结果,所制得的器件在室内正常环境下展现了很好的长时间稳定性,大概可以工作 2 年。这是因为橡胶基体为整个器件提供了一个保护,防止了水和氧气对器件的侵蚀。但是在高温条件下(大于 100℃),器件本身会很快失效。

Q2:请问可否比较一下橡胶电子和无机电子的区别?

A2:目前,硅基半导体和碳纳米管的迁移率可以分别达到 1500 $cm^2/(V \cdot s^{-1})$,1000 $cm^2/$

（V・s⁻¹），但是，橡胶半导体的迁移率才达到 $10\ cm^2/(V \cdot s^{-1})$。因此，从目前看来，橡胶电子和已经工业化的无机半导体仍具有一定的差距，这也是我们正在努力改进并提升的方向。但是从柔性电子角度来讲，橡胶电子赋予了器件优异的力学性能。尽管没办法一下子使用在高频率的电脑芯片上，但是在对频率无须很高的的器件上（如生物电子器件、界面电子器件等），橡胶电子具有很好的优势。

Q3：基于橡胶电子，有什么制备方法？

A3：目前，基于我们组所制备的材料，可以通过 3D 打印和旋涂等方法来制备橡胶电子。同时，橡胶电子的制备方法也可以和传统微制造相结合。值得强调的是，橡胶电子可以通过3D 打印和丝网印刷来制备，这样的方式不仅降低了成本，还可以大面积生产。我们组最近发表了一篇文章，是通过气/水界面来制备自组装可拉伸橡胶电子薄膜，这种方法不仅可以提高材料的迁移率，也可与卷对卷工艺结合，使橡胶电子的制备过程就像打印报纸一样简单。总体来说，橡胶电子的制备方法比较灵活，不仅可以使用传统制备工艺，还可以使用新兴的制备方法。

Q4：橡胶电子由不同功能层组成，那么每层材料之间的适应性如何？

A4：我们使用的材料都是具有相似的性能，所以每层材料之间的适应性比较好，没有明显的过渡。有趣的是，我们在实验过程中观察到，一些材料具备和生物组织相似的力学性能，这样的材料十分有利于未来可植入式电子器件的发展。

Q5：在本文的最后，您列出来橡胶电子的发展路线图，那么请问您觉得橡胶电子未来的市场会在哪里？

A5：在未来，我认为橡胶电子的应用会很广泛，未来市场对橡胶电子的需求可以来自方方面面，例如：交互式显示器、交互式触摸面板、可穿戴式传感器、生物电子等。

参 考 文 献

[1] 余存江教授课题组. 余存江教授课题组[EB/OL]. https://bme.psu.edu.

[2] iCANX Talks. iCANX Talks 视频[EB/OL]. https://www.iCAN-x.com/talks.

[3] Sun Y G, Choi W M, Rogers J A, et al. Controlled buckling of semiconductor nanoribbons for stretchable electronics[J]. Nature Nanotechnology, 2006, 1(3): 201-207.

[4] Sim K, Rao Z, Yu C J, et al. Metal oxide semiconductor nanomembrane-based soft unnoticeable multifunctional electronics for wearable human-machine interfaces[J]. Science Advances, 2019, 5(8).

[5] Xu S, Zhang Y, Rogers J A, et al. Stretchable batteries with self-similar serpentine interconnects and integrated wireless recharging systems[J]. Nature Communications, 2013, 4(1).

［6］　Lamoureux A，Lee K，Shtein M，et al. Dynamic kirigami structures for integrated solar tracking[J]. Nature Communications，2015，6(1)：8092-8092.

［7］　Wang Y，Zhu C，Bao Z，et al. A highly stretchable, transparent, and conductive polymer[J]. Science Advances，2017，3(3).

［8］　Jin S W，Park J，Ha J S，et al. Stretchable Loudspeaker using Liquid Metal Microchannel[J]. Scientific Reports，2015，5(1)：11695-11695.

［9］　Kim Y，Zhu J，Kotov N A，et al. Stretchable nanoparticle conductors with self-organized conductive pathways[J]. Nature，2013，500(7460)：59-63.

［10］　Yang Y，Ding S，Suganuma K，et al. Facile fabrication of stretchable Ag nanowire/polyurethane electrodes using high intensity pulsed light[J]. Nano Research，2016，9(2)：401-414.

［11］　Zhu B，Gong S，Cheng W，et al. Patterning Vertically Grown Gold Nanowire Electrodes for Intrinsically Stretchable Organic Transistors[J]. Advanced electronic materials，2019，5(1).

［12］　Chun K Y，Oh Y，Baik S，et al. Highly conductive, printable and stretchable composite films of carbon nanotubes and silver[J]. Nature Nanotechnology，2010，5(12)：853-857.

［13］　Chortos A，Koleilat G I，Bao Z，et al. Mechanically Durable and Highly Stretchable Transistors Employing Carbon Nanotube Semiconductor and Electrodes[J]. Advanced Materials，2016，28(22)：4441-4448.

［14］　Pu J，Zhang Y，Takenobu T，et al. Fabrication of stretchable MoS_2 thin-film transistors using elastic ion-gel gate dielectrics[J]. Applied Physics Letters，2013，103(2).

［15］　Kim H J，Sim K，Yu C J，et al. Rubbery electronics and sensors from intrinsically stretchable elastomeric composites of semiconductors and conductors[J]. Science Advances，2017，3(9).

［16］　Sim K，Rao Z，Yu C J，et al. Fully rubbery integrated electronics from high effective mobility intrinsically stretchable semiconductors[J]. Science Advances，2019，5(2).

［17］　Shim H，Sim K，Yu C J，et al. Stretchable elastic synaptic transistors for neurologically integrated soft engineering systems[J]. Science Advances，2019，5(10).

第 12 章　电子皮肤的智能感知

皮肤作为人体最大的器官,具有感知外界刺激(温度、力、湿度等)、维持内部环境稳定的功能。开发具备柔性、多功能、高度集成等特点的智能皮肤,能高效地获取身体的物理、化学或生物等信号,并将这些信号与电子、通信、计算机技术紧密结合,实现生理化学界面信息的实时感知与反馈,将成为传感器发展历程中的新篇章,为下一代个性化医疗提供技术支撑,为进入传感技术的 4.0 时代打下坚实的基础。

陈晓东教授[①]及其所带领的团队特别关注柔性传感和储能器件研究中基本的科学和技术问题,例如,关注器件的生物相容性及高拉伸性等,推动电子皮肤的智能化发展[1]。当前研究的重点包括:通过界面结构及化学设计实现柔性器件的高拉伸性及功能化;基于界面物理化学结构设计和表面自组装,开发高基底黏附、高拉伸性生物器件;通过材料结构设计和表面化学修饰增强功能材料与生物界面的交互响应,结合人工智能技术推动多模态融合的电子皮肤感知等。

本章主要从传感器的历史出发,通过材料设计、柔性器件制备、系统集成和数据多模态融合等角度,介绍电子皮肤感知的发展情况和未来发展趋势。

12.1　绪　　论

传感技术作为对物理(或其他形式)信息进行测试和记录的技术,已经成为我们生活中的一部分。传感技术的发展历程可分为三个时代,分别是以检测机械信号为主要特征的 1.0 时代、拥有电信号反馈能力的 2.0 时代和现今我们所处的以大规模集成电路为主要特征的 3.0 时代。在此基础上,未来 4.0 时代的传感技术将以人为中心,向着更智能的方向发展,如图 12.1 所示。

人体本身拥有强大的传感和感知能力,在受到外部刺激时,人体会将这种刺激以电信号的形式通过神经通路传递给神经中枢,从而实现传感层面的功能。神经中枢在对刺激信息进行处理后通过反馈来实现感知层面的功能。正因为拥有这种强大的传感和感知能力,人类才能在复杂的环境中游刃有余地生存。其中,皮肤作为人体最大的器官,起着传感、调控和保护人体的重要作用。

---

① 陈晓东,新加坡南洋理工大学材料科学与工程学教授,材料科学与工程学校讲席教授,物理与应用物理学特邀教授。长期从事材料化学和表界面化学研究,在纳米材料的化学、能源、环境、信息、生命科学和柔性器件应用研究中取得了丰硕的研究成果。现任 *ACS Nano* 期刊主编。

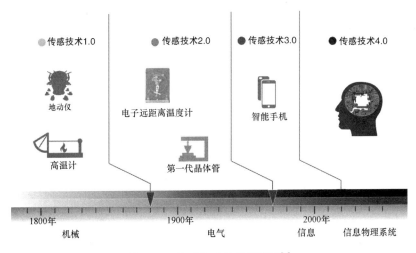

图 12.1　传感技术的发展历程[2]

目前,已经有很多工作从材料结构、器件制备、系统集成等角度入手,致力于模仿人体皮肤的传感功能,统称为电子皮肤,其发展还存在着几大挑战,例如:如何在传感功能的基础上具备更强大的感知和反馈能力? 如何实现更好的人机交互? 如何具备智能学习的能力等? 因此,如果电子皮肤具有人体皮肤传感功能的基础上,进一步超越人体皮肤,实现超级传感、感知和智能学习的功能,将具有重大意义。

在上述背景下,本章将从材料结构和器件制备、传感神经系统以及多模态数据融合的角度,论述一系列致力于超越人体皮肤的电子皮肤工作。

12.2　共形传感器

作为科技改变生活的代表性技术,传感器已经融入并极大地改善了人们的生活,例如智能控温系统中的温度传感器,节能系统中的光传感器等。这些传感器主要以半导体电子元件为敏感单元,具有稳定、可靠、灵敏的优势。随着科技的发展,能够检测人体的各项生理信号,实时动态地获取人体健康状况,并探索生命奥秘的传感技术,受到越来越多的关注。

人体皮肤具有柔性、曲率不均且动态变化的特性,而传统传感器主要采用硬质的硅基底,敏感元件易脆且不具备弯曲性。人体组织与传统传感器之间机械性能不匹配,是传统传感器应用于体表所面临的最大挑战。具体体现为:杨氏模量不匹配(皮肤的杨氏模量在MPa 级别,而传统金属或硅基材料在 GPa 级别)、器件与体表黏附性较差、器件与体表贴合作用力较弱、形变或分泌物极易导致器件与皮肤的分离等问题,如图 12.2 所示。机械性能不匹配将降低传感器的稳定性、灵敏度、可靠性与长期监测的舒适性,最终导致传感器失效。为了解决以上问题,共形传感器应运而生。共形传感器具有和人体相匹配的机械性能,包括杨氏模量、可拉伸性、黏附性、较强的贴合作用等。

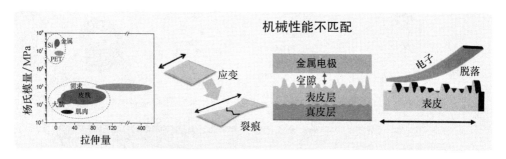

图 12.2　传统传感器与体表机械性能不匹配

(图片再版许可源自 Wiley 出版社[3])

为了构建共形传感器,本节将从材料的分子结构、器件制备等角度,面向可拉伸、可黏附、抗撕裂、防水等特性,进行具体阐述。

12.2.1　纳米柱嵌入策略提升金属层与弹性体层黏附作用

柔性电极通常包括弹性体层和导电层,选择的弹性体通常(如聚二甲基硅氧烷(polydimethylsiloxane,PDMS),其杨氏模量在 MPa 级别)具有与皮肤相近的机械性能,导电层通常采用导电性、生物相容性较好的金属层(如 Au,杨氏模量在 GPa 级别)。因此,弹性体层和金属导电层存在机械性能不匹配的问题。在器件受到应力作用时,两层形变能力差别很大,同时两种异质材料界面贴合力较弱,因此容易出现界面分离的问题(用商用透明胶带即可轻易地将金属层从弹性表面剥离),这不仅限制了柔性电极的拉伸性能,甚至导致在大形变情况下传感性能迅速衰减甚至失效。

自然界中存在很多界面问题,例如土壤与植被。为了获得良好的稳定性以抵抗风雨侵蚀,大树将其根部扎根、分散于土壤内,如图 12.3(a)~12.3(c)所示。通过物理模型分析,可以看出增大接触面积可提高界面的黏附作用,如图 12.3(e)所示。因此,陈晓东教授课题组设计了一种如图 12.3(d)所示的纳米柱金膜的 SEM。在弹性体固化的过程中,流动状态的前驱体渗入纳米柱之间的间隙,固化后便形成了你中有我、我中有你的相互嵌入式过渡层[3]。相对于平面电极,纳米柱金膜的设计将界面黏附力提高了一个数量级,同时也将电极拉伸性能提升至 40%(满足体表皮肤形变,通常最大为 30%)。通过进一步力学模拟发现,在形变过程中,界面嵌入的纳米柱金膜分散了界面应力,避免应力集中导致界面分离的问题,有效提升了界面的稳定性。

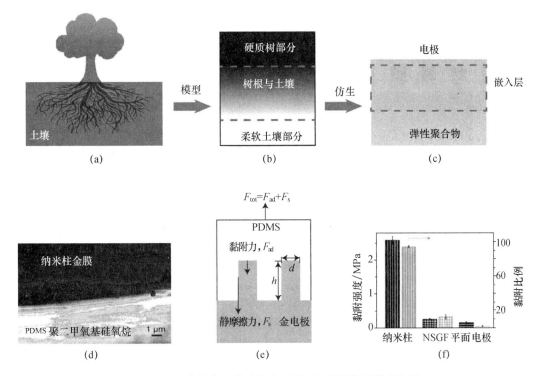

图 12.3　纳米柱嵌入策略提升金属层与弹性体层黏附作用

（a）树扎根在土壤中的原理；（b）树根-土壤剖面；（c）弹性聚合物-电极相互嵌入式结构的剖面；
（d）纳米柱金膜 SEM；（e）纳米柱金膜与 PDMS 黏附作用；（f）纳米柱金膜与平面电极黏附作用对
比（图片再版许可源自 Wiley 出版社[4]）

12.2.2　热辅助蒸镀法大面积制备高黏附力柔性电极

尽管纳米柱嵌入策略可有效提升界面的稳定性，但纳米柱的合成方法（氧化铝模板电化学沉积）相对烦琐，且难以大规模制备，因此需要开发更高效、简便的方法，同时保持界面的高黏附力。众所周知，弹性体的固化过程，是热能驱使前驱体由液态逐渐转变成固态，流动程度降低、交联程度增加的过程。通常柔性电极的制备方法，是先固化弹性体，再将弹性薄膜置于热蒸镀腔体中。蒸镀的金属原子排列在固化的弹性体界面上，形成了平面层结构的金属与弹性体电极。

由此，陈晓东教授提出一个有趣的设想，假设在弹性体尚未固化，依然存在流动性的状态下，置于腔体中蒸镀，那么由于流动性依然存在，蒸镀的原子将渗入至弹性体的内部[4]。同时利用蒸镀过程产生的热量，不断地为弹性体固化提供能量，弹性体逐渐固化，最终得到既具有过渡层又具有导电层的一体化柔性金属电极。大片可拉伸的金薄膜，其导电金属层的表面是凹凸不平的,而背面(弹性体面)呈现黑色,如图 12.4 所示,这是由于纳米颗粒在流动相中的聚集所致。该方法不仅可实现大面积低成本的制备($>300 \ cm^2$/次,材料费约 10 元/cm^2),而且柔性可拉伸导体界面具有高的基底黏附性($>2 \ MPa$)、良好的拉伸循环稳定性($>10 \ 000$ 次)和高拉伸率($>130\%$)等优异性能。

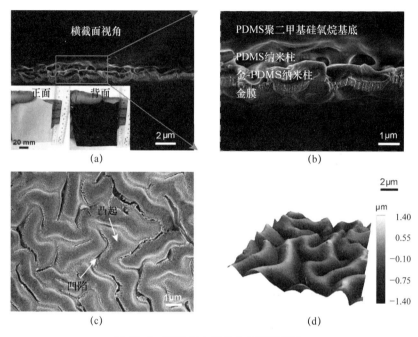

图 12.4　高黏附力柔性电极表面形貌

(a) 电极截面图及正面和背面照片;(b) 电极截面放大;(c) 电极表面形貌;(d) 电极表面原子力显微形貌(图片再版许可源自 Wiley 出版社[5])

12.2.3　基于软聚合物链构建抗撕裂型柔性电极

在长期穿戴过程中,体表电极不可避免地会有机械磨损,这同样会损害传感器的稳定性。因此,理想的体表传感器,除了需具备可拉伸、界面黏附强等特性外,还需具备抗机械损害的能力。对传统柔性电极(PDMS 为基底)的研究发现,由于存在应力集中效应,电极对断裂口非常敏感,一旦出现断裂口,形变极易造成电极的断裂和失效。

为了解决这一问题,陈晓东教授与斯坦福大学的鲍哲南教授合作,设计了一种超分子聚合物(包括聚四亚甲基二醇和四甘醇),如图 12.5(a)和图 12.5(b)所示[5]。该聚合物具有强而可逆的四重氢键,在断裂口存在时,依然保持良好的抗断裂破坏性($>30 \ 000 \ J/m^2$),拉伸率可达到 260%,而常见的 PDMS/Au 电极仅能维持 40% 的拉伸率,如图 12.5(f)~12.5(h)所示。模拟结果也表明四重氢键的设计,很好地避免了断裂口应力集中的问题,赋予薄膜优异的抗断裂破坏性。

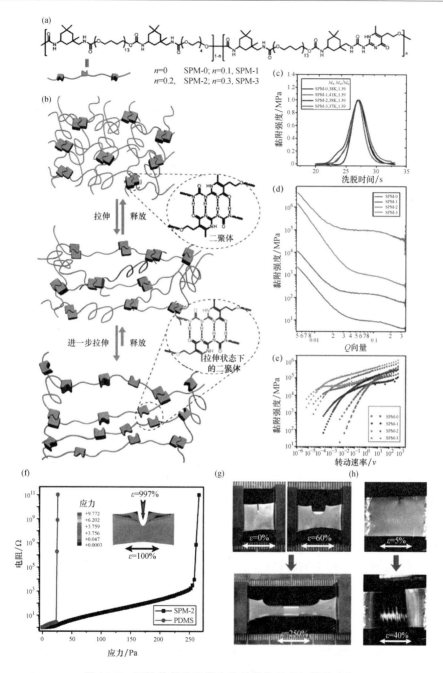

图 12.5　可拉伸超分子聚合物的结构机理与性能表征

（a）聚合物分子结构；（b）拉伸过程结构变化原理；（c）～（e）聚合物结构及模量等表征（图片再版许可源自 ACS 出版社[6]）；（f）拉伸过程电阻变化及应变分布；（g），（h）断裂面存在时,可拉伸膜及 PDMS 的拉伸（图片再版许可源自 ACS 出版社[6]）

12.2.4　不受汗液影响的高黏附可拉伸皮肤电极

皮肤电极能够贴合于皮肤表面,长时间监测人体的电生理信号,如心电、肌电、脑电等。然而,在长时间监测中,皮肤出汗难以避免,汗液会降低黏附层与皮肤表面的黏附性,导致电极在皮肤表面的自由移动甚至脱落,从而影响长时间人体动态电生理监测信号的稳定性和可靠性。

陈晓东教授提出一种基于蚕丝蛋白生物大分子、原位界面聚合聚吡咯(polypyrrole,PPy)导电高分子在出汗皮肤表面形成具有高黏附的生物复合电极(conformal and adhesive polymer electrode,CAPE),并将其应用于长时间人体的动态电生理信号监测[6]。亲水性丝素蛋白(silk fibroin,SF)的水分响应使 CAPE 在汗液存在的情况下仍可以保持高黏附性。SF 黏附层随着含水量的增加,其杨氏模量降低至与皮肤相近,从而实现了 SF 黏附层与皮肤的共形黏附(conformal adhesion),增强了 CAPE 与皮肤间的界面黏附性能。SF 黏附层与 PPy 导电层之间通过界面聚合形成了紧密的联锁结构,如图 12.6 所示,使界面具备了互相穿插的三维网络结构,实现力学性能的相互兼容,保证了电极的均匀拉伸性,且在典型的皮肤形变30%的应变下保持良好的电学稳定性。CAPE 的高黏附性、可拉伸性以及良好的导电性,使其可以在人体出汗状态下仍能稳定地监测人体动态电生理信号。

12.2.5　防水可拉伸皮肤电极

现有的可穿戴商用产品可检测多种人体信号,然而,这些商用产品以及在研究中的可拉伸电极都未考虑人体在水下使用的情况。随着生活水平的提高,越来越多的人开始参加游泳、潜水等水下活动,而在水中身体出现不适所带来的危险远高于在陆地上,尤其是突发心脏病的情况,病人会失去活动能力和呼救能力,很快溺水身亡,水下心电的实时监测可以减少这类风险。

为了实现心电的水下监测,陈晓东教授课题组利用疏水的金/聚二甲基硅氧烷(Au/PDMS)膜作为基底,设计合成了可实现水下黏附和导电的聚合物,将二者结合得到防水可拉伸电极并实现了游泳过程中的心电监测[7]。黏附于预处理的干燥皮肤上的商用凝胶电极会在 8 min 内脱落,黏附于未处理的湿皮肤上时则会在 30 s 内脱落,进入泳池后则无法黏附于皮肤;而甲基丙烯酰胺多巴胺(dopamine methacrylamide,DMA)电极即使是进入水中再进行黏附,也可以保持黏附并稳定工作 40 min 以上。研究者将 DMA 电极与可穿戴心电检测设备相结合,得到了如图 12.6(c)所示的可穿戴水下心电监测系统。该系统可以实现游泳过程中连续的心电监测,所得信号可以保持稳定,如图 12.6(d)和图 12.6(e)所示,所得的心电波形也可用于判断心脏的状况,用于心脏疾病的预警。

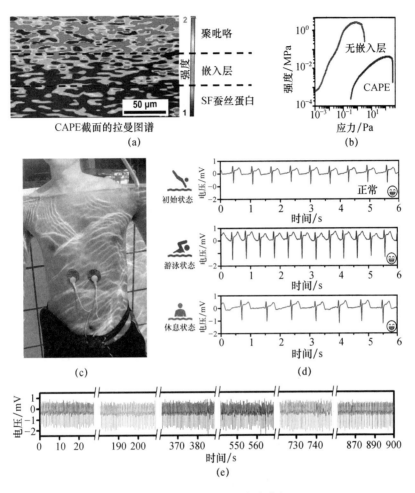

图 12.6　高黏附的生物复合电极

（a）CAPE 截面的拉曼图谱显示出界面处相互穿插的联锁结构；（b）CAPE 表现出良好的拉伸性能，而直接黏附电化学聚合 PPy 于 SF 层所得的膜（无联锁结构）拉伸性很差（图片再版许可源自 ACS 出版社[7]）；（c）防水电极水下测试性能：可穿戴水下心电检测设备；（d）游泳过程中收集的心电信号，具有高的稳定性，同时也说明该个体心脏处于正常状态；（e）游泳过程中心电信号的连续收集（图片再版许可源自 Wiley 出版社[8]）

12.3　传感神经系统

　　体表传感器捕获的大量人体生理信号，通过数据传输手段，传递给处理端，对数据进行处理、分析，并返回到传感器。现有的这种外部处理模式，存在传感信号模态各异、相对分散且耗能大的缺点。而在传感器端嵌入信号处理层，及时对传感信号进行处理，包括阈值判定、模态转换等,可缓解数据传输压力、降低能耗,有效降低云端数据处理的负荷,有助于在云端开展更高层次的感知运算。

为了在传感器端及时处理传感信号,信号处理器也需要具备与体表相匹配的机械性能,且需要与传感器元件集成。然而,现有的柔性信号处理器仍存在机械性能有待提升、运算能力有限、器件制备方法烦琐且与传统方法不兼容等问题。

触觉是皮肤的基础功能之一。生理上,触觉刺激由嵌入皮肤的感觉神经元上的受体来检测,信号沿着长链的传入轴突发送到突触,使突触后神经元可以进一步处理。神经元通过集成和调制同步触觉刺激和异步触觉刺激,可以在动作/感知循环中获得触感的多级特征,这成为触觉感知的基础。通过实践和培训,获得的专业知识可以进一步提高触觉感知能力,这使得我们能够精确地感知并对现实世界的事件做出恰当的反应。以触觉为研究对象,陈晓东教授开发了一系列触觉感知神经系统,包括开发类皮肤的触觉记忆系统、人工反射弧等。

12.3.1 触觉记忆系统

感觉记忆功能是指在外界刺激移除后,人体依然对曾经的刺激有记忆功能,这个功能帮助我们感知周围的环境并做出适当的反馈。例如皮肤对环境中压力、温度、物体形状及材质的感知能力,通过体表神经将这些信息反馈给大脑,并形成相应的记忆,从而让我们对周围的事物产生印象,如图 12.7(a) 所示。

以触觉为模拟对象,陈晓东教授将柔性压力传感器与阻变器件集成,开发了一种如图 12.7 (b) 所示的具备触觉记忆功能的系统[8]。在这一系统中,为了获得高灵敏的柔性压力传感器,金字塔微结构的 PDMS 薄膜被用来作为压力传感基底,银纳米线作为传感器的导电层,该电阻型压力传感器在小压力刺激下(<1 kPa)依然保持良好的灵敏度。在电刺激下,阻变器件的高阻与低阻状态可被反复调控。在集成系统中,当压力存在时,与压力传感集成的阻变器件被开启;压力撤掉后,由于阻变器件的记忆效应,阻变器件依然处于开启状态,从而实现了压力刺激的记忆功能。由图 12.7(c) 可以看出,当有一定图案的压力刺激终止后,阻变器件依然能记录下压力刺激,当人为擦除后,该记忆消失,阻变器件可重复记忆触觉行为。

12.3.2 触觉人工反射弧

反射行为帮助人类以及其他动物躲避外界环境中的不利刺激,是人和动物得以生存的必备神经活动。反射通过反射弧实现,不需要经过大脑进行处理,因此可以迅速做出反应。近年来,采用人工智能技术模仿人类的感知、判断和反射是未来智能机器人、人机交互界面和神经义肢等领域的重大挑战。现阶段采用传统机器人系统对反射进行仿生模拟,它依赖于计算机处理器和程序,因此需要复杂的多级系统进行感觉信息输入、信号处理和动作计划及执行,如何通过简单的电子元件来实现这样的仿生模拟是一个重大挑战。

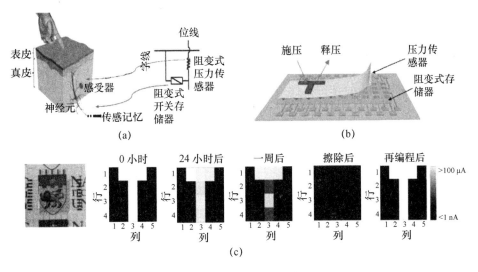

图 12.7　触觉记忆系统

（a）触觉系统原理；（b）器件结构；（c）器件阵列及压力刺激阵列测试（图片再版许可源自 Wiley 出版社[9]）

陈晓东教授提出了一种由柔性单元器件构成的人工反射弧,它可以响应触觉压力刺激并通过柔性致动器做出反应动作,如图 12.8 所示[9]。人工反射弧由三个主要柔性单元器件构成,包括:柔性压力传感器、基于金属有机骨架(metal-organic frameworks,MOF)材料的柔性阈值控制单元和柔性电化学致动器,与人体反射弧的三个重要组成部分一一对应。研究人员将人工反射弧植入机器人模型中并模拟了婴儿的抓握反射。当机器人胸部的柔性压力传感器感受到超过阈值的压力刺激后,就会激发柔性阈值控制单元,控制由柔性电化学致动器构成的人造手指发生弯曲而完成抓握动作。

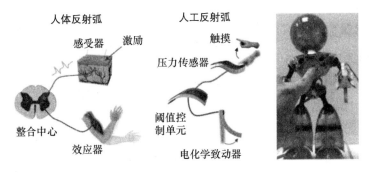

图 12.8　触觉人工反射弧

（图片再版许可源自 Wiley 出版社[10]）

该工作首次采用柔性单元器件实现了对人类反射行为的模拟,为解决单一的"集中数据处理"模式所造成的电子集成系统数据计算和传输负荷过大提供了可能性。

12.3.3 神经形态触觉处理系统

通过集成传感和处理元件可模拟感知神经元,例如,通过集成阻变器件与电阻式压力传感器实现了触觉记忆,虽然这种设计能够在触摸撤去后仍保留触摸信息,但它不能直接区分触觉的模式。最近,有人提出用一种由基于晶体管的压力传感器和电解质作栅介质的突触晶体管组成的器件来区分触摸速率,虽然这种器件能够区分触觉模式,但该器件缺乏识别和认知所需的学习能力,即知觉学习——通过学习过往经验来提升感知能力的过程。因此,在设备/系统级别实现学习能力对于强健的、具有容错性的触觉刺激处理是非常必要。此外,在现有触觉仿生器件上增加学习能力,最终将为设备/系统提供人工智能,以使它们能够复制人的"认知"功能。

因此,陈晓东教授提出了一种人造触感神经元,它可以通过整合和区分触摸图案的时空特征来进行智能识别,如图 12.9 所示[10]。该系统包括传感、传输和处理部件,分别与感知神经元中主要部件相对应。其中,电阻式压力传感器将压力刺激转换为电信号,软的离子导体

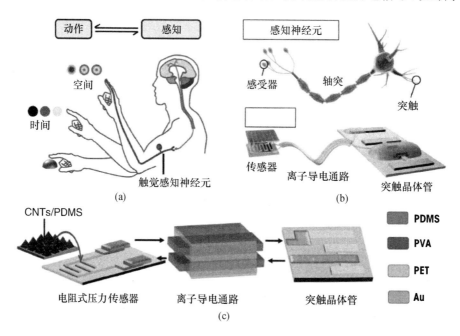

图 12.9 神经形态触觉处理系统

(a) 在动作感知循环中,触觉感知神经元对触觉模式的空间和时间特征的整合;(b) 神经形态触觉处理系统(底部)相对应感知神经元(顶部);(c) 图解神经形态触觉处理系统的细节(图片再版许可源自 Wiley 出版社[11])

通过界面离子/电子耦合把该电信号传输至突触晶体管。

这种模拟触感神经元的神经形态触觉处理系统(neuromorphic tactile processing system)，陈晓东教授将其命名为 NeuTap，它能够模拟感知神经元并且能够进行知觉学习。在该系统的设计中，感受器、轴突和处理感觉信息的突触分别由电阻式压力传感器、离子导电通路和突触晶体管所模拟。此外，NeuTap 的识别能力可以通过重复训练来提高，这与知觉学习过程相似，由于给定对象的表面可能由平面和凸起图案的各种组合组成，因此这种方法可推广到识别更复杂的图案，例如盲文识别等。

12.4　多模态数据融合

基于单一传感器可以实现对一种或几种外部刺激的传感，然而单一传感器所收集的数据量有限，如果想实现高层次的感知任务，则需要依赖多模态数据融合。其中，手势识别作为一种相对简单的高层次感知任务，已经被广泛地用于机器人和医疗保健等领域。目前，手势识别主要通过使用机器学习方法对一些视觉信息(如照片、视频等)进行算法处理来实现，这类方法主要受限于视觉信息的质量，容易受到环境因素的干扰，例如光线的强度变化。目前，已经有将视觉和其他感觉模态相融合的多模态识别方法用于解决上述问题，这类方法大多借助于当前一些商用可穿戴传感器来获取其他模态信息，来提高识别精度，但是它仍然存在三个关键问题：

(1) 传统的可穿戴传感器大多是块状的、硬质的，不能与人体表面形成紧密的贴合，影响了人体运动信息采集的精度；

(2) 由于不同模态数据在维度和稀疏度上的严重不匹配，造成多模态融合的困难；

(3) 环境中如光线、复杂背景等干扰因素，降低了系统的识别效率。

如图 12.10 所示，人的大脑中存在多模态信息融合的感知区域，这种感知机制使得人具备了高层次高精度的感知能力。鉴于此，陈晓东教授带领团队从模仿人脑内部的多模态信息融合的学习机制出发，利用皮肤状可拉伸应变传感器获取人体运动信号作为体感信息，将视觉信息和体感信息进行融合，并基于机器学习实现了高精度的手势识别[11]。

如图 12.11 所示，以单壁碳纳米管(single-walled carbon nanotubes，SWCNTs)为柔性导电材料、聚二甲基硅氧烷(PDMS)和丙烯酸改性树脂(polyacrylic acid，PAA)为基底设计并制备了一种透明的、可黏贴的皮肤状可拉伸应变传感器来获取手指的体感信息。该可拉伸应变传感器呈现层状的堆叠结构，具有良好的透明度，并且可以直接黏贴在皮肤上，保证了在精确采集体感信息的同时使传感器本身对视觉图片信息的影响达到最小，同时该传感器具有很好的拉伸性以及稳定性。

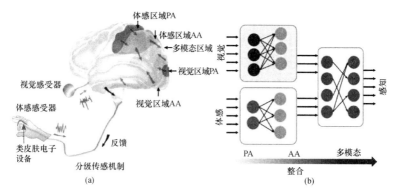

图 12.10　生物启发的视觉和体感的融合学习架构

（a）人脑中视觉和体感信息的处理层次结构；（b）生物启发的视觉和体感融合的神经网络学习架构（图片再版许可源自 Springer Nature 出版社[12]）

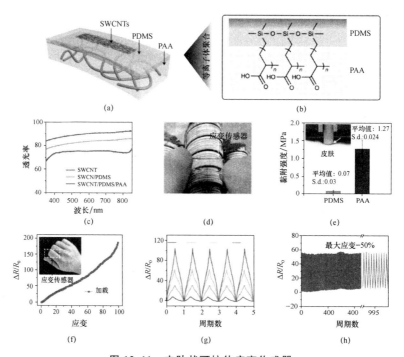

图 12.11　皮肤状可拉伸应变传感器

（a）多层堆叠结构的可拉伸应变传感器；（b）通过用氩气和丙烯酸气体进行等离子体处理来对 PDMS 表面进行化学修饰，使 PAA 水凝胶与 PDMS 牢固结合；（c）纯 SWCNT 膜，SWCNT/PDMS 器件和 SWCNT/PDMS/PAA 器件在可见波长范围内的透射光谱；（d）传感器的透明性展示；（e）PAA 水凝胶在人体皮肤上的黏合强度远高于 PDMS，误差线代表 10 次测量的黏合强度的标准差；（f）可拉伸应变传感器的应变电阻响应曲线；（g）三角形应变曲线下的应变电阻响应曲线，各个峰值应变的大小为 5%，25%，50% 和 75%；（h）在 50% 应变下进行 1 000 次循环的耐久性测试表明可拉伸应变传感器的响应稳定且规则（图片再版许可源自 Springer Nature 出版社[12]）

如图 12.12 所示,视觉和体感融合学习架构的数据集准备包括体感数据和视觉数据两部分,通过对可拉伸应变传感器收集到的数据进行归一化得到体感数据集,通过照相机获取大量复杂背景下的手势数据作为视觉数据集。

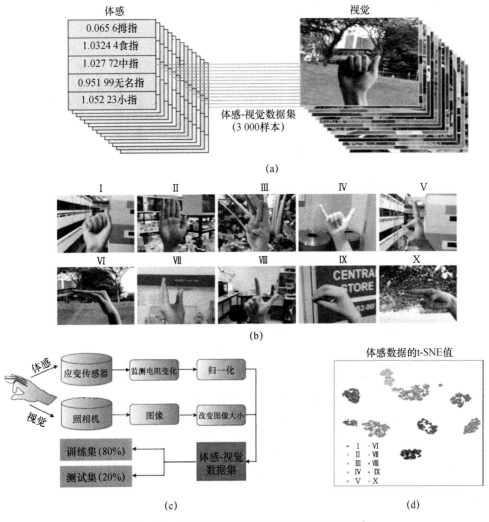

图 12.12　视觉和体感融合学习架构的数据集准备

(a) 包含 3 000 个样本的数据集,每个体感-视觉数据集样本均包含一个手势图像和相应的体感信息;(b) 视觉数据集中 10 个手势类别(Ⅰ~Ⅹ)的照片;(c) 体感-视觉数据集收集流程;(d) 使用 t-SNE 降维数据集中的 3 000 个样本中的体感信息,每个点表示从五维应变数据投影到二维的一个手势的体感信息(图片再版许可源自 Springer Nature 出版社[12])

通过卷积神经网络和全连接神经网络分别对视觉信息和体感信息进行处理,并最终通过稀疏神经网络将二者进行简化融合,最终可得到手势识别结果。这一受生物启发的视觉和体感的融合学习方法在定制化的视觉-体感数据集上实现了 100% 的识别精度,如图 12.13 所示。对比于单一模态识别和其他的多模态识别方式,该生物启发的视觉-体感融合学习方法可以得到最好的识别精度,并且当图片信息带有噪声、曝光不足或曝光过度等非理想因素时,仍然可以维持较高的识别精度。

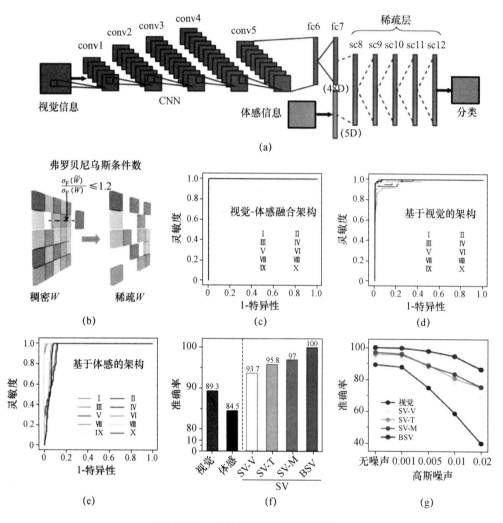

图 12.13　手势识别结果和性能对比

(a) 处理和融合视觉和体感信息的视觉-体感学习体系结构;(b) 弗罗贝尼乌斯(Frobenius)条件数相关修剪策略;(c)~(e) 视觉-体感融合架构、基于视觉的架构、基于体感的架构的受试者工作特征曲线;(f) 视觉架构、体感架构和几种融合架构的识别准确率对比;(g) 噪声环境下几种融合架构的识别准确率对比(图片再版许可源自 Springer Nature 出版社[12])

这种学习架构可以用手势来实现机器人导航,即便是在黑暗环境下(10 流明),识别误差也仅为 3.3%,如图 12.14 所示。

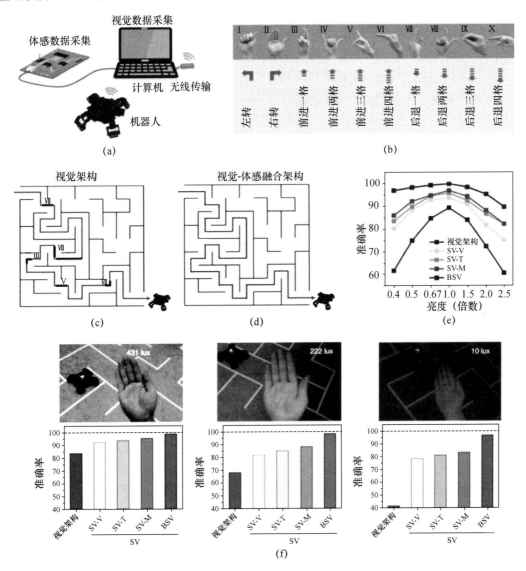

图 12.14　基于手势识别控制机器人的人机交互应用

(a) 人机交互系统;(b) 十个手势类别(Ⅰ 到 Ⅹ)与引导四足机器人运动的特定电机命令的对应关系;(c),(d) 基于视觉架构识别与基于视觉-体感融合架构识别的机器人穿越迷宫;(e) 不同架构的控制准确率与光线亮度的关系;(f) 在不同照度(431 lux,222 lux 和 10 lux)下使用不同识别架构的机器人控制准确率(图片再版许可源自 Springer Nature 出版社[12])

12.5　总结与展望

未来的人工皮肤将是高度集成的信息-生理化学整合界面,如图 12.15 所示,该界面能高效地提取物体的物理、化学或生物等信号,并将这些信号与电子、通信、计算机技术紧密结合,实现生理化学整合界面信息的实时感知与反馈,为下一代个性化医疗、自适应假肢、人体增强、智能可穿戴设备及物联网提供技术支持[12~18]。智能皮肤感知系统的发展需要材料科学、传感器器件设计、柔性电子制备技术以及计算能力提升的共同努力。陈晓东教授呼吁各学科之间打破固有的壁垒,进一步加强跨学科的合作和交流,共同解决智能皮肤感知中的科学、工程问题,共同推进传感技术 4.0 时代的发展,它将在医疗、仿生、人体增强、人机融合和虚拟现实等领域大放异彩。

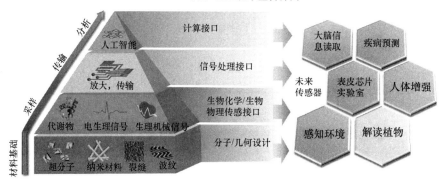

图 12.15　未来的人工皮肤
(图片再版许可源自 Wiley 出版社[3])

12.6　常见问题与回答

Q1:对于 PDMS-金纳米颗粒来说,其工作温度是怎样的?它可以有多薄?

A1:金属融化成气体可能需要上千度的温度,在高真空的蒸镀腔体中,PDMS 固定基底处的温度一般为 100℃,这个温度足以让半固化的 PDMS 完全固化,在此过程金纳米颗粒先不断渗透到弹性体中,最终在固化的 PDMS 表面形成连续的金属导电层。这种方法因为需要有一定厚度的嵌入过渡层,因此整个膜的厚度通常需要上百微米,比常规沉积的要厚一些。通过优化条件,目前这种方法我们可以制备 50 μm 的薄膜。当然,我们拥有可以制备很薄 PDMS 的技术,例如可与肌肤纹理切合的 PDMS 薄膜。

Q2：4.0 时代的传感技术对于人工智能和智能系统来说很重要，但是如果不与相应的执行器去结合，其作用就会打折扣，您对此怎么看呢？

A2：我很同意这个观点。目前，我们比较关注的软体机器人是个很好的代表，一个好的软体机器人应该不仅仅是传感系统，它也必须能够根据外部刺激"动起来"，但是要实现这种传感和执行相结合的完整系统还需要很多人的共同努力，特别是不同学科之间的研究工作者相互交流，共同解决系统集成的技术瓶颈。

Q3：您认为电子皮肤与医疗技术相结合会给临床患者带来什么好处呢？

A3：电子皮肤与医疗技术的结合是一定会带来好处的。我们的研究组就与来自不同领域的医疗工作者展开了合作，不仅仅是皮肤病治疗领域，也包括心脏疾病、肾脏疾病的诊断、治疗领域，例如通过监测汗液中生物标记物的浓度对非侵入式、实时的疾病进行诊断。

Q4：电子皮肤会在各种不同工作情况下收集身体各个部位的大量数据，如果我们想要使用这些数据，需要对其进行校准处理吗？

A4：没错，不同器件之间会有一些差异，所以在使用这些数据时需要进行校准，这也是电子皮肤器件面临的一个巨大挑战。我们需要一套电子皮肤的标准，这是电子皮肤走向日常应用的挑战，这需要材料科学工作者做出贡献。同时，我们需要监测多种生理信号，利用实时的信号对传感器进行校准，例如以实时温度作为校准参考点，只有真正解决了传感器的稳定性与可靠性的问题，电子皮肤才能更好地走向市场。

Q5：电影《阿丽塔：战斗天使》很好地反映了未来的科技，在未来，人工智能不仅仅是机器人的一部分，还会与电子科技甚至生物体相结合，这就给电子设备和生物体之间的接口带来了挑战，您如何看待这个问题？

A5：这是一个非常大的问题。对于像阿丽塔这样的科技载体，它是多个领域的结合体，例如材料科学、电子科学、机械科学、生物科学、计算科学甚至设计学等。这也给我们的教育抛出了一个问题，如何让我们的学生专注于解决一个问题的同时拥有广阔的视野和思路，学会与不同领域的人合作，这不仅仅是学科的交叉，而是真正意义上的跨学科研究，具备了这些能力，才能够解决这样的综合问题，做出高于前人的科技成果。

参 考 文 献

[1]　陈晓东教授课题组. 陈晓东教授课题组[EB/OL]. https://personal. ntu. edu. sg/chonxd.

[2]　iCANX Talks 视频[EB/OL]. https://www. iCAN-x. com/talks.

[3]　Wang T，Wang M，Yang L，et al. Cyber-Physiochemical Interfaces[J]. Advanced Materials，2020，32.

[4] Liu Z, Wang X, Qi D, et al. High-Adhesion Stretchable Electrodes Based on Nanopile Interlocking [J]. Advanced Materials, 2017, 29(2).

[5] Liu Z, Wang H, Huang P, et al. Highly Stable and Stretchable Conductive Films through Thermal-Radiation-Assisted Metal Encapsulation[J]. Advanced Materials, 2019, 31(35).

[6] Yan X, Liu Z, Zhang Q, et al. Quadruple H-bonding cross-linked supramolecular polymeric materials as substrates for stretchable, antitearing, and self-healable thin film electrodes[J]. Journal of the American Chemical Society, 2018, 140(15): 5280-5289.

[7] Yang H, Ji S, Chaturvedi I, et al. Adhesive Biocomposite Electrodes on Sweaty Skin for Long-Term Continuous Electrophysiological Monitoring[J]. ACS Materials Letters, 2020, 2(5): 478-484.

[8] Ji S, Wan C, Wang T, et al. Water-Resistant Conformal Hybrid Electrodes for Aquatic Endurable Electrocardiographic Monitoring[J]. Advanced Materials, 2020.

[9] Zhu B, Wang H, Liu Y, et al. Skin-inspired haptic memory arrays with an electrically reconfigurable architecture[J]. Advanced Materials, 2016, 28(8): 1559-1566.

[10] He K, Liu Y, Wang M, et al. An artificial somatic reflex arc[J]. Advanced Materials, 2020, 32 (4).

[11] Wan C, Chen G, Fu Y, et al. An artificial sensory neuron with tactile perceptual learning[J]. Advanced Materials, 2018, 30(30).

[12] Wang M, Yan Z, Wang T, et al. Gesture recognition using a bioinspired learning architecture that integrates visual data with somatosensory data from stretchable sensors[J]. Nature Electronics, 2020: 1-8.

[13] Wan C, Cai P, Wang M, et al. Artificial Sensory Memory[J]. Advanced Materials, 2020, 32.

[14] Wang M, Wang T, Cai P, et al. Nanomaterials Discovery and Design through Machine Learning[J]. Small Methods, 2019, 3.

[15] Cai P, Zhang X, Wang M, et al. Combinatorial Nano-Bio Interfaces[J]. ACS Nano, 2018, 12, 5078-5084.

[16] Chen G, Cui Y, Chen X. Proactively modulating mechanical behaviors of materials at multiscale for mechano-adaptable devices[J]. Chemical Society Reviews, 2019, 48, 1434-1447.

[17] Jiang Y, Liu Z, Wang C, et al. Heterogeneous Strain Distribution of Elastomer Substrates to Enhance the Sensitivity of Stretchable Strain Sensors[J]. Accounts of Chemical Research, 2019, 52, 82-90.

[18] Chen X, Rogers J. A, Lacour S. P, et al. Materials chemistry in flexible electronics[J]. Chemical Society Reviews, 2019, 48, 1431-1433.

第 13 章　声流控技术

　　新的科学发现多是得益于技术的进步,就像早期细胞可视化技术的出现推动了细胞理论的发展一样。近期,操控单细胞和生物分子技术的出现推动了微生物学、分子生物学、生物物理学和分析化学的快速进步。近年来,声流控作为一种新兴前沿技术,因其具有可以精确操控多种不同尺寸生物粒子的能力而备受关注。声流控技术融合了微纳制造及其表征技术、声学技术以及流体控制技术,具有生物兼容性高、能量密度低、成本低、结构简单和操作便捷等优点,在生物医学领域具有广阔的应用前景。黄俊教授[①](Tony Jun Huang)是这一领域的开拓者和先行者,他的研究小组创新性地将材料科学、物理学、流体力学、纳米科学、电子工程和机械工程融合,探索声波和微流体在生物医学领域的应用,取得了丰硕的成果。

　　本章主要从声流控技术原理及其在生物医学领域的应用、总结与展望等方面来介绍这一新领域。

13.1　绪　　论

　　声流控技术也常被叫作声镊(acoustic tweezers)技术,最开始被用于描述使用声波灵活移动束缚在声场中的乳胶球和青蛙卵的技术[3],就像使用声波做成的镊子一样,后来用于泛指声流控技术。许多的声镊技术是以光学镊子(optical tweezers)为原型的,光镊技术诞生于 1986 年[4],继而迅速发展成为重要的生物学和物理学研究工具,被广泛用于束缚病毒、细菌和细胞等。尽管光镊作为重要的力谱和生物分子操控技术,这一技术却可能会对生物样品造成伤害,因为传统光镊的实现需要复杂的光学组件,包括高能激光和高数值孔径物镜,过高的能量密度可能损伤生物样品。表 13.1 中比较了一些常见的非接触式粒子操控技术的参数和要求[5],声镊技术使用的声波频率可以从千赫兹跨越到兆赫兹,因此具有较广的操作范围,从 100 nm 到 10 mm 跨越 6 个数量级的尺寸的粒子都可以被声波直接操控。并且,声流控技术中使用的声波功率通常在 0.01~10 W/cm² 范围内,频率在 1 kHz~500 MHz 范围内,与生活中常见的超声成像技术使用的功率和频率(2~18 MHz,小于 1 W/cm²)类似,可以证明这一技术的安全性。声镊良好的生物兼容性已经被许多研究工作验证,比如红细胞的细胞活性在声流控器件中经过 30 min 仍没有明显变化,斑马鱼的胚胎在声流控器件中放置相同的时间也没有出现发育障碍或死亡率的变化[6,7]。

---

　　① 黄俊,美国杜克大学(Duke University)机械工程和材料科学系讲席教授。他的研究方向主要集中在声流控、光流控和微纳系统在生物医药诊断与治疗领域的应用。

表 13.1　不同非接触式粒子操控技术的参数和要求[5]

技术	粒子尺寸范围	输入功率	空间分辨率	是否需要样品标记	其他系统要求
声镊	100 nm～10 mm	10^{-2}～10 W	1～10 μm	否	声源
光镊	100 nm～1 mm	10^{6}～10^{7} W	0.1～1 nm	较小的粒子需要	高能激光 高数值孔径物镜
基于磁	1 μm～10 μm	1～10 W	1～10 nm	是	永磁体 超顺磁珠
基于光电子	100 nm～10 μm	10^{-2}～10 W	1～10 μm	否	光导衬底 低导介质
基于等离子体	10 nm～1 μm	10^{2}～10^{4} W	10～100 nm	否	等离子衬底 散热器
基于电动力学	1 nm～1 mm	10^{4}～10^{7} W	0.1～1 μm	是	图形化电极 低导介质
基于流体力学	100 nm～1 mm	—	1～10 μm	否	多个压力控制器 流体控制算法

13.2　声流控技术的原理

声镊技术的类型可以分为：基于驻波的声镊技术（standing-wave tweezers）、基于行波的声镊技术（traveling-wave tweezers）和基于声流的声镊技术（acoustic-streaming tweezers），前两者主要通过声辐射力（acoustic radiation forces）直接操控粒子或者流体，而基于声流的声镊则通过声波引起的流体流动来间接操控粒子[5,6]。

13.2.1　基于驻波的声镊技术

基于驻波的声镊技术根据产生声波方式的不同，可以分为两种类型，分别是体波声镊和声表面波声镊。体波声镊利用压电传感器将电信号转换为机械波，在器件中添加反射层将声波反射便可建立稳定的共振驻波场，进而在流体中建立规则的声压分布。调整声波的频率可以调控微流体通道内声压节点（pressure nodes）之间的距离和节点的数量，周期分布的声压节点可以产生声辐射力来控制粒子和细胞的位置与移动轨迹，如图 13.1(a)所示。基于体波的声镊技术具有高通量的优势，可以在短时间内处理大量的液体，适合用于输血过程中的血液处理。

与体波不同，声表面波通常是通过淀积在压电衬底表面的叉指换能器（interdigitated transducers，IDT）来产生的，一维和二维的声场相干排列可以通过使用一对或者两对叉指换能器来产生，如图 13.1 所示。除了平面内的二维粒子操控外，声表面波声镊技术还可以通过声学参数的调制实现三维的粒子操控。声表面波不仅可以提供更高的精确度,还可以操控更小的粒子,因而多用于纳米粒子的操控和组织工程。由于器件体积很小,声流声镊技术可以很方便地与微流体系统集成,进而实现多功能的芯片实验室技术。

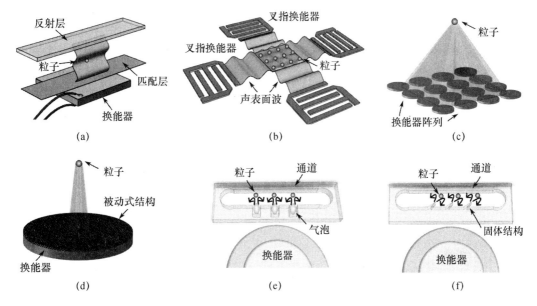

(a)　　　　　　　　　　　　　(b)　　　　　　　　　　　　　(c)

(d)　　　　　　　　　　　　　(e)　　　　　　　　　　　　　(f)

图 13.1　不同类型的声镊技术工作原理

(a) 基于体波的驻波声镊技术;(b) 基于声表面波的驻波声镊技术;(c) 主动式行波声镊阵列;(d) 被动式行波声镊陈列;(e) 使用微小气泡的声流声镊技术;(f) 使用固体结构的声流声镊技术(图片再版许可源自 Springer Nature 出版社[5])

13.2.2　基于行波的声镊技术

基于行波的声镊技术也可以分为两种类型,分别是主动式和被动式。主动式的行波声镊技术通常使用一个或者一个阵列的声波转换单元,如图 13.1(c)所示,通过选择性控制阵列中相互独立的单元,主动式行波声镊技术可以产生复杂的声束(acoustic beams)分布,进而实现动态的粒子操控能力。被动式的行波声镊技术则使用声学超材料或者声子晶体这些具有特殊结构的材料来操控声波,从而实现复杂的声束分布,如图 13.1(d)所示。

声表面波也可以用于行波声镊技术,在这类器件中,通常只有一个叉指换能器用来产生声波,这种声镊技术可以用于细胞或者生物分子筛选,便于集成在微流体芯片之中。与驻波声镊技术相比,行波声镊技术更容易进行实时调制,更适合用于需要处理单个粒子或细胞的情况。

13.2.3 基于声流的声镊技术

声波除了可以直接通过声辐射力操控粒子之外,还可以先将能量传递给流体,促进产生稳定的流体流动,继而利用这种流体流动间接地来操控液体中的粒子,这种流体流动就被称作声流。声流可以通过微小的气泡或固体结构在流体中的振动产生,如图 13.1(e)所示,振动的微小气泡可以产生足够强的声辐射力将细胞、粒子或者小型生物束缚在气泡表面,也可以产生涡旋在固定位置来转动这些目标[8]。与微小气泡相似,振动微型固体尖端结构或者薄膜也可以用于产生声流,如图 13.1(f)所示,这些声流可以用于粒子操控、液体混合或者提供动力[9]。不同于行波声镊技术可以用于空气或者液体中,声流声镊技术一般只用于液体中,因为微小气泡和微型结构会产生声流的非线性,声流声镊技术的空间分辨率并不高。

13.3 声流控技术在生物医学领域的应用

作为一种安全并且生物兼容性较高的技术,声镊技术可以最大限度地保留生物样本的活性,提高检测的精度,同时依据应用情景不同,提供从低通量到高通量的多种选择,经过十余年的研究和发展,声流控技术已经应用到了多个生物医学领域,显示出巨大的发展潜力。

13.3.1 分离循环肿瘤细胞

近年来,液体活检作为一种非侵入的健康检测方法开始被广泛用于生物医学研究领域,其中用于检测的主要是一些循环生物标记,包括循环肿瘤细胞(circulating tumor cells,CTC)、游离 DNA 和细胞外泌体(exosome)等,这些循环生物标记对于疾病的检测和预防具有重要的意义。液体活检技术主要的难题就是将这些循环生物标记分离出来,声镊技术已经被验证可以高效和无须预先标记地将循环肿瘤细胞和细胞外泌体分离出来。

循环肿瘤细胞对于癌症早期诊断和疾病监测有重要的意义,但是这种细胞在血细胞中的含量极低,每毫升癌症病人血样中大概有 10 亿个血细胞,却仅含有约一到一百个循环肿瘤细胞[10]。因此,循环肿瘤细胞很难被现有技术快速检测,从而对癌症病人提出预警。理想的循环肿瘤细胞分离技术应该实现高通量、高分离效率、高分离纯度,且易于与下游的分析单元集成,更重要的是保留细胞的完整性,比如细胞活性和基因表达等。基于声流控的细胞分离技术可以较好地实现这些目标,因为肿瘤细胞相对于正常血细胞尺寸较大,声镊技术可以利用这一点高通量地对肿瘤细胞进行分离,同时最大可能地保留细胞的完整性。

如图 13.2 所示,使用声流控技术分离循环肿瘤细胞[11],待分离的生物样品从中间进入微流道后,左右两边是鞘流,在样品流经声波场时,其中较大的循环肿瘤细胞会在声辐射力的作用下向右偏移,从而与白细胞分离,流向不同的出口。值得注意的是,这里创新性地采用了具有特定倾斜角的叉指电极设计,如图 13.2(b)所示,其工作原理是在倾斜的驻波场在不增加能量密度的前提下实现了更加高效的细胞分离结果,图 13.2(c)展示了实现这一技术的器件照片。

　　图 13.2(d)展示了声镊关闭时,细胞在微流道出口的分布情况,可以看出,所有细胞都流向了下方通道,与之对比,图 13.2(e)展示了声镊开启时,HeLa 细胞(一种肿瘤细胞)主要从上方的通道流出,白细胞则主要从下方的通道流出,其细节可以在图 13.2(f),(g)中看到。采用声流控技术的一个优势是便于与下游分析单元进行集成,在分离之后进行检测和分析,将为肿瘤的预诊提供一种快速且低成本的可行方案。

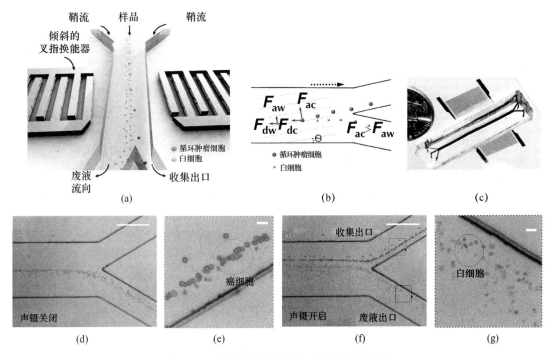

图 13.2　使用声流控技术分离循环肿瘤细胞

(a) 示意图;(b) 工作原理;(c) 实物照片;(d) 声镊关闭时,细胞均从下方通道流出(比例尺:515 μm);(e) 声镊开启时,肿瘤细胞从上方通道流出,白细胞仍从下方通道流出(比例尺:515 μm);(f) 放大显示;(g) 放大显示(图片再版许可源自 NAS[11] 出版社)

13.3.2　分离细胞外泌体或者病毒

　　近年来,细胞外泌体已经被证实可以用于多种疾病的诊断和治疗,包括癌症、胎儿疾病、阿尔兹海默症、帕金森症、肝脏疾病、肾脏疾病和心血管疾病等。虽然细胞外泌体存在于几乎所有的生物液中,包括血液、唾液、尿液、精液、痰液、乳汁和脑髓液等,但它们的尺寸非常小,直径为 30~150 nm,每毫升生物液的数量也从几千到几亿个不等,因此非常难以被分离出来。采用传统的超高速离心分离方法虽然可以将其分离出来,但超高速离心设备昂贵,用时较长,并且长时间的使用高速离心分离法也会破坏外泌体结构的完整性。

黄俊教授提出了一种采用连续的基于驻波场的声表面波声镊单元模组直接从血液中分离细胞外泌体的技术[12],如图 13.3(a)所示。其中,第一个声镊分离单元用于去除所有尺寸大于 1 μm 的血液组分,包括血小板、红细胞和白细胞等,图 13.3(b)左边比较了第一个单元声镊开启和声镊关闭后血液分离细胞的变化情况,这一单元的分离效率可以达到99.999%。剩下的血液成分,主要是各种细胞外囊泡,将继续经过第二个声镊分离单元,大于 140 μm 的生物颗粒将在第二个单元被去除,剩下的就是需要收集的血液中的细胞外泌体。图 13.3(b)右边比较了第二个单元声镊开启和声镊关闭后血液分离细胞的变化情况,得益于声镊单元模组的设计和连续分离过程,细胞外泌体的纯度可以达到98%,产量可以达到82%。相比于超高速离心分离法,声镊技术用时更短,纯度和效率也更高,同时最大限度地保留了生物样本的完整性和活性。

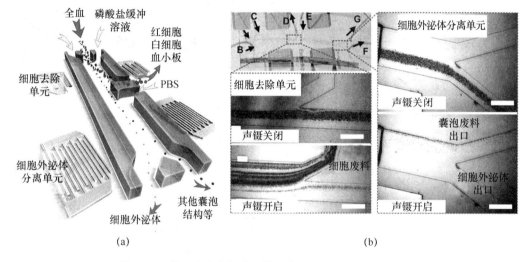

(a)   (b)

图 13.3 使用连续声镊单元模组从血液中分离细胞外泌体

(a) 工作原理;(b) 左上为器件实物,左下为声镊开启和关闭后血液分离细胞的比较,右边为细胞外泌体分离单元在声镊开启和关闭后的比较(比例尺:500 μm)(图片再版许可源自 NAS[12] 出版社)

这一技术不仅可以从血液中分离提取细胞外泌体和微泡,还可以用于其他生物液之中,例如唾液、尿液等[13]。在此基础上,黄俊教授进一步对不同类型的外泌体进行了分离,并取得了良好的效果。采用声流控的方法具有全自动化、可重复性高、时间短、分离效率高、分离纯度高以及保留生物样本活性等优点,可将传统超高速离心分离约 8 h 的时长缩短到仅需约 10 min,并大幅度提高分离效率且纯度可达 80%以上。这项重要的生物医学突破,为细胞外泌体的研究提供了强有力的工具和技术支撑。值得注意的是,这一技术或可用于对病毒的分离提取,例如新型冠状病毒肺炎,它的尺寸大概在 70~130 nm,与细胞外泌体尺寸和密度类似,两者也具有相似的结构,这使得应用声流控技术分离新型冠状病毒肺炎成为可能,而且采用声流控技术从唾液中分离新型冠状病毒肺炎相对于使用咽拭子采集可以更好地保护医护人员,降低交叉感染的风险。

13.3.3　应用于输血

小到 100 nm,大到 10 mm 的粒子都可以被声镊技术操控。一般而言,使用较低频率的声镊更适合于较大尺寸粒子的控制或较大通量的应用。分离血小板是献血和治疗血小板增多症的关键步骤,这一过程对通量有着极高要求,采用较低频率的基于体波的声流控技术可以实现超高通量(大于 20 mL/min)的细胞分选芯片[14],如图 13.4 所示,芯片分为三层中空

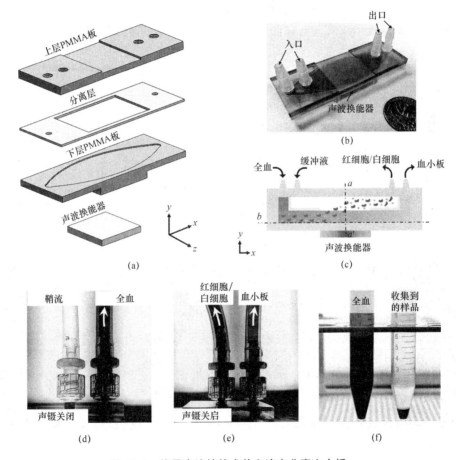

图 13.4　使用声流控技术从血液中分离血小板

(a) 器件的三维结构;(b) 实物照片;(c) 从血液中分离血小板的工作原理;(d) 声镊关闭时血液从右方出口流出;(e) 声镊开启时,血液中的红细胞和白细胞从左方出口流出,只有血小板从右方出口流出;(f) 比较全血样品和经过分离之后的血小板样品(图片再版许可源自 RSC 出版社[14])

结构,底部声波换器用于产生体波,血液中较大的血细胞将被声波推向上层的出口,而尺寸较小的血小板将继续留在血浆之中。

使用这项技术,血小板还原率和血细胞去除率均可以超过80%。此外,这种芯片采用一次性塑料材质,3D打印而成,成本低廉,使用方便。经过验证,这一方法相较于传统分离方法还可以更好地保持血小板的活性。

13.3.4 荧光激活细胞分选

传统的荧光激活细胞分选(fluorescence-activated cell sorter,FACS)技术一般需要昂贵的设备(20万~50万美元)和较高的维护成本,并且由于产生喷雾可能会造成严重的生物安全问题。当细胞在空气中高速撞击收集管的时候可能会受到很高的冲击力,加上分选用到的高电压,细胞活性也会被显著降低,而基于声流控技术的流式细胞仪可以很好地解决上述问题[15]。

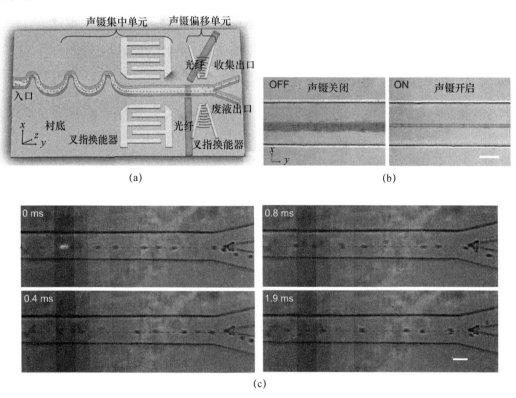

图13.5 使用声流控技术实现高通量荧光激活细胞分选

(a)工作原理;(b)细胞集中过程,开启声镊可以将细胞集中在微流道中央(比例尺:50 μm);(c)细胞偏移过程,具有特定荧光信号的细胞首先在左侧长方形区域被识别,然后在右侧长方形区域被声镊偏移至上方出口(比例尺:50 μm)(图片再版许可源自Wiley出版社[15])

如图 13.5(a) 所示,这一声流控芯片包括三个部分,首先是基于声表面波的驻波声镊单元用于集中细胞,在这一单元中,细胞将在声辐射力的作用下被集中于三维通道的正中央,便于之后的细胞探测和筛选;然后是平面内的荧光探测单元,它由一对光纤组成,可以在细胞高速流经的过程中探测细胞是否带有目标荧光信号;最后是同样基于声表面波的驻波声镊单元,用于目标细胞的偏移和筛选。这一芯片设计不需要借助鞘流或者精确控制流速来控制细胞的位置,细胞可以在水力和声波的作用下集中在通道的中央,经过探测之后,具有目标荧光的细胞将在声波的作用下偏移到特定的出口,细胞集中过程如图 13.5(b) 所示,偏移过程如图 13.5(c) 所示。经过测试,即便通过细胞速度达到了每秒 2 500 个,这一芯片仍可以保持大于 90% 的纯度。采用声流控技术可以实现很好的生物兼容性,器件的尺寸很小,因此也大大降低了成本,同时最大限度地保持了细胞活性,具有较高的生物安全性。除了细胞之外,类似的荧光筛选技术还可用于对秀丽隐杆线虫的高通量筛选[16]。

13.3.5　高通量单细胞操控

单细胞分析技术旨在观察研究那些可能被群体平均实验所掩盖的复杂的细胞行为和性质,许多单细胞技术需要首先接触细胞并将其分离出来,得益于非接触非侵入的操作方式,声镊技术可以在保留细胞活性的基础上操控研究单个细胞。声镊技术首先被用于在二维平面束缚和排列单个细胞,然后可以研究它们对于环境中各种变化的反应[17],进一步地,通过对声波的调制,声镊技术可以在三维空间精确控制细胞或者粒子的位置[18],如图 13.6 所示。

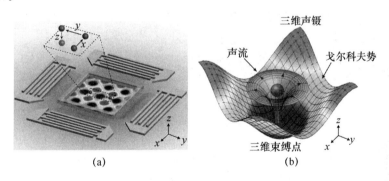

(a)　　　　　　　　　　　　　　(b)

图 13.6　基于声表面波的三维声镊对单细胞的操控
(a) 工作原理;(b) 实现原理(图片再版许可源自 NAS[18] 出版社)

细胞与细胞之间以及多细胞体内的相互作用对于很多生物过程都至关重要,例如,细胞间的通信、组织和器官的形成、免疫反应和免疫过程、癌症的转移等。精确控制细胞与细胞在聚合体内的位置,将使得人们可以研究一些使用常规方法无法在体外研究的现象。研究人员不满足于束缚和排列单个细胞组成的阵列,他们进一步实现了精确控制细胞与细胞之间的距离,研究细胞之间的相互作用[17],如图 13.7 所示。采用声镊技术,两个细胞之间的距离可以被精确地控制,从而对细胞之间的相互作用进行研究,这一方法不仅可以操纵一对细胞,还可以同时高通量可编程地操纵多对细胞,控制它们之间的距离以及它们之间的接触和分离,这使得在体外研究大量不同细胞间的相互作用成为可能,对细胞工程和免疫学研究有着重要的意义。

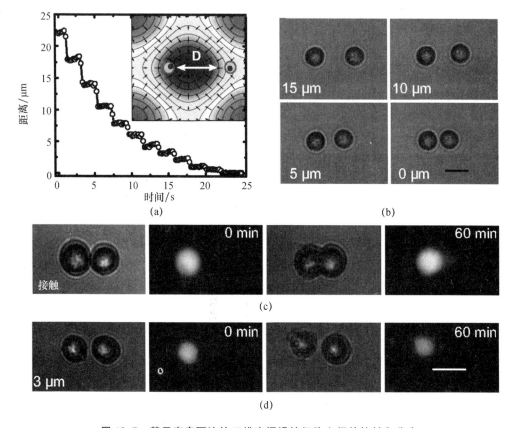

(a)　　　　　　　　　　　　(b)

(c)

(d)

图 13.7　基于声表面波的三维声镊操控细胞之间的接触和分离

(a) 使用脉冲信号控制两个细胞之间的距离;(b) 两个细胞之间不同距离的实现(比例尺:20 μm);(c) 两个细胞相互接触,60 min 后,可视染料从左边细胞转移到右边细胞(比例尺:20 μm);(d) 两个细胞间隔 3 μm,60 min 后,可视染料无法从左边细胞转移到右边细胞(比例尺:20 μm)(图片再版许可源自 NAS[17] 出版社)

13.3.6　组织工程和三维生物打印

在高通量操控单细胞的基础上,三维声镊可以在衬底的特定位置接种不同细胞,进而以特定的形状或阵列来组装相同或不同细胞,实现二维生物打印,进一步地,通过一层一层的二维生物打印可以实现生物组织的三维组装[18]。如图 13.8 所示,一个个活细胞可以被精确地移动到特定的位置并组装成不同的形状。这一过程操作精确、无创,不需要特定标记,不需要和细胞进行接触,充分发挥了声镊技术生物兼容性高的优点,这种三维生物打印对于组织工程有着重要的意义。

声镊技术一般需要压电材料作为衬底,但为了更好地贴合实际应用,黄俊教授进一步开发出了以培养皿为衬底的声镊技术,这种声镊技术成本更低,而且能够更加便利地将实验和需求相结合,具有广阔的应用前景。

上述应用展示了声流控技术在细胞领域的巨大潜力。

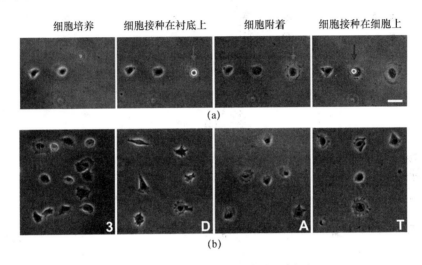

图 13.8　三维声镊实现三维活细胞打印

(a) 单细胞打印;(b) 使用三维声镊实现各种形状的细胞打印(图片再版许可源自 NAS[18] 出版社)

13.3.7　数字微流控技术

数字微流控是一类以液滴为主要操作对象的技术,研究人员一直希望可以在类似液滴的紧密液体处理器中以最少的人为干预来进行自动反应。传统的自动液体处理器体积大且昂贵,需要气溶胶和物理接触,而基于微流控的液滴处理技术则缺乏多路径和重复编程的能力。黄俊教授提出了基于声流控的数字微流控技术[19,20],这一技术利用声流引起的水力学束缚来排列和移动液滴,如图 13.9 所示,既可以无污染且生物兼容地对单个液滴进行多种多样的操作,例如液滴运输、融合、混匀、分裂等,也可以对多个液滴进行可控的级联反应,具有可编程、可重写、无须接触以及高通量的优点,为数字微流控技术的发展提供了一种全新的方案。

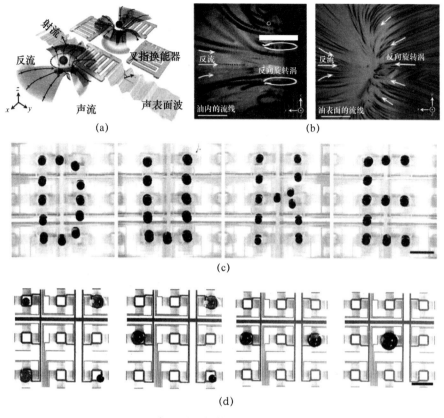

图 13.9　数字微流控技术实现多种液滴操作

（a）数字微流控的组成单元和工作原理；（b）激活的叉指换能器附近的粒子运动轨迹（比例尺：750 μm）；（c）编程实现的单液滴运输和排列（比例尺：8 mm）；（d）数字微流控技术实现四个染色液滴两阶段顺序混合（比例尺：8 mm）（图片再版许可源自 Springer Nature 出版社[19]）

13.4　总结与展望

　　声流控技术具有五个主要优势：第一是既可以操控流体，又可以操控流体中的粒子；第二是可以在许多不同种类的液体中操控具有不同电学、磁或光学性质的粒子或生物分子；第三是操控粒子的尺度范围从 100 nm 跨越到 10 mm，囊括了细胞外泌体、纳米管线、斑马鱼胚胎和秀丽隐杆线虫；第四是单细胞或者单个粒子的精确操控能力和大量细胞或粒子的操控能力；第五是从低通量（1 nL/min）到高通量（100 mL/min）的全面操控能力[5]。声流控技术类似于"隔山打牛"，能够非接触地对细胞或者更小的粒子进行精准的操控，再加上操作简便和较好的生物兼容性，使声流控技术在生物医学领域获得了大量的应用，推动了这一领域的快速发展。

另外,方兴未艾的声流控技术还有着巨大的探索空间。目前,在空间分辨率上,声流控技术并没有明显的优势,因此精确度还需要提升,一些超材料和声子晶体方向的研究提供了克服衍射极限并将分辨率缩小到半波长的方法,相信这些成功会促进,声流控技术的发展。同时,在这一领域中声学物理原理和流体力学的探索还停留在比较初步的阶段,器件的工艺制造还有进一步提升的空间,生物医学领域的应用更是有着广阔的探索空间,声流控技术也在期待着新的概念和想法。

13.5 常见问题与回答

Q1:即时检验(point-of-care device)是否将成为微流控技术的重要发展方向?

A1:现在是合适的时间去制造更多的商用微流体器件,人们将可以从中受益,如果你想投身其中,我觉得没有比现在更好的时间了。尤其是现在,新型冠状病毒肺炎疫情正在全球肆虐,即时医疗设备的重要性更加凸显,需要操作简单、成本低廉、易于携带的即时医疗设备。过去二十年我们没有取得较多的进展,很大程度上是因为产业界和科研界间的联系并不多,我们在进行科研活动时没有更多地去想如何造福于人类的生活,这是今后我们需要特别注意的地方。商业化需要大量的人力和资本投入,不过我没有看到这其中有物理学原理的阻碍,这说明我们肯定可以做到的,只要加大投入。我可以举一个例子,例如惠普公司的喷墨打印机作为一种复杂的微流控器件,最终成功地商业化了,说明我们能做到,只要更多优秀的人一起努力。

Q2:利用声波很难对颗粒进行高分辨率操作,目前可以控制的纳米颗粒最小可以达到多少?是通过声流(acoustic streaming)还是声辐射力?

A2:基本上我们所有的操作,都要使用声辐射力或者声流,或者两者的结合。操控纳米颗粒是一个挑战,但我们实现了对纳米颗粒的有效控制,最小可以操控 20 nm,但我相信可以做到更小,甚至到 1 nm。我认为在我们领域工作的研究人员需要更加关注关联领域的进展,例如声学超材料或者声学超表面方面的研究进展,他们已经提出了很多很棒的概念,我们要善于应用他们提出的优秀概念。我认为对纳米颗粒的操作并不是这一领域的难题,更困难的问题是如何实现更高的分辨率,我们现在的分辨率大概在 1 μm,这要比光镊差很多,原因很简单,因为我们使用的频率要比光镊低很多,但这是可以被解决的,我们希望可以使用声镊技术实现所有光镊可以实现的技术,因为声镊技术具有更好的生物兼容性,这也是我们主要的努力目标。

Q3:驻波会产生多个节点,从而牺牲了特定的选择性,您对于利用声波从细胞簇中拾起单个细胞有什么建议吗?

A3：我们也正在做这些，我推荐你去看一些 Bruce W. Drinkwater 教授的研究工作，他是单细胞或单个粒子操控这一研究领域的领头人。

Q4：什么时候声流控技术可以应用在体内？比如血管或者体内组织？如何调整芯片使其适合于体内的环境？例如脂肪和体液是不是会降低声流控芯片的精度和承载能力？

A4：我确实不知道什么时候声流控技术可以应用在体内，我还没有那么聪明。我能说的是，我们之所以现在都只进行体外的实验是因为我们的理解还很有限，然而，我认为，进行体内操作会是声流控技术的一个很重要的优势，因为声流控技术主要是通过"隔山打牛"的方法来操控目标，我们可以将声波传输到身体内，但问题是我们还不够了解身体，只要我们能更加了解我们的身体，我相信我们就可以做到。

Q5：关于非接触声流控技术，还有什么问题需要被研究解决呢？例如带有极化静电干扰的材料，未来有什么潜在的研究方向吗？

A5：在我们的研究中，主要关注的是声学特性，但还有很多其他的特性，例如介电特性。我想强调的是，这里还有很多物理问题、工程问题和生物问题没有被解决，希望有更多的同学加入这一领域，一起研究这些问题，我们有一些文章讨论耦合声波和介电泳（dielectrophoresis，DEP），你如果感兴趣可以去查看。

参 考 文 献

[1] 黄俊教授课题组. 黄俊教授课题组[EB/OL]. https://acoustofluidics. pratt. duke. edu.

[2] iCANX Talks. iCANX Talks 视频[EB/OL]. https://www. iCAN-x. com/talks.

[3] Wu J. Acoustical tweezers. The Journal of the Acoustical Society of America，1991，89(5)：2140-2143.

[4] Ashkin A，Dziedzic J M，Bjorkholm J E，et al. Observation of a single-beam gradient force optical trap for dielectric particles[J]. Optics Letters，1986，11(5)：288-290.

[5] Ozcelik A，Rufo J，Guo F，et al. Acoustic tweezers for the life sciences[J]. Nature Methods，2018，15(12)：1021-1028.

[6] Ding X，Li P，Lin S C，et al. Surface acoustic wave microfluidics[J]. Lab on a Chip，2013，13(18)：3626-3649.

[7] Lam K H，Li Y，Li Y，et al. Multifunctional single beam acoustic tweezer for non-invasive cell/organism manipulation and tissue imaging[J]. Scientific Reports，2016，6.

[8] Ahmed D，Ozcelik A，Bojanala N，et al. Rotational manipulation of single cells and organisms using acoustic waves[J]. Nature Communications，2016，7(1)：1-11.

[9] Huang P H，Nama N，Mao Z，et al. A reliable and programmable acoustofluidic pump powered by oscillating sharp-edge structures[J]. Lab on a Chip，2014，14(22)：4319-4323.

[10] Plaks V，Koopman C D，Werb Z. Circulating tumor cells[J]. Science，2013，341（6151）：

1186-1188.

[11]　Li P, Mao Z, Peng Z, et al. Acoustic separation of circulating tumor cells[J]. Proceedings of the National Academy of Sciences, 2015, 112(16): 4970-4975.

[12]　Wu M, Ouyang Y, Wang Z, et al. Isolation of exosomes from whole blood by integrating acoustics and microfluidics [J]. Proceedings of the National Academy of Sciences, 2017, 114 (40): 10584-10589.

[13]　Wang Z, Li F, Rufo J, et al. Acoustofluidic Salivary Exosome Isolation: A Liquid Biopsy Compatible Approach for Human Papillomavirus-Associated Oropharyngeal Cancer Detection[J]. The Journal of Molecular Diagnostics, 2020, 22(1): 50-59.

[14]　Gu Y, Chen C, Wang Z, et al. Plastic-based acoustofluidic devices for high-throughput, biocompatible platelet separation[J]. Lab on a Chip, 2019, 19(3): 394-402.

[15]　Ren L, Yang S, Zhang P, et al. Standing Surface Acoustic Wave (SSAW)-Based Fluorescence-Activated Cell Sorter[J]. Small, 2018, (40).

[16]　Zhang J, Hartman J H, Chen C, et al. Fluorescence-based sorting of Caenorhabditis elegans via acoustofluidics[J]. Lab on a Chip, 2020, 20(10): 1729-1739.

[17]　Guo F, Li P, French J B, et al. Controlling cell-cell interactions using surface acoustic waves[J]. Proceedings of the National Academy of Sciences, 2015, 112(1): 43-48.

[18]　Guo F, Mao Z, Chen Y, et al. Three-dimensional manipulation of single cells using surface acoustic waves[J]. Proceedings of the National Academy of Sciences, 2016, 113(6): 1522-1527.

[19]　Zhang S P, Lata J, Chen C, et al. Digital acoustofluidics enables contactless and programmable liquid handling[J]. Nature Communications, 2018, 9(1): 1-11.

[20]　Zhang P, Chen C, Su X, et al. Acoustic streaming vortices enable contactless, digital control of droplets[J]. Science Advances, 2020, 6(24).

第 14 章　面向液滴微流控的液-液界面工程

生物系统是具有多级结构的高度分化系统,细胞在维持生命体的生存、生长和发育中起着至关重要的作用。然而,不仅生物细胞的复杂性和功能性尚未通过合成或者工程的方法在"人造细胞"中完全实现,而且人们关于对新的细胞组成,如液态凝聚体的研究,也非常欠缺。对细胞中各个组分的高精度识别、观察、监测、操控,有助于我们全面理解细胞及其内部活动的动态过程。液滴微流控技术的发展不但使细胞的高通量及高精度分析成为可能,而且为开发"人造液体细胞器"甚至"人造细胞"提供了新思路。岑浩璋教授[①]的相关工作主要有:

(1) 利用液滴微流控技术分离包含可控数量被载物质(如细胞)的液滴;

(2) 借助全水相系统具有的良好生物相容性、可富集特定生物大分子的能力、界面类生物膜通透性来实现相应的生物医学应用;

(3) 将液-液相分离与流体动力学形成的非圆形全水相液滴进行结合。

本章主要从绪论、研究方向和进展以及总结与展望等方面来介绍液-液界面工程的研究,最后重点强调以液滴微流控技术为基础的全水相系统与其对应生物系统的高度相似性,并进一步讨论如何将这些相关特性应用于具有细胞样特性的新型高级材料的设计中[1,2]。

14.1　绪　　论

目前,液滴微流控技术已经存在了相当长的一段时间,与此同时,玻璃毛细管微流控也已经被人们广泛认识。早在 2005 年,哈佛大学的 Weitz 教授[3]就介绍了使用玻璃管微流控装置来制作复杂的乳剂液滴,通过液滴微流控技术来制备水/油/水结构的双乳液液滴,这项液滴微流控技术相较过去传统的制备方法要简易许多。同时,相较其他传统技术,液滴微流控技术还有其他明显的优势:① 可调控液滴的大小;② 能获得粒径分布均一的液滴;③ 活性成分可被逐一装载到液滴中,从而可以实现较高的载量和包埋效率;④ 更容易地控制液滴的结构以产生不同结构的双/多乳相体系;⑤ 更容易扩展到大规模生产中。

在将多种活性成分装载到液滴里的方法中,岑浩璋教授[4]利用双乳液体系作为模版来生产囊泡,如图 14.1 所示,在水/油/水双乳液体系中,将脂质引入到中间的油相中,由于脂

---

① 岑浩璋,香港大学机械工程和生物医学工程系教授,同时担任香港大学机械工程系的副主任。他的研究方向主要集中在乳液、生物微流控、生物医学工程及软物质等领域。

质会趋于在水油界面上聚集,因此可以作为内部两水相液滴的分界。同时,再结合液滴微流控技术,可以实现液滴结构的高度操控,生成更加复杂的囊泡结构,例如:双组分囊泡和多隔间的囊泡,并且可以在不同隔间内分别载入不同种类的添加物。

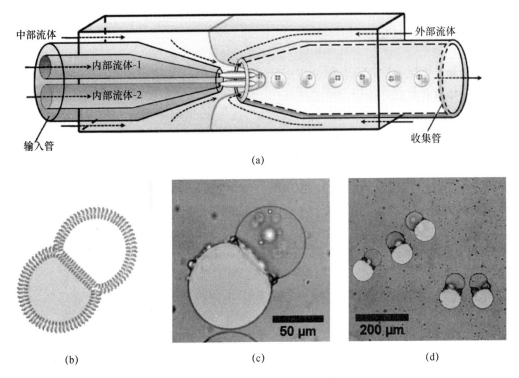

图 14.1　多种活性成分在液滴中的装载

(a) 具有两水相的双乳液的毛细管微流控装置;(b) 装载了两种活性成分的聚合物囊泡;(c) 带有荧光标记的葡聚糖(FITC-dextran)和聚乙二醇(polyethylene glycol,PEG)的聚合物囊泡;(d) 具有单分散性的聚合物囊泡(图片再版许可源自 Wiley 出版社[4])

　　虽然上述技术未来有机会用于实现人工细胞的聚集,但此前还需理解合成液滴与生物液滴的本质区别,并设法突破两者的界限。其中两者的区别有:

　　(1) 生物相容性:合成液滴的油相壳层往往含有不存在于生物液滴中的甲苯、氯仿等其他有机溶剂,因此生物相容性是主要问题;

　　(2) 相分离:合成液滴是否可以实现在许多生物体系中发挥着重要作用的液体相分离现象;

　　(3) 生长:在合成液滴中很少可以观察到生物液滴表现的生长现象;

　　(4) 分裂:合成液滴趋向于研究稳定乳液以防止其聚并,而生物液滴不仅稳定不聚并,而且还会分裂,因此需要考虑是否在合成液滴中也实现分裂的功能;

(5) 组装：在生物液滴的界面上会发生许多组装，也需要在合成液滴中实现这一功能。

14.2 利用双水相体系来解决生物/细胞相容性问题

14.2.1 双水相体系

把两种聚合物（或蛋白质、RNA、DNA 等）作为溶质添加到水中，由于它们皆为水溶性，在添加物浓度较低时该溶液为单相溶液[5]。但随着添加物浓度的增加，液体会分成不互溶的两相，其中一相富含 X 聚合物，另一相富含 Y 聚合物，分别形成不同浓度 X 和 Y 的两相溶液。在宏观尺度下，可以在两相之间观察到界面；在微观尺度下，可以观察到液滴，如图 14.2 所示，该体系可以通过加水稀释来将双相体系（aqueous two-phase systems，ATPS）再次转化回互溶的单相体系[6]。

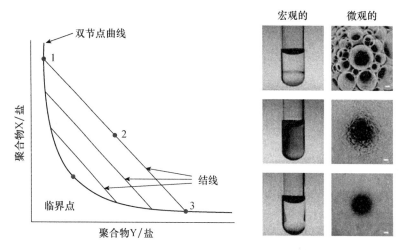

图 14.2　双相体系

（图片再版许可源自 RSC 出版社[6]）

14.2.2 双水相界面与超低界面张力

双水相体系有许多特点，如图 14.3 所示，在葡聚糖（dextran）和明胶（gelatin）双水相体系中，可以观察到界面的存在，界面往下，明胶的质量分数会逐渐增加；界面往上，葡聚糖的质量分数会增加。因此，在界面处两物质会有互补的质量分数梯度[7,8]，通过稀释来减少聚合物的质量分数，该体系会从双相区域过渡到单相区域，进而界面张力会逐渐减弱，在单相区域则界面消失，即界面张力为零[8]。当从双相区域靠近结线（tie line）时，界面张力会逐渐减弱，这意味着界面张力会变得相当小，在极度小的界面张力下有可能产生一些特别的界面现象。

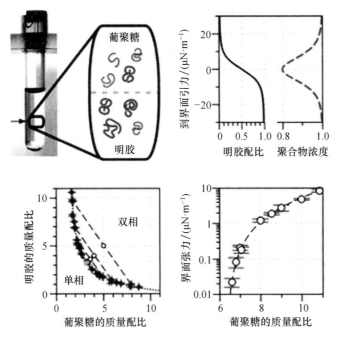

图 14.3　双水相体系界面

（图片再版许可源自 ACS 出版社[8]）

当界面张力非常小的时候（$\leqslant 10\ \mu$N/m），所有过去用于产生双乳液体系的方法都会失效,其原因是：喷射液柱的断开是基于高表面张力导致的毛细不稳定性,所以在低界面张力的情况下只能形成连续的喷射液柱。与此同时,在双相界面还可以观察到不同形态的波纹（corrugation）[6],这种波纹很容易产生,例如注射泵的细微噪声都会导致波纹的产生,但即便是波纹也很难将液柱分开断成液滴,如图 14.4 所示。

14.2.3　在低界面张力下的液柱断裂

如图 14.5 所示,在液柱断裂过程中其半径与时间的关系图中可以发现,低界面张力情况下的曲线明显不同于在高界面张力情况下的曲线[9]。从中推导出公式 $L\equiv t^n$,由平均指数 n 与界面张力 γ 的关系图,得到在低界面张力区域与高界面张力区域有很大区别[9],这是因为在低界面张力区域中,液柱的断开是由于扩散,而不是常见的流体力学主导。因为在双水相体系中虽然有不溶的两相,但水分子却还可以在两相之间扩散,其他添加物也可以在这两相之间扩散,所以扩散在这个过程起着至关重要的作用。

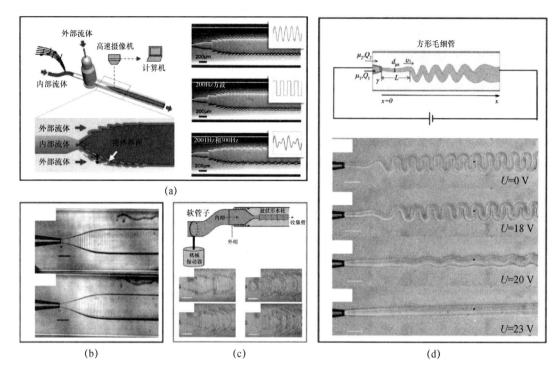

(a)

(b)　　　(c)　　　(d)

图 14.4　在低界面张力下的各种界面现象

（a）声信号在水-水界面的可视化；（b）通过泵引发在水-水界面的波动；（c）通过对水-水界面的扰动而形成的复杂流体结构；（d）通过调整电压实现黏性水-水液柱的折叠与展开（图片再版许可源自 RSC 出版社[8]）

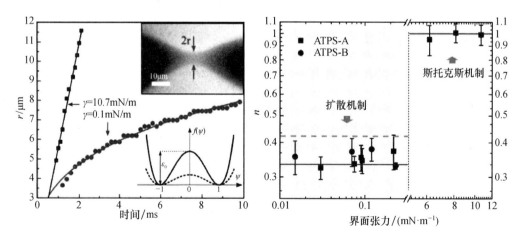

图 14.5　低界面张力下液柱的断裂
（图片再版许可源自 APS 出版社[9]）

14.2.4　通过扰动实现液柱断裂

将水-水体系引入微流控装置中,双水相之间的超低界面张力会阻碍其断裂生成液滴,因此需要引入扰动来实现水-水液柱的断裂,例如:通过管子的机械振动将液柱切断成均一的液滴如图 14.6(a)所示;将压电装置引入到微流控装置来实现液柱的断裂,如图 14.6(b)所示;通入流体以改变压强来引起液柱断裂如图 14.6(c)所示;通过编辑微流管道中的压力分布来断开液注如图 14.6(d)所示。

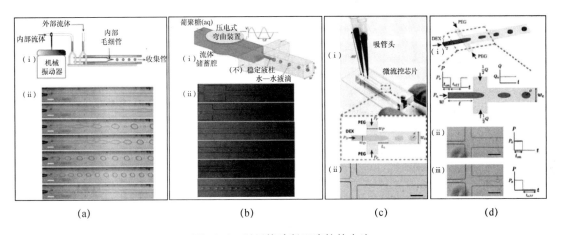

图 14.6　利用扰动断开液柱的方法

(a) 通过管子的机械振动来断开液柱(图片再版许可源自 AIP 出版社[10]);(b) 通过压电装置来断开液柱(图片再版许可源自 RSC 出版社[11]);(c) 通过改变压强断开液柱(图片再版许可源自 ACS 出版社[12]);(d) 通过编辑微流管道中的压力分布断开液柱(图片再版许可源自 Wiley 出版社[13])

14.3　利用双水相体系实现相分离

14.3.1　无膜细胞器中的水相分离

一般而言,如果在双水相体系中引入的添加物具备良好的生物相容性,那么相分离后形成的液滴也就具有较好的生物相容性。相分离是一种在生物细胞中很常见的现象,目前在合成系统中也越来越多地被人们所熟悉。秀丽隐杆状线虫的 P 颗粒在胚胎细胞发育过程中就显示出类似液体的行为;非洲爪蟾卵母细胞核仁活跃的类液行为对其形状和大小起着决定性的作用[14,15]。

14.3.2　合成液滴中的水相分离

双水相体系与无膜细胞器(或称液滴细胞器)之间有许多共同的特征,可以用来理解这些生命现象,故而也可以在合成液滴中引入双水相体系。例如,把添加剂加入液滴相中,就可以通过渗透作用来引发液滴的再次分相,在乳液中产生更小的液滴以实现双乳液体系。岑浩璋教授[6]通过改变液滴中聚乙二醇(polyethylene glycol,PEG)和盐的浓度来调控乳液从单相乳液到三相乳液。与此同时,其他课题组也通过在液滴中引入水相分离来实现不同的液滴结构,如具有两种不同表面的液滴结构等,如图 14.7 所示。

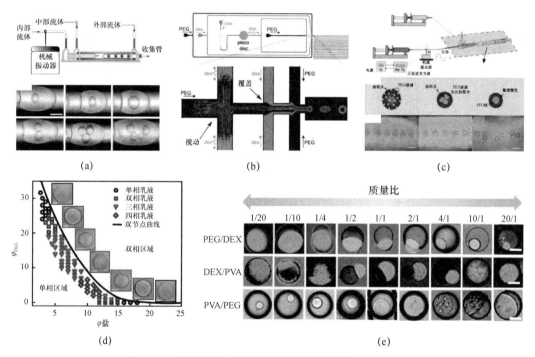

图 14.7　合成液滴中的水相分离

(a) 组装微流控装置用于形成双乳液液滴;(b) PDMS 微流控装置利用相分离形成双乳液;(c) 玻璃毛细管微流控装置利用相分离形成双乳液;(d) 展示由相分离引发的不同形态全水相乳液液滴;(e) 双水相体系形成的由相分离引发的全水相具有两种不同表面的液滴(图片再版许可源自 RSC 出版社[6])

14.3.3　全水相多重乳液

产生全水相多重乳液的具体过程为:首先产生与连续相不容的液滴,由于水分子可以继续在界面之间渗透,所以此时界面表现得像半透膜,水从液滴中被抽出,会导致液滴中添加物浓度的增加,从而导致了随后的另一个相分离现象,这个附加的相分离会再形成一层液膜,如此重复该过程 2~4 次,则可以形成额外的 2~4 层液膜[16,17],如图 14.8(a)所示。

关于全水相多重乳液的探索,岑浩璋教授[17,18]做了如下工作:

(1) 通过水相分离来实现多重乳液:如图 14.8(b)所示,提高添加物浓度从单相区域移出到双相区域,液滴中提高的浓度会引起相分离。继续将液滴中的水分抽出,可以获得多一步的相分离以获得多一层液膜,再如此重复一次则又可继续获得第四层液膜。因此,利用水相分离可以有效地调控液滴中的内部结构。

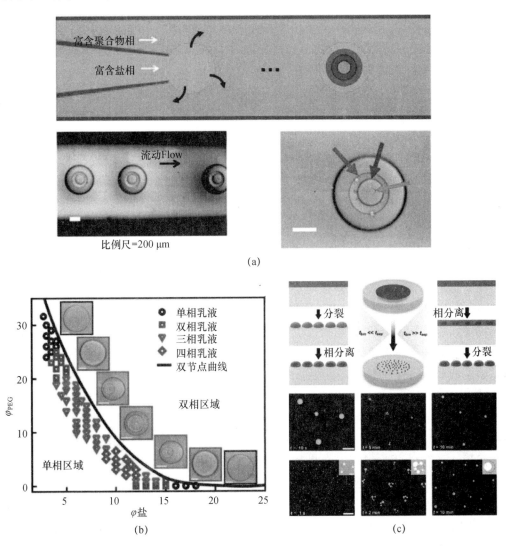

图 14.8　全水相多重乳液

(a) 基于水相分离形成的全水相多重乳液(图片再版许可源自 Wiley 出版社[17]);(b) PEG 和盐浓度之间的关系(图片再版许可源自 Wiley 出版社[17]);(c) 三水相体系中的自乳化相分离水膜所形成的液滴(图片再版许可源自 RSC 出版社[18])

（2）将水相分离与流体动力分裂过程相结合来实现多重乳液：如图14.8（c）所示，将一种液膜加入另一种不互溶的液相上面，当上层液膜铺开后变得越来越薄，液膜中的水转移出去，会引发相分离从而形成了许多大小可控的小液滴。若需要制备更复杂结构的液滴，则可再次引发以上提及的液相分离，形成具有更复杂结构的分级液滴。

14.4　利用双水相体系实现生长

在模仿生物体系的生长方面，岑浩璋教授[19]选择用lysosome（一种蛋白质结构），探索了从单体到低聚合物再到纳米纤丝等几种不同的结构，分别用它们来稳定液相中的液滴。如图14.9（a）所示，通过摇晃这些溶液来促使聚并，可以发现，只有含成熟纳米纤丝的水-水乳液保持了稳定，而其他蛋白质结构尽管也是由lysosome构成的，但都不适合用于稳定液滴。为了研究其中的作用机理，岑浩璋教授在体系中添加了荧光染料，这些染料会黏附在纤丝的表面，通过显微照片分析得知，仅仅0.025 wt%的纤丝就可以维持水-水乳液的稳定，对比没有加入纤丝的对照组，染料则会进入液相中[19]，大多数的纤丝都会跑到两相界面上，而不会进入其中的某一相，扫描电镜图也可以证明液滴表面上堆积着密集的纳米纤丝。

如图14.9（b）所示，改变PEG和葡聚糖的浓度绘制相图，其中只有灰色区域是稳定的，该区域内形成的是葡聚糖液滴，且稳定在PEG溶液外相中。如果将浓度移出该区域则液滴不会保持稳定，从原点开始向外移动，界面张力会逐渐降低，黑色虚线相对应的界面张力为$6\,\mu N/m$；如果界面张力低于它则不能形成稳定的液滴。通过计算，将$6\,\mu N/m$乘以所有液滴的粗略表面积，则可发现所得表面能的值等于热扰动的能量值。所以，大于该界面张力时，纳米纤丝会被高于热扰动的能量吸附到界面上，纳米纤丝则不容易脱落，这就可以解释液滴保持稳定的原因。另一个界限是灰色虚线，当从图中由左向右移动时，开始在葡聚糖（外相）中形成PEG液滴（内相）。而不是在PEG（外相）中形成葡聚糖液滴（内相）。由于纳米纤丝更倾向于进入PEG相中，所以如果纤丝从PEG液滴内部去到界面，会使液滴变得不稳定，它们在PEG相中比在液滴外部更加稳定。总的来说，从外部去稳定液滴，纳米纤维丝可以作为阻碍液滴聚并的缓冲物（灰色区域），但是当它们在内部时，则不能起到同样的作用，这样就解释了为什么会有灰色虚线的存在。

另一个有趣的现象是，图14.9（b）中的非稳定的葡聚糖在PEG区域，原本认为在该区域内过低的界面张力会受热扰动影响，从而导致纳米纤丝脱落。但是，如果让该区域内的纳米纤丝通过聚合作用继续生长，则还可以继续将稳定区域向外延展，如图14.9（c）相比图14.9（b）多出的灰色区域。这是第一次发现通过蛋白质纤丝聚合引发的乳液稳定现象。该聚合过程可以看作是一个生长的过程，如果将交联剂加入该系统，可以将这些纤丝永久交联起来形成纤丝胶囊，作为一种可用于载药和释放的蛋白质载体，如图14.9（d）所示。

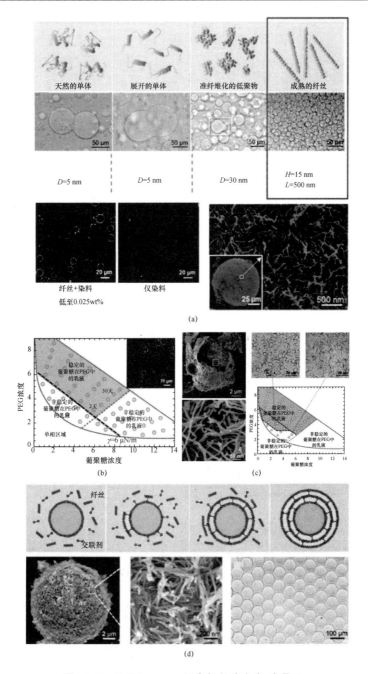

图 14.9　利用 lysosome 纳米纤丝稳定水-水界面

（a）不同聚集状态的 lysosome 稳定葡聚糖-PEG 乳液；（b）水-水乳液的组成成分控制着纤丝在体系中发挥的稳定作用；（c）水-水界面上纤丝层的生长提高了水-水乳液的稳定性；（d）以水-水乳液作为模版来制备的纤丝胶囊（图片再版许可源自 Nature 出版社[19]）

14.5 利用双水相体系实现分裂

关于实现合成液滴的分裂行为,岑浩璋教授[20]还尝试在上述的 lysosome 纳米纤丝稳定的双水相体系中加入非常高浓度的纳米纤丝,体系中就会有超过所需稳定液滴界面的纳米纤丝存在,多余的纤丝会在液滴中形成网状结构,这些网状结构可为液体提供完整的功能,如图 14.10(a)所示。特别值得一提的是,如图 14.10(b)所示,在该状态下渗透作用将水从液滴中吸出,具有内部网络结构的液滴会逐渐向外突出并最终断裂成多个小液滴,这种现象在纤丝浓度非常低的情况下是不能实现的,纤丝浓度越高,脱水越明显,分裂出来小液滴的数量越多。从图 14.10(c)可以得到,通过调控纤丝浓度可实现液滴从无分裂到单分裂再到多分裂的过渡,该液滴的分裂过程,没有为系统提供任何主动的能量,改变的只是物质浓度和渗透压。这一现象让研究人员反思液滴分裂是否与生物体系中的分裂现象有关系,但是发现它们有很明显的不同,因为在非常简单的合成液滴中并没有任何用来实现细胞内部与外部之间物质交换的动态细胞膜,这些都是目前合成液滴尚未实现的功能。

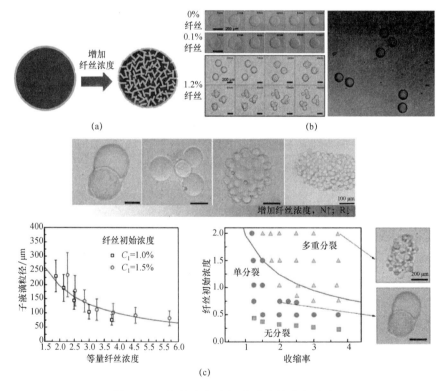

图 14.10 纤丝浓度对水-水液滴的动态影响

(a)蛋白质纳米纤丝在液滴中过量装载;(b)装载蛋白质纳米纤丝的水-水液滴表现出类似出芽生殖的分裂行为;(c)调节纤丝浓度来控制生成子液滴的数量和大小(图片再版许可源自 Nature 出版社[20])

14.6　利用双水相体系实现组装

14.6.1　传统的聚电解质层层组装方式

在传统的聚电解质层层组装流程,如图 14.11 所示,一般而言始于带电荷的颗粒,随之交替加入带相反电荷的聚电解质进行多层组装,最后通过腐蚀性试剂溶解移除内核,则可形成所需的聚电解质胶囊[21]。

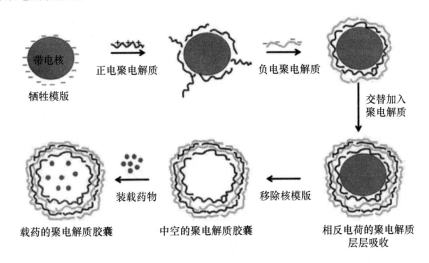

图 14.11　传统的聚电解质层层组装流程

(图片再版许可源于 RSC 出版[21])

14.6.2　以全水相乳液为模版的聚电解质胶囊

为了摆脱传统的层层组装法制备聚电解质胶囊的烦琐复杂,岑浩璋教授[22]尝试将水-水体系引入到聚电解质胶囊的制备中,同时也考虑在合成液滴中实现类似生物液滴的动态组装方式。如图 14.12 所示,分别在液滴相和连续相中加入带相反电荷的聚电解质,这样两种聚电解质就会在界面上进行组装进而形成胶囊,胶囊壁的厚度可以通过加入聚电解质的浓度来调控。

另外,这种方式不仅可以形成聚电解质胶囊,还可以通过调整聚电解质的比例来形成颗粒或微胶。这样一来,如果互不相容的两个水相,把液滴相作为 A,连续相作为 B,当加入水溶性的聚电解质,需要考虑它更偏向于溶解在 A 还是 B,它们溶解在 A 和 B 中的比例称为分配系数。例如,某物质在葡聚糖相中溶解得更多,那么它在葡聚糖相中则具有更高的分配系数。这些聚电解质聚集物的结构取决于它们的分配性质,如果加入更亲液滴相的聚电解质,那么将聚电解质从液滴中移到连续相的驱动力会更小,所以它更趋向于在液滴中稳定存在。外相中的聚电解质会渗透进液滴中,使液滴中的电解质稳定,从而在液滴中形成聚电解质复合物,最终形成聚电解质颗粒或微胶。

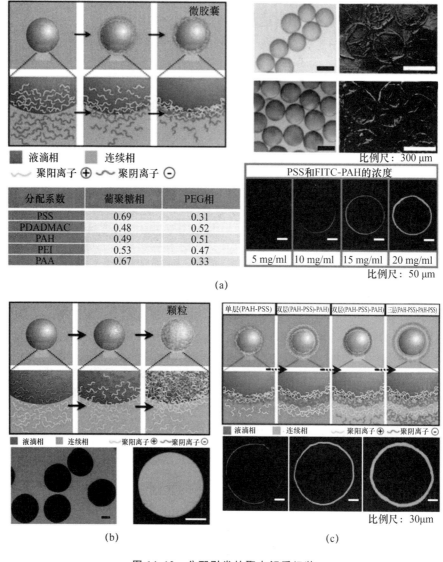

图 14.12 分配引发的聚电解质组装

（a）界面组装聚电解质微胶囊的制备过程；（b）通过亲和分配诱导制备聚电解质微胶囊；（c）多层聚电解质微胶囊的制备过程（图片再版许可源自 ACS 出版社[22]）

相反,如果加入的聚电解质更倾向于在连续相中,那它就会向外跑,在此过程中如果在界面上遇到相反电荷的聚电解质,则会形成胶囊。重复以上过程可复制多层聚电解质,由于先前提及的组装过程更依赖于分配系数,因此还可以通过调整分配系数来改变其结构,如图14.13(a)所示,当 pH 值小于 7.0 则可以形成胶囊,pH 值大于 9.0 则可以形成微胶[23]。

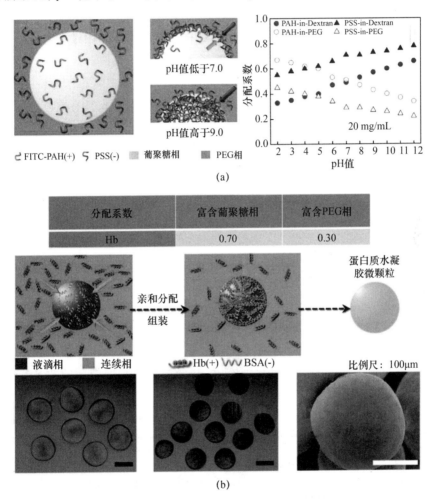

图 14.13　调整分配系数控制组装过程

（a）通过调整分配系数来改变液滴的结构（图片再版许可源自 RSC 出版社[23]）；
（b）蛋白质/蛋白质水凝胶颗粒的制备（图片再版许可源自 RSC 出版社[24]）

上述策略不仅仅局限于聚电解质,其他大分子(蛋白质等)和纳米颗粒在这个过程中也同样适用。如果在体系中加入带电荷的蛋白质则可以利用水-水乳液体系作为模版来形成蛋白质/蛋白质水凝胶颗粒[24],如图 14.13(b)所示。总而言之,利用水-水乳液体系作为模版来形成材料(颗粒、胶囊等)可以有效利用分配系数来控制整个组装过程,从而形成某些特殊的结构,这些都是水滴在空气或油相中未能实现的。

14.7　双水相体系与其他技术的结合

水-水体系可以充分利用水-水界面的优势,结合微流控技术和三维生物打印技术,实现生物和细胞之间的兼容性、动态性、可控性和选择性。

基于双水相体系,研究人员在生物和合成液滴上开展了许多有意思的研究。其中一个方向是,利用这个生物和细胞兼容的体系通过三维生物打印来制作具有响应性的材料、图案和结构。这里,可以用液滴或液柱作为打印的分配部件:

(1)对于液滴,可以将液滴沉降到不互溶的液相中。岑浩璋教授与 Russell 教授等[25]合作开发了一种非常可控的形成液滴的方式,通过调整液滴释放的高度与液滴直径可获得液滴落入外相中的三种状态(悬挂、过渡、包裹),并通过控制各种悬挂液滴的组装将其应用于功能微反应器、微型马达和仿生微机器人中,如图 14.14(a)所示。

(2)对于液柱,则利用电场和电荷来控制液柱的行为:喷射、卷绳、鞭动,并寻找其中的规律来调控打印出各种复杂的图案[26],如图 14.14(b)所示。

倘若要打印具有更多功能的细胞材料,则需要具有挑选细胞的能力,才能在后续步骤中将这些细胞组装到打印材料中去。为此,岑浩璋教授[27]开发了一种微流控系统用于筛选和收集特定数量的某种细胞或其他在液滴中的物质,如图 14.15(a)所示。基于此系统,利用双水相体系将细胞以一种非常可控和有序的方式在界面上组装成细胞单层薄片,例如,可以用不同种类的细胞形成单层细胞膜,并调控细胞膜中细胞的数量,这些都为用细胞悬挂液滴作为打印原料的三维生物打印技术提供了更强的可控性[28],如图 14.15(b)所示。与此同时,全水相三维打印技术不仅可以打印合成结构,也可以打印含细胞的三维结构[29],如图 14.15(c)所示。基于以上研究,相信在不久的将来,我们不仅可以熟练掌控合成结构和含细胞结构的打印技术,更重要的是,结合细胞筛选、细胞组装和全水相三维生物打印等技术,最终实现具有功能的细胞器结构的三维生物打印。

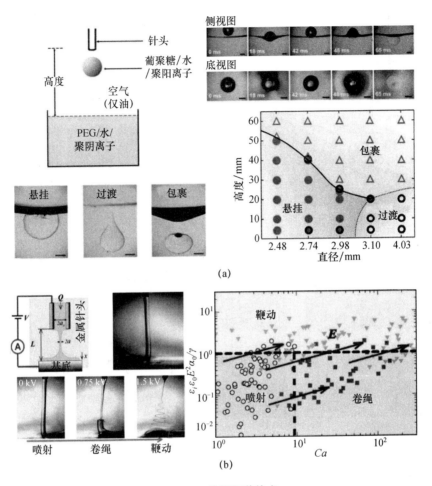

图 14.14　液滴组装技术

（a）水中液滴的组装（图片再版许可源自 NAS 出版社[25]）；（b）电操控液柱（图片再版许可源自 NAS 出版社[26]）

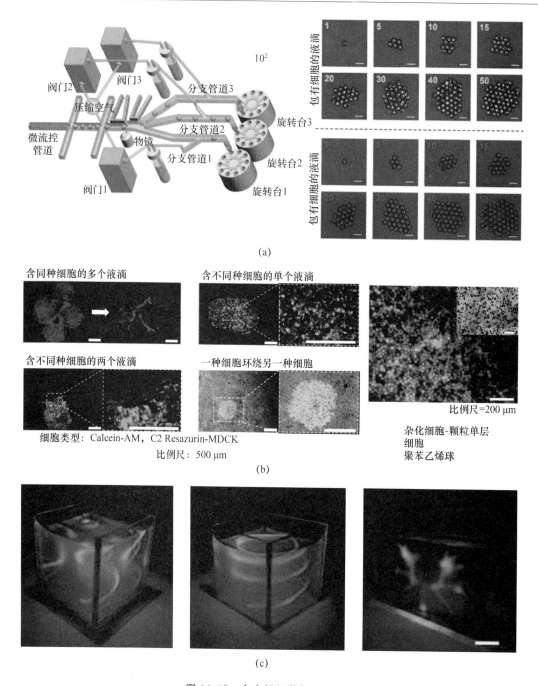

图 14.15　全水相组装与 3D 打印

（a）单细胞液滴的筛选与收集（图片再版许可源自 Wiley 出版社[27]）；（b）全水相界面的细胞组装（图片再版许可源自 ACS 出版社[28]）；（c）全水相三维生物打印（图片再版许可源自 Wiley 出版社[29]）

14.8　总结与展望

本章从液滴微流控技术未来如何用于实现人工细胞的聚集入手,提出了合成液滴与生物液滴之间存在的主要区别(生物和细胞相容性、相分离、生长、分裂、组装),并探讨了如何通过全水相体系的引入来缩小合成液滴与生物液滴之间的差距,例如:通过构建生物相容材料的全水相体系,提高合成液滴的生物和细胞相容性;在合成液滴中实现基于水相分离所形成的多重乳液;利用 lysosome 纳米纤丝来调控全水相液滴的生长和分裂行为;以全水相体系作为模版,实现聚电解质等大分子在水-水界面的组装。最后还指出,将全水相体系引入的全水相界面工程结合微流控技术以及对细胞内液-液相分离的深入认识,在模版材料制备、生物打印、仿生、仿细胞等研究方向有着巨大的潜力。尽管,液滴微流控技术与全水相界面工程的各项研究在实现人工细胞聚集的方向上已经获得了令人瞩目的进展,但还面临着许多挑战。例如:对自然界中水-水界面相关的基础研究、新型水-水体系的发现、具有独特新型结构的材料等,这些挑战将有赖于联合多学科研究人员共同去攻克。希望在不久的将来,科学家能进一步打破合成液滴与生物液滴之间的界限,实现人造细胞器的功能组装,让此技术能够进入生物医学领域来造福人类。

14.9　常见问题与回答

Q1:液滴分裂只限制在水-水界面中,还是也可以存在于其他液体中?

A1:水-水相分离实际上是非常常见的现象,但水-油中的相分离则不会在正常的室温条件下发生,它需要在很高温或在非常特别的条件下才能产生相分离。所以水-水相分离的优势是可以在同样的温度下实现这一切,只要简单地通过渗透作用改变浓度而不需要改变环境。我相信这也是为什么生物体系和生物液滴都依赖于水-水相分离体系而不是其他类型的相分离体系。同样的,气-液相分离行为也可以实现,但是需要在真空体系或更严峻的环境中进行。因此,水-水相分离体系和水-水界面工程为液滴分裂这种复杂现象的研究提供了便捷的平台和模式。

Q2:对比传统的层层组装法,双水相界面组装是否具有很高的效率和成功率?

A2:传统的层层组装法相对比较烦琐,但还是可以继续使用的。在水-水体系中,如果正确地挑选了合适的聚电解质组合,就可以形成结实牢固的聚电解质膜,问题是要挑选适合的体系,通过研究组装过程来探索材料的性质。这里介绍的水-水平台会更加方便,例如在传统层层组装方法中,如果最终需要形成胶囊,就要借助腐蚀性溶剂来除去内部的固体颗粒,但在水-水体系中则不需要,在形成胶囊后,可以通过加水稀释溶液来消除双水相体系,

241

透过率和装载效率也会决定于形成胶囊的聚电解质组合的选择。

Q3：生物打印技术与蘸笔纳米刻蚀技术的区别是什么？其优势是什么？

A3：生物打印技术本身还是基于传统的打印技术，例如通过喷嘴在工作台上的转移用来分配液滴，但是水相体系允许我们有一个内置过程，例如液相分离。我们还可以利用更利于细胞生长和维持的溶液，还可以利用分配性质来移动和区分"墨水"中的细胞，这些方法让我们更接近于生物体系中的分级组装和分级结构。传统的蘸笔纳米刻蚀技术和纳米打印技术都需要借助把喷嘴本身做得更小来构建多级打印结构，生物打印技术可以仅借助液相分离体系就可以提高打印结构的复杂度。

参 考 文 献

［1］ 岑浩璋教授课题组. 岑浩璋教授课题组［EB/OL］. https://web. hku. hk/~ashum/index. html.

［2］ iCANX Talks. iCANX Talks 视频［EB/OL］. https://www. iCAN-x. com/talks.

［3］ Utada A S，Lorenceau E，Link D R，et al. Monodisperse Double Emulsions Generated from a Microcapillary Device［J］. Science，2005，308 (5721)：537-541.

［4］ Shum H C，Zhao Y J，Kim S H，et al. Multicompartment Polymersomes from Double Emulsions［J］. Angewandte Chemie-International Edition，2011，50 (7)：1648-1651.

［5］ Teixeira A G，Agarwal R，Ko K R，et al. Emerging Biotechnology Applications of Aqueous Two-Phase Systems［J］. Advanced Healthcare Materials，2018，7 (6).

［6］ Chao Y C，Shum H C. Emerging Aqueous Two-phase Systems：from Fundamentals of Interfaces to Biomedical Applications［J］. Chemical Society Reviews，2020，49 (1)：114-142.

［7］ Tromp R H，Blokhuis E M. Tension，Rigidity，and Preferential Curvature of Interfaces between Coexisting Polymer Solutions［J］. Macromolecules，2013，46 (9)：3639-3647.

［8］ Vis M，Opdam J，van't Oor I S J，et al. Water-in-Water Emulsions Stabilized by Nanoplates［J］. Acs Macro Letters，2015，4 (9)：965-968.

［9］ Lo H Y，Liu Y，Mak S Y，et al. Diffusion-Dominated Pinch-Off of Ultralow Surface Tension Fluids ［J］. Physical Review Letters，2019，123 (13).

［10］ Sauret A，Shum H C. Forced Generation of Simple and Double Emulsions in All-aqueous Systems ［J］. Applied Physics Letters，2012，100 (15).

［11］ Ziemecka I，van Steijn V，Koper G J M，et al. Monodisperse hydrogel microspheres by forced droplet formation in aqueous two-phase systems［J］. Lab on a Chip，2011，11 (4)：620-624.

［12］ Moon B U，Abbasi N，Jones S G，et al. Water-in-Water Droplets by Passive Microfluidic Flow Focusing［J］. Analytical Chemistry，2016，88 (7)：3982-3989.

［13］ Ma Q M，Song Y，Sun W T，et al. Cell-Inspired All-Aqueous Microfluidics：From Intracellular Liquid-Liquid Phase Separation toward Advanced Biomaterials［J］. Advanced Science，2020，7 (7).

［14］ Brangwynne C P，Eckmann C R，Courson D S，et al. Germline P Granules Are Liquid Droplets That

Localize by Controlled Dissolution/Condensation[J]. Science, 2009, 324 (5935): 1729-1732.

[15] Brangwynne C P, Mitchison T J, Hyman A A. Active Liquid-like Behavior of Nucleoli Determines Their Size and Shape in Xenopus Laevis Oocytes[J]. Proceedings of the National Academy of Sciences of the United States of America, 2011, 108 (11): 4334-4339.

[16] Song Y, Shum H C. Monodisperse $w/w/w$ Double Emulsion Induced by Phase Separation[J]. Langmuir, 2012, 28 (33): 12054-12059.

[17] Chao Y C, Mak S Y, Rahman S, et al. Generation of High-Order All-Aqueous Emulsion Drops by Osmosis-Driven Phase Separation[J]. Small, 2018, 14 (39).

[18] Chao Y, Hung L T, Feng J, et al. Flower-like Droplets by Self-emulsification of a Phase-separating (SEPS) Aqueous Film[J]. Soft Matter, 2020, 16: 6050-6055.

[19] Song Y, Shimanovich U, Michaels T C T, et al. Fabrication of Fibrillosomes from Droplets Stabilized by Protein Nanofibrils at All-aqueous Interfaces[J]. Nature Communications, 2016, 7.

[20] Song Y, Michaels T C T, Ma Q M, et al. Budding-like Division of All-aqueous Emulsion Droplets Modulated by Networks of Protein Nanofibrils[J]. Nature Communications, 2018, 9.

[21] Verma G, Hassan P A. Self Assembled Materials: Design Strategies and Drug Delivery Perspectives [J]. Physical Chemistry Chemical Physics, 2013, 15 (40): 17016-17028.

[22] Ma Q M, Song Y, Kim J W, et al. Affinity Partitioning-Induced Self-Assembly in Aqueous Two-Phase Systems: Templating for Polyelectrolyte Microcapsules[J]. Acs Macro Letters, 2016, 5 (6): 666-670.

[23] Ma Q M, Yuan H, Song Y, et al. Partitioning-dependent Conversion of Polyelectrolyte Assemblies in an Aqueous Two-phase System[J]. Soft Matter, 2018, 14 (9): 1552-1558.

[24] Deng Y, Ma Q M, Yuan H, et al. Development of Dual-component Protein Microparticles in All-aqueous Systems for Biomedical Applications[J]. Journal of Materials Chemistry B, 2019, 7 (19): 3059-3065.

[25] Xie G H, Forth J, Zhu S P, et al. Hanging Droplets from Liquid Surfaces[J]. Proceedings of the National Academy of Sciences of the United States of America, 2020, 117 (15): 8360-8365.

[26] Kong T T, Stone H A, Wang L Q, et al. Dynamic regimes of electrified liquid filaments[J]. Proceedings of the National Academy of Sciences of the United States of America, 2018, 115 (24): 6159-6164.

[27] Nan L, Lai M Y A, Tang M Y H, et al. On-Demand Droplet Collection for Capturing Single Cells [J]. Small, 2020, 16 (9).

[28] Chan Y K, Yan W H, Hung L T, et al. All-aqueous Thin-film-flow-induced Cell-based Monolayers [J]. ACS Applied Materials & Interfaces, 2019, 11 (25): 22869-22877.

[29] Luo G Y, Yu Y F, Yuan Y X, et al. Freeform, Reconfigurable Embedded Printing of All-Aqueous 3D Architectures[J]. Advanced Materials, 2019, 31 (49).

第 15 章　仿生多尺度孔道

　　神奇的大自然一直是人们取之不尽、用之不竭的设计仿生新材料的灵感源泉。仿生新材料的发明、创造及其物化性质的研究也一直是人们关注的重点,深入观察和研究生物系统的结构、功能及其原理,是设计开发仿生新材料的关键。近年来,侯旭教授[1]提出了受自然界生物中肺泡的启发而设计的动态液/气、液/液作用界面的液体门控系统,为膜材料带来了许多优异的性能,如透明界面、抗污染、节能、可自愈、可回收等。侯旭教授还关注了仿生微流控技术和仿生纳米通道的研究,如受到柔性血管的启发,在弹性体高分子膜基材料微流控技术方面取得突破性进展。侯旭教授课题组的研究内容主要有以下两个方面[1]:

　　(1) 仿生液体门控系统;

　　(2) 仿生微流控技术与仿生智能纳米通道。

　　本章主要从绪论、研究方向和进展以及总结与展望等部分来介绍仿生多尺度孔道的研究[2]。

15.1　绪　　论

　　由于生物中某些材料的优异性能使得仿生新材料近年来受到了越来越多的关注。如图15.1所示,荷叶的自清洁、水黾在水上自由行走、壁虎在墙面上的爬行、蝴蝶翅膀的美丽花纹等,这些生物的功能多是由于微纳结构或微纳孔道赋予的独特性能,科学家通过对这些现象的研究来获得这些性能并将其应用在生产生活中[3]。

　　微孔和通道在自然和生活中是无处不在的,其在植物叶片上的气孔,动物胃黏膜上的胃小凹,工业上的海水脱盐、油水分离、化学分析等方面均扮演了很多重要的角色。由于尺寸效应的存在,每个系统都存在着不同的科学问题,其中微钠尺度的研究引起了人们极大的兴趣。例如,在微米尺度上,人们会对毛细管的作用感兴趣;而在纳米尺度上,人们会更关注粒子间的相互作用。本章主要聚焦在微孔和微米通道、纳米孔道和纳米通道等方面。

---

　　① 侯旭,厦门大学教授,仿生多尺度孔道课题组组长,曾先后在四川大学、国家纳米科学中心、美国哈佛大学(Harvard University)等国际一流研究机构学习与工作。他的研究方向主要集中在微纳尺度多孔膜的科学与技术研究。

图 15.1　某些生物体具有的特殊性能

（图片再版许可源自 https://unsplash.com）

15.2　仿生液体门控系统

当我们提到"门"的时候,浮现在脑海中的一直是固态的"门",其实各种形态的"门"无处不在,小到自然界中细胞的门控离子通道,大到宇宙的"星际之门"。譬如,在科幻电影《星际之门》中,外星人利用扭曲时间和空间的虫洞将物质瞬间传送到其他星球进行时间旅行。虽然是科幻影视作品,但星际之门的概念让我们对"门"形成了更广义的认识。受其启发,是否可以在现实生活中得到其他状态的门呢?

而在现实的宏观尺度上,液体有很强的流动性,液体分子之间的相互作用弱于固体,由于重力作用,液体的形状会随时发生变化,难以得到稳定的结构,更不可能形成"门"。在微观尺度上的液体特性和宏观尺度有什么不同呢? 大自然给了答案——生物的肺泡里充满了微米尺度的孔道,并由液体填充,形成一个液体"门",气体通过充满液体的通道进入组织内部,进行气体交换[4]。液体复合在多孔膜可弹性膨胀收缩的肺泡小孔,受到压力驱动时,可实现肺泡和血液组织之间的可控气体运输,如图 15.2(a)所示。成人肺约有 3 亿～4 亿个微小的肺泡,总表面积近 100 m² ,为气体交换提供了充足的接触面积;肺泡上面的库氏孔直径为几十微米,其上有一层液体,主要功能是做肺泡之间的侧支通气门控,如图 15.2(b)所示。这些孔作为通风门具有重要的生物学意义[5],这些液体可以响应压力梯度而重新配置产生一个开放的、有流体衬里的孔。受库氏孔的启发,侯旭教授构建了一种基于液体的门控膜系统[6,7]。

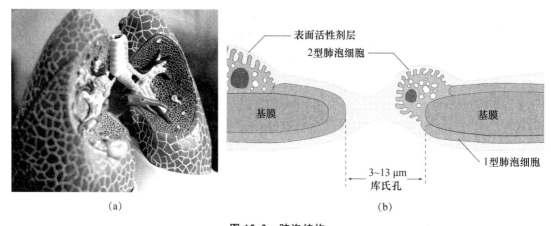

(a)   (b)

图 15.2　肺泡结构

（a）肺的结构（图片再版许可源自 https://unsplash.com）；（b）肺泡的结构（图片再版许可源自 https://derangedphysiology.com）

15.2.1　液体门控膜系统的原理

液体门控膜系统的核心是充满液体的孔隙可以提供统一的门控策略,即微孔与其内部稳定的高亲和力液体提供了孔道结构与动态界面行为的独特组合。液体复合在多孔膜材料的微尺度孔道中,在毛细力作用下,可稳定填充在微观限域的孔道内部,形成一种液体"门"[8],如图 15.3 所示。该液体稳定填充于多孔膜材料的孔道中,把功能液体作为"门"浸润黏附在多孔膜中,制备出压力驱动下的液体复合多孔膜门控。该门控具有优异的抗污和节能性能,从而产生了"液体门控膜"的概念。这种仿生液体门控膜可以充分利用不同动态液体和多孔固体的优点,通过材料界面的物化设计,实现一种非常稳定的液固复合膜材料。

将普通多孔膜与填充了液体的多孔膜进行对比,气体可以直接通过普通多孔膜,并且与孔径和表面化学性质无关;而填充了润湿液体的多孔膜会形成一个所谓的"门控",除非气体的压强增大到一个阈值,否则气体无法从中通过,如图 15.4 所示。对于每种材料,没有门控液体的 $p_{\text{critical(gas)}}=0$,有门控液体的 $p_{\text{critical(gas)}}>0$。同时,从图 15.4(c)中可以明显看出,水通过液体门控膜的临界压力要小于没有水通过液体门控膜的临界压力,这将会为物质跨膜传输提供了节能减阻的可能。

当气体通过填充了液体的多孔膜时,由于孔径以及表面张力的作用,会有一个压强阈值 p_{gas};而当液体通过填充了液体的多孔膜却出现了一个小于 p_{gas} 的压强 p_{liquid},如图 15.5 所示,这种和普通多孔膜相反的性质值得进一步研究。如果填充了液体,那么液体通过时除了要克服孔的表面张力,还要尽力排开原来待在孔里的液体,这样就需要更多的能量,即更大的压强,可惜实验结果与其预期并不一致。经过大量的实验与理论模拟,侯旭教授发现当液体通过填充了液体的孔道时,传统的固-液作用界面已经转换成了液-液作用界面,液体不再

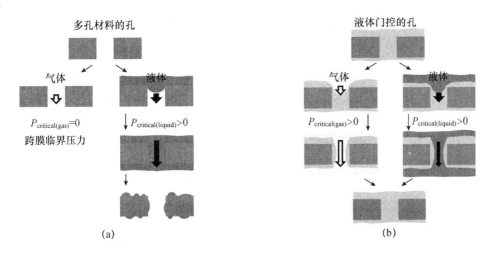

(a)　　　　　　　　　　　　　　　　(b)

图 15.3　普通多孔材料与液体门控系统工作

(a) 对于常规的固态纳米或微米孔(大于分子尺度),气体的传输不受控制,甚至在零压力下也可以进行,而液体的传输取决于与固体表面接触相互作用形成的弯月面,也就是需要克服表面张力,因此在特定的有限压力下才可以进行,这种情况下液体经过孔后容易在孔壁残留并结垢;(b) 如果孔中充满了稳定的门控液体,由于传输物质穿过该液体需要一定的压力(界面张力),传输的气体和液体都将受到其控制,在打开状态下,门控液体将可逆地重新配置以形成液体孔道,每种传输物质均需克服其在液-气或液-液界面处的张力,因此每种物质将具有特定的临界压力,并且这种液体孔道将防止传输物质与固体接触。撤去压力后,液体孔道将恢复到其原始的液体填充状态(图片再版许可源自 Nature 出版集团[8])

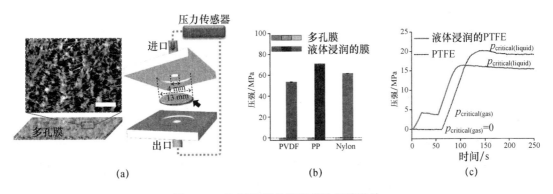

(a)　　　　　　　　　　　(b)　　　　　　　　　　　(c)

图 15.4　气/液可控输运的液体门控设计

(a) 多孔膜的扫描电子显微镜照片(比例尺为 5 mm)(左),压力测量装置(右);(b) 在有或没有门控液体的情况下,气体流经各种多孔材料所需的临界压强(平均孔径为 0.45 mm,PP:聚丙烯,PVDF:聚偏二氟乙烯);(c) 同一个系统中存在液体门控和不存在液体门控下传输气/液的临界压强(图片再版许可源自 Nature 出版集团[8])

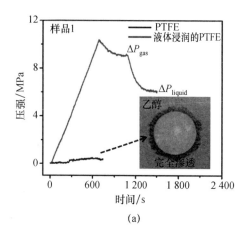
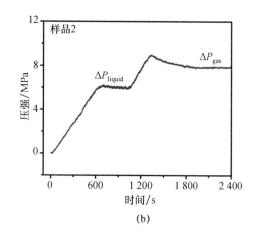

图 15.5　空气和乙醇通过是否添加门控液的孔径为 5 μm PTFE 膜时的跨膜压强

(a) 添加乙醇后裸露的 PTFE 膜的光学图像;(b) 压强随时间的变化(图片再版许可源自 Nature 出版集团[8])

需要克服固体孔径的表面张力,而只需克服与之不相容的门控液体之间的界面张力;由于这两种液体之间的界面张力一般比门控液体的表面张力低,相比固体界面,通过液体的压强大到可以将其推至固体界面时,即可通过孔道。这样单一门控液体对单一通过液体具有一个固定的压强阈值,通过调节压强范围就有可能实现物质分离,如图 15.6 所示。这种通过调节后的液体门控系统也可以降低液体传输的压力,进而具有节能的优势,如图 15.7(a)所示。

在工业上,膜分离最核心的一个问题就是膜的污染问题。过滤膜孔道的阻塞不但会造成过滤效率下降,而且会二次污染所过滤的物质,造成分离效率下降,分离成本增加,同时还会增加分离能耗。为此,侯旭教授等对通过的流体加入罗丹明染料,用实时共聚焦显微镜观测液体门控多孔膜系统与普通多孔膜系统,结果发现当罗丹明染料通过膜时,两片膜均能观察到荧光信号,而通过膜之后,液体门控多孔膜系统几乎无荧光信号,普通多孔膜系统依然有明显的荧光信号,说明液体门控多孔膜较普通多孔膜具有较好的抗污染性能,多孔膜内部以及表面填充的液体阻挡了所通过液体与孔道固体界面的接触,使得液体中悬浮的直径大于多孔膜孔径的颗粒被挡在了孔外,降低了污染的风险[8]。其抗污染的图示以及机理解释如图15.7(b)—(d)所示,由于液体门控多孔膜的有效孔径变小,只有液体通过而盐颗粒被关在了门外,即只有膜表面残留了一些盐颗粒,并且可以收集;由于表面覆盖了一层保护液膜,所以对表面进行温和的清洗就可以去掉残留物质。而对于普通多孔膜,颗粒随着液体进入了孔道内部以及孔道周围,无法收集,强力清洗液也无法去除污染物,会对孔道造成比较严重的污染。

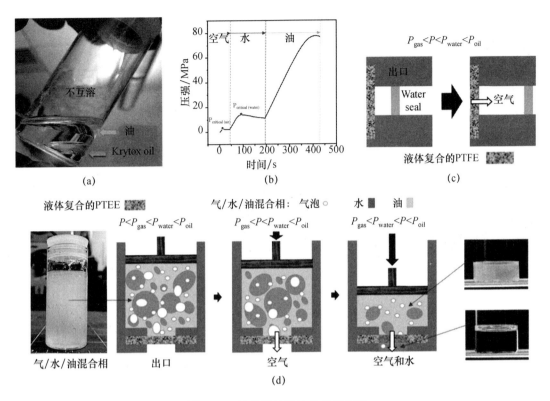

图 15.6　液体门控系统的多相分离

（a）原油和 Krytox 油之间不互溶；（b）分别通过浸润 Krytox 油的 PTFE 膜（20 μm）输送空气、水和油所需的压力，流速 1000 μL/min；（c）使用水滴作为出口处的密封来确定通过膜的空气流量；（d）液体多孔膜逐步从三相混合物分离出空气、水和原油（图片再版许可源自 Nature 出版集团）

　　液体门控膜系统将压强可控性能和抗污染性能集合在一个体系，就可以实现分离时较低的工作压力，避免因孔道堵塞造成的压力急剧增大和污染体系的现象发生。较低的工作压力更节能，通过长时间的过滤实验发现，工作 2 h 后，普通多孔膜分离压强为 11.1 kPa，液体门控多孔膜的分离压强为 6.8 kPa，相比普通多孔膜节能 38.7%。在连续工作 4.5 小时后，普通多孔膜由于堵塞污染等原因分离压强增大到 22.3 kPa，而液体门控多孔膜的分离压强仅有 9.7 kPa，其相比普通多孔膜节能达到了 56.5%，如图 15.7（b）所示。工作时间越长，液体门控膜系统的抗污染以及节能效果越显著。这种利用液体保护孔道抗污染的理念不仅仅适用于纳米孔和微米孔，在尺寸更大的微流控通道中也同样适用[9]。

　　研究人员检测了多种物质通过具有液体门控保护的微通道以及传统抗污染微通道，发现具有液体门控保护的微通道对罗丹明 B 溶液、荧光微粒、荧光蛋白或者血液均无滞留现象，而在传统抗污染的微通道中则发现了大量的残留物质，如图 15.7（c）和 15.7（d）所示。结合具有

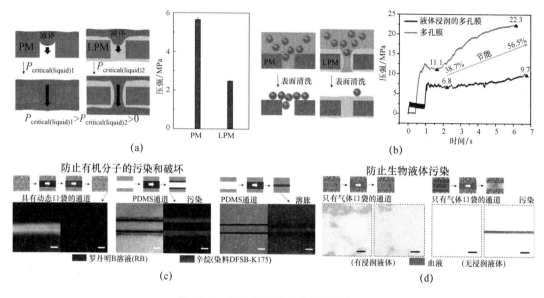

图 15.7　液体门控系统节能抗污机理

（a）同一液体流过多孔膜和液体浸润的多孔膜时的示意及其跨膜临界压力（图片再版许可源自 Nature 出版集团[8]）；（b）4-benzoylamino-2,5-diethoxybenzenediazonium chloride hemi(zinc chloride) 盐颗粒悬浮液（1000 μL/min）流过注入液体的多孔材料，在孔关闭后将盐颗粒悬浮在液体表面（中间），并且通过轻柔的表面冲洗很容易移除颗粒，而常规裸露的膜（左侧）将盐捕获在孔中和周围，反复冲洗也不能将其移除，通过液体浸润的 PTFE 膜将盐颗粒的悬浮液跨膜输送所需的压力比通过裸露的膜所需的压力低 38.7%（右侧），由于裸膜易结垢，在以 50 μL/min 的流速运行 4.5 h 后，该百分比差异增加到约 56.5%，节能率由 $(P_{PTFE}-P_{PTFE\ Krytox\ 103})/P_{PTFE}$ 计算所得，其中 Krytox 103 是浸润膜孔的液体（图片再版许可源自 Nature 出版集团[8]）；（c）具有液体门控的微通道的防污能力。在连续传输染料和辛烷之后，没有观察到通道的结垢或浸透，常规 PDMS 微通道在相同条件下注入染料和辛烷，PDMS 微通道壁上残留了大量的染料，同时辛烷会使 PDMS 膨胀并损坏整个微通道。比例尺为 100 μm（图片再版许可源自 Nature 出版集团[9]）；（d）具有液体门控的微通道的防生物污染的能力，连续在具有动态口袋的微通道内注入血液后，没有观察到通道的结垢或浸透，在相同条件下向无浸润液体的 PTFE 微通道注入血液，大量的残留血液留在 PTFE 微通道的壁上，比例尺为 2 mm（图片再版许可源自 Nature 出版集团[9]）

　　液体门控的微通道以及微纳米孔道，可以设计具有抗污染并且压强可调的复杂微流控系统，实现多相物质的分离和输运，这对微纳米通道以及微流控系统具有里程碑式的意义[6]。

　　新概念也伴随着新挑战，如果只有固-液界面设计，将大大限制该系统的开发和应用，因此侯旭教授考虑是否可以通过构建动态材料界面来设计和研究液体门控膜系统，这将为液体门控膜系统的智能开发带来新的机遇，并引领该领域的发展。不同于传统的多孔膜系统，响应性液体门控膜系统具有实现动态分子级平整、实时响应、透明界面、可控流动性、自愈合、抗污、防冰与自适应等性质与功能[10]，如图 15.8 所示。

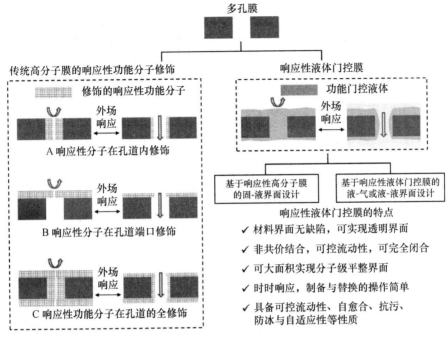

图 15.8　液体门控膜系统的智能应用开发以及与传统高分子膜的对比

（图片再版许可源自 Wiley-VCH 出版集团[10]）

15.2.2　液体门控膜系统的固体设计：响应性多孔膜

通过对固体多孔膜的设计，侯旭教授在 2018 年开发了具有动态可控气体/液体传输性质的弹性多孔膜复合液体门控系统，该系统可以在稳态压力下精细控制和动态调节气体和液体的分离，如图 15.9 所示[11]。

这一研究首先设计了孔径可控的高分子弹性多孔材料，具有良好的伸缩率（断裂伸缩率约 450%）和稳定性（循环稳定性达 500 次以上）。不同的孔径设计，使得待输运流体通过膜体系的压强阈值发生改变。弹性多孔膜具备了孔径动态可调的特性和优异的恢复能力。不同的功能液体与高分子膜材料之间具有不同的润湿性，通过优化润湿性条件，构筑了稳定的液体门控复合膜体系。由于功能液体与高分子膜材料的复合，避免了待输运流体与膜材料的直接接触，该体系具有优异的抗污性能。

从实验和理论两方面研究了孔径对物质过膜压强阈值的影响，分析了弹性体多孔膜材料受到一维和二维形变的应力分布，并利用其形变来调控物质输运性能。研究发现，在一维和二维的外力作用下，待输运流体通过复合膜体系的压强阈值均能降低，并能通过外力动态地改变该阈值。每种待输运流体都有一个特定的过膜压强，受到外力作用时，液体复合弹性

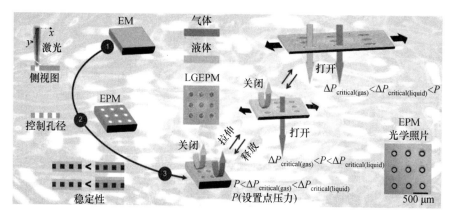

图 15.9　可调弹性多孔膜基液体门控(LGEPM)系统的制备及其机理
(图片再版许可源自 AAAS[11])

体高分子膜发生定向形变,既保证了复合膜的高透过性,又保证了其高选择性,如图 15.10 所示。

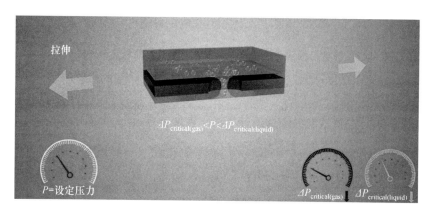

图 15.10　液体复合弹性体高分子膜在外力作用下实现气液分离
(图片再版许可源自 AAAS[11])

进一步设计了基于仿生液体复合有机高分子弹性膜的气液分离流体器件,首次实现了在恒压环境下的可控气液输运和动态分离(分离效率 97%以上)。该复合体系的材料选择广泛,制备简单,可控性好,稳定性高,具有良好的抗污性能和恢复性能,能动态调控物质过膜压强,这项研究对多相物质输运和分离具有重要的意义。

15.2.3　液体门控膜系统的液体设计:响应性门控液体

表面活性剂被誉为"工业味精",因其加入极少量就能使液体的界面性质发生明显变化,广泛应用于肥皂、洗发液、护肤品制作等方面。由于其亲水亲油的特性,也称双亲分子。研究人员基于"液态门"的研究,发现当引入表面活性剂为门控液体时,它将不同于其他液体,为"液态门"带来极其灵敏的开关作用,如图 15.11 所示[12]。

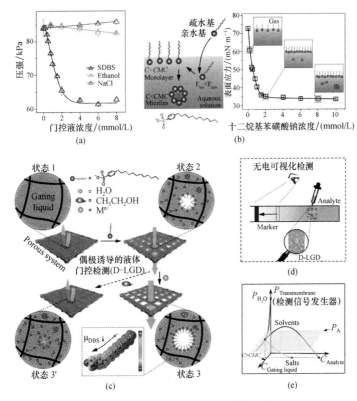

图 15.11 响应性两亲分子门控液的工作机理

(a) 偶极诱导的液体门控检测系统(D-LGD)的门控行为,含有十二烷基苯磺酸钠(SDBS)的 D-LGD 显示出非线性门控特性,而含乙醇/NaCl 体系的 D-LGD 表现出线性门控行为;(b) SDBS 溶液气/液界面的特征;(c) D-LGD 的机制;(d) D-LGD 在无电可视化检测中的应用;(e) D-LGD 中门控液中 SDBS 浓度($C_{\text{Gating liquid}}$)与分析物浓度(C_{Analyte})及跨膜临界压力(P_{Critical})的关系(图片再版许可源自 Wiley-VCH 出版集团[12])

侯旭教授进一步设计作为门控液体的表面活性剂溶液,采用量子化学计算方法得到表面活性剂双亲分子与待检测物质的最优结构和双亲分子的偶极矩,就像设计一把开门的钥匙能够准确迅速地打开特定的"液态门"[12]。"液态门"体系能够将功能门控液体中双亲分子与待检测物质特异性相互作用导致的界面张力信息,转化为气体跨膜临界压力阈值变化信息。在检测时,体系可动态调控气体通过薄膜,拥有压力驱动标记物移动特性。这种直观的微量物质检测新技术,能够实现待检测物成分、浓度变化信息的无电可视化检测。研究人员以二价金属离子 Ca^{2+} 为例,探讨了检测的灵敏度和检测极限,设计了无电可视化的化学检测装置。在该装置中,一端是有特定压强的腔室系统,另一端是有标记液滴的管路,并与响应性的"液态门"薄膜组合,当向"液态门"系统中注射待检测 Ca^{2+} 时,能够非常直观地看到标记液滴在管路里的移动。响应性"液态门"(液体门控)技术的提出,突破了传统微量物质化学检测机制与应用的限制,其操作简单,不仅可以应用在重金属污染物与毒品快速便携式微量检测中,同时也在食品安全、环境监测、医疗诊断等领域同样具有广阔的应用前景。

15.2.4 液体门控膜系统的固液设计

研究人员同时也结合固体膜和门控液来做一个协同设计。最近,侯旭教授开发了一种移动液体门控膜系统用于智能活塞和阀门,可以随着压力的变化而智能地调控阀门的开关和移动[13],该研究在智能活塞、智能阀门、微流体、软机器人和驱动器等领域具有潜在的应用。

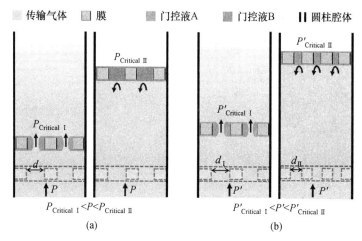

图 15.12　移动式液体门控系统(MLGMS)机理

(a) 利用不同的门控液对 MLGMS 进行调节;(b) 通过调整膜的孔径来调节 MLGMS(图片再版许可源自 ACS 出版社[13])

15.3　仿生智能微流控

侯旭教授在仿生微流控方面也做了大量的工作。如图 15.13 所示,这是一种仿生柔性高分子弹性微通道[14]。他们选择一种高柔韧性和高黏附力的高分子材料,不仅可封装微流体通道,而且可以利用激光刻蚀技术,在其表面制备各种复杂的微通道图案。作为重要的基底材料,由此制备出了多维度弹性体微通道,且孔径尺寸可以动态调控。这种弹性体微通道具有优异的力学性能,可在未来传感应用领域发挥重要的作用。

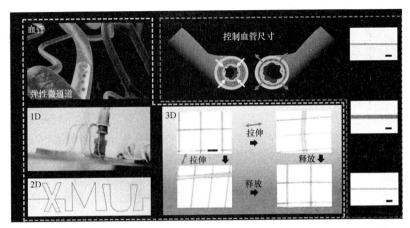

图 15.13　受生物血管启发的柔性高分子弹性微通道
（图片再版许可源自 Wiley-VCH 出版集团[14]）

15.3.1　内表面修饰的仿生纳米通道

侯旭教授通过对生物中的离子通道进行学习研究，制备了人工响应外界刺激的仿生纳米通道[15]。该通道通过设计更复杂的功能分子来扩展更多的功能，并为现实应用的智能纳米通道提供了思路。

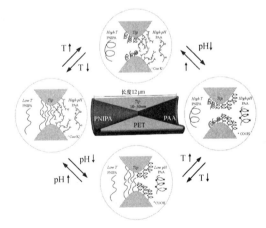

图 15.14　内表面修饰的人工纳米通道
（图片再版许可源自 American Chemical Society[15]）

15.3.2　动态仿生纳米通道

针对生物系统启发设计的动态仿生纳米通道，生物中的纳米通道膜的变形可能会对细胞活动产生重要影响，不同的变形机理将对细胞行为提供不同的理解，例如一些疾病的产生。受这一现象的启发,是否可以制造出动态仿生纳米通道? 如何建立动态仿生纳米通道? 生物纳米通道的动态变化可以在物质运输过程中观察到,并且通过这个动态变化可以调节纳米通道内的物质传输特性,如图 15.14 所示。

侯旭教授通过化学气相沉积法获得可控的碳纳米管阵列,制备动态仿生纳米通道,研究其在受限空间内的离子输运特性[16]。该动态通道具有依赖于电压、浓度和离子大小的反常效应,以及通过调节曲率实时控制离子整流效应的可逆转换。这是一种通过使用通道曲率的动态变化来实时调节离子整流,从而调节纳米通道中的离子传输的新方法。这种动态方法可用于构建智能纳米通道系统,在柔性的纳流控体系、离子整流器和纳米发电机等领域具有重要的应用前景,如图 15.15 所示。

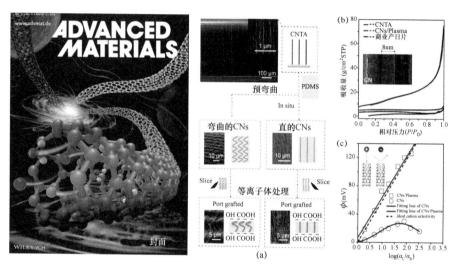

图 15.15 动态仿生纳米通道的制备及其动态调控机理

（a）具有开放端和阳离子选择性的不对称弯曲纳米通道膜的制备；（b）氮气吸脱附等温曲线和孔径特征；（c）膜电势 Φ 对 CNs 和经等离子体处理的 CNs 活度比的对数的关系图（图片再版许可源自 Wiley-VCH 出版集团[16]）

15.4 总结与展望

侯旭教授所领导的多尺度孔道实验室,受生物体中多尺度孔道的启发构建了液体门控系统,研究了微纳尺度孔道和孔道内的物理化学组成对其门控性质及物质输运的调控,将为智能薄膜的应用带来新的机遇和挑战,希望能够推动仿生孔道在生物医学、智能薄膜、物质分离、污水处理领域的实际应用。设计并开发了仿生微流控和智能纳米通道,在可穿戴纳米流体装置领域具有潜在的应用价值,进一步延伸到更多离子/分子类型,可以创造各种纳米原型机,包括纳米发电机、速度传感器和振动逆变器等。

将仿生多尺度孔道技术与材料、化学、物理以及微纳技术等学科紧密结合,在器件的智能化、功能化、抗污染和柔性可拉伸等方面将获得有益突破,发展仿生多尺度孔道技术从先进材料制备到医疗领域的广泛应用,为下一代智能材料及技术的发展提供启发、借鉴和探索空间。

15.5　常见问题与回答

Q1:液体门控系统有物理或空间上的限制吗?液体设计的影响因素是什么?

A1:很多人都会关心液体门控中液体的稳定性。对于液体来说,它们有各自的物理化学性质,当你要构建一个液体门控的时候,如果它的传输物质是液体,那它们之间是需要不互溶的,是需要考虑一些物理化学性质的。如果是用于化学检测,那需要液体和目标检测物质之间会发生引起表面张力变化的反应。

Q2:液体门控的响应速度如何?是否需要对表面进行特殊的涂层改性?

A2:对于环境改变的响应性是实时发生的,而响应的速度取决于孔径和液体与膜两者之间的亲和力。根据实际情况可以对材料进行不同方法的处理。例如,对于孔的大小来说,多孔材料的机械性能要足以抵抗压力的变化,有机聚合物中很小的孔中的液体可能不能很好地可逆恢复,可以使用金属材料来获得更小的孔径。

Q3:关于纳米通道的一个问题,对于制造和使用这些纳米通道,你能让它大尺寸地制备吗?对于大尺寸制备,通道的重复性如何?

A3:对于大尺寸制备,我们是通过化学气相沉积法(chemical vapor deposition,CVD)制备的。如果你有大的 CVD 设备,你可以制备大的薄膜;如果你需要超薄的薄膜,同时需要特殊的切片装置。此外,我们也可以将许多膜进行集成来获得较大的尺寸。对于重复性,我们现在使用的是多壁碳纳米管阵列,其离子传输重复性良好,如果使用单壁碳纳米管可能具有一些挑战。

参 考 文 献

[1]　侯旭教授课题组.侯旭教授课题组[EB/OL].https://xuhougroup.xmu.edu.cn.
[2]　iCANX Talks.iCANX Talks 视频[EB/OL].https://www.iCAN-x.com/talks.
[3]　江雷,冯琳.仿生智能纳米界面材料[M].北京:化学工业出版社,2007.
[4]　Namati E,Thiesse J,De Ryk J,et al.Alveolar dynamics during respiration:are the pores of Kohn a pathway to recruitment? [J].American Journal of Respiratory Cell and Molecular Biology,2008,38 (5):572-528.

［5］ Pastor L M，Sanchez-Gascon F，Girona J C，et al. Morphogenesis of rat experimental pulmonary emphysema induced by intratracheally administered papain：changes in elastic fibres［J］. Histol Histopathol,2006,21(12)：1309-1319.

［6］ 王苗，闵伶俐，侯旭.液体门控：一种崭新的门视角［J］. 科学,2017,69(5)：9-11.

［7］ Hou X. Liquid gating membrane［J］. National Science Review,2019,7(1)：9-11.

［8］ Hou X，Hu Y，Grinthal A，et al. Liquid-based gating mechanism with tunable multiphase selectivity and antifouling behaviour［J］. Nature,2015,519(7541)：70-73.

［9］ Hou X，Li J，Tesler A B，et al. Dynamic air/liquid pockets for guiding microscale flow［J］. Nature Communications,2018,9(1).

［10］ Hou X. Smart Gating Multi-Scale Pore/Channel-Based Membranes［J］. Advanced Materials,2016,28 (33)：7049-7064.

［11］ Sheng Z，Wang H，Tang Y，et al. Liquid gating elastomeric porous system with dynamically controllable gas/liquid transport［J］. Science Advances,2018,4(2).

［12］ Fan Y，Sheng Z Z，Chen J，et al. Visual Chemical Detection Mechanism by a Liquid Gating System with Dipole-Induced Interfacial Molecular Reconfiguration［J］. Angewandte Chemie-International Edition,2019,58(12)：3967-3971.

［13］ Liu W，Wang M，Sheng Z Z，et al. Mobile Liquid Gating Membrane System for Smart Piston and Valve Applications［J］. Industrial & Engineering Chemistry Research,2019,58(27)：11976-11984.

［14］ Wu F，Chen S，Chen B，et al. Bioinspired Universal Flexible Elastomer-Based Microchannels［J］. Small,2018,14(18).

［15］ Hou X，Yang F，Li L，et al. A biomimetic asymmetric responsive single nanochannel［J］. Journal of the American Chemical Society,2010,132(33)：11736-11742.

［16］ Wang M，Meng H，Wang D，et al. Dynamic Curvature Nanochannel-Based Membrane withAnomalous Ionic Transport Behaviors and Reversible Rectification Switch［J］. Advanced Materials,2019,31 (11).

第16章 多维度感知的柔性电子设备

近年来,材料的创新与结构的灵活设计促使柔性电子领域快速发展,并为获取人体从体表到体内的生理信息打下了坚实的基础,涌现出了很多优秀的科研成果。其中,加州大学圣迭戈分校的徐升教授[①]成果十分丰富,他首先在材料创新方面,提出了一种杂化铅卤钙钛矿单晶薄膜的生长方案,配合应力工程增强了器件性能;其次在结构设计方面,他研制成功了一种可穿戴的多层可拉伸系统,实现了多模态生理信号识别,并将其应用于假肢操控与人机交互之中;在此基础上,他进一步集成了超声传感元件阵列,实现了对人体血压的非侵入式持续监测,拓宽了传统柔性电子器件在三维空间的应用潜力。上述新型可拉伸电子材料与结构的灵活设计,对电子产品在运动医学、国防与临床等领域的应用具有深远的影响。目前,徐升教授的主要研究内容集中在以下几个方向[1]:

(1)三维结构设计研究;

(2)可拉伸集成系统研究;

(3)杂化铅卤钙钛矿及相关材料研究。

本章主要从绪论、材料创新、结构设计、可穿戴集成系统以及总结与展望等部分来介绍柔性电子系统的相关研究进展。

16.1 绪 论

柔性电子学是一门新兴学科,在消费电子、医疗健康、能源技术以及机器人等领域应用广泛[2~5]。例如,智能隐形眼镜可以实现对眼泪中葡萄糖含量的非侵入式连续监测[6];可穿戴电子"文身"能够有效监测身体的各项生理信息[7];柔性电子器件具有更加灵活的应用场景[8]。而发展这类柔性电子器件的关键在于如何更高效地进行器件的制备,基于此,徐升教授在一篇综述中[9]详细地讨论了这一问题并归纳为材料创新与结构设计两个重要方向,如图16.1所示。

---

① 徐升,加州大学圣迭戈分校(University of California,San Diego,UCSD)纳米工程系的助理教授,入选麻省理工学院(Massachusetts Institute of Technology,MIT)35岁以下杰出青年榜单,获得 NIH NIBIB 开拓者奖、Wellcome Trust 创新者奖、美国材料学会杰出青年研究者奖等各类奖项。他的主要研究领域是应用于健康监测和人机交互界面的柔性可穿戴电子器件。

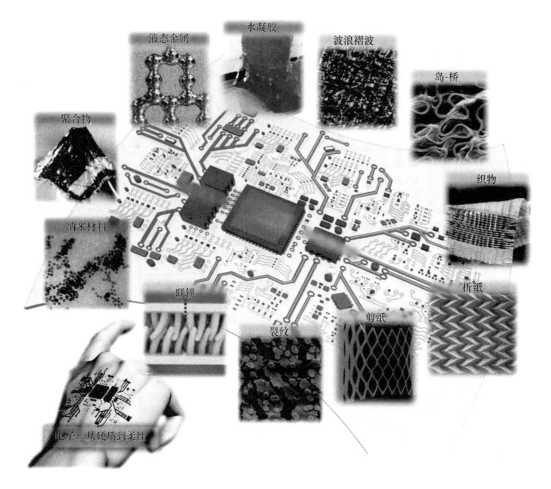

图 16.1　柔性电子器件的材料与结构

(图片再版许可源自 Wiley 出版社[9])

对于坚硬的树干或者柔软的纸张,基于经典力学的原理展开讨论,即这些物体的刚度与其物理尺寸的三次方成正比;而对于硅(Si)或砷化镓(GaAs)这类现代电子工业的基础材料,当它们作为块体材料使用时,呈现出易碎的特征,而当其尺寸减小至百纳米量级时,就会变得十分柔软。利用以上特质,可以制备得到纳米带或者组装得到多种柔性电子器件。

16.2　材料的创新

大多数钙钛矿呈现出多晶或者单晶的形态,形貌规整,性能出色。但是,对于大块单晶钙钛矿材料来说,它们难以加工,无法应用于柔性电子器件的制备,而多晶钙钛矿又具有一些缺陷,很大程度地限制了其输运性能。随着材料科学的快速发展,一类有机-无机杂化铅卤钙钛矿材料得到了研究人员的关注[10~12]。与 Si 或 GaAs 这类材料相比,它们具有非常高的电子迁移能力,并且能在低成本的溶液中制备,无须高温高压和精密加工设备。

然而,对于杂化铅卤钙钛矿的外延单晶薄膜而言,其制备有两个难点。首先,需要找到一种与这类杂化铅卤钙钛矿具有外延关系的衬底;其次,有机-无机杂化铅卤钙钛矿材料对水非常敏感,当浸入水中时,卤化物会迅速分解,因而传统的微纳加工工艺并不适用。徐升教授提出了一种新的工艺方法,采用大块钙钛矿单晶直接作为衬底,从而有效解决了外延衬底选择的问题,在后续工艺中只需关注如何控制钙钛矿薄膜在自身衬底上的生长过程[13]。这种生长方法如图 16.2 所示。

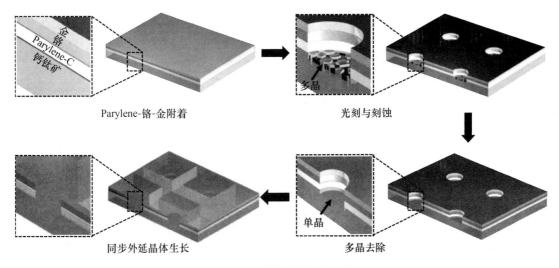

图 16.2　单晶钙钛矿薄膜的生长方法
(图片再版许可源自 Wiley 出版社[13])

首先,在钙钛矿基底上沉积一层密封良好的 Parylene-C 薄膜,这层薄膜可以有效防止金属和有机溶剂中的水分子与氧气渗透进钙钛矿之中,之后利用湿法刻蚀在 Parylene-C 上开出孔洞,再通过干法刻蚀去除 Parylene-C,并暴露出大块的单晶钙钛矿。显然,在刻蚀过程中控制其恰好停留在钙钛矿表面是非常困难的,因此可以用溶剂去除多余的裸露在外的多晶钙钛矿,从而将单晶钙钛矿表面露出,以便其进一步生长。

通过工艺摸索与优化,徐升教授团队成功地生长出了基于杂化铅卤钙钛矿的外延单晶薄膜,通过图 16.3 中的 SEM 图像可以看出,钙钛矿薄膜具有可控的生长结构,不仅可以控制其从立方体到薄膜的生长形态,也能控制其在衬底上的分布状况。同时,通过选用不同取向的衬底,如[100]、[111]、[110]等晶向,可以进一步控制微结构的生长方向。在此基础上,还可以将不同功能的薄膜堆叠起来,再在顶部生长晶体,实现单晶的多维度、多方向生长,并且在横向生长的过程中,与功能层形成保形接触。基于这种结构,可以进一步制备得到具有高分辨率的单晶钙钛矿发光二极管。

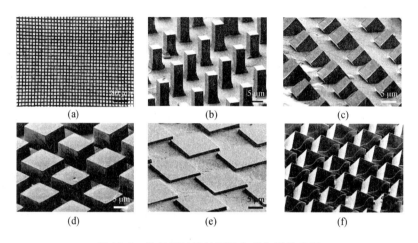

图 16.3 单晶钙钛矿的可控生长与形貌表征

(a) 大面积薄膜;(b) 柱状;(c) 三角形;(d) 块状;(e) 薄膜;(f) 金字塔状(图片再版许可源自 Wiley 出版社[13])

这种将钙钛矿生长与微纳加工工艺相结合的加工方法展现出了广阔的应用前景,其中之一是应用在应变工程之中。应变工程是改变载流子动力学过程的一种通用方法,徐升教授在前期单晶钙钛矿薄膜制备的基础上,进一步在不同的钙钛矿衬底上生长出了 α-FAPbI$_3$ 单晶薄膜。在调整有机-无机杂化铅卤钙钛矿衬底中卤素原子比例的过程中,衬底的带隙与晶格结构都会发生相应改变,从而导致衬底颜色发生变化,如图 16.4(a)所示。同时,晶格常数的改变会使得外延薄膜在生长的过程中,衬底的顶部受到不同程度的应变,如图 16.4(b)所示[14]。

可以看到,在逐渐增加衬底中的氯含量的过程中,晶格常数会越来越小,这意味着 α-FAPbI$_3$ 的压缩应变会逐渐增加;同时,拉曼光谱测试也很好地反映出了这一变化。当压缩应变增至 -2.4% 时,由于衬底对薄膜存在面内压缩,面外则存在着对应的拉伸效应,使得立方 α-FAPbI$_3$ 晶体越来越趋向四方结构,并使薄膜的晶格失去对称性,从而增大拉曼光谱的峰值,且峰值幅度随压缩应变的增加而增强,如图 16.4(c)所示。当压缩应变超过某一特定阈值时,拉曼光谱的峰将分裂为两个。这是由于当对称性逐步减弱且存在应变时,面内与面外的 Pb-I 间的振动频率存在差异,进而产生双峰,如图 16.4(d)所示。

值得一提的是,应变工程的主要功能是调整半导体的载流子动力学过程,当采用密度泛函理论(density functional theory,DFT)进行模拟仿真时可以发现,电子的有效质量基本不变,空穴的有效质量则随着应变压缩程度的增加而增强,这也就意味着空穴迁移率将越来越

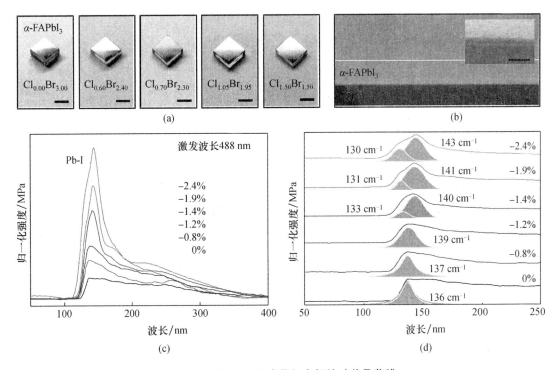

图 16.4 有机-无机杂化铅卤钙钛矿单晶薄膜

(a) 卤素原子比例对衬底颜色的影响;(b) SEM 照片;(c) 压缩应变对拉曼光谱峰值的影响;(d) 压缩应变超过一定阈值后产生双峰(图片再版许可源自 Springer Nature 出版社[14])

大,如图 16.5(a)所示。然而,实验与仿真结果之间却存在着较大出入。实验结果表明,载流子迁移率在压缩应变达−1.2%时达到峰值,之后逐渐下降,如图 16.5(b),图 16.5(c)所示,这是由应变增强与应变缺陷的竞争效应导致。并且,在应变增强的过程中,钙钛矿薄膜与衬底之间将产生更多的错位,而这些错位对于载流子输运是无益的,因此空穴有效质量增加带来的迁移率增强效应将与晶格缺陷带来的亏损相互抵消。

另一方面,这种新型的生长模式在解决钙钛矿薄膜的亚稳态问题上带来了新的研究思路,在没有应变的状态下,原本黑色的 α-FAPbI₃ 薄膜发生了质变,一天后就变成了黄色,性能也有所衰减;而在应变状态下,α-FAPbI₃ 则可以在一年的时间内仍然保持稳定的结构与性能。

这种显著增强的效果主要有两方面的原因:其一,在存在应变的状态下,单晶钙钛矿薄膜通过牢靠的共价作用固定于衬底之上,使得这些薄膜在外界环境影响下仍然保持良好的晶格结构而不会遭到破坏,而无应变的薄膜则不具备这一优势;另一方面,α-FAPbI₃ 内部存在应力,这种应力不利于钙钛矿晶格的稳定,而在外界应变存在的条件下,外在应力可以抵消一部分内在应力,促使 α-FAPbI₃ 薄膜的稳定性进一步增强。同时,钙钛矿薄膜的稳定性

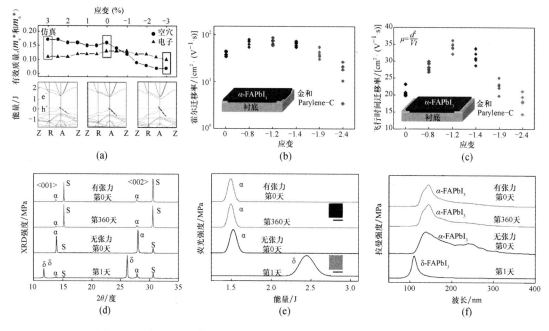

图 16.5　有机-无机杂化铅卤钙钛矿单晶薄膜的电学性能与外延稳定性

（a）动力学过程仿真；（b）应变与迁移率的仿真结果；（c）应变与迁移率的实验结果；（d）有无应变对材料影响的 XRD 强度的测试分析；（e）有无应变对材料荧光强度的测试；（f）有无应变对拉曼强度的测试
（图片再版许可源自 Springer Nature 出版社[14]）

增强效果也可以通过 X 射线衍射（X-Ray Diffraction，XRD）、拉曼光谱等手段得到进一步的验证与表征。

16.3　结构的设计

16.3.1　"岛-桥"结构

　　基于降低材料尺寸维度可以获取柔性材料，但是当所需材料体积庞大或者器件笨重而不易降低维度时，就需要采用新的策略，例如"岛-桥"结构来实现柔性器件的加工。"岛-桥"结构局部坚硬但整体非常柔软，岛与岛之间通过蛇形线（桥）进行连接。通过仿真可以发现，在拉伸-复原的过程中，岛本身不会承受很大的应力，从而始终保持完整，而应力主要分布在连接的蛇形线上，并使其被逐渐拉开，如图 16.6 所示。这种蛇形线的设计能够承受较大的应变，具有出色的机械强度。因此，采用"岛-桥"结构，一方面，可以将硬质的功能元件集成到"岛"上，保证功能元件在拉伸力的过程中，形貌与性能保持稳定；另一方面，施加的应力应小于弯曲线断裂的应变阈值，从而保证整体器件的可靠性与稳定性。

在系统层面,常常采用超软聚合物对器件整体进行封装,来增强其拉伸性与弯曲特性。而对这类聚合物的选择也有一定的标准,通常需要具有较大的体积电阻率、良好的润湿性、高的介电强度、低的射频性能、低的渗透性并且要求对其他部件没有副作用。由于结构上的优势,"岛-桥"结构已经获得了广泛的应用。

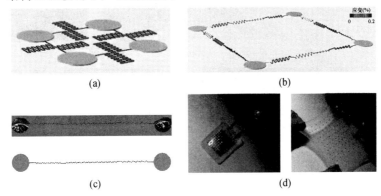

图 16.6　可拉伸"岛-桥"结构的设计

(a) 示意图;(b) 仿真计算;(c) 拉伸测试与计算对比;(d) 实物图(图片再版许可源自 Springer Nature 出版社[15])

首先,将这种"岛-桥"结构应用到可拉伸电池的制备,徐升教授设计了一种 10×10 的电池阵列,电池集成在"岛"上,相互之间采用蛇形线连接[15]。在拉伸过程中,电池可以稳定驱动 LED 正常工作,且亮度没有发生明显改变,证实了电池性能始终保持稳定,体现了"岛-桥"结构的突出优势。

进一步,"岛-桥"结构可以与丝网印刷加工工艺相结合,将电极打印到"岛"结构之上,再通过电化学沉积与溶液滴涂的方式,对电极进行修饰,得到可拉伸的生物燃料电池阵列[16]。如图 16.7(a)所示,在拉伸过程中,电极性能保持稳定。可以通过优化溶液配比,提升可拉伸生物燃料电池的能量采集效率与循环稳定性,同时,这种器件可以很好地贴附在身上。在健身房运动的过程中,身体会分泌汗液,其中含有大量的葡萄糖,能够激发生物燃料电池正常工作,并驱动 LED 而不需要任何电池或者外界能量供给。

同时,利用丝网印刷工艺还可以将不同的溶液打印到"岛"结构之上,作为电化学传感器,如图 16.7(b)所示,用来检测人体汗液或者细胞间质液中不同生物标志物的含量[17]。"岛-桥"结构与柔性聚合物衬底相配合,使得器件可以保形贴附在皮肤之上,进一步对电极进行特异性修饰,电化学传感器能够对不同的生物标志物进行高选择性、高灵敏度地监测。

16.3.2　多层可拉伸电子

在上述"岛-桥"结构研究的基础上,徐升教授将这种设计与现有的商用电子元件相结合,得到了具有无线能量采集、原位数据处理与无线信息通信等多功能的可穿戴贴片[18]。

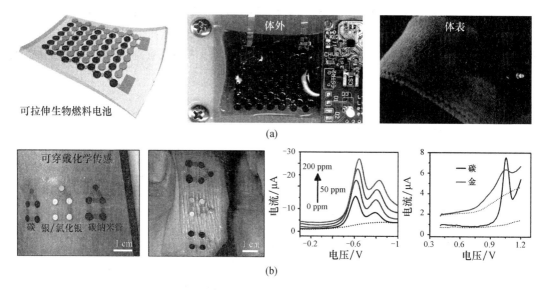

图 16.7 可拉伸"岛-桥"结构的应用

（a）可拉伸生物燃料电池（图片再版许可源自 RSC 出版社[16]）；（b）可穿戴电化学传感器（图片再版许可源自 Wiley 出版社[17]）

这种贴片的中间是电路核心单元，两侧则是工作电极部分，当贴附在人胸口时，利用 NFC 线圈为贴片提供能量；当可穿戴贴片中的电容存储单元充满电后，就可以驱动电路进行一系列工作，通过电极原位采集电生理信号，并将得到的信号通过无线模块，传输到电脑界面，实现心电图信号的实时监测。

可以看出，虽然可穿戴技术具有巨大的发展潜力，但它仍然是一门新兴技术，且不能与现有的发展成熟的工业级加工技术相适配。现阶段三维电路板的加工，通常利用过孔（vertical interconnected access，VIA）结构进行多层之间的互联，并提供能量与信号传输的通道。但是 VIA 只能通过硬质硅基加工工艺实现，并不适用于上述提到的柔性衬底。为克服这一局限，徐升教授提出了一种新的加工技术，采用直写去除的激光烧蚀方式，在硅胶柔性衬底上进行 VIA 加工[19]，如图 16.8 所示。这种快速、精确且可扩展的 VIA 加工方法包括三个方面：首先，选择的激光波长应对铜结构的完整性影响较小；其次，在硅胶中加入染料以增强其对可见红外范围激光的吸收，从而降低激光烧蚀阈值；第三，通过调谐光衰减优化激光脉冲能量，实现不同材料的选择性去除。用这种方法能够轻松加工三种典型的 VIA（通孔、埋孔与盲孔），并实现不同层之间的有效连接。

借助于 VIA 的制备，徐升教授进一步制备了一种多层柔性全集成系统，如图 16.9 所示。这种可拉伸系统包括四层结构，每一层都基于"岛-桥"结构，并配合不同的功能器件。其中，第一层包括应变传感器，第二层包括温度传感器，第三层为核心电路模块与天线，第

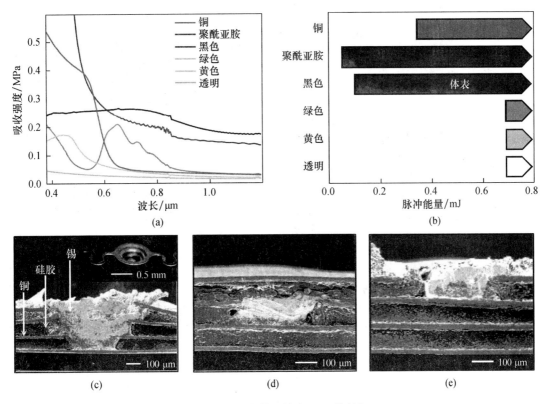

图 16.8　可拉伸系统中 VIA 的制备

（a）激光波长对材料的影响；（b）硅胶中加入不同燃料对激光吸收的影响；（c）通孔的加工结果；（d）埋孔的加工结果；盲孔的加工结果（图片再版许可源自 Springer Nature 出版社[19]）

四层则包括加速度计与陀螺仪。整体器件展现出非常强的应变适应能力，在横向与纵向上分别实现 35％与 50％的拉伸力，并在上千次的拉伸-复原过程后，能够完全回复至初始状态。

　　与单层结构的器件相比，这种多层可拉伸系统需要同时考虑各层之间的机械耦合。其中，芯片互连会增加硅胶弹性体的局部机械载荷，导致部分区域的应变分布不均匀，且应变多集中在硬质元件之间的区域，并在硬质元件正上方或正下方的区域达到最小。因此，整个区域内嵌入的弯曲互连线不会均匀变形，非均匀应变的大小主要取决于两个因素，即硬质元件的尺寸以及硬质元件与可拉伸互连线之间的垂直间隔。为了将多层可拉伸系统的力学特性进行可视化展现，徐升教授采用 X 射线计算机断层扫描（X-ray computed tomography，XCT）成像的方式，得到了系统在初始状态与 35％拉伸力下的三维结构，如图 16.10 所示。可以看出，VIA 并没有发生明显的分层或变形，整个系统展现出了极好的鲁棒性。

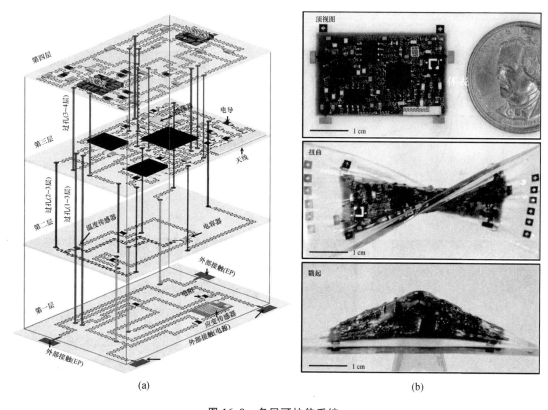

(a)　　　　　　　　　　　　(b)

图 16.9　多层可拉伸系统

（a）每层结构；（b）实物（图片再版许可源自 Springer Nature 出版社[19]）

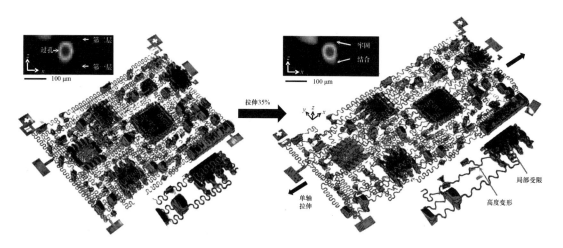

图 16.10　应变状态下多层可拉伸系统的稳定性

（图片再版许可源自 Springer Nature 出版社[19]）

因此,借助于 VIA 设计,这种多层可拉伸系统能够在有限的面积内,实现多种功能传感单元的集成。当贴附在人体胸部时,能够同时对多种生理信号进行非常灵敏的捕捉,记录人体呼吸、皮肤温度和身体运动等生理信息。其中,呼吸频率通过应变传感器检测,皮肤温度通过温度传感器记录,而在行走过程中,沿 x、y 和 z 轴(A_x、A_y 和 A_z)的加速度计与沿 x、y 轴(G_x 和 G_y)的陀螺仪可以对人体不同的运动姿态进行记录与分析,得到的生理信号则通过蓝牙模块无线发送至用户端。

这种多层可拉伸系统的另一个典型应用是非侵入式多功能人机交互,从人体皮肤界面获取的各种生理信号,可以直接作为操控机器人或假肢的指令源。将多层可拉伸系统贴附在人体前臂,可以进行六种不同运动信号的采集,包括三通道加速度、两通道角速度以及肌电信号,用来控制机械臂的跟随运动。通过实时无线数据通信和算法分析,机器人手臂能够快速识别和模拟人体手臂的姿态,这在人工智能和物联网等领域具有巨大的应用前景。

16.3.3　可拉伸超声器件

可穿戴器件近年来发展迅速,其传感的生理信号主要包括温度、姿态、加速度等在内的物理信号[20~22]以及包括葡萄糖、乳酸、钠离子、尿酸等在内的化学信号[23~25]。然而,现阶段的探测对象,都局限在皮肤表面或者皮肤表面下几毫米的生理信息。但是,更真实可靠的海量生理信息来自人体的核心器官,它们距离体表的深度远大于几毫米,如何有效采集这些人体内部的生理信号是亟待解决的问题。徐升教授借助于超声手段,实现了灵敏、稳定非侵入式的人体核心器官生理信息的持续监测,与其他技术相比,超声探测展现出更大的渗透深度、良好的生物兼容性与安全可靠性。

首先,徐升教授制备了一种可拉伸超声贴片[26],如图 16.11 所示,这是一个 10×10 的传感元件阵列,周围上百个电极能够对每一个超声传感元件进行精确控制。这种贴片阵列非常柔软,且具有良好的拉伸力与扭曲变形力。在工作的过程中,超声贴片的发射和传感依赖于机械能和电能的可逆转换。机电耦合性能是评价超声传感元件性能的关键指标,这种复合材料中的大部分偶极子在极化过程中排列整齐,显示出优秀的机电耦合特性。

采用硅胶隔离封装的方式,对这些超声传感元件的共振频率与反共振频率的阻抗进行测试,器件展现出很好的一致性与加工可重复性,如图 16.12 所示。此外,评价超声传感元件的另一个重要指标是串扰,即不同元件之间的干扰程度,这种超声贴片展现出优异的抗干扰性能。进一步,通过仿真分析了超声贴片的机械性能,在拉伸状态下,"岛-桥"结构展现出优异的力学特性,在拉伸至 40% 的情况下,超声元件的阻抗特性仍保持稳定。由此可见,应力形变对器件性能的影响很小。

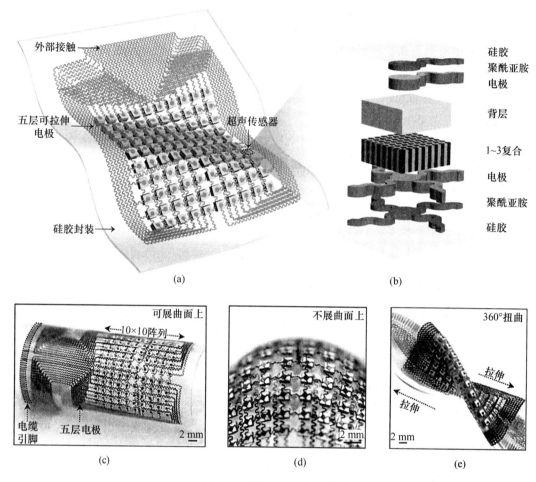

图 16.11　可拉伸超声传感阵列

（a）可拉伸超声贴片；（b）单元结构可拉伸超声贴片；（c）样品的光学照片；（d）弯曲单元；（e）扭曲实验（图片再版许可源自 AAAS 出版社[26]）

　　借助于可拉伸等优势，这种超声传感元件也可以作用在各种凹凸的表面之上，实现非侵入式的检测，进行三维结构的可重构识别，并在飞机、汽车、桥梁、建筑等设备工程的检修领域中发挥重要作用。同时，这种超声传感元件展现出了非常好的机械顺从性，最大的拉伸应变可达 60%，并能保形覆盖在皮肤之上而不发生分层。工作过程中，最大的渗透深度可达 40 mm，通过频率与功率进行调控，能顺利探测人体的绝大多数器官，实现多种生理信息的实时捕捉。

　　在人体的各种生理信息中，血压对于监控人体身体状况至关重要，现阶段的血压检测具有很多种方式，如血压计袖带、血压计、动脉导管等；但是这些方式有些受到人体状态的影

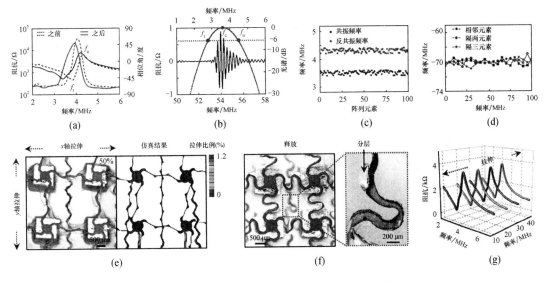

图 16.12　可拉伸超声传感阵列的机械性能表征

（a）拉伸前后的阻抗变化；（b）频率响应；（c）阵列元素的反共振测试；（d）单元串扰测试；（e）拉伸的仿真与实测；（f）释放的测试和局部；（g）拉伸响应（图片再版许可源自 AAAS 出版社[26]）

响,有些需要他人辅助,有些则需要扎针而无法实时监测,以上方式都存在一定的限制。为了实现非侵入式的长期稳定血压监测,徐升教授利用超声传感元件,通过记录血管直径的变化,分析得到血压的变化波形,并在 5000 Hz 的工作频率下,实现了高分辨率血压的连续监测[27],如图 16.13 所示。

　　需要注意的是,由于渐进性血管阻力、中心血管和周围血管之间的硬度和阻抗不匹配的放大效应,动脉的压力波形随身体部位的不同而变化。尽管舒张压和平均动脉压相对恒定,但外周动脉的收缩压最多可比中心动脉高 40 mmHg。这种放大效应与身体状态有关,包括年龄、性别、身高和心率等。因此,这类数据的收集与处理,对提高心血管疾病的诊断和预后治疗至关重要。

　　徐升教授借助超声传感元件对这种放大效应进行了全面的捕捉与分析,研究发现,在将超声传感元件从高弹性的中央动脉(如颈动脉)转移到僵硬的外周动脉(如桡动脉和足背动脉)时,这种放大效应会有所增强,这是由小动脉处产生的脉冲波的反向传播造成的。在中心位置,反射的脉冲波需要长距离传播,对血压波形的影响较小;而在外周动脉,反射的脉冲波的传播距离要短得多,因此会对外周血压波形产生影响,即外周动脉越多,这种放大效应就会越强。采用商用血压计与超声传感元件对同一志愿者进行测试,两者波形展现出了良好的一致性,如图 16.14 所示。

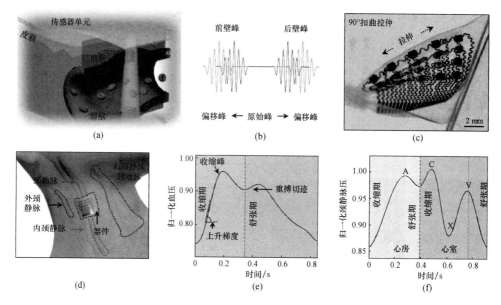

图 16.13 可拉伸超声传感阵列的工作原理

（a）原理示意；（b）测量信号分析；（c）样品的扭曲拉伸；（d）测量位置；（e）测量信号输出关系；（f）颈静脉血压计算结果（图片再版许可源自 Springer Nature 出版社[27]）

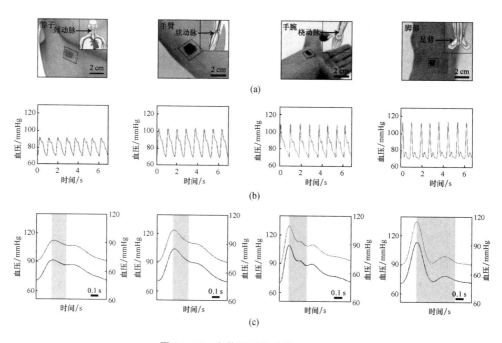

图 16.14 人体不同部位的血压监测

（a）测量位置；（b）测试结果；（c）商用血压计对比（图片再版许可源自 Springer Nature 出版社[27]）

这种超声传感元件能够与皮肤紧密接触,且不受运动状态的干扰,在各种形变下都能够稳定工作,并能对运动前后的血压进行动态监测,在长达数周的测试中保持性能稳定。因此,通过对血压波形中各种微弱变化的灵敏捕捉,该器件具备在临床相关疾病中生理数据的准确收集。

16.4　总结与展望

徐升教授聚焦于柔性电子领域,在材料创新与结构设计两方面展开了深入的研究。在材料创新方面,提出了一种新的有机-无机杂化铅卤钙钛矿单晶薄膜的生长方法,在柔性电子器件的研发中具有良好的应用前景;在结构设计方面,基于"岛-桥"结构,开发了一种多层可拉伸系统,能够实现多种传感元件的有机集成,进行多模态生理信号的监测与多功能人机交互展示。此外,基于超声传感元件,对人体体表之下的血压信号进行了高灵敏度的非侵入式探测,对医疗健康相关领域产生影响,并为柔性可拉伸电子的发展带来了新的研究思路。

16.5　常见问题与回答

Q1:对于这种柔性器件的加工,是否可以采用绝缘硅(silicon-on-insulator,SOI)衬底,这样可能会进一步简化加工流程,并使其更容易与工业制备工艺相集成?

A1:我们最早关于纳米带的相关工作,就是基于 SOI 衬底,这也是我在 J. A. Rogers 那里做博士后时期的工作。对于这类器件的首要挑战在于,如何使得 SOI 器件能够与其他器件相兼容,进一步,能够制备是否可以做硅上长层钙钛矿(pervoskite on insulator,POI)器件,因此,我们提出了一种制备方式,也就是在钙钛矿上生长单晶钙钛矿薄膜,这与 SOI 的研究思路差不多。

Q2:对于 VIA 连接的多层结构,是否需要对表面进行特殊的处理,来避免不同层之间的交叉与串扰问题? 现在最薄可以做到什么程度?

A2:我们现在采用硅橡胶作为封装层,它具有很高的击穿电压,并能够满足需求。下一步,我们将进一步降低硅橡胶的厚度,使其具有更好的延展性与拉伸性,我们也正在对此展开研究。对于提到的四层的可拉伸系统,整体厚度为 1 mm,这主要是由于商用元件的厚度限制,如果不考虑商业成本,那么其厚度可以进一步降低,达到几百微米、甚至小于百微米的级别。

Q3:多层系统的功耗如何? 是否可以使用生物燃料电池或者电池作为能量源?

A3:如今,能量源是这个领域的巨大挑战,对我们而言,我们的创新点是多层器件的制备,所以现阶段仍然采用电池作为能量供给。我们同样可以使用生物燃料电池,但会存在不同系统之间能量匹配的问题。对于生物燃料电池,我们制备了 $1\ mW/cm^2$ 的器件,同样,加州理工学院的高伟教授近期提出了一种更高功率的生物燃料电池,当然,也可以采用太阳能电池或者其他能量源作为能量供给。

Q4:通过超声监测皮肤界面下的血压,它是否可以与其他商用器件相兼容?现阶段有很多类似的智能手表等产品,但是并不能持续可靠工作,您对此有何评论?

A4:的确,现在有很多商用化的智能可穿戴产品,最大的挑战在于,现阶段的很多产品,例如欧姆龙血压计,只能提供低压与高压两个静态数据,并且需要佩戴在胳膊上使用。当你在测试的时候,需要静止不动。然而,我们的产品就不存在这些限制。并且我们的产品与这些商用器件相兼容,可以利用我们这种贴片替代商用器件的监测电极。虽然可能需要保留电线,但是这些电线并不是一个核心问题,我们也可以通过无线传输数据,最后集成到健康智能平台进行后续处理。

Q5:在您的工作中,您将超声贴片佩戴在身体的不同区域,而不同的区域得到的血压强度有所差异,这种测试方式会改变血压的参考标准吗?

A5:是的,这些是我与合作者研究时了解到的。人体是一个非常非常复杂的系统,就像一个复杂的电路系统,以此进行类比,血压就像是电路中的电压,血流就像是电流,不同的血管具有不同的电阻,而心脏则是能量供给端。当你测试不同区域的电压时,电阻越大,电压就会越高。另一方面,血压取决于身体的姿态,当你在走路、静坐或者平躺时,血压都会有所区别。对于这些问题,我们都需要不同的测试方法、测试区域与测试手段。现阶段还没有商用的相关产品,希望借助于我们现在的研究,能够对这个领域产生影响。

Q6:现阶段,金、银、铂和其他贵金属被广泛应用于可穿戴的电子产品中,这可能会限制这类可穿戴电子产品的广泛使用,并使价格居高不下。是否可能通过采用一些导电薄膜来替代上述的材料?

A6:的确,在实验室阶段,我们不太需要考虑这些。但是,当进行商业化应用时,价格就是一个很关键的因素。对贵金属来说,它们具有规模化生产、可重复性与稳定性的潜力,贵金属在溅射、蒸镀等微纳加工手段中具有较好的稳定性,并能保证加工过程中的均一性与可靠性。而对薄膜材料来说,稳定性问题仍然是一个挑战。我们正致力于研发相同级别的可控的、低成本工艺。

Q7:对柔性电子器件,如何权衡柔性与机械性能之间的关系?如何在增加机械稳定性的同时保证器件的柔性,尤其是在处理电路配合的条件下?

A7：这个问题实际上是如何在软、硬界面之间实现最小化的应力分布，即处理电路芯片与软的硅胶聚合物封装层之间存在机械性能不匹配的问题，如果不降低应力分布，会导致器件分层和失效。近年来，一些研究人员对此展开了研究，例如采用梯度结构来缓解器件从刚性到柔性的急剧转变。在我们的工作中，则是将这类电路芯片嵌入流体或者超软聚合物之中，使得芯片半悬空于衬底之上，来降低应力分布不均造成的影响。

参 考 文 献

[1]　徐升教授课题组. 徐升教授课题组[EB/OL]. https://xugroup. eng. ucsd. edu/.

[2]　iCANX Talks. iCANX Talks 视频[EB/OL]. https://www. iCAN-x. com/talks.

[3]　Li J，Zhao J，Rogers J A. Materials and designs for power supply systems in skin-interfaced electronics[J]. Accounts of chemical research，2018，52(1)：53-62.

[4]　Lim H，Kim H，Qazi R，et al. Advanced soft materials，sensor integrations，and applications of wearable flexible hybrid electronics in healthcare，energy，and environment[J]. Advanced Materials，2020，32(15).

[5]　Song Y，Min J，Gao W. Wearable and implantable electronics：moving toward precision therapy[J]. ACS nano，2019，13(11)：12280-12286.

[6]　Kim S，Koo J，Lee G，et al. Wireless smart contact lens for diabetic diagnosis and therapy[J]. Science Advances，2020，6(17).

[7]　Kim D，Lu N，Ma R，et al. Epidermal electronics[J]. science，2011，333(6044)：838-843.

[8]　Boutry C，Negre M，Jorda M，et al. A hierarchically patterned，bioinspired e-skin able to detect the direction of applied pressure for robotics[J]. Science Robotics，2018，3(24).

[9]　Wang C，Wang C，Huang Z，et al. Materials and structures toward soft electronics[J]. Advanced Materials，2018，30(50).

[10]　Lin K，Xing J，Quan L N，et al. Perovskite light-emitting diodes with external quantum efficiency exceeding 20 per cent[J]. Nature，2018，562(7726)：245-248.

[11]　Feng J，Gong C，Gao H，et al. Single-crystalline layered metal-halide perovskite nanowires for ultra-sensitive photodetectors[J]. Nature Electronics，2018，1(7)：404-410.

[12]　Lv X，Wang Y，Stoumpos C，et al. Enhanced structural stability and photo responsiveness of $CH_3NH_3SnI_3$ perovskite via pressure-induced amorphization and recrystallization[J]. Advanced Materials，2016，28(39)：8663-8668.

[13]　Lei Y，Chen Y，Gu Y，et al. Controlled homoepitaxial growth of hybrid perovskites[J]. Advanced Materials，2018，30(20).

[14]　Chen Y，Lei Y，Li Y，et al. Strain engineering and epitaxial stabilization of halide perovskites[J]. Nature，2020，577(7789)：209-215.

[15]　Xu S，Zhang Y，Cho J，et al. Stretchable batteries with self-similar serpentine interconnects and integrated wireless recharging systems[J]. Nature Communications，2013，4(1)：1543.

[16] Bandodkar A, You J, Kim N, et al. Soft, stretchable, high power density electronic skin-based bio-fuel cells for scavenging energy from human sweat[J]. Energy & Environmental Science, 2017, 10 (7): 1581-1589.

[17] Vinu Mohan A, Kim N, Gu Y, et al. Merging of thin-and thick-film fabrication technologies: toward soft stretchable "island-bridge" devices[J]. Advanced Materials Technologies, 2017, 2(4).

[18] Xu S, Zhang Y, Jia L, et al. Soft microfluidic assemblies of sensors, circuits, and radios for the skin [J]. Science, 2014, 344(6179): 70-74.

[19] Huang Z, Hao Y, Li Y, et al. Three-dimensional integrated stretchable electronics[J]. Nature Electronics, 2018, 1(8): 473-480.

[20] Trung T, Lee N. Flexible and stretchable physical sensor integrated platforms for wearable human-activity monitoring and personal healthcare[J]. Advanced materials, 2016, 28(22): 4338-4372.

[21] Huang Y, Fan X, Chen S C, et al. Emerging technologies of flexible pressure sensors: materials, modeling, devices, and manufacturing[J]. Advanced Functional Materials, 2019, 29(12): 1808509.

[22] Ling Y, An T, Yap L, et al. Disruptive, soft, wearable sensors[J]. Advanced Materials, 2020, 32 (18).

[23] Yu Y, Nyein H, Gao W, et al. Flexible electrochemical bioelectronics: the rise of in situ bioanalysis [J]. Advanced Materials, 2020, 32(15).

[24] Kim J, Campbell A, de Avila B, et al. Wearable biosensors for healthcare monitoring[J]. Nature biotechnology, 2019, 37(4): 389-406.

[25] Bandodkar A, Jeang W, Ghaffari R, et al. Wearable sensors for biochemical sweat analysis[J]. Annual Review of Analytical Chemistry, 2019, 12: 1-22.

[26] Hu H, Zhu X, Wang C, et al. Stretchable ultrasonic transducer arrays for three-dimensional imaging on complex surfaces[J]. Science Advances, 2018, 4(3).

[27] Wang C, Li X, Hu H, et al. Monitoring of the central blood pressure waveform via a conformal ultrasonic device[J]. Nature Biomedical Engineering, 2018, 2(9): 687-695.

第 17 章 软材料科技融合人机智能

人机融合是人工智能领域近年来兴起的重要方向之一,它着重描述了一种由人、机、环境相互作用而产生的新型智能系统,它既不同于人的智能也不同于人工智能,它是一种物理性与生物性相结合的新一代智能科学体系,对解决健康、可持续发展、安全、教育等重大社会问题至关重要。但是众所周知,人体组织与器官大多是柔软、湿润并且具有生物活性的,而机器通常坚硬、干燥、不具有生物活性,由于人体和机器截然相反的性能,如何融合人体、机器以及人机智能实现人机融合是 21 世纪科技发展的挑战之一。近年来,赵选贺教授[①]提出了软材料科技(soft materials technology),即使用柔软、坚韧、湿润、有生物活性的软材料和器件,实现长时效、高效率、多模态的人机交互和融合,取得了丰硕的成果,本章将从研究背景、研究方向和重要进展来介绍软材料科技融合人机智能,主要包括以下内容:

(1) 生物胶带替代手术缝线;

(2) 医疗机器人远程赋能医生;

(3) 长期稳定的导电水凝胶生物电极。

17.1 绪 论

20 世纪以来,人类在科学探索上取得了重大的创新突破,特别是人体科学方面在医药学、生物学、基因工程等领域开疆拓土,新的科学发现和技术进步为人类更好地了解自身提供了极大地帮助;而在机器方面也取得了惊人的成就,电子技术、计算机、互联网、人工智能与机器人等领域的创新使得人类社会发生了翻天覆地的变化。

但是,迄今为止,人体科学与机器科学仍然是两个缺乏有机联系并且相对独立的研究领域。随着人工智能不断发展,将此二者进行深度融合的需求越来越迫切,可以预见,如果能将二者进行融合,将产生不可估量的影响[2]。因此,人机融合技术(merging humans and machines)应运而生,受到了学术界和社会各界越来越多的关注,如图 17.1 所示。

---

① 赵选贺,麻省理工学院(Massachusetts Institute of Technology,MIT)终身教授。他的研究领域包含机械、材料、生物技术,长期致力于推动人机交互融合科技,以解决健康、可持续发展等重大问题[1]。当前研究的重点之一是软材料科技在转化医学和水处理领域的应用。

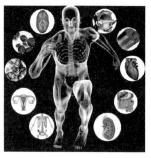

柔软，湿润，活性

融合

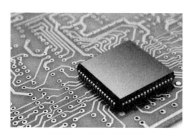

硬质，干燥，非活性

图 17.1　人机融合技术

　　首先，人机融合技术将为人类健康提供巨大的帮助。现阶段的可穿戴器件、医疗设备、植入式设备都能在一定程度上实现了辅助治疗、健康监测等，其有效使用时间也从几小时延长到几年不等，但是用于人机融合的器件在人机界面处的结合效果依然差强人意。例如，在这次全球新型冠状病毒肺炎疫情期间，能否通过在人体各部分内置传感器对其进行实时的检测？如何对血糖、血压进行持续数月的跟踪检测？如何减轻人体对于人造器官的排异反应？等等，以上均是解决健康问题路上的巨大挑战，其核心就是人机融合技术。

　　其次，大脑也是人机融合技术能够发挥作用的重要领域。人体内约有 30 亿对基因碱基对，大脑中约有 860 亿个神经元。而如今最先进的科技，来自 Elon Musk 创办的脑机接口公司 Neuralink，它也只能提供 3000 个神经元接口。想要实现 100 万个神经元的接口貌似是难以完成的任务。除了数量问题，目前技术中用于采集信息的传感器、用于处理信息的微处理器芯片与大脑之间的连接也非常脆弱。因此，我们迫切需要提升人机界面技术以实现更优化、更可靠的连接，最终实现对大脑更深层次的探索。

　　最后，如果能够将人类的智慧与智能机器全面融合，将有望实现超越目前人类生存范畴的超级智能技术。譬如，如果我们能够把意识从一个"阿凡达"转移到另一个"阿凡达"，那样是否就有望实现永生不朽？等等。尽管今天看起来非常遥远，但是人类智慧与智能机器的融合一定是未来的主流发展方向。

　　以上阐述了人机智能融合技术潜在的重要应用领域，这只是冰山一角，人机智能融合必将为人类社会的发展带来深刻而巨大的改变。

　　今天，人机智能融合研究刚刚起步，依然存在着巨大的挑战。首先从最基础的材料来看，人体及其器官大多是柔软、湿润的活体材料，而机器则更多的是坚硬、干燥、无机、无生物活性的器件，因此构成了人与器件之间融合界面的高度不统一；其次，人体的不同器官与组织有着不一样的属性，除了牙齿与骨骼以外，人体的主要器官都有着低于 10 MPa 的杨氏模量,高达 70%～90% 的水含量,拥有生长、感知、响应甚至是自修复的活性材料,并且能够承受数以百万次的循环负载的稳定性与可靠性。

考虑以上特点,赵选贺教授提出了软材料科技,发明并制备了与柔软、湿润且具有生物活性的与生物组织性能相近的一系列软材料,深入研究了软材料极限性能的设计方法,具体性能包括硬度、弹性、韧性、抗疲劳、黏附性等[3]。将这些具有极限性能的软材料用于作为人体与机器的结合界面,通过大量实验证明,能够长期有效地应用在人体内并且也能减轻人体的排异反应。同时,赵选贺教授借助于这类界面层的软材料,将芯片与人体器官结合到了一起,实现了真正意义上的人机智能融合。

17.2　生物胶带替代手术缝线

据统计,全球每年要进行大约 2.34 亿次大型外科手术,在这些手术中,大都需要用到手术缝合技术实现伤口闭合和组织连接,然而手术缝合技术却存在诸多缺陷,例如其可能导致组织再次创伤、疼痛、感染、结疤甚至再次暴露伤口的风险。针对上述亟待解决的问题,有科学家在 21 世纪初提出用生物黏合剂代替手术缝线,然而,现有的生物黏合剂材料在临床应用中依然面临着一系列挑战,如黏结强度低、贴合速度慢、有毒、坚硬、使用过程复杂等[4~12]。鉴于此,赵选贺教授展开了一系列生物胶带替代手术缝线的研究,并且取得了丰硕的成果。

17.2.1　水凝胶超韧黏结机理

赵选贺教授提出了采用水凝胶做生物组织与固体衬底之间黏结剂的思路,其机理设计如图 17.2(a)所示。

具体来说,水凝胶作为超韧黏结剂需要具备如下特点:

(1) 需要超韧水凝胶基体;

(2) 需要将水凝胶内部能量耗散转化为可拉伸网络;

(3) 水凝胶内部能量耗散和界面高分子链锚定需要协同作用。

基于上述机理,赵选贺教授实现了超韧水凝胶与固体的衬底材料间的超韧黏结[13],其界面韧性高达 $1000\,\mathrm{J/m^2}$,如图 17.2(b)所示。此外,该水凝胶还能与多种材料实现超韧黏结,包括玻璃、硅片、陶瓷、钛、铝等,其界面韧性均大于 $1000\,\mathrm{J/m^2}$,如图 17.3 所示。

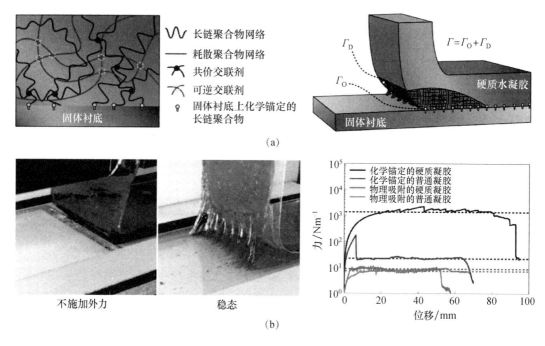

长链聚合物网络

耗散聚合物网络

共价交联剂

可逆交联剂

固体衬底上化学锚定的
长链聚合物

固体衬底

$\Gamma = \Gamma_O + \Gamma_D$

Γ_D

Γ_O

硬质水凝胶

固体衬底

(a)

不施加外力

稳态

化学锚定的硬质凝胶
化学锚定的普通凝胶
物理吸附的硬质凝胶
物理吸附的普通凝胶

力/Nm⁻¹

位移/mm

(b)

图 17.2　水凝胶与固体衬底材料间的超韧黏结

（a）工作原理；（b）水凝胶与固体衬底间的强力黏结（图片再版许可源自 Springer Nature 出版社[13]）

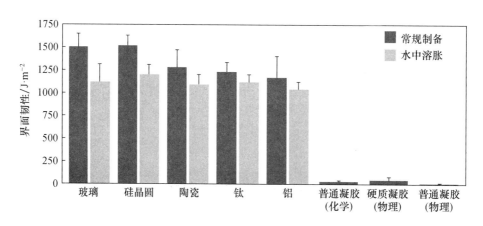

界面韧性/J·m⁻²

常规制备
水中溶胀

玻璃　　硅晶圆　　陶瓷　　钛　　铝　　普通凝胶　硬质凝胶　普通凝胶
　　　　　　　　　　　　　　　　　　　（化学）　（物理）　（物理）

图 17.3　水凝胶与多种材料间的超韧黏结

（图片再版许可源自 Springer Nature 出版社[13]）

17.2.2　坚韧、保水的水凝胶弹性体聚合物

用水凝胶做黏结剂实现生物组织与固体衬底之间的超韧黏结是人机接口的一个重大进步,但是要保证长期稳定性、可靠性和功能化,则需要水凝胶具有较好的保水性能。为此,赵选贺教授提出通过一种简单且通用的方法组装水凝胶与弹性体(如聚二甲基硅氧烷、聚氨酯、压克力、硅橡胶等),形成坚韧水凝胶-弹性体界面(其界面韧值高达 1000 J/m²)和功能化微结构[14],如图 17.4 所示。

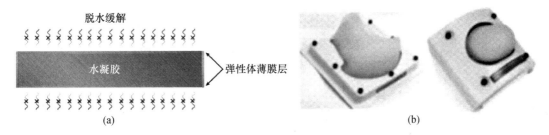

图 17.4　坚韧、保水水凝胶弹性体聚合物的设计原理与产品

(a) 设计原理(图片再版许可源自 Springer Nature 出版社[14]);(b) 美国 CIRS 公司的产品(图片再版许可源自美国 CIRS 公司官网[15])

该研究成果发表以后,在国际学术界、产业界都引起了巨大轰动,引起了美国 CIRS 公司的关注,并于 2017 年推出相关产品[15],并以该产品作为医疗平台,为美国大部分医院的医生提供医学成像培训,例如超声波、X 射线、电子计算机断层扫描(computed tomography, CT)、磁共振成像(magnetic resonance imaging,MRI)等。

17.2.3　人体双面胶

在人机界面上不仅仅是生物组织的联结,更多的是柔软湿润的生物组织与硬质干燥的人造器件之间的联结。因此,需要研制能够把这两种不同材质和特点的材料黏合在一起的"双面胶"(double-side tape,DST)。为此,赵选贺教授首次提出了干燥交联机理[6],用于黏合各种潮湿表面,具体机理如图 17.5(a)所示。

不同于传统的生物黏合剂基于高分子在水分子的扩散实现组织黏合,干燥交联机理是通过干双面胶带的水化溶胀、临时交联和共价交联来实现界面水的干燥。图 17.5(b)展示了不同形态的薄膜式人体双面胶及其优异的拉伸性能。吸水后的双面胶能够立即转变为柔软坚韧且具有生物兼容性的水凝胶,在 5 s 内完成湿软组织器官与植入设备的快速黏合,并能够长期保持坚韧的黏结。实验证明,如图 17.5(c)所示,该人体双面胶可以与多种不同材料进行黏结,包括湿软的组织器官和弹性体等。

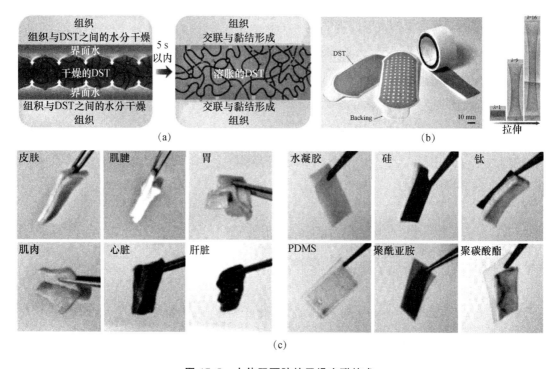

图 17.5　人体双面胶的干燥交联技术

（a）干燥交联机理；（b）实物展示；（c）在多种材料上进行黏结（图片再版许可源自 Springer Nature 出版社[16]）

　　随后,赵选贺教授进一步通过活体小鼠体内实验验证了人体双面胶的生物相容性和可降解性[16]。如图 17.6（a）所示,首先将人体双面胶在 5 s 内快速黏附在活体小鼠心脏处,并保持有效黏附数天。因此,这种双面胶可用于心脏相关的微创手术。在实验中,将人体双面胶植入到小鼠背部皮下,两周内未出现不良反应,如图 17.6（b）所示,炎症反应水平达到了美国食品药品监督管理局（food and drug administration,FDA）认可标准。可见,这种人体双面胶具有很好的生物相容性,能够满足长期植入的要求,并且在两周以上的观察中,含有明胶基与壳聚糖基的双面胶均显示出不同程度的降解效果,通过调节其构成物的比例,也可以实现双面胶在体内的降解速率。

　　用人体双面胶代替手术缝线[5],如图 17.7 所示。对体外损坏的猪气管和切开的小肠进行快速缝合,实验发现,人体双面胶能够完美地实现组织器官的缝合,该研究对协助外科医生完成切口密封、帮助患者伤口愈合具有重要意义。

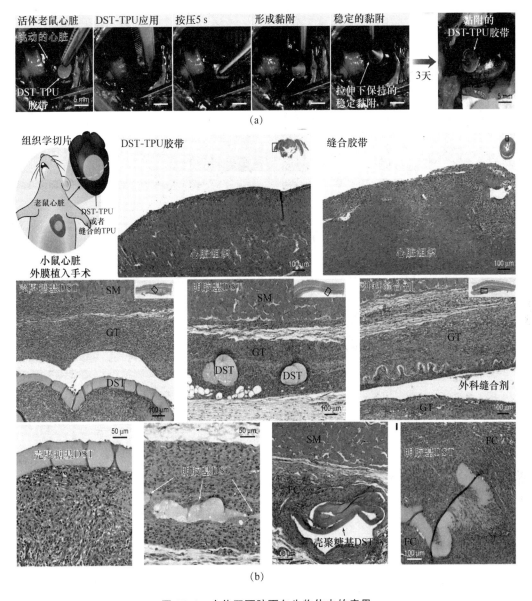

图 17.6　人体双面胶面向生物体内的应用

（a）双面胶黏附在活体小鼠心脏；（b）人体双面胶的生物相容性与可降解性（图片再版许可源自 Springer Nature 出版社[16]）

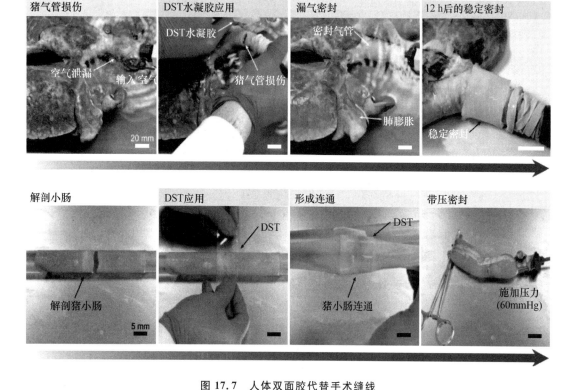

图 17.7　人体双面胶代替手术缝线

（图片再版许可源自 Springer Nature 出版社[16]）

综上所述,赵选贺教授以水凝胶作为黏结剂实现了生物组织之间、生物组织与硬质材料之间的长期超韧黏结,这种黏结具有良好的生物相容性、保水性和可降解性,为人机融合的界面处理提供了非常好的解决方案。

17.3　医疗机器人远程赋能医生

除了探索以水凝胶为代表的软材料作为人机融合界面的材料以外,赵选贺教授还研发了一系列方法来进一步提升人机界面结合的技术。其中,采用 3D 打印技术制备的磁控软体导丝机器人最具有代表性,这种机器人不仅体积微小,而且能够进行精准的无线控制,为医疗机器人远程赋能医生进行心血管、脑中风等复杂手术操作提供了巨大帮助和实施的可行性。

17.3.1　3D 打印柔性硬磁材料机器人

从费曼在 1959 年提出微小型机器人的概念以来[17]，其研究至今方兴未艾，其中大多数采用电信号控制、形状记忆合金、光控制等方式[18~20]。但是，赵选贺教授独辟蹊径从磁控制的角度出发制备了一个置于人体体内并且能够响应外界控制的微型机器人，其具有的优势：

（1）通过磁实现了远程控制；

（2）磁性机器人处于自由状态，不被导线等束缚；

（3）控制磁场对人体无害；

（4）人体对磁场的屏蔽作用较低；

（5）通过已有设备能够实现磁场对机器人的精准控制。

图 17.8 是这款机器人中柔性的硬磁材料的制备方法[21]，通过将微米级别的磁性颗粒混合到弹性体中，用 3D 打印技术将设计成型的器件打印出来。在打印的同时，通过在打印针头处的脉冲磁化计可以对混合材料中的磁颗粒沿着流动方向进行顺磁排列，从而实现对同一器件不同位置磁化强度的控制。

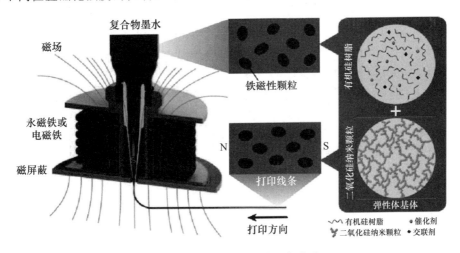

图 17.8　柔性硬磁材料的制备方法

（图片再版许可源自 Springer Nature 出版社[21]）

利用这项技术，通过改变脉冲磁化计的磁场方向，还可以对打印出来的材料进行磁性编程，以实现对机器人的多样化控制，如图 17.9 所示。通过材料的多样化设计，从一维的线性设计，到二维的平面设计，再到三维的立体设计，实现了设计仿真与实际效果的高度吻合。

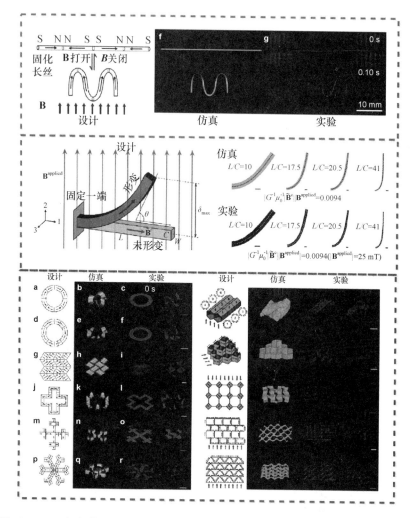

图 17.9　3D 打印技术制备的柔性硬磁材料的一维、二维、三维结构及其制动与仿真
（图片再版许可源自 Springer Nature 出版社[21] 和 Elsevier 出版社[22]）

　　采用以上工艺制备的磁控软体导丝机器人，如图 17.10（a）所示，通过外界磁场控制实现多种应用[21]。例如，环状机器人通过移动实现 LED 的不同展示效果；六轴结构的机器人可以通过移动、翻滚等动作搬运物体（如药物胶囊）；三维结构的机器人可以通过蜷曲进行平面运动。磁控软体机器人的执行频率与外界施加磁场的频率有关，因此，它有着比肌肉快两倍的执行速度，比其他材料，例如水凝胶、形状记忆聚合物等，有着高一个数量级的功率密度，如图 17.10（b）所示。

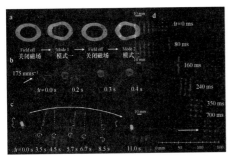
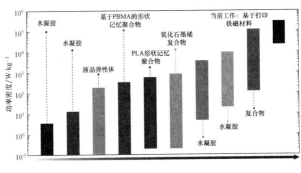

(a)   (b)

图 17.10　磁控软体机器人的功能演示和驱动性能

（a）功能演示；（b）驱动性能（图片再版许可源自 Springer Nature 出版社[21]）

17.3.2　在血管中自主巡航的软体机器人

急性脑中风是一例常见的高风险疾病。仅以美国为例,每四十秒就有一人脑中风,而每四分钟就会有一人因其死亡。同时,脑中风也是导致长期瘫痪率第一、致死率第四的疾病。但是脑中风并不是不治之症,只要在发病的最初几小时内实施救治,脑中风是可以被治愈的,因此对于该疾病的患者来说,时间就是生命。

现阶段对于脑中风的治疗主要采取药物治疗或者手术介入的方式,在介入手术中,医生对线性结构介入器件进行手动转动以控制其到达指定部位,再进行后续的疏导工作。但是现有的技术有着以下缺陷:

（1）血管壁的摩擦,使得线性结构的介入器件缺少机动性;

（2）在医疗设施条件较差的地区,医疗现场缺少有能力实施手术的医生;

（3）持续的 X 射线的照射会对医生和患者造成不良影响。

因此,赵选贺教授提出通过连续磁控软体机器人的方式解决以上问题[23~25]。如图17.11 所示,通过外界的磁场控制连续磁控软体机器人的方向,并驱使其在狭小的血管里运动。为了解决磁性软体机器人与血管壁摩擦的问题,研究人员在硬磁外包裹了一层抗撕裂的水凝胶表皮,将器件的整体杨氏模量降低了 100 倍,摩擦减小了 10 倍。

这种磁控软体机器人可以替代脑中风治疗中的介入手术设备[23],如图 17.12 所示。通过对机器人的方向进行操控,可以驱使整个器件在血管的狭小通道中进行自由游走从而实现血管的疏通。

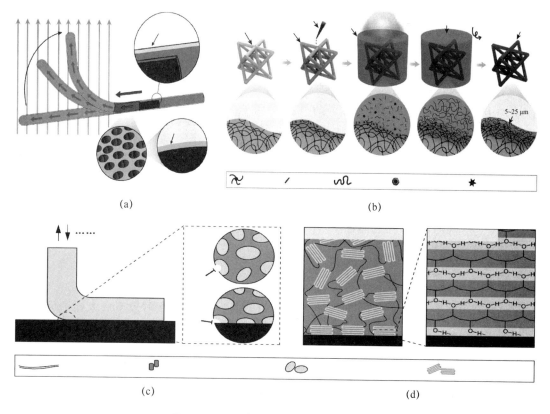

图 17.11　磁控软体机器人及其材料改性

(a) 连续磁控软体机器人(图片再版许可源自 AAAS 出版社[23]);(b) 水凝胶皮肤制备流程(图片再版许可源自 Elsevier 出版社[24]);(c) 借助于高能纳米结构实现水凝胶的抗疲劳黏附;(d) 聚乙烯醇通过氢键实现抗疲劳黏附((c),(d)图片再版许可源自 Springer Nature 出版社[25])

　　此外,在线状结构中可以埋入光纤,在外界刺激下进行端部激光的发射,用于特殊治疗。

　　在该技术基础上,借助于深度学习,能够对不同情形下行走的线路进行建模,自动地控制外界磁场的强弱与方向等,最终实现机器人的自主巡航。这使得手术医生能够结合成像工具进行演练,更好地提高手术水平。这也为未来的医疗发展探索了新的途径,即可以通过人工智能、通信和机器人深度融合来大幅度提升了医疗水平。

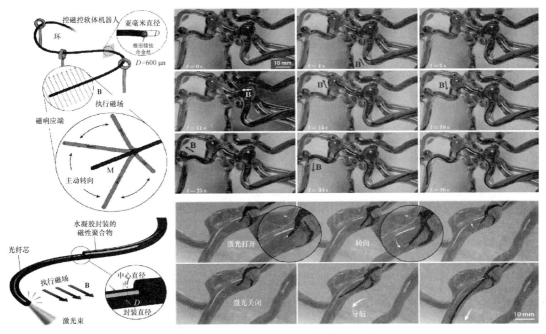

图 17.12　磁控软体机器人的应用

（图片再版许可源自 AAAS 出版社[23]）

17.4　导电水凝胶生物电极

长期稳定的导电水凝胶生物电极对于建立脑神经与机器之间长期稳定的工作界面具有重要意义。生物电极设备一直受到广泛关注并大量被应用于临床,其中心脏起搏器最具有代表性。截至 2016 年,每年有超过 100 万个心脏起搏器被植入人体,另有 20 万个除颤器被安置在心脏旁,还有超过 5 万个人工耳蜗被用于增强听力,以上几种作用重大的植入式设备无一例外都得益于生物电极与人体组织的直接作用,因此对于生物电极的研究始终方兴未艾。

17.4.1　高度稳定的生物电极材料

就植入式器件而言,其生物电极需要满足以下要求:高电容与大电荷注入;低杨氏模量以便与组织结合,适合的导电率以实现较好的阻抗匹配;高稳定性。

金属作为常用的电极材料,唯一的优势就是较高的稳定性,因此不是理想的植入式电极材料。赵选贺教授以水凝胶材料为基础,研制出了满足以上四点要求且长期稳定的水凝胶导电材料,并将其应用于生物电子领域。

如图 17.13 所示,赵选贺教授通过控制水凝胶中纳米纤维的聚集,借助于冷冻干燥,制备出了具有长期稳定性的导电聚合物墨水[26],应用这种墨水,3D 打印机在 20 分钟内就可制备生物微电极,远少于常规材料制备所需的时间。将生物微电极作为中间界面与小鼠的脑部结合,能够测出稳定的信号,甚至可以测出单个神经元的信号。

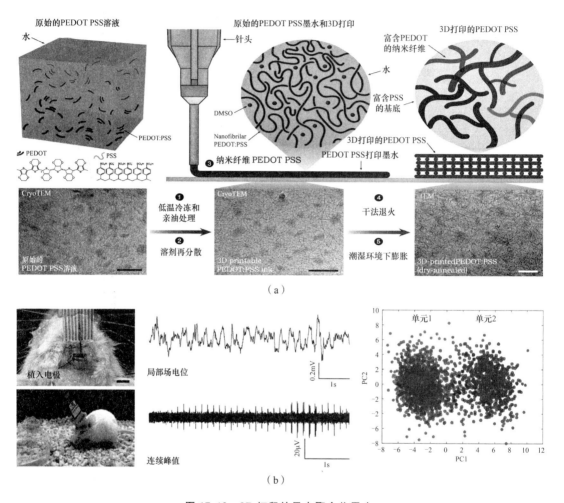

图 17.13　3D 打印的导电聚合物墨水

(a) 生物微电极的制备;(b) 用于探测小鼠的脑电信号(图片再版许可源自 Springer Nature 出版社[26])

17.4.2　导电聚合物水凝胶黏附材料

而对于已有的电极材料与机械设备,有时候更需要将聚合物与各种衬底相结合,基于此,赵选贺教授提出了用于界面结合的导电聚合物水凝胶黏附材料。

如图 17.14 所示,研究人员将纳米级别的水凝胶作为中间介质,能够实现湿导电聚合物与各种衬底进行紧密的结合[27]。基于这一工艺,导电聚合物水凝胶可以在平面与微针电极上长期稳定存在,并且在磷酸盐缓冲液(phosphate buffered saline,PBS)的环境下,超声处理30 分钟之后,依然能够保证材料的完整、不脱落。可见,这种导电聚合物水凝胶具有超强的黏附性和稳定性。

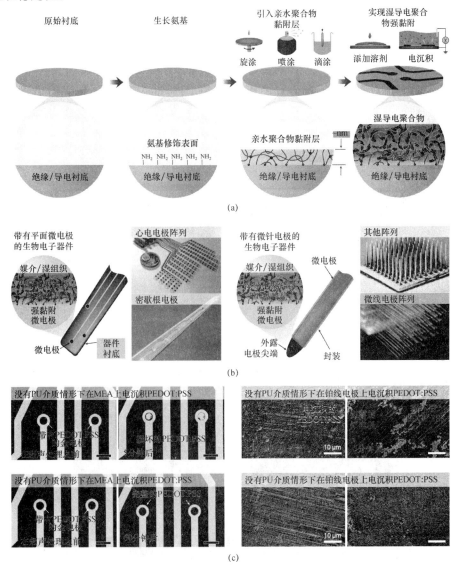

图 17.14　导电聚合物水凝胶黏附材料

(a)制备原理;(b)在平面和微针电极上沉积导电聚合物;(c)湿导电聚合物在各种生物电子器件上的超强黏附性(图片再版许可源自 AAAS 出版社[27])

17.5　总结与展望

综上所述,赵选贺教授在人机智能融合领域实现了一系列颠覆性的突破,替代手术线的生物胶带、磁控软体机器人、导电聚合物水凝胶等。如图 17.15 所示,这些研究成果,在生物医疗、人脑开发、组织工程等领域具有重要的科学意义和使用价值。

同时,以上研究虽然为人机融合打开了一扇大门,但是在材料学、力学、生物学方面依然存在诸多挑战。例如,在水凝胶领域,它与生物电子的结合显得愈发重要,通过减少生物组织与传统电子之间的不匹配关系,实现生物电子的应用将为生物工程做出巨大贡献[28]。在生物医学机器人领域,借助独立的磁控结构,实现精准的医学手术方面的应用也还存在着一系列问题,例如定量的模型优化设计、进一步缩小尺寸的加工方法[29]、人体内的实时成像与定位、体内回收降解等[30]。

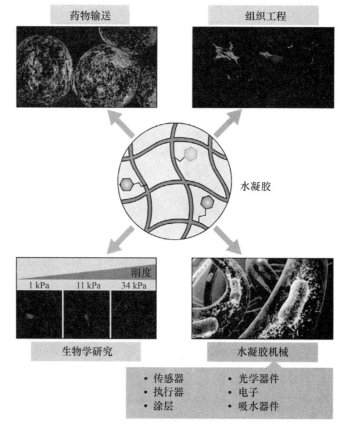

图 17.15　人机智能融合的应用领域
(图片再版许可源自 Elsevier 出版社[28])

总之,人机融合界面是一个值得探索的领域,以水凝胶与磁性材料为代表的软材料将大有作为。

17.6　常见问题与回答

Q1:软体机器人研究中会不可避免地涉及变刚度问题,而目前变刚度材料和结构的研究各有利弊,能否预测变刚度研究的未来发展趋势? 现有的变刚度理论中,最有潜力的变刚度理论是哪种?

A1:软体机器人的设计中,会涉及机器人某些部位刚度的不断改变。实际上,现有的变刚度技术有很多,例如可以采用增加材料黏合剂等实现刚度变化,也可以选用特殊材料如液态金属,通过改变温度条件进一步改变其刚度。而我正在探索的领域中涉及一种特殊的铁磁软材料,通过施加外部磁场,可以使材料硬度发生数量级改变,它的优势在于可无线操控系统的刚度变化,不受温度等条件限制。总之,未来变刚度技术的发展存在多种可能性。我的建议是:① 明确设计目标和需求;② 选择最适合的技术集成到系统中,开发新技术也许是极具挑战的,也可以从现有的技术中选择集成;③ 考虑自己是进一步开发新技术还是直接利用现有的技术。

Q2:生物胶水在医疗应用环境下如何平衡其降解和黏附能力?

A2:如何平衡水凝胶黏附性和降解能力取决于具体的应用场景。如果要确保某些器官能维持几年而不衰退,设计时就需要降低水凝胶的降解能力,保证它在有效期间内不被降解;但如果水凝胶仅需工作一个星期,一个星期后人体组织需要生长,水凝胶需要消失,那么就需提高水凝胶的降解能力,使之短时间内可降解。因此,在系统设计时,应根据具体应用需求,结合相关机理,设计适合的目标系统。

Q3:如果水凝胶作为人机接口用于监测皮肤的表面电荷信号,应如何解决可能导致的皮肤过敏和辐射问题?

A3:这取决于真正的应用需求。如果考虑到器件的辐射、透气性等因素,可以在水凝胶的基础上加入多孔结构设计,以满足透气性要求。

Q4:在 3D 打印技术中,如何平衡软材料的选择和加工成型时间与成本方面的相关问题。

A4:研究过程中,首先要根据要求明确目标;紧接着要明确研究的机制;现有的挑战。在材料的选择方面,一般需要选择便于使用、成本低、可大批量生产的材料。特别地,如果试图开发医疗相关材料,只能选择美国食品和药品管理局、中国食品和药品管理局认可的材料。而制造方面,以 3D 打印为例,打印材料的合理设计至关重要,需要设计该材料的流变特性,保证材料流变性能最佳,能够满足 3D 打印需要,以保证材料的挤压成型。

Q5：使用生物胶水时,如果黏附位置存在偏差或黏错位置,能否把它拆下来或重新调整?

A5：答案是肯定的。由于生物胶水的黏附是基于机械黏合而非共价交联,它的黏附性是可逆的。通过良性触发可轻松将错黏的生物胶水剥离受创基体,并且可以重新放置生物胶水于目标位置,不会影响其黏附性和受创基体愈合。

Q6：影响抗脱水水凝胶的最重要的因素是什么? 其水分可维持多长时间?

A6：影响抗脱水水凝胶最主要的因素是渗透性,其次是贴合力。而水分维持时间则取决于应用需求,可根据基本机理进行设计。

Q7：软件机器人实现自由控制所需的磁场强度是多少? 需要哪些相关设备?

A7：为了实现软件机器人的自主导航,我们课题组采用的磁场强度范围是 50～80 mT。至于设备需求,现有的商业设备是可行的,例如已有公司出售磁场控制仪。我始终相信科技是相互融合的,目前尚未发现其内在壁垒,当然你也可以设计自己的机器人,实现技术突破。

Q8：快速黏合贴片非常有趣且利于外科手术操作,它是否会影响伤口的正常愈合? 基于此类生物胶水,能否实现其多功能集成,如传输生理信号至电脑端?

A8：第一个问题的答案是肯定的,这种生物黏合贴片可以加速伤口的愈合。相比使用手术缝线造成伤口的再次损伤,快速黏合贴片无须任何药物辅助,仅靠机械黏附机理便可实现伤口的自动快速愈合。第二个问题,生物胶水能否与其他功能集成,答案也是肯定的。例如,将药物传输功能集成到生物胶水中,然而,这个观点面临的挑战是如何将药物精准地传输到目标区域。例如,将伤口缝合技术集成到生物胶水中,可避免传统缝线技术对伤口造成的更多损伤,甚至微创手术时可在伤口处使用生物胶水实现伤口的无创缝合。现有的植入式人机接口存在诸多缺陷,未来的人机接口发展甚至可以消灭现有冗杂的接口,利用贴片式生物胶水实现人机通信,同时赋予该生物胶水接口电气功能、光电功能和化学功能等。需要注意的是,未来的软体机器人会是一个常用的辅助设备,帮助医生救死扶伤、改善人体健康等。

参 考 文 献

[1]　赵选贺教授课题组. 赵选贺教授课题组[EB/OL]. https://zhao.mit.edu.

[2]　iCANX Talks. iCANX Talks 视频[EB/OL]. https://www.iCAN-x.com/talks.

[3]　Zhao X. Designing toughness and strength for soft materials[J]. PNAS, 2017, 114, 8138-8140.

[4]　Reece T, Maxey T, Kron I, et al. A prospectus on tissue adhesives[J]. America Journal of Surgery, 2001, 182, S40-S44.

[5]　Coulthard P, et al. Tissue adhesives for closure of surgical incisions[J]. Cochrane database of systematic reviews, 2014, 11.

[6]　Vakalopoulos K, et al. Mechanical strength and rheological properties of tissue adhesives with regard to colorectal anastomosis: an ex vivo study[J]. Annals of Surgery, 2015, 261, 323-331.

[7]　Rose S, et al. Nanoparticle solutions as adhesives for gels and biological tissues[J]. Nature, 2014, 505, 382-385.

[8]　Lee B, Messersmith P, Israelachvili J, Waite J. Mussel-inspired adhesives and coatings[J]. Annual Review of Materials Research, 2011, 41, 99-132.

[9]　Annabi N, Yue K, Tamayol A, Khademhosseini A. Elastic sealants for surgical applications[J]. European Journal of Pharmaceutics and Biopharmaceutics, 2015, 95, 27-39.

[10]　Karp J. A slick and stretchable surgical adhesive[J]. The New England Journal of Medicine, 2017, 377, 2092-2094.

[11]　Li J, et al. Tough adhesives for diverse wet surfaces[J]. Science, 2017, 357, 378-381.

[12]　LeMaire S, et al. The threat of adhesive embolization: BioGlue leaks through needle holes in aortic tissue and prosthetic grafts[J]. Annals of Thoracic Surgery, 2005, 80, 106-111.

[13]　Yuk H, Zhang T, Lin S T, et al. Tough bonding of hydrogels to diverse non-porous surfaces[J]. Nature Materials, 2016, 15, 190-196.

[14]　Yuk H, Zhang T, Parada G A, et al. Skin-inspired hydrogel-elastomer hybrids with robust interfaces and functional microstructures[J]. Nature Communications, 2016, 7, 12028.

[15]　美国 CIRS 公司. 美国 CIRS 公司[EB/OL]. https://www.cirsinc.com.

[16]　Yuk H, Varela C E, Nabzdyk C S, et al. Dry double-sided tape for adhesion of wet tissues and devices[J]. Nature, 2019, 575, 169-174.

[17]　Wallin T, Pikul J, Shepherd R. 3D printing of soft robotic systems[J]. Nature Reviews Materials, 2018, 3, 84-100.

[18]　Ji X, Liu X, Cacucciolo V, et al. An autonomous untethered fast soft robotic insect driven by low-voltage dielectric elastomer actuators[J]. Science Robotics, 2019, 4.

[19]　Lendlein A, Gould O. Reprogrammable recovery and actuation behaviour of shape-memory polymers [J]. Nature Reviews Materials, 2019, 4, 116-133.

[20]　Park, S. J. et al. Phototactic guidance of a tissue-engineered soft-robotic ray[J]. Science, 2016, 353, 158-162.

[21]　Kim Y, Yuk H, Zhao R, et al. Printing ferromagnetic domains for untethered fast-transforming soft materials[J]. Nature, 2018, 558, 274-279.

[22]　Zhao R, Kim Y, Chester S A, et al. Mechanics of hard-magnetic soft materials[J]. Journal of the Mechanics and Physics of Solids. 2019, 124, 244-263.

[23]　Kim Y, Parada G A, Liu S D, et al. Ferromagnetic soft continuum robots[J]. Science Robotics,

2019，4.

[24] Yu Y，Yuk H，Parada G A，et al. Multifunctional "Hydrogel Skins" on Diverse Polymers with Arbitrary Shapes[J]. Advanced Materials，2019，31.

[25] Liu J，Lin S T，Liu X Y，et al. Fatigue-resistant adhesion of hydrogels[J]. Nature communications，2020，11，1071.

[26] Yuk H，Lu B Y，Lin S，et al. 3D printing of conducting polymers[J]. Nature communications，2020，11，1604.

[27] Inoue A，Yuk H，Lu B Y，et al. Strong adhesion of wet conducting polymers on diverse substrates [J]. Science Advances，2020，6.

[28] Liu X，Liu J，Lin S，et al. Hydrogel machines[J]. Materials Today，2020，36，102-124.

[29] Cui J，Huang T，Luo T. Nanomagnetic encoding of shape-morphing micromachines[J]. Nature，2019，575，164-168.

[30] Zhao X，Kim Y. Soft microbots controlled by nanomagnets[J]. Nature，2020，575，58-59.

第18章　力学生物学与微流控技术在生物医疗中的应用

　　微流控(Microfluidics)技术指的是使用微管道(尺寸为数十到数百微米)处理或操纵微小流体(体积为纳升到微升)的系统涉及的科学和技术,是一门涉及化学、物理、微电子、新材料、生物学和生物医学工程的新兴交叉学科。因为具有微型化、集成化等特征,微流控装置通常被称为微流控芯片,也被称为芯片实验室(lab on a chip)和微全分析系统(micro-total analytical system,MTAS),它通过精准地操控微纳米量级通道中的流体让原本复杂的实验可以在一小块芯片上实现,使得很多本身依赖大型设备的检测项目微小型化、便携化,进而大幅降低成本,给生物医学领域带来了极大的便利。新加坡国立大学的林水德教授[①]是微流控领域的世界知名专家[1,2],他的研究团队近年来研发了多种基于微流控技术的生物医疗设备,覆盖了癌症诊疗中的液体活检、医疗辅助用的可穿戴传感器等应用领域。这些新技术中的相当一部分已经商业化,其中,致力于循环癌细胞分离的微流控芯片公司Biolidics已经成功在新加坡上市。本章将从力学生物学相关的基础研究出发,介绍相关领域的研究现状和未来的发展趋势,主要包括以下几个方面:

　　(1)力学生物学与人类疾病;

　　(2)从分离到体外培养循环癌细胞的微流控技术;

　　(3)微流控技术在可穿戴传感器中的应用。

18.1　绪　　论

　　细胞的力学特性及力学环境在生物发育及人类疾病[3]中发挥着重要作用。同一个细胞在不同的力学环境中可以表现出完全不同的性质,比如干细胞在不同硬度的基底上可以被分化成不同类型的细胞[4]。此外,疾病可以使病变细胞的力学特性发生改变[5]。在癌症的病程中,部分癌细胞变软,使得它们可以更加容易地穿越细胞外基质以及毛细血管,以促成癌症转移[6]。这些细胞力学特征的改变在为生理现象提供新解释的同时,也为疾病的诊断和治疗提供了新思路。近年来,在学术界兴起了研究细胞力学特征和力学响应的学科,称为力学生物学(mechanobiology)。通过研究细胞在疾病中的力学改变,可以将这种差异作为一种全新的生物标记物来识别病变细胞。这一方面可以帮助人们去更深入地了解疾病的病

---

　　① 林水德,新加坡国立大学的NUSS讲座教授,同时为新加坡力学生物学研究所的创办者之一,新加坡医疗保健科研企业联盟平台创始总监以及新加坡国立大学医疗健康创新与科技研究院院长。

理改变,同时这一方法也具备发展成新的诊断和治疗手段的潜力,如图 18.1 所示。本章将以此为起点,介绍林水德教授如何以微流控平台为工具,将力学生物学应用到临床相关的研究中,并发展出造福不同疾病患者的新型医疗设备。

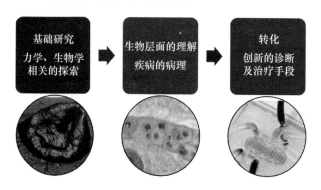

图 18.1　从力学生物学角度研究疾病相关的问题

18.2　力学生物学与人类疾病

力学生物学是一个最近二十年才被提出并逐步完善的新兴学科,它包括细胞的力学性质、应力响应和机械力以及细胞的力学环境(比如细胞基质的软硬程度等)是如何影响细胞的蛋白表达以及细胞在健康或疾病状态下的功能的。

首先,我们来看一下细胞本身的力学特性是如何在人类疾病的病程中发生改变,乃至影响疾病的发展的。以众所周知的烈性传染病——疟疾为例,这是一种可以通过蚊虫传播,严重影响发展中国家卫生条件落后地区居民健康状况的疾病。疟疾的病原体——疟原虫主要通过感染患者的血红细胞致病。通过多尺度的力学表征,研究发现,被疟原虫感染的红细胞相比正常红细胞表现出更高的硬度以及更强的细胞间黏性[7]。这是我们第一次确定了细胞的力学特性会在疾病的发生及发展中被改变,同时这也让细胞的力学特性可以用作一项独立的生物标记物,并具有极大的潜在检测与诊断价值。经过进一步深入研究,科研人员确定了将红细胞的硬度(stiffness)及形变能力(deformability)作为检测疟疾的手段的可行性[8],并通过这种方法在微流控芯片中分离感染的红细胞与正常红细胞,取得了令人振奋的结果[9]。

在从疟原虫感染的红细胞的相关研究中确认了细胞力学特性可以作为一个可靠的生物标记物后,我们将研究目标转向了一个与人类健康及寿命息息相关的疾病——癌症。研究人员在对一些癌细胞进行多尺度力学表征的研究过程中发现,一些癌细胞(比如乳腺癌)在癌症的发展过程中表现出与疟疾相反的特性,即癌变的细胞相比正常组织细胞更加柔软并表现出细胞间黏性的降低。这项发现同时被世界各地多个课题组确认,并且在进一步的研究中发现这样的变化也与癌症类型有关,在不同类型的肿瘤中具有一定异质性。癌细胞的这种力学特性变化被广泛认为会增加癌症转移的成功率,同时导致患者的疾病预后变差[10]。为了确定结果的可靠性,我们采用多种方法表征不同状态下的人体细胞的力学特性,包括图 18.2(a)中的光镊(optical tweezers)拉伸、微吸管吸取、微流控挤压以及图 18.2(b)中的原子力显微镜纳米压痕测试,它们的结果呈现出了很好的一致性[5]。

以上的基础研究成果为采用细胞的力学特性作为一种新发现的生物标记物(biomarker)提供了坚实的理论支撑,在之后的疾病机制研究以及诊断治疗中发挥了不可忽视的作用。

图 18.2 人体细胞的力学性能及其相关研究

(a)人体细胞力学特性;(b)原子力显微镜纳米压痕测试

18.3 从分离到体外培养循环癌细胞的微流控技术

前面我们介绍了细胞的力学特性与疾病的相关性,这一节将首先以循环癌细胞的分离为例,探讨将从细胞力学特性相关的基础研究中所取得的结果应用到临床上。随后,将进一步介绍与循环癌细胞相关的液体活检技术,并探讨其在精准医疗中的潜在价值。

18.3.1 循环癌细胞的分离

循环癌细胞是一类在癌症患者血液中发现的稀有细胞。如图 18.3 所示,原发癌中的癌细胞在恶性肿瘤的病情发展中会不间断地迁移进血液并循环,并通过附着在患者体内不同的组织器官上进行转移从而导致高致死率。在这个癌症转移的通路中,血液里的癌细胞为微创癌症诊断分析提供了一个重要的监测窗口。与常见的,伴有一定危险性的肿瘤穿刺(tumor biopsy)不同,血液检测(liquid biopsy)具有花费低、操作简单以及风险低的特点。但是难点在于如何从血液中分离出癌细胞,并取得有价值的临床信息[11]。通常每 7.5 毫升血液中只能筛选出几个到几十个循环癌细胞(取决于癌症种类以及患者的癌症分期)。而与之相对应的是数十亿的红细胞以及数百万计的白细胞,这就好比在全世界七十亿的人口中寻找几个特别的人,难度堪比大海捞针。传统的循环癌细胞分离一般采用癌细胞表面特有的抗原,通过抗原-抗体反应的方法来捕获癌细胞。然而,由于癌细胞广为人知的异质性,这种方法往往只能够获取一部分特定的循环癌细胞,而其他循环癌细胞则成为漏网之鱼。

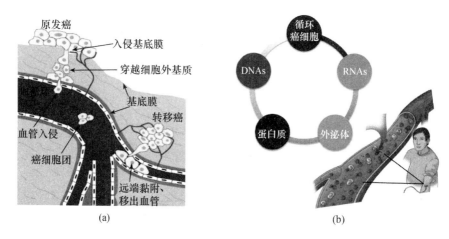

图 18.3　循环癌细胞的产生与癌症转移

(a)癌症转移路径(图片再版许可源自 Elsevier 出版社[12]);(b)液体活检的概念
(图片再版许可源自美国西奈山医疗中心 Mount Sinai Health System)

为了解决这一问题,我们首先从生物力学角度研究了循环癌细胞的力学特性。研究发现循环癌细胞相比血液中的其他血细胞,具有更大的细胞体积以及更高的细胞硬度,如图 18.4 所示。这样独特的力学特性为分离循环癌细胞提供了新思路。

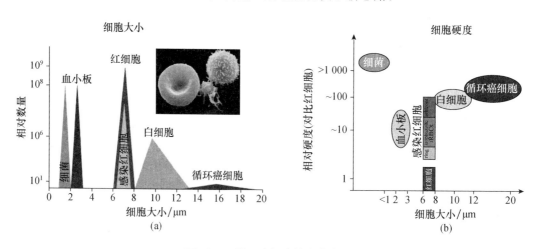

图 18.4　循环癌细胞的力学表征

(a)血液中不同细胞的数量及尺寸分布;(b)血液中不同细胞的硬度及细胞尺寸分布

以这个为出发点,林水德教授开发完善了多种微流控芯片用于循环癌细胞的分离。这里介绍其中的两种:

第一种是利用过滤的原理来进行分离。如图 18.5 所示,在这套微流控系统中,采用一套拥有多组间隔排列过滤柱的微流控芯片[13],体积大且不易形变的循环癌细胞在流过这些过滤柱时会停留在特别设计的癌细胞捕获结构里;而其他体积小且更易形变的血细胞则会从旁边的间隙或柱子间的间隙中穿过。之后,通过冲洗,芯片中将只留下被捕获的癌细胞。最后,通过反向冲出操作可以从芯片中取出捕获到的循环癌细胞。这项技术的实用性已经在临床血液样品的处理中得到了验证。

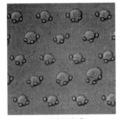

有效分离　　　循环癌细胞捕获　　　循环癌细胞释放

图 18.5　基于过滤原理的循环癌细胞分离微流控芯片

(图片再版许可源自 Springer 出版社[8])

第二种利用基于惯性聚集(inertial focusing)的螺旋微流控芯片(spiral chip)[14]进行分离。与前述的过滤装置相同,螺旋微流控芯片同样利用的是纯粹的细胞生物物理特性。图 18.6(a)给出的是微流控芯片通道的横截面,当不同尺寸的颗粒(细胞)在螺旋状微流通道中流动时,每个颗粒会受到两个作用力:由通道及流速分布引起的抬升力(lift force)以及由惯性引起的拉力(dean drag force),这两个力在颗粒随流体截面方向分力移动的过程中存在一个互相抵消的平衡点,而这个平衡点在同一流速下取决于细胞本身的体积[15]。根据这一原理,血液中不同大小的细胞可以在流动的过程中被自动分为大小不同的聚集带(focusing stream)。在通过芯片末端的分离收集结构时,不同的聚集带被导向不同的出口,从而实现循环癌细胞的分离如图 18.6(b)所示。这套分离系统具有成本低、易操作以及高效率等特点,在经过一系列临床样品的验证后[16,17],其分离出的循环癌细胞具备出色的下游分析(downstream analysis)潜力。依托这项技术,林水德教授于 2009 年成立了 Clearbridge Bio-Medics 公司来商业化这款循环癌细胞分离芯片,获得了良好的市场反馈,该公司已经于 2018 年底在新加坡成功上市。

用于循环癌细胞分离的螺旋微流控芯片

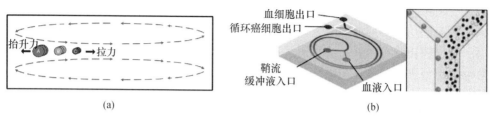

(a)　　　　　　　　　　　　　(b)

图 18.6　基于惯性聚集的循环癌细胞分离芯片

（a）分离原理；（b）分离示意（图片再版许可源自 Springer 出版社[18]）

18.3.2　循环癌细胞的体外培养

在实现循环癌细胞分离后，接下来的问题是如何将其在诊疗中的作用最大化。无疑，如果能够在体外培养这些来自患者的稀有癌细胞并进行深入研究和分析，将极大地推进个性化医疗的发展。于是，林水德教授近几年开发出了一套循环癌细胞体外培养与药物筛选一体化的微流控系统[19]。如图 18.7 所示，该系统共有三层结构，其中，底层是由微井（microwells）组成的阵列，用于循环癌细胞的培养；第二层是液体存储通道，用于储存及更换细胞培养液；第三层是浓度梯度产生器，用于合成不同浓度或组合比的药物并流向细胞培养液。这套装置已经在临床上应用，处理超过 400 份临床血液样品并获得了大于 60% 的培养成功率。在微流控芯片中培养的循环癌细胞被用于包括药物筛选、表现型分析在内的多项下游研究，验证了其实用性和有效性。

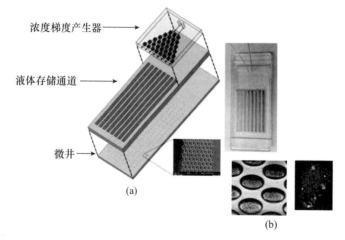

(a)

(b)

图 18.7　基于微井的循环癌细胞体外培养与药物筛选一体化的微流控系统

（a）结构；（b）实物（图片再版许可源自 Springer 出版社[19]）

通过这些前驱的研究工作,我们认为液体活检作为一项新的技术可以进一步被完善并最终实现临床一线的应用。在推广的前期,液体活检可以和传统的肿瘤穿刺诊断搭配使用,作为辅助诊断的依据。在技术的有效性及可靠性得到广泛验证后,再作为独立的诊断标准推广。尽管当前液体活检还不是临床的主流,我们相信在接下来的 5～10 年里这项技术会被广泛采纳并为癌症的诊断治疗提供更加翔实的依据。这样,将来进行癌症筛查时,只需要一项普通的血液检测,与疾病相关的 DNA、RNA 以及其他关键标记物可以被全面地分析掌握。同时,通过大数据手段形成完整的诊断报告以及诊疗建议,使每一个疾病针对每一个患者都能有不尽相同但最合适的治疗方法,真正地实现个性化精准医疗服务[11]。

18.4　微流控技术在可穿戴传感器中的应用

随着电子设备的普及与升级,可穿戴设备是当今电子消费市场上的一大热门。而在当下,如智能手表、手环等商用的可穿戴设备中,大多数依然采用传统的硅基传感器,它们通常不柔软,且能耗高、易损坏,因而设计制作轻便、可穿戴、耐用的柔性传感器是进一步优化可穿戴设备的关键技术和发展方向。从应用的角度来看,如图 18.8 所示的这类用于生物体监测和疾病检测的如皮肤般柔软、灵敏度高的可穿戴传感器对于个性化医疗以及精准医疗的意义不言而喻[20]。

林水德教授从工业设计的角度,提出研发基于高延展性材料的传感器,之后将它开发成实用的功能元件,最后通过组装实现产业化。

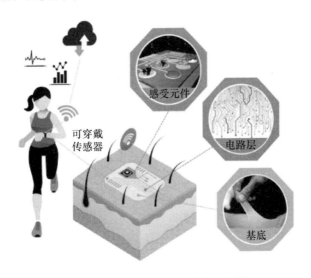

图 18.8　可穿戴传感器的应用场景

首先开发出了基于微流控通道和液体导电材料的微流体柔性传感器[21]，如图18.9所示，在微流体柔性传感器通道中，导电材料在通道形变时会发生电阻改变进而产生可被监测到的电信号，这里，导电材料用的是具有较高生物兼容性的液态合金（eutectic Gallium-Indium，EGaIn）。通过不同形变状态下的信号波形差异，形变的类型也可以被分析并记录。通过车辆碾压等实验验证了这种传感元件的稳定性及耐用性。

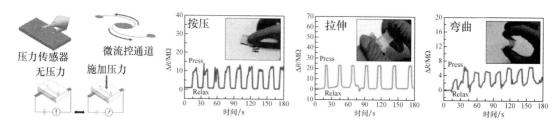

图18.9　微流体柔性传感器的原理
（图片再版许可源自 RSC 出版社[21]）

有了以上柔性传感器元件，即可开始探索这种传感器的应用前景，如图18.10所示。这里将首先重点介绍林水德教授课题组开发出的可穿戴传感器在糖尿病患者中的应用。

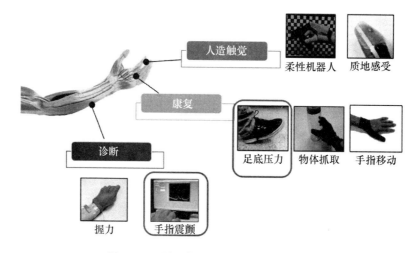

图18.10　微流体柔性传感器的应用场景

18.4.1　用于糖尿病足的智能鞋垫

糖尿病在世界范围内都是一项发病率高且无法根治的疾病。在糖尿病的发展过程中，由于供血问题产生的远端肢体坏死（足底坏死最为常见）对糖尿病患者的生活质量有着极大的影响。在疾病后期，糖尿病患者往往不得不进行截肢来防止进一步感染带来的严重并发症。而由于足底感觉神经的退化,老年糖尿病患者往往无法感受到足底的组织坏死因而无法在行走的过程中避免踩踏坏死处,由此引发了足底坏死的进一步加剧。为了解决这个问题,林水德教授将柔性传感器整合进了一个为糖尿病患者定制的鞋垫上,如图18.11所示。通过传感元件,这个鞋垫可以实时监测患者的足底压力分布并通过一个手机应用程序在患者踩踏到坏死部位时发出提醒。通过手机将数据上传至云端,患者的医生在远程可以定期对患者的状况进行评估并给出具有针对性的康复建议。这项技术已经开始了临床实验,并有希望极大地改善和优化糖尿病患者的诊疗管理。依托这项技术,林水德教授创立了初创公司 Flexosense,进行这项技术的商业化推广。

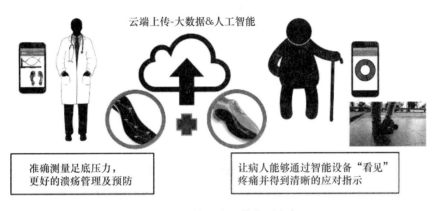

图 18.11　糖尿病足的监测方案

18.4.2　微管传感器及其应用

微管传感器是一种微型化的柔性传感器件,在可穿戴设备以及生命检测仪器领域有着重要的应用。如图 18.12 所示,通过往头发丝粗细的中空 PDMS 软管中注射导电液态金属 EGAIn 可以制备这种微型化的传感元件[22]。尽管直径只有 $10~\mu m$,该传感器元件却有着极佳的延展性、稳定性及耐用性。与之前基于微流控的传感元件类似,在不同的形变状态下电信号反馈的波形也将不同,基于这个特性,微管传感器可以被用于不同场景中来实现不同的功能。例如,我们将微管传感器成功用于测量人体不同部位的脉搏信号。由于微管传感器的体积小且延展性能好,还尝试了将其置入针织布料中并测试了其对不同手势的响应。在未来,类似的传感器可以被广泛植入到衣物中来实现“智能服装”的概念,如图 18.13 所示。

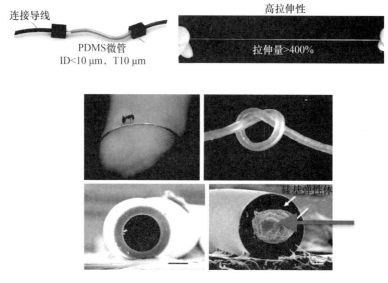

图 18.12　基于微管的柔性传感器

（图片再版许可源自 NAS 出版社及 ACS 出版社[22,23]）

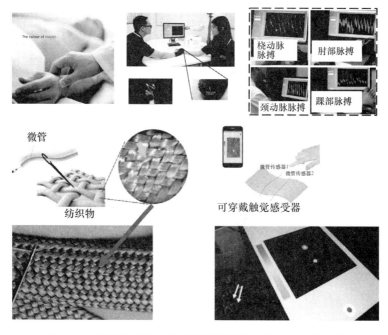

图 18.13　微管传感器在体表信号测量及衣物植入中的应用

（图片再版许可源自 NAS 出版社及 ACS 出版社[22,23]）

最后来介绍微管技术的最新应用,多功能手套,如图 18.14 所示。通过将微管以设计好的方式植入手套中,并对接收到的信号进行分析,可以识别各种不同的手势及手部移动。将经过处理后的指令发送给电脑端处理后,该手套就具有了很强的智能手势识别功能,可以被广泛应用于游戏操作、智能控制等领域。林水德教授在 2018 年创立了初创公司微管科技(Microtube Technologies)开始进行该项技术的商业化尝试。

NUS初创公司2018

智能"无限手套"

图 18.14　基于微管技术的多功能手套[24]

18.5　总结与展望

关于细胞生物力学特性的研究在几年来受到了学界及产业界一定的认可与关注,值得一提的是,尽管最初很多临床医生并不清楚什么是细胞的力学特性,但是随着在这个领域中的研究成果的不断问世,如今很多临床医生开始主动参与到疾病细胞的力学特性方面的研究与合作中。在新兴领域进行基础研究是一件非常有挑战性,也非常有价值的事情,新的发现往往能带来新的技术突破口,并从全新的角度去更好地解决科研、临床以及业界的难题。

未来的智能系统将不再局限于对"现状"的分析,而应该更加超前的通过获取的信息进行合理的预测。比如说在医疗领域,下一代的智能系统将能实现对健康状况的预警而不仅是检测与监测,而这样的智能系统需要更多学科交叉和工程化的工作来共同协作推进,一位著名的医生曾说过:"一个医生一次只能治疗一位患者,但是一位研究生物工程技术的工程师所发明的技术能在任何时间和地点治疗成千上万的患者。"

18.6　常见问题与解答

Q1:液态金属传感器近年来获得了长足的发展,足底温度在糖尿病足的发展中也是一个重要的生物标记物,能否用液态金属传感器来测量温度变化? 即便仅仅考虑测量压力的变化,温度是否也会对测量结果造成影响?

A1：温度确实是糖尿病足中非常重要的一个指标。但是我们其实并没有仔细考虑过这个问题，因为我们的传感器在设计之初就是给已经出现足底坏死，或正在康复中的患者使用。所以我们可以个性化地将传感器设置在患者的患处。温度在预防足底坏死的发生上会是非常好的一个参考指标，它可以用来预测即将坏死的部分，这一点对我们来说也非常有意思，但是目前我们仅在已经出现坏死的患者中进行测试，所以单单测量压力对我们来说已经足够了。

Q2：在肿瘤的个性化医疗中，你是否有成功的案例可以分享给大家？它的花费大概是多少？以及什么样的医院可以进行这样的测试？

A2：实际上，我们在 15 年前最开始进行循环癌细胞相关的研究的时候，只是考虑进行循环癌细胞在单位体积血液中的计数，希望以此来进行肿瘤分期。后来学术界开始了对循环癌细胞的测序工作，也就是从基因层面来研究循环癌细胞当中的一些突变现象。我们也开始了相关的研究，尤其是那些可以被药物靶向的突变。在之前的报告中有两个类似的例子，肺癌中的 ALK 基因突变及乳腺癌中的 HER2 基因扩增，这两个突变都是可以被药物靶向治疗的。我们在临床研究中也确实可以在循环癌细胞中检测到 ALK 和 HER2 突变，一旦我们能够知道这些突变信息，就可以知道哪些患者可以从相应的药物治疗中获益，对症下药。价格方面，测试本身大概在一百多美元左右，现有 FDA 批准的系统测试费用大概是 800~1000 美元，但是使用我们的系统的话费用会低很多。

Q3：对于一位教授来说链接实验室研究和商业化是非常有挑战的，你是怎么做到自己职业生涯的平衡以及你是如何管理你的两个团队的？

A3：我把研究组分成了不同的小组，一个是做力学生物学的，一个是做微流控的，还有一个是做传感器的小组。我给了学生们很大的自由去尝试不同的东西，在文章发表方面也不会给他们很大压力，以确保他们做的实验都是精心设计过的，并且实验结果都是准确可靠的。对于一项技术，如果我觉得它的发展很有前景并且可被商业化，我会考虑更进一步把技术变成产品。然后，我们会考虑是自己成立一个初创公司，还是将专利授权给别的公司。整个过程的话，我们最开始会从基础研究开始，然后评价成果是否能够解决一个重要的问题，并能够被商业化。

Q4：关于在医院里使用的分离和培养癌细胞的设备，你们是否有中国大陆的代理商？以及设备的花费大概是多少？

A4：关于体外培养循环癌细胞的装置目前还没有，我们仍然在新加坡进一步优化它。目前对于它在乳腺癌中的应用我们非常有信心，我们已经在 400 多份临床样品中进行了验证，现在我们正尝试在各种不同的癌症中论证它的作用，胰腺癌是其中一个，肺癌是另外一个。因为对于不同种类的癌症我们的操作流程也会不一样,这样的优化会花费很长的时间。我们目前确实没有着手考虑把它投向中国大陆市场的问题,我们今后会很乐意这么做,不过,现在我们还在探索这个装置在除了乳腺癌以外的不同类型的肿瘤中应用。

Q5:您研究了很多整合微流控系统的应用,能否评价一下将微流控和可穿戴传感器整合在一起的优势?

A5:我们选择和微流控技术结合,最初是因为我们擅长微流控技术。后来我们花了很多精力发展基于微流控技术的传感器,这当中有利也有弊。首先,当我们采用微流控技术的时候,基本上很难做到非常薄的传感器,例如 John Rogers 还有其他几个实验室发展出了非常薄的可以直接贴合皮肤的传感器。不过这一点其实我们并不担心,因为在和用户谈论的时候,我发现他们更希望这些产品有一定的厚度以便更好地抓取以及从表面掀起。它的优点的话,主要来自液态金属,它本身灵敏度很高,且可以轻易被延展以及弯曲,它能够被用于同时获取多个维度的形变信息(拉伸、弯曲、扭转等)。而对于太薄的材料,如果弯曲的话,可能信号将难以获取,所以这些传感器其实各有各的优缺点。

参 考 文 献

[1]　林水德教授课题组. 林水德教授课题组[EB/OL]. https://ctlimlab. org.

[2]　iCANX Talks. iCANX Talks[EB/OL]. https://www. iCAN-x. com/.

[3]　Chaudhuri P K, Low B C, Lim C T. Mechanobiology oftumor growth[J]. Chemical Reviews, 2018, 118(14):6499-6515.

[4]　Engler A J, Sen S, Sweeney H L, et al. Matrix elasticity directs stem cell lineage specification[J]. Cell, 2006,126(4):677-689.

[5]　Suresh S. Biomechanics and biophysics of cancer cells[J]. Acta Biomaterialia, 2007,3(4):413-438.

[6]　Alibert C, Goud B, Manneville J. B. Are cancer cells really softer than normalcells? [J]. Biology of the Cell, 2017,109(5):167-189.

[7]　Dao M, Lim C T, Suresh S. Mechanics of the human red blood cell deformed by optical tweezers[J]. Journal of the Mechanics and Physics of Solids, 2003,51(11-12):2259-2280.

[8]　Bow H, Pivkin I V, Diez-silva M, et al. A microfabricated deformability-based flow cytometer with application to malaria[J]. Lab on a Chip, 2011,11(6):1065-1073.

[9]　Hou H W, Bhagat AA S, Chong A G L, et al. Deformability based cell margination-a simple microfluidic design for malaria-infected erythrocyte separation[J]. Lab on a Chip, 2010,10(19):2605-2613.

[10]　Hou H W, Li Q S, Lee G Y H, et al. Deformability study of breast cancer cells using microfluidics[J]. Biomedical Microdevices, 2009,11(3):557-564.

[11]　Vaidyanathan R, soon R H, Zhang P, et al. Cancer diagnosis:from tumor to liquid biopsy and beyond

[J]. Lab on a Chip, 2019,19(1):11-34.

[12] Lee G Y H, Lim C T. Biomechanics approaches to studying human diseases[J]. Trends in Biotechnology, 2007,25(3):111-118.

[13] Tan S J, Yobas L, Lee G Y H, et al. Microdevice for the isolation and enumeration of cancer cells from blood[J]. Biomedical Microdevices, 2009,11(4):883-892.

[14] Hou H W, Warkiani M E, Khoo B L, et al. Isolation and retrieval of circulating tumor cells using centrifugal forces[J]. Scientific Reports, 2013,3.

[15] Di Carlo D, Irimia D, Tompkins R G, et al. Continuous inertial focusing, ordering, and separation of particles in microchannels[J]. Proceedings of the National Academy of Sciences of the United States of America, 2007,104(48):18892-18897.

[16] Lim S B, Yeo T, Lee W D, et al. Addressing cellular heterogeneity in tumor and circulation for refined prognostication[J]. Proceedings of the National Academy of Sciences of the United States of America, 2019,116(36):17957-17962.

[17] Khoo B L, Grencl G, Jing T, et al. Liquidbiopsy and therapeutic response: circulating tumor cell cultures for evaluation of anticancer treatment[J]. Science Advances, 2016,2(7).

[18] Warkiani M E, Khoo B L, Wu L, et al. Ultra-fast, label-free isolation of circulating tumorcells from blood using spiral microfluidics[J]. Nature Protocols, 2016,11(1):134-148.

[19] Khoo B L, Grencl G, Lim Y B, et al. Expansion of patient-derived circulating tumor cells from liquid biopsies using a CTC microfluidic culture device[J]. Nature Protocols, 2018,13(1):34-58.

[20] Gao Y, Yu L, Yeo J C, et al. Flexiblehybrid sensors for health monitoring: materials and mechanisms to render wearability[J]. Advanced Materials, 2020,32(15).

[21] Yeo J C, Yu J, Koh Z M, et al. Wearable tactile sensor based on flexible microfluidic[J]. Lab on a Chip, 2016,16(17):3244-3245.

[22] Xi W, Kong F, Yeo J C, et al. Soft tubular microfluidics for 2D and 3D applications[J]. Proceedings of the National Academy of Sciences of the United States of America, 2017,114(40):10590-10595.

[23] Yu L, Yeo J C, Soon R H, et al. Highlystretchable, weavable, and washable piezoresistive microfiber sensors[J]. ACS Applied Materials & Interfaces, 2018,10(15):12773-12780.

[24] Microtubetechnologies Pte Ltd. [EB/OL]. https://www.microtube.tech.

第 19 章　随生理信号响应的智能给药体系

伴随着材料化学、分子药物学及纳米生物技术等领域日新月异的发展,具有刺激应答功能的可编程智能体系在剂量、时空等维度上为实现精准的药物递送提供了可能。与此同时,伴随着对自然界的不断探索,科学家对巧妙而精细的生物过程有了更加深入的认知,这极大地激发和促进了人类对生物材料、智能体系的创新研发。顾臻教授①正是这方面的专家,他的课题组[1]致力于在疾病相关生理信号触发的可编程智能药物递送体系方面的研究,主要包括以下几个方向:

（1）智能胰岛素贴片;

（2）生理响应透皮给药贴片;

（3）免疫治疗调节药物的局部和靶向递送。

本章主要从绪论、重点研究方向及其进展以及总结与展望等部分来介绍随生理信号触发的智能给药体系的研究[2]。

19.1　绪　　论

人体内的多种生理信号常常伴随着疾病的出现而发生变化。譬如,糖尿病人的血糖浓度过高;伤口处或者炎症区域常伴随酸碱（pH）以及氧化还原电位的变化;肿瘤部位氧浓度、pH、氧化还原电位、三磷酸腺苷（adenosine triphosphate,ATP）以及特定酶浓度的变化等[3]。这些因病变而产生的生理信号变化可以用来指导智能响应性生物材料、药物递送制剂和器件的设计与研发,如图 19.1 所示。如图 19.2 所示,一方面,可以直接利用生物体系或者将生物粒子（细胞、病毒、蛋白等）进行改造和修饰,用作药物的载体;另一方面,可以用合成材料及其体系来模拟生物体系/粒子的靶向功能及控释行为,进行递送载体的设计。这些仿生设计,为设计及制造智能生物给药系统提供了崭新的方向[4]。

---

① 顾臻,教授,2010 年在美国加利福尼亚州立大学洛杉矶分校（California State University,Los Angeles,CSULA）任教并获得博士学位;同年博士后获聘于麻省理工学院（Massachusetts Institute of Technology,MIT）化工系,师从 Robert Langer 教授,现任浙江大学药学院院长。

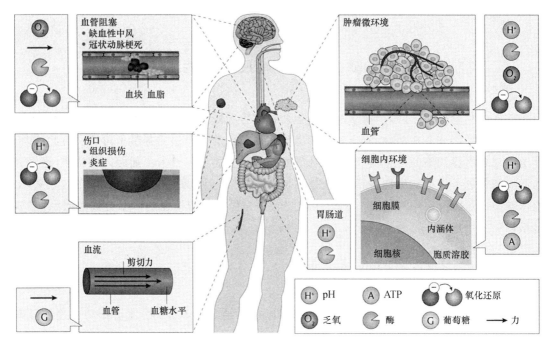

图 19.1　随生理信号响应的智能给药体系

（图片再版许可源自 Springer 出版社[3]）

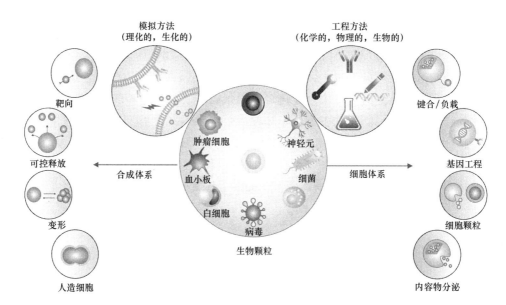

图 19.2　智能给药系统的设计思路

（图片再版许可源自 ACS 出版社[4]）

19.2　基于血糖响应的智能胰岛素递送系统

根据国际糖尿病联盟的统计,2019 年全世界已有 4.63 亿糖尿病成人患者,并且到 2045 年,患者人数可能激增到 7 亿。中国的患者人数占到全世界总数的 1/4。为了使血糖控制在正常水平,1 型和部分晚期 2 型糖尿病患者需要每日反复注射胰岛素,并辅以指尖取血检测血糖。这一反复注射及血糖监测过程无疑是痛苦的。同时,胰岛素治疗窗口较窄,治疗过程中容易过量而导致危及生命的低血糖。而若胰岛素量注射不足,则其无法起到很好地控制血糖的目的,从而诱发糖尿病的多种并发症。因此,如何使胰岛素治疗能够有效地控制血糖并减少治疗带来的痛苦与风险,是亟待解决的问题。针对该问题,科学家提出模拟人体的天然胰岛素生成器,β-细胞,通过实时感应血糖波动并释放相应胰岛素的方式,以提升控制血糖的能力。

19.2.1　智能胰岛素贴片

2015 年,顾臻教授课题组[5]首次报道了将微针贴片和糖响应单元/剂型相结合,制备了"智能胰岛素贴片"的原型。图 19.3(a)、(b)展示了该款糖诱导缺氧响应型智能胰岛素贴片的工作原理。2-硝基咪唑(NI)修饰的透明质酸可自组装形成囊泡结构。通过在每一个囊泡中插入胰岛素和葡萄糖特异性氧化酶,将葡萄糖转化为葡萄糖酸,并持续消耗氧气,最终诱导产生缺氧或"低氧"环境。该环境使 NI 分子由疏水性变成亲水性,诱导囊泡崩溃,释放胰岛素。

如图 19.3(c)、(d)所示,为了进一步方便使用,这些囊泡被装载到以透明质酸为基体制备的微针贴片中,从而得到了糖响应胰岛素微针贴片。该微针可穿透皮肤表面,感受血糖波动并释放胰岛素至皮下,经毛细血管吸收进入血液。如图 19.3(e)~(g)所示,该微针贴片能够很好地控制糖尿病小鼠的血糖,并减少低血糖的发生。

如何使得"智能胰岛素贴片"在保证微型化、使用方便的前提下,更加精准、维持更长时间、更符合临床需求是顾臻教授近几年的研发重心。经过潜心研究,第二代"智能胰岛素贴片"已开发成功。这种新型胰岛素贴片采用了一种新的方法实现了对血糖响应敏感性和胰岛素负载量的双重提升[6]。如图 19.4 所示,该微针的实体直接由血糖响应性高分子构成;胰岛素与构建高分子的有机单体混合后,通过光照一步聚合形成针体,这既提高了胰岛素的装载量,又缩短了加工过程;同时,利用该方法制备得到的微针硬度很高,可轻易穿透表皮来感知皮下组织内的血糖水平。这款新型"智能胰岛素贴片"仅一个 1 元硬币大小,上面负载着数百根微针。当血糖上升时,这些微针会随着检测到血糖浓度变化而发生膨胀,并降低对负载胰岛素的吸附作用,从而使得胰岛素快速扩散进入体内,迅速降低血糖。当血糖水平降

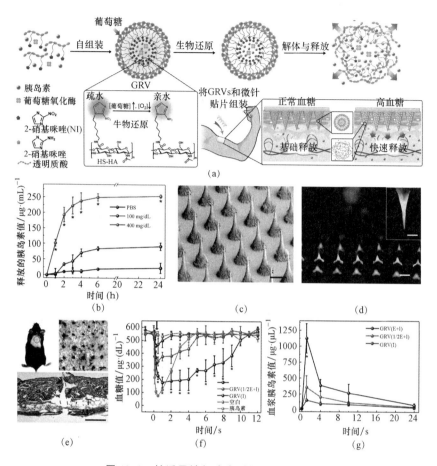

图 19.3　糖诱导缺氧响应型智能胰岛素贴片

（图片再版许可源自美国科学院院报（Proceedings of National Academy of Sciences，PNAS）[5]）

回正常值后，胰岛素的释放速度也会随之减缓。在对糖尿病猪模型的实验中，一个硬币大小的微针贴片就能使得 25 kg 的糖尿病猪维持正常血糖水平约 20 h。

　　这一突破给广大糖尿病人带来了福音，这款"智能胰岛素贴片"正在由顾臻教授创立的初创公司 Zenomics Inc.[7] 进行开发与临床转化，2019 年被美国食品药品管理局列为"新兴技术项目（emerging technology program）"，正在申报临床试验。

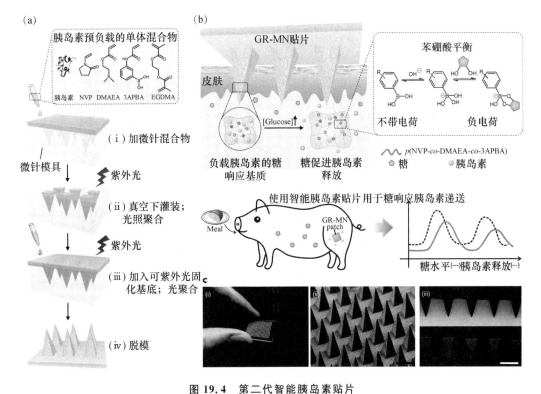

图 19.4　第二代智能胰岛素贴片

（a）工作原理；（b）制作流程（图片再版许可源自 Spring Nature 出版社[6]）

19.2.2　血糖响应型微针贴片

如前所述,神奇的自然界带给科学家很多启发,如图 19.5 所示,顾臻教授[8]构建了人造 β-细胞来模拟天然 β-细胞释放胰岛素。在这些人造细胞内部,注入了一种精心设计的胰岛素载体,从而构成了纳米囊泡包裹纳米囊泡的结构。当血糖水平上升时,人造 β-细胞内部的葡萄糖特异性氧化酶催化葡萄糖,导致内部 pH 值降低。而胰岛素载体则会随着 pH 值的降低而导致表面聚乙二醇(polyethylene glycol,PEG)高分子链脱离,经过多肽诱导的线圈机理,促使胰岛素载体与人造细胞的外膜融合,从而释放胰岛素。当血糖恢复正常水平时,PEG 高分子链会重新结合到胰岛素载体表面,从而降低胰岛素释放。从原理上看,这与人类的胰岛素分泌细胞是非常接近的。在糖尿病小鼠中,这种人造 β-细胞均表现出了对过量血糖水平的快速响应能力。

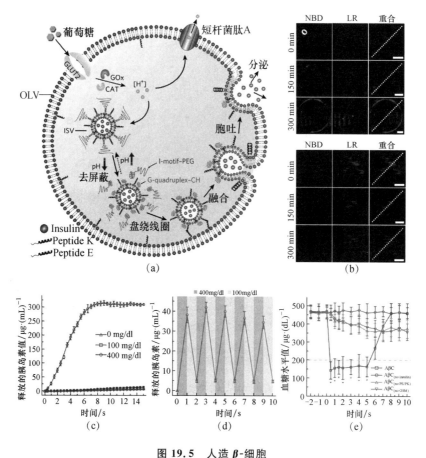

图 19.5　人造 β-细胞

（图片再版许可源自 Springer 出版社[8]）

19.2.3　葡萄糖转运体(Glut)介导的糖响应胰岛素键合物

Glut 是一类辅助葡萄糖由细胞外进入细胞内的跨膜蛋白。顾臻教授首创了以葡萄糖转运体为糖响应单元,制备能与 Glut 可逆结合的胰岛素键合物"i-胰岛素",构建葡萄糖响应型胰岛素递送系统[9]。如图 19.6 所示,当血糖浓度上升时,i-胰岛素可以与 Glut 分开,并与胰岛素受体结合,帮助血糖恢复到正常水平。在血糖恢复正常后,借助抑制分子,i-胰岛素可以阻止过多的糖分子进入细胞。在该胰岛素键合物以皮下注射的方式对 1 型糖尿病小鼠进行治疗时,这些小鼠的血糖水平在长达 10 h 的时间内保持正常。更重要的是,在注射完第一针后的 3 h 后注射第二针,在不发生低血糖的同时,i-胰岛素可进一步延长血糖处于正常水平的时间。

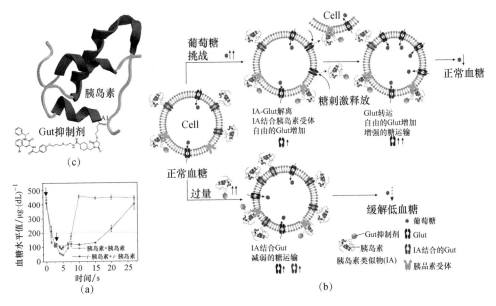

图 19.6　Glut 介导的糖响应胰岛素键合物递送

（图片再版许可源自 PNAS 出版社[9]）

19.3　智能微针贴片技术的多样化应用

19.3.1　生理响应型透皮微针贴片

在"智能胰岛素贴片"研发的基础上，顾臻教授进一步拓展，开辟了"生理响应型智能微针贴片给药平台"这一药物递送新方向如图 19.7 所示，将疾病相关的生理因子与对应的药物联系起来，构建"对症下药"的闭路透皮给药剂型/器件[10]。例如，微针贴片可以用于胰岛素响应型的胰高血糖素递送[11]。再比如，在微针贴片上所负载的装满天然 β-细胞的凝胶，能根据血糖变化分泌所需剂量的胰岛素来控制血糖水平，降低因细胞移植技术而带来的免疫反应[12]。微针贴片还可用于制备凝血酶响应

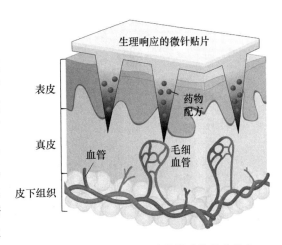

图 19.7　生理响应型智能微针贴片给药平台

（图片再版许可源自 Elsevier 出版社[10]）

型肝素释放,以降低中风/血栓风险[13]。活性氧物质(reactive oxygen species,ROS)响应型的微针贴片可用于缓解炎症(例如青春痘等)[14]。

19.3.2 微针贴片技术的其他应用

顾臻教授近年来不断拓展微针贴片技术的应用。如图 19.8(a)所示,用于局部减肥,如图 19.8(b)所示,将诱导毛囊激活的药物与间充质干细胞来源的外泌体装载于微针贴片中联合给药,在动物模型上验证了这种给药策略可有效促进毛发生长[15],如图 19.8(c)所示,在微针贴片背面放上含有心脏基质细胞凝胶并粘贴于心脏时,营养素可通过贴片上的微针直达受损细胞,从而更好地修复受损心脏组织[16],如图 19.8(d)所示,微针贴片可用于快速从植物组织中提取 DNA,有助于开发小型化以及可用于现场即时检测的植物病害诊断工具[17]。

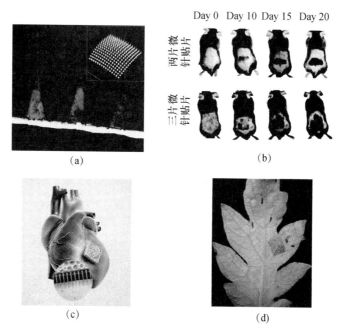

图 19.8 智能微针贴片技术平台的应用

(a) 局部减肥;(b) 治疗脱发(图片再版许可源自 ACS 出版社[15]);(c) 加快心梗康复(图片再版许可源自 AAAS 出版社[16]);(d) 植物病害诊断工具(图片再版许可源自 ACS 出版社[17])

19.4 免疫治疗调节药物的局部和靶向递送

癌症免疫疗法是一类通过激活免疫系统来治疗癌症的方法,其中免疫检查点阻断疗法受到了广泛关注。免疫检查点阻断在多种癌症的治疗中通过阻断内源性的免疫下调因子

（例如程序性死亡蛋白配体-1（PD-1），或其配体—程序性死亡蛋白配体-1（PD-L1）等）而增强抗肿瘤免疫应答。尽管在临床上取得了一定的效果，然而免疫检查点阻断的客观应答率总体上还比较低；对于绝大部分实体瘤，客观应答率低于 20%。此外，过量或脱靶免疫检查点阻断疗法会导致严重的副作用。因此，如何提高免疫检查点阻断疗法的治疗效果以及降低其毒副作用是个重要的科学问题。顾臻教授指出，通过局部或者靶向给药手段，可以提高药物在病灶区域的浓度，可提升肿瘤的治疗效果并降低系统毒副作用。与此同时，结合其他治疗手段，有效地调节肿瘤免疫微环境，可进一步提高免疫治疗效果。

19.4.1　微针贴片技术提高癌症免疫治疗

首先，利用微针贴片技术实现透皮局部递送癌症免疫药物，可提高治疗效果的同时降低药物的副作用[18]。第一步，将免疫检查点抑制剂 PD-1 抗体与葡萄糖氧化酶一起装入纳米颗粒中，再将纳米颗粒装到微针贴片中。使用时血液会进入微针，血液中的葡萄糖在葡萄糖氧化酶的作用下慢慢分解纳米颗粒。随着纳米颗粒被逐渐降解，PD-1 抗体被释放到肿瘤中。在黑色素瘤小鼠模型中测试，治疗 40 天后，40% 经微针贴片治疗的小鼠存活下来，而对照组小鼠存活率则为零。

与此同时，顾臻教授利用空心微针贴片来有效地将冷等离子体（cold atmospheric plasma）以及免疫疗法药物导入病灶，实现协同治疗效果[19]。冷等离子体是近年来兴起的新兴研究领域，由于其在大气压下产生，气体温度低、粒子活性高，在生物医学方面的应用引起了人们广泛的关注。为了提高冷等离子体的肿瘤杀伤效率，顾臻教授利用一种可由高分子材料简单制得的中空微针贴片来透皮传导冷等离子体进入肿瘤组织。如图 19.9 所示，冷等离子体中的活性粒子，可以诱导肿瘤细胞免疫性死亡，产生肿瘤特异性抗原。相比于实心微针贴片或者没有贴片作用下，中空微针贴片可以有效地将冷等离子体导入病灶，提高了抗原呈递细胞（树突状细胞）的成熟，从而诱发一系列肿瘤特异性免疫反应。微针同时负载了免疫阻断药物，进一步提高了肿瘤杀伤效果。实验还发现，局部的治疗能够引发全身的肿瘤特异性免疫反应，有效地抑制转移瘤的生长。

19.4.2　血小板用于免疫治疗

癌症复发是手术切除肿瘤始终存在的一个大问题。而血小板会天然地在伤口处聚集（例如手术部位），并与血液中的肿瘤细胞相互作用。顾臻教授率先将血小板作为药物递送载体，用于癌症免疫治疗。研究人员从小鼠身上提取一些血小板，再将免疫检查点抑制剂（抗 PD-L1 抗体）附加到这些血小板上，然后将它们重新放回小鼠体内。如图 19.10 所示，在切除原发癌之后，表面附着了抗 PD-L1 抗体的血小板，会转移到手术位置。血小板在手术部位（伤口处）激活后产生的一种衍生微粒促进了抗体在手术部位从激活的血小板中释放出来[20]。此外，聚集的血小板还能够吸引和促进手术部位的免疫细胞，提高了小鼠对癌症的免疫反应，有助于抑制癌症复发。

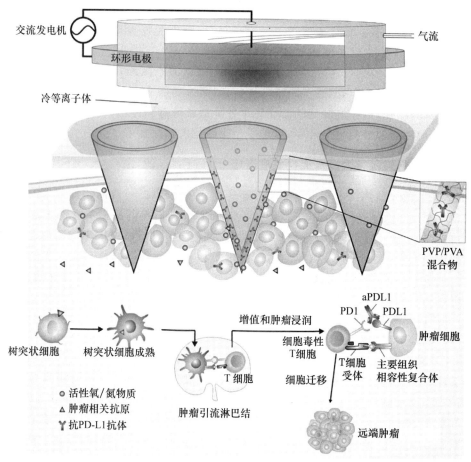

交流发电机

环形电极

气流

冷等离子体

PVP/PVA
混合物

aPDL1
PD1   PDL1

肿瘤细胞

增值和肿瘤浸润

细胞毒性
T细胞   T细胞
受体

细胞迁移   主要组织
相容性复合体

树突状细胞   树突状细胞成熟

T细胞

o 活性氧/氮物质
△ 肿瘤相关抗原
Y 抗PD-L1抗体

肿瘤引流淋巴结

远端肿瘤

图 19.9　冷等离子体微针贴片用于肿瘤免疫治疗
(图片再版许可源自 PNAS 出版社[19])

　　顾臻教授进一步利用了血小板递送免疫药物的能力,将改进的血小板以化学键的形式连接到造血干细胞上,提出了"联合细胞药物递送"策略,用于治疗急性骨髓性白血病[21]。如图 19.11 所示,基于造血干细胞的"归巢"特性,该联合细胞可以有效地将含有免疫药物的血小板"导航"到骨髓内部,从而有效杀死癌细胞。小鼠实验证明,接受这一新型疗法的小鼠,有近 90% 活到了 80 天以上。与此同时,这些治疗后的小鼠展现出了接受免疫疗法后的独特特质——对同一癌症免疫,在那些癌症已经消退的小鼠体内重新注射骨髓瘤细胞,都没有出现急性白血病的致死现象。

　　值得一提的是,血小板不单单可以从血液里面直接提取后在体外再加工,也可以利用细胞分化和基因工程技术,从巨核细胞提取表达 PD-1 受体的血小板[22]。提取的血小板可以同时装载抑制调节性 T 细胞的化疗药物(环磷酰胺),用于肿瘤术后的联合治疗。该血小板

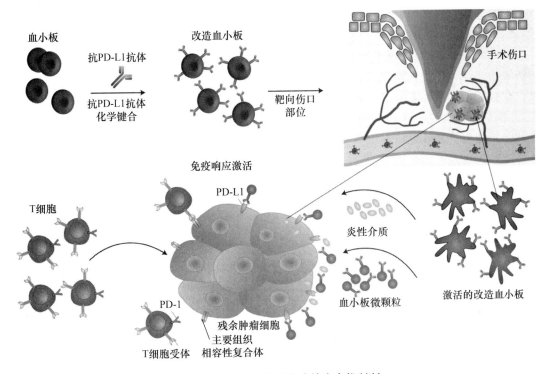

图 19.10　血小板递送免疫检查点抑制剂

(图片再版许可源自 Springer 出版社[20])

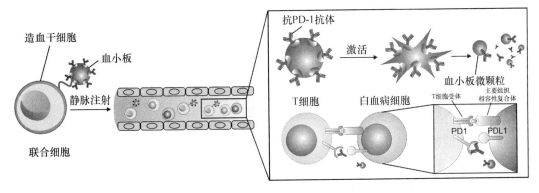

图 19.11　"联合细胞药物递送"策略

(图片再版许可源自 Springer 出版社[21])

给药平台不局限于提高癌症免疫治疗,也可以用于抑制自身免疫性疾病,比如 1 型糖尿病。顾臻教授利用表达 PD-L1 配体的血小板可以富集在胰腺炎症产生位置,通过竞争关系,降低了自身免疫 T 细胞对胰腺 β-细胞的攻击,从而逆转了新发 1 型糖尿病的产生[23]。此外,最近将血小板产生的微粒用来装载抑制炎症的药物,可选择性地靶向肺炎,平息细胞因子风暴,显著提高药效[24]。

与此同时,顾臻教授还研发了利用脂肪细胞来递送抗癌药物,提出了利用肿瘤微环境中脂肪酸代谢途径促进药物递送的新思路[25]。如图 19.12 所示,重新设计脂肪细胞——一种提供脂肪酸能量以促进肿瘤生长和转移的脂肪细胞——来逆转它们在肿瘤发展中的恶性作用,并将抗癌药物直接送到肿瘤微环境中,抑制肿瘤的生长。在小鼠模型上,共轭亚油酸改造的脂肪细胞可有效地招募机体免疫系统攻击肿瘤细胞,并与基于脂肪酸代谢途径设计的一种新型阿霉素前药联用,显著抑制肿瘤生长及术后肿瘤复发。

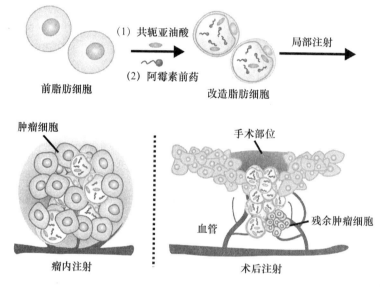

图 19.12　脂肪细胞用于肿瘤免疫治疗

(图片再版许可源自 Elsevier 出版社[25])

19.4.3　可喷涂凝胶用于癌症免疫治疗

除了上述的智能微针贴片治疗手段以及细胞疗法外,顾臻教授还研发了生物响应支架系统,用于提高癌症免疫疗效。

如图 19.13 所示,通过注射特殊凝胶,将化疗药物和免疫治疗药物递送到肿瘤部位[26]。在体内,聚合物聚乙烯醇以及对应活性氧(reactive oxygen species,ROS)响应交联物混合在一起后,能很快地形成凝胶。化疗药物吉西他滨和一款抗 PD-L1 抗体被同时包裹在了这款凝胶内。富集的 ROS 导致凝胶逐渐融化,并先后释放出两种药物。化疗药物先杀死部分癌细胞,增强了肿瘤对免疫治疗药物的敏感度,再释放出抗 PD-L1 抗体,从而提高免疫疗法的效果。随着凝胶降解,肿瘤部位的活性氧水平也会随之降低,这有助于抑制肿瘤生长。

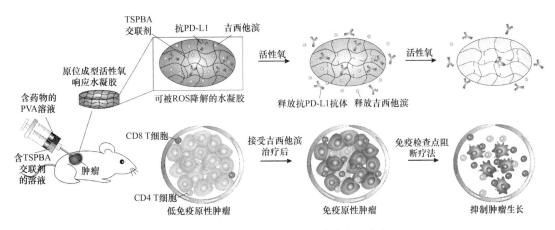

图 19.13　可注射水凝胶用于肿瘤免疫治疗

(图片再版许可源自 AAAS 出版社[26])

此外,顾臻团队还研发了一种喷雾型水凝胶用于提高癌症免疫治疗[27]。如图 19.14 所示,喷雾装置的储液器分为两部分,里面装有不同的溶液:① 包裹着一种抗癌药的纳米颗粒以及一种叫纤维蛋白原的物质溶液;② 含有凝血酶的溶液。当溶液同时被喷到手术部位时,纤维蛋白原和凝血酶"相遇"会迅速形成纤维蛋白凝胶。凝胶里包裹着携带药物的碳酸钙纳米颗粒能够在肿瘤微酸性环境内逐渐被降解,从而释放包裹的药物(靶向癌细胞上名为

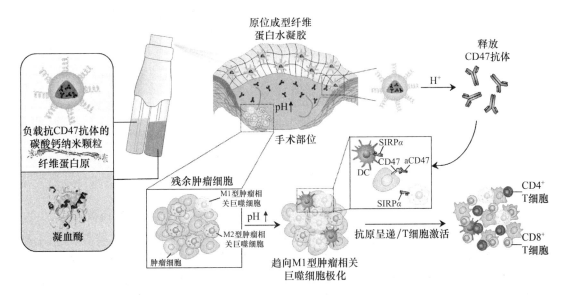

图 19.14　喷雾型水凝胶用于肿瘤免疫治疗

(图片再版许可源自 Springer 出版社[27])

CD47 蛋白质的 CD47 抗体)。此外,它还能够缓解伤口处的酸性环境,从而提高巨噬细胞(M1-macropahge)的活性。释放的 CD47 抗体可以屏蔽癌细胞释放"别吃我"的信号,从而使免疫细胞找到并摧毁癌细胞。在接受了手术切除的晚期黑色素瘤小鼠中,术后用喷雾凝胶做了处理的小鼠,有半数没有再检测到残余的肿瘤细胞。

嵌合抗原受体 T 细胞免疫疗法(CAR-T)对实体瘤的效果不尽如人意,一个重要的原因在于,实体肿瘤的局部环境限制了 CAR-T 细胞进入,并且会抑制免疫细胞发挥作用。顾臻教授研究团队提到了一种简易的给肿瘤"定点加热"策略,用来加强 CAR-T 细胞免疫治疗实体瘤[28],如图 19.15 所示。

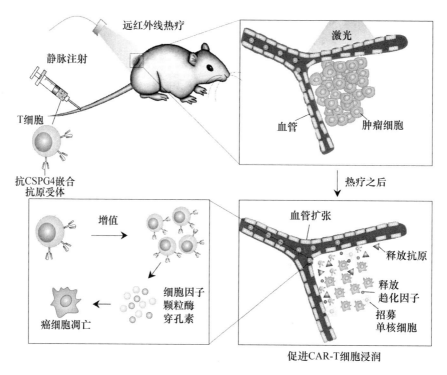

图 19.15 CAR-T 细胞免疫治疗实体瘤
(图片再版许可源自 Wiley 出版社[28])

这种加热方法被证明可以部分破坏肿瘤细胞外的基质,扩张血管促进血流,直接促进CAR-T 在实体瘤内的富集;另一方面,高温对癌细胞的破坏会引起炎性反应,从而增强多种细胞因子的分泌,进一步招募 CAR-T 细胞并促进 CAR-T 细胞的激活。对肿瘤的监测结果显示,结合光热治疗和 CAR-T 疗法后,伴随着 CAR-T 细胞在黑色素瘤细胞部位的浸润和积累增加,小鼠体内的肿瘤生长被显著抑制。

19.5　总结与展望

顾臻教授带领的"iMedication-智能医药实验室"致力于开发新型药剂,包括蛋白质给药系统、生理响应材料、免疫治疗制剂、细胞治疗策略等。其中融合了化学、材料科学、生命科学等多方面理论,它们如同魔方里面的不同颜色版块,通过大家的智慧可以变换出五彩的生物给药材料拼图。顾臻教授同时非常注重产品转化,强调研究中要以针对临床需求作为指导设计生物材料的前提,为人类的健康贡献自己的一分力量。

19.6　常见问题与回答

Q1：关于智能胰岛素贴片,如何针对不同人群,实现个体化设计?

A1：我们公司正在对智能胰岛素贴片进行进一步的优化,为之后的临床测试做准备。目前的设计方案是实现每天一片,或每天两到三片就能有效地控制血糖浓度在正常范围。在贴片使用的初始阶段,针对不同的人群,我们会结合实时的血糖测量来找出最优的药物剂量。目前,我们已经研制出了便捷高效的智能胰岛素贴片制造技术,该技术可以很容易地有针对性地制备出不同胰岛素剂量的贴片,为个体化贴片提供了可能性。

Q2：如何在学术研究和产品转化中寻求平衡? 其中最大的挑战或者阻碍是什么?

A2：学术研究是创新的基石,是产生新想法、新技术的地方。为了让这些新想法、新技术能够实现价值,产品转化是一个非常重要的过程。当然作为一名大学老师,我的首要任务还是教学,培养学生,进行学术研究。我很荣幸能够有一个创新的科研团队来不断产生新想法。与此同时,我也非常幸运能够拥有一个优秀的公司团队来致力于产品转化。之所以我更倾向于成立自己的公司来进行产品转化,临床测试等,是因为我对于自己研发的新的体系更了解,对于其中的技术难点以及创新点的认知更为深入,更利于产品的进一步优化改良。关于挑战或者阻碍,我还在不断地进行知识扩充和自我提升,还有很多自己未知或者不了解的领域。例如一开始公司建立的时候,我需要了解很多新的知识体系,新的术语名词,包括专利、临床测试、时间规划等。这时候,人才的力量很关键。从创新到转化,关键在于能找到把这个空隙弥补的人才,在北卡大学任职期间,我创建了一个生物医药"创新转化"(Translation Innovation "TraIn" Program)学位项目,致力于培养此类人才,熟知一些科技基础知识,同时又具备商业/管理的才能,以帮助促进实验室的成果转化。

Q3：关于智能胰岛素贴片的临床转化,目前关键点是什么?

A3：一个方面我们仍然在不断地研发新的体系,为之后的产品升级做准备。另一方面,我们也在积极地与 FDA 进行交流,准备相关临床试用新药申请(investigational new drug application,IND)文件。获得批准之后,我们会马上开展临床一期测试,包括志愿者招募等。

Q4:我母亲患有糖尿病,非常期待你的智能胰岛素贴片。请问该产品已经通过 FDA 批准了吗?多久可以商品化?

A4:我也经常收到很多来自糖尿病患者的来信,表达了对我们智能胰岛素贴片的支持和期待。该产品还在测试阶段,我们会尽我们最大的努力,早日实现 FDA 批准以及商品化。如果所有临床测试阶段都顺利的话,希望能在几年之内得到批准。

Q5:微针贴片科技展示了很多很好的治疗效果,微针贴片的制造过程如何呢?

A5:目前有很多制造方法,我们也研发了一种非常便捷、可控、快速的微针制备过程,主要是通过光引发原位聚合反应。该方法也非常有利于之后的商品化。

参 考 文 献

[1] 顾臻教授课题组. 顾臻教授课题组[EB/OL]. https://imedicationlab.net/.

[2] iCANX Talks. iCANX Talks[EB/OL]. https://www.iCAN-x.com/.

[3] Lu Y, Aimetti A, Langer R, et al. Bioresponsive materials[J]. Nature Reviews Materials,2017,2(1).

[4] Chen Z, Wang Z, Gu Z. Bioinspired andbiomimetic nanomedicines[J]. Accounts of Chemical Research,2019,52(5):1255-1264.

[5] Yu J, Zhang Y, Ye Y, et al. Microneedle-array patches loaded with hypoxia-sensitive vesicles provide fast glucose-responsive insulin delivery[J]. Proceedings of the National Academy of Sciences of the United States of America,2015,112(27):8260-8265.

[6] Yu J, Wang J, Zhang Y, et al. Glucose-responsive insulin patch for the regulation of blood glucose in mice and minipigs[J]. Nature Biomedical Engineering,2020,4(5):499-506.

[7] Zenomics Inc.[EB/OL]. http://www.zenomicsbio.com/.

[8] Chen Z, Wang J, Sun W, et al. Synthetic beta cells for fusion-mediated dynamic insulin secretion[J]. Nature Chemical Biology,2018,14(1):86-93.

[9] Wang J, Yu J, Zhang Y, et al. Glucose transporter inhibitor-conjugated insulin mitigates hypoglycemia[J]. Proceedings of the National Academy of Sciences of the United States of America,2019,116(22):10744-10748.

[10] Yu J, Zhang Y, Kahkoska A R, et al. Bioresponsive transcutaneous patches[J]. Current Opinion in Biotechnology,2017,48:28-32.

[11] Yu J, Zhang Y, Sun W, et al. Insulin-responsive glucagon delivery for prevention of hypoglycemia[J]. Small,2017,13(19).

[12] Ye Y, Yu J, Wang C, et al. Microneedlesintegrated with pancreatic cells and synthetic glucose-signal amplifiers for smart insulin delivery[J]. Advanced Materials,2016,28(16):3115-3121.

[13] Zhang Y，Yu J，Wang J，et al. Thrombin-responsive transcutaneous patch for auto-anticoagulant regulation[J]. Advanced Materials，2017,29(4).

[14] Zhang Y，Feng P，Yu J，et al. ROS-responsive microneedle patch for acne vulgaris treatment[J]. Advanced Therapeutics，2018,1(3).

[15] Yang G，Chen Q，Wen D，et al. Atherapeutic microneedle patch made from hair-derived keratin for promoting hair regrowth[J]. ACS Nano，2019,13(4):4354-4360.

[16] Tang J，Wang J，Huang K，et al. Cardiac cell-integrated microneedle patch for treating myocardial infarction[J]. Science Advances，2018,4(11).

[17] Paul R，Saville A C，Hansel J C，et al. Extraction ofplant DNA by microneedle patch for rapid detection of plant diseases[J]. ACS Nano，2019,13(6):6540-6549.

[18] Wang C，Ye Y，Hochu G M，et al. Enhancedcancer immunotherapy by microneedle patch-assisted delivery of anti-PD1 antibody[J]. Nano Letters，2016,16(4):2334-2340.

[19] Chen G，Chen Z，Wen D，et al. Transdermal cold atmospheric plasma-mediated immune checkpoint blockade therapy[J]. Proceedings of the National Academy of Sciences of the United States of America，2020,117(7):3687-3692.

[20] Wang C，Sun W，Ye Y，et al. In situ activation of platelets with checkpoint inhibitors for post-surgical cancer immunotherapy[J]. Nature Biomedical Engineering，2017,1(2).

[21] Hu Q，Sun W，Wang J，et al. Conjugation ofhaematopoietic stem cells and platelets decorated with anti-PD-1 antibodies augments anti-leukaemia efficacy[J]. Nature Biomedical Engineering，2018,2(11):831-840.

[22] Zhang X，Wang J，Chen Z，et al. Engineering PD-1-presenting platelets for cancer immunotherapy [J]. Nano Letters，2018,18(9):5716-5725.

[23] Zhang X，Kang Y，Wang J，et al. Engineered PD-L1-expressing platelets reverse new-onset type 1 diabetes[J]. Advanced Materials，2020,32(26).

[24] Ma Q，Fan Q，Xu J，et al. Calmingcytokine storm in pneumonia by targeted delivery of TPCA-1 using platelet-derived extracellular vesicles[J]. Matter，2020,3(1):287-301.

[25] Wen D，Wang J，Van Den Driessche G，et al. Adipocytes asanticancer drug delivery depot[J]. Matter，2019,1(5):1203-1214.

[26] Wang C，Wang J，Zhang X，et al. In situ formed reactive oxygen species-responsive scaffold with gemcitabine and checkpoint inhibitor for combination therapy[J]. Science Translational Medicine，2018,10(429).

[27] Chen Q，Wang C，Zhang X，et al. In situ sprayedbioresponsive immunotherapeutic gel for post-surgical cancer treatment[J]. Nature Nanotechnology，2019,14(1):89-97.

[28] Chen Q，Hu Q，Dukhovlinova E，et al. Photothermaltherapy promotes tumor infiltration and antitumor activity of CAR T Cells[J]. Advanced Materials，2019,31(23).

第 20 章　微介入式诊疗系统

　　众所周知,在疾病的诊断和治疗过程中,生物传感技术是获取人体各种生理信息的关键,不仅能帮助我们了解生命活动,更能有效指导疾病的治疗。生物传感技术是随着生物医学研究的进步而发展的。数百年以来,人们从温度计开始,发明了各种各样的生物传感器,如血糖传感器、血压计、聚合酶链式反应(polymerase chain reaction,PCR)分析仪器、微流控芯片等,这些器件被大量应用于生物医疗的研究和临床上,为人类的医疗健康事业做出了不可估量的贡献。因此,研发更加先进和精准的生物传感器一直是学术界和产业界努力的方向。

　　近年来,随着微流控技术的发展,在细胞层面对疾病进行检测和控制引起了越来越多的关注。中山大学谢曦教授[①]致力于研发基于微流控和微针阵列的微介入式诊疗系统,提出了体外(基于细胞分析的微纳芯片)、表皮(透皮式微纳诊疗系统)、体内(植入式诊疗系统)三层次发展理论,并开展了大量的基础研究工作,在相关领域取得了重大突破,并研发了相关的仪器,在国内外产生了较大的影响。本章将从绪论、研究方向和进展以及总结与展望等方面来介绍微介入式治疗系统,谢曦教授课题组近年来的主要研究如下:

　　(1) 基于微创技术检测生物细胞内部的生物信息;

　　(2) 基于微创技术检测体内信息。

20.1　绪　　论

　　微电子技术与生物科学的融合,极大地推动了新型医学诊疗技术的发展,并已成为当前研究的热点之一,其中非常有代表性的就是现代生物电子学,它要求在微观尺度下,原位实时地对细胞内部或动物体内部进行调控治疗和传感检测[1]。

　　但是借助目前的技术手段很难实现,这其中面临着多个难题,主要有:

　　(1) 如何无创或微创式调控或检测细胞内部环境;

　　(2) 如何原位实时调控或检测细胞或动物体内的信息;

　　(3) 如何实现高度生物相容性的可植入器件。

　　众所周知,生物传感技术是获取生物医学信息的关键,可以作为了解生命活动的基础,并为疾病治疗提供有价值的指导。过去的几十年间,人们见证了多种用于体外诊断的生物

---

　　① 谢曦,中山大学教授。他致力于发展微介入式生物传感技术,在细胞层面,发展纳米针阵列微创式穿透细胞膜,动态检测细胞内蛋白;在体层面,发展了基于微针阵列的透皮传感技术,动态监测体内生理指标。

传感器、用于记录细胞外信号的传感器以及用于可穿戴的非侵入性传感器的出现。现阶段，这些传感器大多数已经被应用于检测来自细胞外部或来自身体外部的信号。然而，细胞或身体的内部包含着更为复杂和有价值的信息，而这更是揭示生命活动和疾病的基础资源，当前的生物传感技术却无法实现安全无损地检测细胞内部或身体内信号的功能。特别是对细胞或身体的内部信息进行安全的、实时的检测。基于此，谢曦教授提出了原位实时的治疗/检测技术方法[1,2]，包括：

（1）致力于研发新型微纳芯片或器件，应用于功能性细胞（免疫细胞、干细胞、癌细胞等）的基础研究，实现了对细胞的精准调控或传感检测；

（2）研发新型的穿戴式/植入式设备，应用于重点疾病（如糖尿病、心血管病、神经性疾病等）的诊疗，实现了对疾病的精准治疗。

20.2　检测细胞内部的生物信息

如前所述，细胞内部的生物信息对于揭示生命活动和疾病的根源有着更为重要的意义，探索如何利用微创技术对细胞的内部信息进行检测是十分具有挑战性的工作，包括：如何穿透细胞而不损坏它？如何实现多个细胞的阵列化检测？等等。

20.2.1　基于纳米针阵列的微创生物传感技术

开发面向细胞应用的微创生物传感技术，第一个必须解决的问题就是：如何安全地穿透细胞膜？一旦安全穿过细胞膜成为可能，那么在细胞内部的很多应用就比较容易实现，例如，可以往细胞内传递药物、电信号刺激或生化传感等。但以目前的技术，细胞渗透可能会轻易损害细胞活力，所以这些应用仍然很难实现。为了解决这一关键问题，谢曦教授基于纳米针阵列研发了用于细胞的微创生物传感技术。

通过在纳米针顶部培养细胞，利用纳米针来穿透细胞膜。同时，为了提高穿透效率，研究人员将纳米针与外部技术相结合，如激光辐照、电场作用、机械力作用或者化学涂层修饰等，来帮助纳米针穿透细胞膜。这里特别值得一提的是，谢曦教授率先提出了一种利用电场来增强穿透力的技术，实验证明这种技术不仅有用而且效率较高。

通常来说，纳米针与细胞具有良好的生物相容性，且直径约为 200 nm，比细胞要小得多。实验证明，进行细胞渗透后，细胞的活力和细胞功能可以得到良好的维持。而一旦穿透了细胞膜，纳米针就可以进入细胞的内部环境。因此，这些纳米针不仅可以作为将药物递送到活细胞中的工具，也可以用作刺激活细胞的工具，还可以用来作为探测细胞内生化信息或电信息的探针。相比于将单个细胞、逐个处理的常规型单根纳米探针而言，纳米针阵列的优势在于可以同时处理多个细胞。下面分别介绍纳米针阵列的制备、细胞渗透和细胞安全性

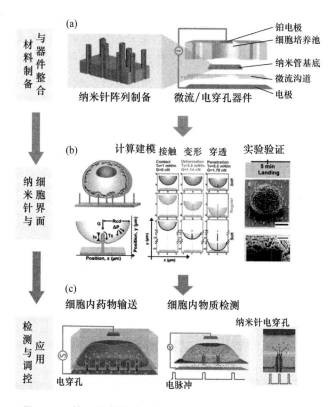

图 20.1　基于纳米针阵列的生物医学材料与器件

(a) 材料制备与器件整合(图片再版许可源自 ACS 出版社[6]);(b) 纳米针与细胞界面的研究(图片再版许可源自 ACS 出版社[3]);(c) 检测与调控的应用(图片再版许可源自 ACS 出版社[7])

的机理以及药物递送和生物传感应用等,如图 20.1 所示。

20.2.2　空心纳米针阵列的制备

空心纳米针阵列的制备工艺流程如图 20.2 所示,利用纳米多孔膜作为模版[3],利用原子层沉积(atomic layer deposition,ALD)Al_2O_3,然后依次使用 Cl_2 和 O_2 进行等离子体蚀刻来使纳米针暴露,纳米针具有中空结构,其中纳米通道延伸穿过基底,这样的结构使得液体可以穿过纳米通道,从纳米针基底输送到纳米针顶部。从图 20.2(b)中可以看出,纳米针的直径小于 300 nm,而且几何形状具有良好的可调节性,例如:纳米针的直径、高度和间隔距离等都可以进行调节。目前,除了空心纳米针阵列外,谢曦教授还开发了用导电金属制造纳米针的制备工艺。可以根据特定的应用,制造出具有所需几何形状和不同材料的纳米针。

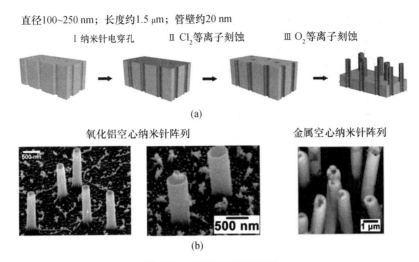

直径100~250 nm；长度约1.5 μm；管壁约20 nm

Ⅰ 纳米针电穿孔　　Ⅱ Cl$_2$等离子刻蚀　　Ⅲ O$_2$等离子刻蚀

(a)

氧化铝空心纳米针阵列　　　　　　　　金属空心纳米针阵列

(b)

图 20.2　空心纳米针阵列

（a）制备流程（图片再版许可源自 ACS 出版社[3]）；（b）形貌表征（图片再版许可源自 Wiley 出版社[9]）

20.2.3　纳米针-细胞界面

在纳米针顶部培养细胞的关键是，细胞活性是否发生变化？尖锐的纳米针是否能穿透细胞膜？谢曦教授发现，利用纳米针穿透细胞膜，细胞活力不受影响，基因表达也很少发生改变[3,4]。此外，如果将细胞培养在纳米针阵列的顶部但不施加任何外力，纳米针的穿透效率非常低。因而他决定引入外部刺激来增强纳米针的穿透性。

值得注意的是，研究表明[4]，对大多数的细胞来说，尺寸远小于 20 nm 的纳米刺对细胞活性的影响是非常有限的，因此用纳米刺穿透细胞是安全的。令人意外的是，纳米刺在穿透细胞膜时，对其产生机械应力，会刺激细胞膜，从而促进细胞膜上钾离子通道的开放，而钾离子外流会进一步激活免疫通路，如图 20.3 所示。因此，纳米刺能够特异性激活免疫细胞，引起免疫反应。这一发现的重要意义在于，这种免疫激活是由物理纳米结构诱导的、而非传统意义上的生化信号诱导。

以上工作证明，在纳米针上培养细胞难于直接插破细胞膜[5~7]，而引入电场可以帮助纳米针穿透细胞膜。如图 20.4(a)所示，采用将纳米针与电极系统集成的方法，将两个电极分别放置在上部培养细胞的培养液中，以及纳米针基板下方，细胞培养液采用导电电解质，并遍布在微流体通道、上层介质以及纳米针的纳米通道内。尽管纳米针的侧壁是非导电氧化物，但纳米通道中的溶液是导电电解质，有利于电流的传导和化学分子的输送。用电极系统产生电脉冲，并通过微流体装置来引导溶液的输送。

图 20.4(b)给出了用 COMSOL 软件仿真计算得到的细胞膜上方的电场分布。在未施加电脉冲时，细胞膜围绕纳米针发生变形，但没有被穿透；当施加电脉冲时，电场将穿过纳米

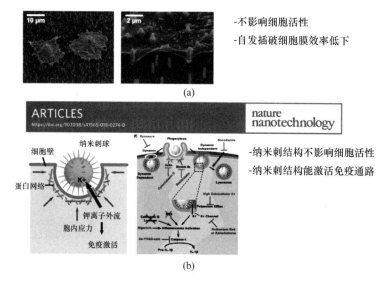

-不影响细胞活性
-自发插破细胞膜效率低下

(a)

-纳米刺结构不影响细胞活性
-纳米刺结构能激活免疫通路

(b)

图 20.3　纳米针-细胞界面

（a）纳米针对细胞活性的影响（图片再版许可源自 ACS 出版社[3]）；（b）纳米刺对细胞活性的影响（图片再版许可源自 Springer Nature 出版社[4]）

通道,并高度集中在纳米针顶部,从而导致细胞膜局部破裂。图 20.4(b)的曲线分别表示电场密度和强度。可以看出,只有纳米针顶部的细胞膜会有高压电场穿过。这比引起细胞膜电穿孔需要的电压低得多(可能低至 10 V)。这项技术让细胞膜电穿孔只发生在较小的区域,从而使得细胞膜其他部位保持完整,如图 20.5 所示。

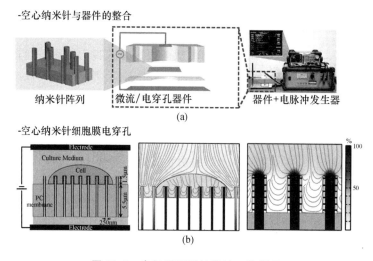

-空心纳米针与器件的整合

纳米针阵列　　微流/电穿孔器件　　器件+电脉冲发生器

(a)

-空心纳米针细胞膜电穿孔

(b)

图 20.4　电场增强型纳米针工作原理

（a）细胞膜电穿孔（图片再版许可源自 ACS 出版社[6]）；（b）模拟仿真（图片再版许可源自 ACS 出版社[7]）

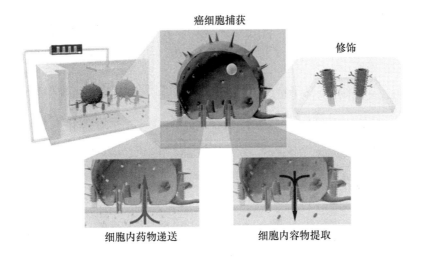

癌细胞捕获

修饰

细胞内药物递送

细胞内容物提取

图 20.5　利用纳米针进行细胞膜电穿孔

(图片再版许可源自 ACS 出版社[6])

20.2.4　药物递送和生物传感应用

谢曦教授研发的这项技术的主要优势在于穿透细胞的高度可控性,即通过调节施加的电场强度,可以随时控制细胞膜的打开与关闭。而一旦细胞膜被纳米针穿透,就可以通过中空的纳米针将分子传递到细胞中,实现药物递送,通过物理刺激实现药物递送,对药物分子类型和细胞类型的依赖较少。

这一项技术还验证了利用 DNA 质粒递送药物的可行性[3]。DNA 本身不能穿过细胞膜。如果将 DNA 传递到细胞中,它可以引导细胞表达红色荧光蛋白。如图 20.6 所示,通过施加低至 20 V 的电压脉冲,可以看到大多数细胞显示红色荧光,说明这种技术能高效成功地把 DNA 传递到细胞中,用绿色荧光对活细胞进行染色,这些细胞可以维持高存活率,甚至可以在多个电穿孔周期后存活。实验结果表明,将药物递送到细胞中,证明细胞膜可以被打开,更进一步说明,纳米针和电脉冲技术的结合可以高效、安全地穿透细胞膜。

反之,细胞内物质也可以通过纳米针中的纳米通道从细胞内扩散至微流体装置,收集包含细胞内物质进行后续的分析和研究。采用这种微创的方式对细胞内物质进行提取,不会因为多个提取周期杀死细胞,使得不同时间点进行检测成为可能,从而实现对细胞内成分表达的动态追踪,如图 20.7 所示。

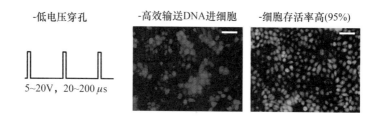

-低电压穿孔

5~20V，20~200μs

-高效输送DNA进细胞

-细胞存活率高(95%)

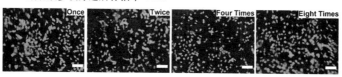

-细胞膜多次穿透后存活率>95%

Once　Twice　Four Times　Eight Times

图 20.6　利用纳米针进行 DNA 质粒递送药物

（图片再版许可源自 ACS 出版社[3]）

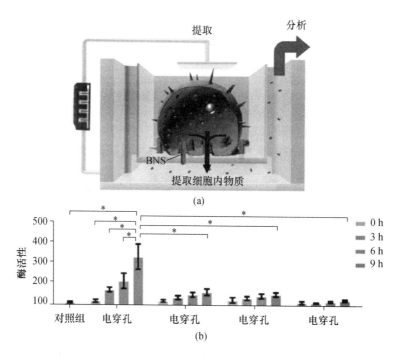

(a)

(b)

图 20.7　纳米针微创式提取细胞内物质

（a）提取细胞内物质；（b）对比结果（图片再版许可源自 ACS 出版社[6]）

在传感应用中,当纳米针穿透细胞膜时,细胞内物质可以通过纳米针的中空通道扩散到外部[5]。谢曦教授分析了典型的细胞内酶 caspase-3,这种酶与细胞凋亡活性紧密相关。每隔 3 小时提取一次细胞内物质进行分析,在不损害细胞活力的前提下,实现了在完全相同的一组细胞上分析 caspase-3 在细胞中的动态变化。

最近谢曦教授[8~9]进一步扩展了用于循环肿瘤细胞(circulating tumor cell,CTC)检测和操作的纳米针平台,如图 20.8 所示,利用刺状结构和抗体修饰的功能化纳米针,实现对循环肿瘤细胞的有效捕获。利用微流道系统将 CTC 进行捕获,然后在同一设备上将生物分子原位递送到 CTC 内部对其进行调控。推动了使用单设备对患者血液样本中的 CTC 进行检测和验证。

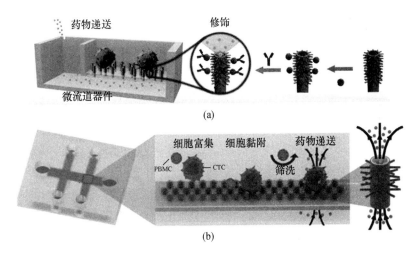

图 20.8　刺状纳米针检测循环肿瘤细胞

(a) 针尖的修饰(图片再版许可源自 Wiley 出版社[9]);(b) 捕获过程(图片再版许可源自 RSC 出版社[10])

20.3　检测体内信息

如前所述,在临床应用上,人体信息的获取对于疾病的预防诊断以及精准治疗至关重要,探索如何利用微创技术对人体信息进行探测是一项具有十分挑战性的工作,目前发展的技术都具有较强的侵入性,会给病人带来不适,因而推广和应用受到严重限制。

20.3.1　人体应用

微创技术在从细胞上的研究中取得成功以后,谢曦教授希望能够将其推广到人体上,那么,需要解决的第一个关键问题是,如何安全地穿透皮肤层?

如果可以穿过皮肤,很多体内应用将变得简单。出于安全考虑,谢曦教授希望发展具有微创性和生物相容性的技术[10]。

为了无痛、安全地渗透皮肤,课题组开发了基于微针技术的平台,如图 20.9 所示。微针是指长度在 $500\sim800\ \mu m$ 范围内的针,如此精细的微针可以穿透皮肤,但却不会触及真皮的神经和血管。因而,微针可以渗透皮肤而不会引起疼痛和流血。由于直接接触皮下组织液,微针可以用于检测人体信息,作为样品采集的来源。通过将微针与传感器集成,可以记录人体信息,进一步将其上传到移动设备或者云端。这里将从材料制备、药物递送、传感检测、生物相容等方面做详细介绍。

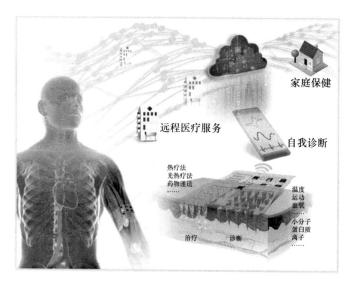

图 20.9　微针技术平台

(图片再版许可源自 Elsevier 出版社[11])

20.3.2　微针阵列的材料制备

谢曦教授开发出了多种技术来制造具有不同材料或结构的微针阵列,如图 20.10(a)所示的利用激光加工来制造导电金属微针[13],如图 20.10(b)所示的在金属微针表面上制造含有微纳结构的微针[14],以增强检测的灵敏度,如图 20.10(c)所示的高分子微针,如图 20.10(d)所示的可溶性高分子微针阵列[15],如将药物分子包裹在微针头中,把微针插入皮肤后,微针溶解并释放出药物,进入人体,达到治疗效果[16~19]。这些微针阵列在药物递送和传感检测方面发挥了重要作用。

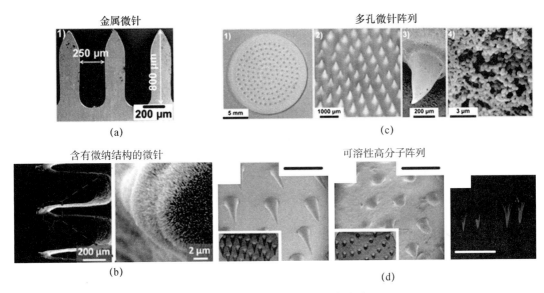

图 20.10　多种微针阵列的制备方式

（a）导电金属微针（图片再版许可源自 Wiley 出版社[13]）；（b）含有微纳结构的微针（图片再版许可源自 ACS 出版社[14]）；（c）高分子微针；（d）可溶性高分子微针阵列（图片再版许可源自 ACS 出版社[12]）

20.3.3　药物递送和传感检测

药物递送和传感检测是微针阵列渗透皮肤能够实现的重要功能。

微针陈列用于药物递送，实验证明，可溶性微针递送药物用于疾病治疗相当有效[13～19]。将微针压在皮肤上时，微针能穿透皮肤而不会引起疼痛[20]。同时，与组织液的接触使得微针尖端被组织液溶解，从而将包裹的药物释放到体内以治疗疾病[21]。谢曦教授使用该技术用于治疗包括神经性疼痛、高血压、皮下肿瘤等疾病以及益生菌的释放，如图 20.11 所示，实验证明这项技术具有高度的可行性[12,14～16]。

微针陈列用于传感检测，将导电型微针集成在传感器中，用来检测皮肤下的生物信息[12]。如图 20.12 所示，首先使用激光加工来制备金属微针，并在金属微针表面制备二级纳米结构，使用掺入 Pt 纳米颗粒的杂化还原氧化石墨烯。纳米结构可使金属微针检测皮肤下的活性氧，而活性氧通常与炎症相关。为了更进一步，谢曦教授开发了一种可溶性聚合物涂层，使得微针在插入皮肤时能保护纳米结构，而一旦与间隙液接触，涂层就迅速溶解，使得纳米结构暴露并检测生物信号[13]。

图 20.12(b) 为微针陈列传感器的表面纳米结构的扫描电子显微镜图像和实验结果。微针阵列传感器对检测小鼠皮肤下的活性氧具有很高的灵敏度。基于三电极系统的微针阵列传感器可以压在皮肤上，用以检测体内活性氧的波动[12]。这有望推动在对人体损害最小的情况下原位、实时地记录人体生理信号。

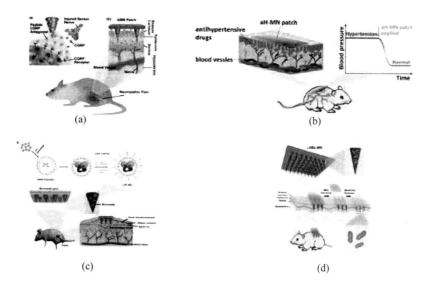

图 20.11　微针阵列用于药物递送

（a）治疗神经性疼痛（图片再版许可源自 ACS 出版社[12]）；（b）治疗高血压（图片再版许可源自 ACS 出版社[14]）；（c）治疗皮下肿瘤（图片再版许可源自 ACS 出版社[15]）；（d）释放益生菌（图片再版许可源自 ACS 出版社[16]）

20.3.4　生物相容性设备

可长期植入的生物相容性电极，人工电极容易引起体内炎症，长期使用有一定的困难，这极大地影响体内测量的稳定性和准确性[22]。例如：植入式葡萄糖电极能够连续对血糖进行检测，这对于直接的闭环治疗非常有效。但是，如图 20.13 所示，植入式葡萄糖电极容易在皮肤下引起炎症，仅仅一天后测量就会不准确。目前的商用传感器，仍然需要患者每天进行指尖采血检测，以校准传感器。

谢曦教授开发了一种两性离子聚合物，用于修饰葡萄糖电极，以改善其生物相容性。如图 20.14 所示，无法体现传感器读数，无法体现为动物的真实血糖水平。修饰后，大大减少了蛋白质的非特异性黏附，从而抑制了炎症的发生[16]。生物相容性聚合物电极的传感器，无须校准即可准确记录血糖，记录可以保持稳定超过一周；而没有修饰涂层的传感器，由于植入电极引发炎症，会显示出严重的读数误差，需要进行重复校准以校正信号。

与未修饰的传感器相比，修饰后的传感器效果改善显著。随着电极生物相容性的提高，微创传感器将在更多应用场景中发挥作用。

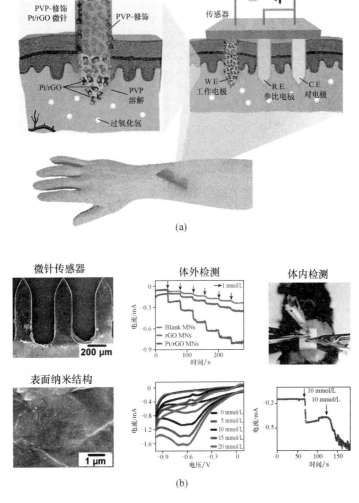

图 20.12　微针陈列用于传感检测

（a）示意图；（b）传感器表面结构及性能表征（图片再版许可均源自 Wiley 出版社[13]）

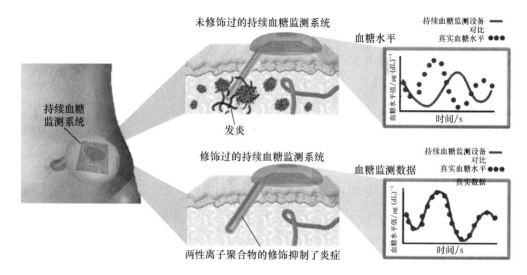

图 20.13　植入的生物相容性电极

（图片再版许可源自 Springer Nature 出版社[22]）

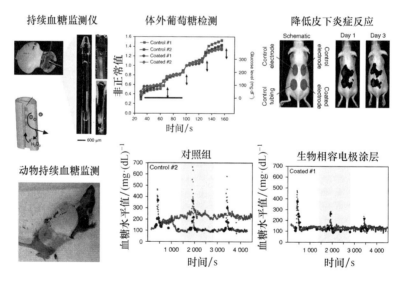

图 20.14　两性离子聚合物

（图片再版许可源自 Springer Nature 出版社[22]）

20.4　总结与展望

微创生物传感技术利用锋利的纳米针或微针以高安全性穿透生物物体,使得检测细胞内部或体内的生物信号成为可能,而这是传统的非侵入性方法所无法实现的。谢曦教授将微创生物传感技术应用在细胞芯片、可穿戴设备甚至可植入设备上,为未来微创生物传感技术的进步打下了基础,如图 20.15 所示。

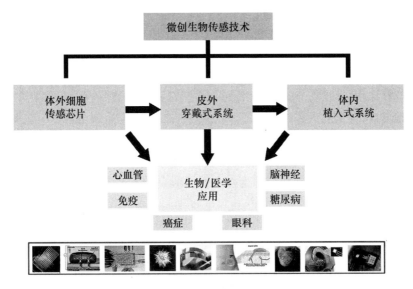

图 **20.15**　微创生物传感技术的未来

20.5　常见问题与回答

Q1:这些纳米针阵列能否用于研究细胞培养过程中细胞的机械行为?

A1:当然可以。这主要取决于制造纳米针的材料。在我们的工作中,通常使用氧化铝或金属材料制造纳米针。这些材料坚硬且不易变形,因此这些纳米针,通常不用于研究细胞的机械行为。但是,纳米针也可以使用一些柔软的材料来制备。目前,我们已经开发了一种使用倒模成型技术来制造聚二甲基硅氧烷(PDMS)的纳米针。PDMS 具有很大的柔软性,可用于细胞力学研究。实际上,我们已经在探索使用 PDMS 纳米针来研究心肌细胞的机械搏动行为。

Q2:对于细胞的纳米针电穿孔,目前能运用于多少种细胞?效果如何?

A2：目前，我们测试的大多数细胞都是癌细胞。我们已经测试了大约六七种癌细胞，现在我们尝试将我们的系统用于原代细胞类型，包括神经细胞或免疫细胞。但是在这个方向，DNA传递到原代细胞中的效率非常低。而且，在诸如淋巴细胞或树突状细胞上，我们也进行了一些电穿孔细胞测试，但目前还没有成功。因此，我们会继续探索一些优化方法来提高穿孔效率，例如调整电场条件，或者还可以更改表面修饰以增强细胞与电极间的相互作用。电穿孔需要细胞与纳米针的界面非常紧密，使得电场可以更好地排布在细胞膜上，因而细胞界面的修饰非常重要，我们可能需要在纳米针上进行更多的修饰优化。

Q3：能否评价一下您的纳米针的机械强度和生物相容性？

A3：关于纳米针的生物相容性，我们一直在研究纳米针是否会影响基因表达。当在纳米针上培养细胞时，实际上我们发现基因表达几乎没有变化。同时，我们还发现，如果仅仅在纳米针上培养细胞，针没有穿透太多细胞。这一定程度上能解释为什么在纳米针上培养细胞，但细胞行为没有发生太多变化。然而，在施加电脉冲穿透细胞膜后，基因表达会明显地发生变化。因此，在这种情况下，如果仅在不施加电脉冲的情况下在纳米针上培养细胞，那么生物相容性就非常好。如果你想使用电脉冲在细胞膜上开孔，就需要考虑安全问题。在我们的工作中，每天将电脉冲施加到细胞上的周期不超过8个，因此没有连续在细胞上开孔，而是采用这样的工作模式"细胞膜开孔—等待细胞休息约1小时—再次开孔"。至于纳米针的机械强度，我们的纳米针是使用一些坚硬的材料制成的，这些材料不易变形，因此纳米针在培养细胞时仍可以保持较好的机械强度。但是，我们也从实验中发现，相较于培养在平坦的基板上，培养在纳米针上的细胞，基因表达较少，细胞运动行为也较为缓慢。

参 考 文 献

［1］ 谢曦教授课题组. 谢曦教授课题组［EB/OL］. https://seit.sysu.edu.cn/node/303.
［2］ iCANX Talks. iCANX Talks 视频［EB/OL］. https://www.iCAN-x.com/.
［3］ Xie X，Alexander X，Serglo L，et al. Nanostraw-electroporation system for highly efficient intracellular delivery and transfection［J］. ACS Nano，2013，7(5)：4351-4358.
［4］ Wang J，Chen H，Hang T，et al. Physical activation of innate immunity by spiky particles［J］. Nature Nanotechnology，2018，13：1078-1086.
［5］ Chen H，Hang T，Yang C，et al. Functionalized spiky particles for intracellular biomolecular delivery［J］. ACS Central Science，2019，5(6)：960-969.
［6］ He G，Feng J，Zhang A，et al. Multifunctional branchednanostraw-electroporation platform for intracellular regulation and monitoring of circulating tumor cells［J］. Nano Letters，2019，19(10)：7201-7209.
［7］ He G，Yang C，Hang T，et al. Hollow nanoneedle-electroporation system to extract intracellular protein repetitively and nondestructively［J］. ACS Sensors，2018，3(9)：1675-1682.

［8］ COMSOL 仿真软件［EB/OL］. https://cn. comsol. com/.

［9］ He G，Yang C，Feng J，et al. Hierarchical spikymicrostraws-integrated microfluidic device for efficient capture and in situ manipulation of cancer cells［J］. Advanced Functional Materials，2019，29 (12).

［10］ Feng J，Mo J，Zhang A，et al. Antibody-freeisolation and regulation of adherent cancer cells via hybrid branched microtube-sandwiched hydrodynamic system［J］. Nanoscale，2020，12(8)：5103-5113.

［11］ Liu G，Kong Y，Wang Y，et al. Microneedles for transdermal diagnostics：recent advances and new horizons［J］. Biomaterials，2020，232.

［12］ Xie X，Pascual C，Lieu C，et al. Analgesic microneedle patch for neuropathic pain therapy［J］. ACS Nano，2017，11(1).

［13］ Jin Q，Chen H，Li X，et al. Reduced graphene oxide nanohybrid-assembled microneedles as mini-invasive electrodes for real-time transdermal biosensing［J］. Small，2018，15.

［14］ Liu F，Lin Z，Jin Q，et al. Protection of nanostructures-integrated microneedle biosensor using dissolvable polymer coating［J］. ACS Applied Materials ＆ Interfaces，2019，11(5).

［15］ Lan X，She J，Lin D，et al. Microneedle-mdiated delivery of lipid-coated cisplatin nanoparticles for efficient and safe cancer therapy［J］. ACS Applied Materials ＆ Interfaces，2018，10 (39)：33060-33069.

［16］ Chen H，Lin D，Liu F，et al. Transdermal delivery of living andbiofunctional probiotics through dissolvable microneedle patches［J］. ACS Applied Bio Materials，2018，1(2)：374-381.

［17］ Hang T，Liu C，He G，et al. Self-cleaning ultraviolet photodetectors based on tree crown-like microtube structure［J］. Advanced Materials Interfaces，2018，6(2).

［18］ Chen H，Lin D，Liu F，et al. Transdermal delivery of living andbiofunctional probiotics through dissolvable microneedle patches［J］. ACS Applied Bio Materials，2018，1(2)：374-381.

［19］ Huang S，He G，Yang C，et al. Stretchable strain vector sensor based on parallelly aligned vertical graphene［J］. ACS Applied Materials ＆ Interfaces，2019，11(1)：1294-1302.

［20］ Li Y，Liu F，Su C，et al. Biodegradable therapeutic microneedle patch for rapid antihypertensive treatment［J］. ACS Applied Materials ＆ Interfaces，2019，11(34)：30575-30584.

［21］ Xie X，Zhang W，Alireza A，et al. Microfluidic fabrication of colloidal nanomaterials-encapsulated microcapsules for biomolecular sensing［J］. Nano Letters，2017，17(3)：2015-2020.

［22］ Xie X，Doloff J C，Volkan Y，et al. Reduction of measurement noise in a continuous glucose monitor by coating the sensor with a zwitterionic polymer［J］. Nature Biomedical Engineering，2018，2：894-906.

第 21 章　可穿戴汗液生物传感器

随着柔性生物电子技术的蓬勃发展和功能材料器件研究的不断深入，近年来，个性化医疗健康领域开始驶入快车道，特别是为病情诊断与术后治疗相关的可穿戴电子设备、柔性生物传感器成为研究的热点，学术界取得了许多令人振奋的研究成果。其中，美国加州理工学院(California institute of technology, Caltech)高伟教授①针对汗液中各类生物标志物，包括代谢物、电解质、激素、药物以及其他各类小分子等，研发了一系列全集成皮肤界面的柔性传感平台，并进行了非侵入式的连续监测，相关成果十分引人注目。他通过对健康群体与病患群体的临床医学研究，在生理信息监测、疾病诊断预警与药物递送等方面，对柔性生物传感器进行了可行性评估，具有新陈代谢健康管理与动态压力监测等方面的应用前景，并进行了汗液生物燃料电池驱动的自供能汗液电子皮肤的探索，为实时监测—原位诊断—精准治疗的个性化医疗健康带来了全新的发展思路。高伟教授在此领域的主要研究内容包括[1]：

(1) 可穿戴汗液传感器机理；

(2) 面向健康监测的可穿戴汗液生物传感器；

(3) 自供能汗液电子皮肤；

(4) 用于精准医疗的微纳机器人。

本章主要从绪论、工作原理、应用研究、自供能系统以及总结与展望等部分来介绍可穿戴汗液生物传感器的研究。

21.1　绪　　论

众所周知，可穿戴设备是实现定制化智能生物医疗的重要途径，是以病人为中心的新型医疗健康模式的基础，利用可穿戴设备进行持续性的人体生理信息监测，能够获得实时的人体健康状况，能够提供更为全面的人体健康信息[2~7]。现在已经有很多商用可穿戴设备问世，如 Apple Watch，可以记录人体的某些生理信息，并提供一定的健康辅助与预警建议，但现阶段可穿戴设备监测的生理信息主要是物理信息，包括呼吸频率、温度、心跳、血压等，还无法对分子级别的生理信息进行长期的实时监测。

---

① 高伟，现为美国加州理工学院(California Institute of Technology, Caltech)医疗工程系助理教授，曾获评国际电气与电子工程师协会(IEEE)传感器理事会技术成就奖、美国化学学会(ACS)青年研究员奖等诸多奖项，入选麻省理工(MIT)35 岁以下杰出青年榜单，并被选为全球青年学院会员与美国化学学会的青年会士。

柔性生物电子技术与功能材料器件的快速发展,为各类分子级别的生物标志物探测提供了全新的研究思路[8~10]。其中,汗液是人体非常重要的体液[11~13],如图 21.1 所示,它包括电解质、代谢物、氨基酸及维生素、荷尔蒙、蛋白质和多肽、以及异生物质。汗液中丰富的生物信息,为人体的生理健康提供了非常重要的数据参考。

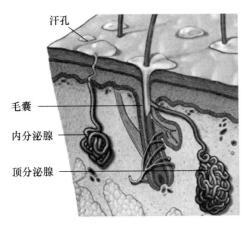

电解质
- 钠离子、氯离子、钾离子
- 铵根、钙离子、氢离子

代谢产物
- 乳酸、葡萄糖、尿素、尿酸、肌酸酐

氨基酸及维生素
- 氨基酸、维生素C

荷尔蒙、蛋白质及多肽
- 皮质醇、脱氢表雄酮、细胞因子
- 肿瘤坏死因子、神经肽

异生物质
- 重金属离子、乙醇、药物等

图 21.1　人体汗液蕴含大量的生物信息[2]

因此,早在几十年前研究人员就意识到汗液的重要性并对其进行研究,从汗液中得到很多关于生理健康的重要数据,包括疾病诊断(与肺部有关的囊性纤维化)、药物摄入控制、运动状态监测以及兴奋剂检测等,并基于此进行疾病的预警和监控。

但是,过去人们通常需要花费几个小时甚至几天来采集汗液,进一步在溶液中混合稀释,通过高效液相色谱法(high performance liquid chromatography,HPLC)对具体物质进行分析。由此获得的数据是长时间采集过程中的平均值,而汗液中的生物标志物是实时变化的,因此无法准确反映真实的人体生理健康状况。同时,这种汗液监测手段包括前期采样、中期存储及后期测试,时间长、效率低,不能满足实时监测的需求。

为了解决实时监测的问题,高伟教授于 2016 年提出了全集成多模态可穿戴汗液传感系统[14],如图 21.2 所示,用于监测汗液中的各项生理信息,并配合温度信息进行校准。这一传感系统,可以对汗液中的多种生理信号进行原位采集处理,配合无线数据传输,通过蓝牙发送至用户界面,实现可穿戴设备对人体生理信号的实时监测。

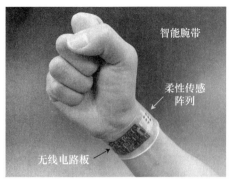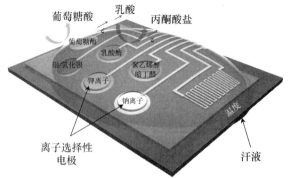

图 21.2　全集成多模态可穿戴汗液传感系统

（图片再版许可源自 Springer Nature 出版社[14]）

21.2　可穿戴汗液生物传感器

可穿戴汗液生物传感器的核心在于传感元件的制备,而针对不同的生物标志物,通常采用基于不同工作机理的传感单元,如图 21.3 所示。首先,对于各种新陈代谢类物质,多采用基于酶介质的传感电极,通过选用特定的蛋白质酶,实现特异性、选择性探测。以葡萄糖为例,采用葡萄糖氧化酶修饰工作电极,在特定电压下,葡萄糖氧化酶会催化葡萄糖发生氧化反应,产生特定的电流,电流幅度随葡萄糖浓度线性增加;同时,采用普鲁士蓝作为中间介质层,可以将催化过程的工作电压从 0.6~0.7 V 降低到 0 V 附近,从而减少信号之间的串扰。

此外,对于电解质的监测,多采用离子选择性电极,薄膜用电离子渗疗法设计成环形结构,只有特定的离子可以进入环形结构,从而形成特定的电位差。这种电位型传感器通过测得工作电极与参比电极的电压差,得到对应的电解质的浓度,因此,参比电极的制备同样重要。一般多采用聚乙烯醇缩丁醛酯覆盖的方式制备参比电极,可以有效降低参比电极的电位偏移,提供稳定可靠的监测环境。根据能斯特方程,电位型传感器的输出电压与待测电解质的对数呈线性相关,即离子浓度每变化一倍,输出电压变化 59.16 mV。

除了上述的两种电化学检测方法,对于电化学活性物质,如各种代谢物、营养物、药物、激素等,通常采用伏安法进行检测,从而实现低浓度、高灵敏度的传感。这类电活性分子,在特定的电压下会发生氧化反应,对应的电流峰值与待测物浓度呈线性关系,因而通过电流峰值的变化,能够有效表征待测物的浓度[15]。

基于上述柔性电化学传感器工作原理,可以将封装好的柔性传感贴片黏附在手臂、前额或者背部。在运动的过程中,持续收集汗液,实时监测其各项生理信号,并通过蓝牙发送到用户界面,长期记录各项数据。

如图 21.4 所示,一方面,可以利用电位法,通过离子选择性电极,实现各类电解质的监

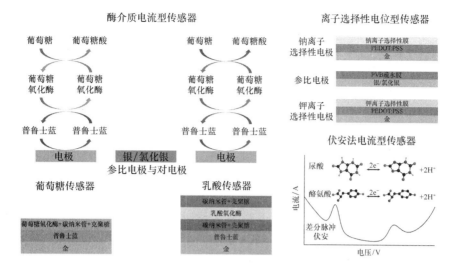

图 21.3　可穿戴汗液生物传感器

(图片再版许可源自 Springer Nature 出版社[15])

测,包括钙离子与 pH 值等[16]。其中,钙离子能够反映人体的肾脏功能,当病人接受透析治疗时,体内的钙离子浓度是普通人群的两倍,因此通过对钙离子的监测,可以有效地反映肾脏的相关信息。同时,pH 值也是非常重要的生理指标,钙离子的浓度也与 pH 值有关,同步监测 pH 与钙离子可以更为全面地反映人体的钙离子及其相关信息。

另一方面,可以采用溶出伏安法人体每天都有可能暴露在重金属污染的环境当中。大量研究表明,水污染、食物污染都会导致人体内重金属含量累积,对人体健康产生威胁。汗液是人体排出重金属的主要途径之一,通过汗液中重金属含量的测量,可以比较客观地掌握人体的重金属暴露程度[17]。对于重金属的监测,不同于前面提到的监测机理,可以采用溶出伏安法,先施加一个低电压使得重金属离子析出沉积在电极上,然后通过缓慢增加电压的方式,使得不同的金属在不同的电位下发生氧化反应,不同浓度对应的电流峰值有所差异,这种检测方式与电活性化学物质类似,可以实现对多种重金属离子的特异性检测。

此外,汗液的采集与监测中存在一个普遍性的问题:对于不爱运动、不容易出汗的人怎么办?或者一些病人或是婴幼儿没有办法进行运动出汗怎么办?因此,如何让大众能够简单地进行有效汗液监测是亟待解决的问题。这种情况在临床诊断中也普遍存在,医生采用离子导入法作为一种标准的汗液产生方式,如图 21.5 所示。离子导入法,又称为离子电泳法,是利用连续性的直流电流,以同电性相斥的原理,将离子或带电的化学药物送至体内,短时间电刺激即可产生持续几个小时的汗液;研究人员利用离子导入法实现汗液的采集,通过后续的实验室设备进行汗液监测。在研究中,高伟教授将这种方法与可穿戴汗液传感单元相结合,实现了集汗液"刺激—采样—传感"为一体的传感系统,以扩大汗液健康监测的对象并进一步在疾病诊断中发挥作用[18]。

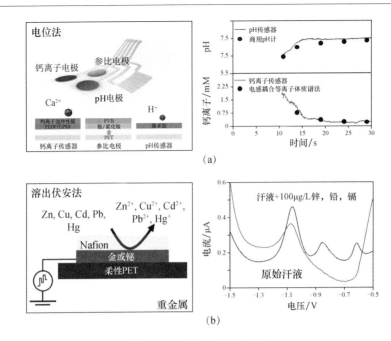

图 21.4　柔性电化学传感器

（a）电位法；（b）溶出伏安法（图片再版许可源自 ACS 出版社[16~17]）

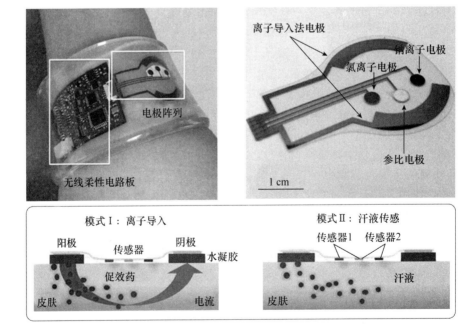

图 21.5　离子导入法

（图片再版许可源自 NAS 出版社[18]）

21.3　可穿戴汗液生物传感器的应用

基于针对不同生物标志物的电化学传感器的快速发展,可穿戴汗液生物传感器在健康监测领域展现了巨大的潜力。以病人为中心的医疗健康模式,主要包括"信号监测—疾病诊断—药物治疗—术后康复"等环节,借助于前期各类可穿戴汗液传感器的研究基础,高伟教授在医疗健康监测领域的相关应用开展了大量工作。

21.3.1　疾病诊断

首先,借助于上述提到的通过离子导入法进行可控定量的汗液提取,与电化学传感器相结合得到实时监测汗液的可穿戴传感系统,通过手机端进行无线控制,驱动电路工作并通过离子导入法刺激人体产生汗液,对汗液中的钠离子与氯离子浓度进行检测并通过无线装置传输到手机,作为疾病诊断的依据。

高伟教授首先研究了不同药物(乙酰胆碱/甲胆碱/毛果芸香碱等)以及不同剂量对汗液产生时间及速率的影响,以进一步控制提取汗液的速率与总量[18],如图 21.6 所示。对于汗液产生的时间延迟,以实验中常用的毛果芸香碱(pilocarpine)为例,当这种药物通过离子导入法渗透进皮肤后,4 分钟左右就可以激发汗液析出,而如果使用 10% 的甲胆碱通过离子导入法渗透进皮肤后,则只需要 52 秒就能得到汗液。

针对临床医学上的囊肿性纤维化,通过离子导入法产生的汗液,与电化学传感器相接触,进行氯离子与钠离子的原位实时监测,并将得到的浓度信息发送至手机界面。通常当氯离子与钠离子浓度都在 60 mmol/L 以上时,就存在患有囊肿纤维化的风险,通过对囊肿性纤维化患者与健康人群汗液中钠离子与氯离子分析对比发现,患者汗液中的钠离子与氯离子浓度达到 80~100 mmol/L,显著高于健康人群。因此,通过可穿戴汗液生物传感器,可以对某些疾病进行有效诊断和预警。

21.3.2　健康管理

可穿戴汗液生物传感器在另一个重要应用是代谢健康管理,让大家及时了解身体健康状况并提供预防保健的建议。众所周知,大多数疾病是由生活习惯、饮食习惯不良导致的,美国有三分之一的成年人受到各种新陈代谢综合征的困扰,如糖尿病、高血压、高血糖、肥胖等,导致这些常见病的生理指标包括尿酸、血糖、血压等。如果可以采用可穿戴汗液生物传感器对身体状况、营养信息进行监测,就能够提供一些预警提醒,让人们知道哪些食物可以吃,哪些应该加以注意。进一步通过监测各类指标,提供早期预警信号,进行干预治疗,这对于完善公共医疗健康体系具有重大意义。

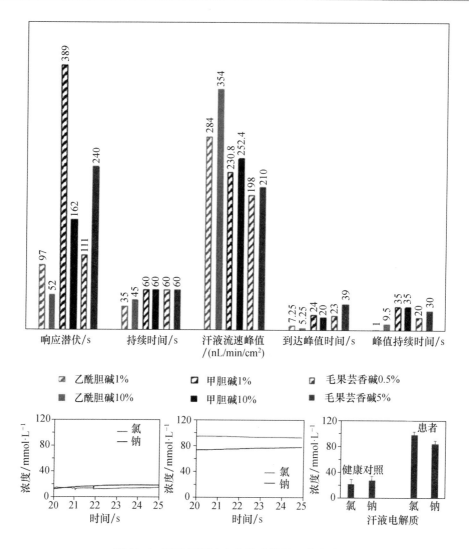

图 21.6　可穿戴汗液生物传感器用于疾病诊断

(图片再版许可源自 NAS 出版社[18])

在以上生理指标中,首先是对体内葡萄糖的监测,非侵入式的监测方式非常重要,还能够在一定程度上减轻病人的心理负担。但现阶段并没有合适可靠的技术可用,而可穿戴汗液生物传感器为葡萄糖水平的非侵入式监测提供了技术途径。高伟教授通过饮食对照试验,发现当人体摄入葡萄糖后,血液与汗液中的葡萄糖含量具有一致的上升趋势,展现出较好的正相关性[18]。因此,这种可穿戴汗液生物传感器能够提供有效的葡萄糖生理指标,使非侵入式葡萄糖长期监测成为可能。

其次是对重要代谢产物的监测,但是大多数代谢物在汗液中含量较低,对于这些微量物质的监测,需要通过对电极表面进行相关修饰,使其具备高灵敏度与低检测阈值的能力。但是,这种方法制备的电极存在一些偏差,会影响微量物质探测的准确性。因此,高伟教授采用全激光加工制备集物理和化学生理信号传感为一体的传感器,实现新陈代谢产物监测与健康管理[15],如图 21.7 所示。

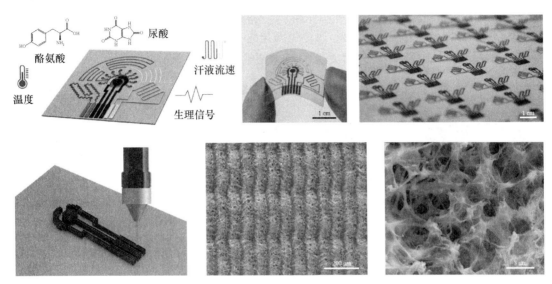

图 21.7 可穿戴汗液生物传感器用于健康管理

(图片再版许可源自 Springer Nature 出版社[15])

采用 CO_2 激光加工机,批量加工成本低、重复性好的柔性传感单元,包括基于激光诱导石墨烯的物理传感器与化学传感器,实现包括温度、呼吸频率、脉搏以及汗液中尿酸和酪氨酸等多种生理信号的可靠探测。通过激光切割还能够同时得到微流体结构,实现从皮肤界面进行有效的汗液采集与动态更新。这种微流体结构的引入,可以有效避免汗液蒸发或出汗量过大的问题,也避免了不同时刻的汗液之间相互混合而影响数据准确性的问题。采用多入口的设计,通过仿真分析与实验共同验证了这种微流体结构工作的可行性,能够进行汗液环境的快速更新,得到几乎实时的信号响应,并将蒸发或皮肤界面污染对信号造成的影响最小化。

随着全球经济快速发展与人民生活水平的提高,全球范围内痛风患者近年来急剧增加,并呈现出低龄化的趋势。由于饮食结构及生活方式的关系,很大比例的中国人有罹患痛风的潜在风险。痛风症状以慢性高尿酸血症为特征,对应的人体生理信号变化就是体内血液中尿酸水平的升高。当血液中尿酸含量超过一定的阈值后,就有痛风发作的风险。对于血液中尿酸含量的阈值,男性为 $400\ \mu mol/L$,女性则为 $360\ \mu mol/L$,而汗液中的尿酸含量可以反映体内尿酸的水平。因此,采用多模态可穿戴汗液传感系统对汗液中尿酸浓度进行实时分析,可以获知人体尿酸的生理信息,从而实现非侵入式的柔性健康监测,为定制化痛风病症管理提供了全新的思路[15]。

通过征集健康状况不同的志愿者,包括痛风病人、高尿酸血症患者以及健康人群,监测不同人群对应的血液与汗液中的尿酸含量,发现了不同群体之间汗液与血液中尿酸含量都有一致的分布趋势,如图 21.8 所示。同时,当健康人群摄入富含嘌呤食物后,一天内对其进行连续 7 h 血液与汗液中尿酸含量动态监测,发现汗液与血液中尿酸含量的变化趋势保持一致,呈现出很高的正相关性。接下来,通过引入其他考量因素,采用合理的校准方法,可以进一步提高汗液与血液中尿酸含量的关联性,实现更为精确的生理信息分析。

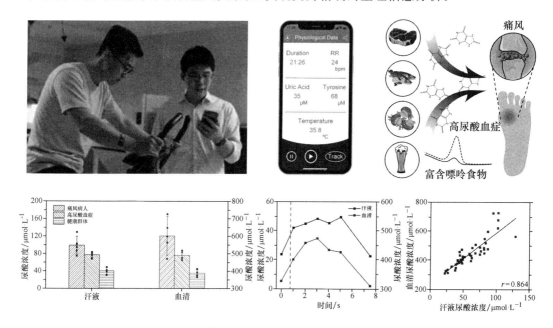

图 21.8 可穿戴汗液生物传感器用于非侵入式痛风管理
(图片再版许可源自 Springer Nature 出版社[15])

因此,采用可穿戴汗液生物传感器对汗液中尿酸含量进行实时的非侵入式监测,可以得到准确可靠的生理信息,建立个人动态数据库。根据痛风病情的严重程度与发展趋势,对病人进行早期诊断与营养干预,提供适当的治疗方案,配合药物治疗和饮食控制,达到对痛风病人进行闭环健康管理的目标。

21.3.3 药物监控

前述两种可穿戴汗液生物传感器的应用重点是针对早期的疾病诊断与健康管理,而对于已经处于治疗阶段的病人而言,通过佩戴可穿戴汗液生物传感器,可以进行药物监控从而实现对病人治疗效果的动态反馈。病人在接受药物治疗时,一般会采用不同的药物,每个人吸收能力也有差异,因此相同剂量的药物对个体的影响不同。同时,病人的服药剂量通常是以粒为单位,例如一粒、两粒,并非定制化治疗;另外,一些药物的有效治疗窗口很小,当摄入的药物剂量过大时,会不可避免地产生一些副作用;而当摄入的药物剂量过小时,则难以达到治疗的效果。

现阶段的药物监控多通过提取血样,送往实验室进行分析来得到对应的药物摄入效果,这种方式无法进行实时追踪与动态更新。高伟教授提出了利用可穿戴汗液生物传感器进行药物监控的新思路,即通过改变药物摄入的量,对汗液中对药物含量进行动态监测[19]。

研究初期,将咖啡因作为研究对象,利用可穿戴汗液生物传感器,进行无创、实时、原位监测,如图 21.9 所示。当人们饮用咖啡时,会摄入大量的咖啡因,通过监测汗液中咖啡因的含量,能够有效反映出人体摄入咖啡因的效果。这个过程与身体摄入药物经历的过程相一致,因而可以视为药物监控研究的雏形。

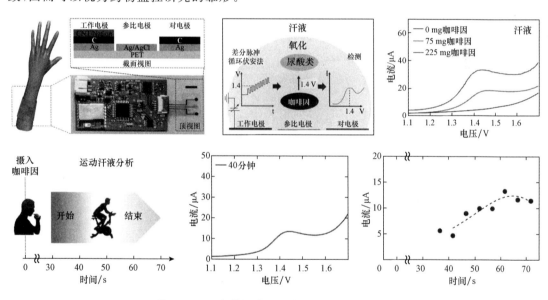

图 21.9 可穿戴汗液生物传感器用于药物监控
(图片再版许可源自 Wiley 出版社[19])

针对咖啡因这种电活性化学物质,采用差分脉冲循环伏安法,在 1.4 V 左右,咖啡因会经历氧化过程,并产生对应的电流峰,峰值幅度与咖啡因浓度呈现很好的线性关系。当健康人群摄入咖啡因后,在运动的过程中,咖啡因会随汗液排出,通过对汗液中的咖啡因持续监测发现,汗液中的咖啡因在一个小时左右达到最大值,即效果达到巅峰,之后逐渐下降。因此,这种对咖啡因的连续动态监测,证实了采用可穿戴汗液生物传感器进行药物监控是一条可行的途径。

21.3.4 精神健康

众所周知,精神类疾病如创伤后应激障碍(post-traumatic stress disorder,PTSD)/持续性抑郁症(major depressive disorder,MDD)已成为导致自杀的重要因素,但精神类疾病由于其自身的特殊性,检测及诊断方法十分有限,通常只能通过心理调查问卷来进行评估。显然,这类方式受患者自身情绪和判断影响较大,很难保证其准确性。近年来,很多研究者开始考虑采用可穿戴设备,通过对心率、体温或呼吸等生命体征的监测来判断人体压力与精神健康状态,但这类方法对应的生命体征受到多种不可控因素的影响,很难与精神健康建立直接且明确的关联。

高伟教授提出一种新的研究思路,即通过在化学分子层面上监测生理参数从而实现对人体压力与精神健康状态的判断,例如,皮质醇(cortisol)属于肾上腺分泌的肾上腺皮质激素之中的糖皮质激素,在应对压力中扮演重要角色,故又被称为"压力荷尔蒙"。如图 21.10 所示,一天之中,皮质醇在血液中的含量呈现规律性变化,早上的水平最高,午夜时下降至最低。同时,皮质醇水平的变化既与失常的肾上腺皮质激素、忧郁症、压力有关,也与血糖过低、疾病、发热、创伤、恐惧、痛楚和极端温度等生理反应有关。对于 PTSD 患者或糖尿病患者而言,他们的皮质醇水平变化与健康人群有着比较明显的差异。

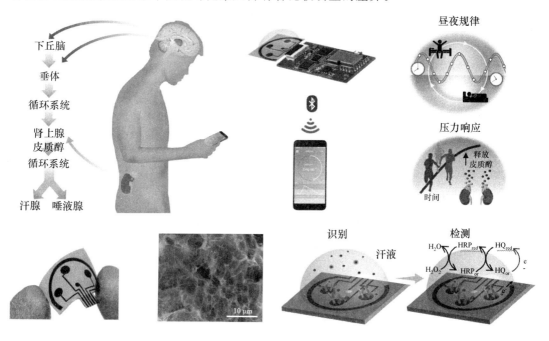

图 21.10　用于非侵入式皮质醇分析的汗液生物传感系统
(图片再版许可源自 Cell 出版社[20])

　　截至目前,对于激素水平的检测,主要通过抽血等常规方法。但是,抽血本身会给测试对象带来无形的压力,导致测试结果与实际存在偏差,因此通过非侵入式的方法对激素水平进行检测具有十分迫切的现实意义。基于以上设想,高伟教授设计了一种基于汗液的可穿戴皮质醇传感器,如图 21.11 所示,实现了对压力的持续监测[20]。

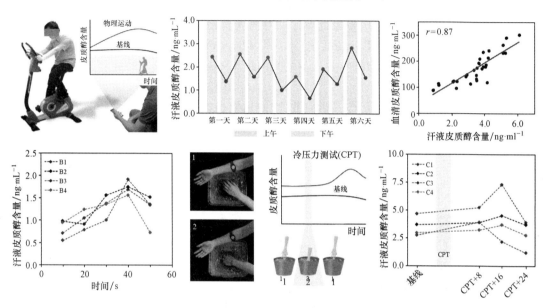

图 21.11　基于汗液的可穿戴皮质醇传感器

(图片再版许可源自 Cell 出版社[20])

　　在对健康群体的皮质醇水平连续监测的过程中,汗液中的皮质醇的浓度变化与血液和唾液中浓度变化保持一致,且上午浓度要高于下午浓度,汗液中的皮质醇浓度与血液中的浓度变化呈现高关联性。为了验证可穿戴设备监测的准确性和时效性,他们设计了两种压力源:物理压力源(有氧运动)与生理压力源(冷压力刺激)。

　　在有氧运动过程中,通过传感器持续监测可以发现,随着运动的开始,皮质醇水平快速上升,而在结束运动后又快速下降,说明皮质醇浓度与压力水平都随着运动的停止而快速下降;此外,将手臂伸入带有冰块的冷水中(冷压力刺激实验),几分钟内皮质醇浓度即快速上升,并在 16 分钟时达到峰值,之后又逐渐降低。因此,这种非侵入式的可穿戴皮质醇传感器可以准确及时地捕捉到体内皮质醇的变化,也有望进一步应用于更广泛的压力与精神健康诊断之中。

21.4　自供能汗液系统

在可穿戴设备的诸多应用场景中,长期持续的能量供给成为引人关注的问题。在大多数可穿戴设备中,电池都扮演了能量装置的角色。然而,无论是可重复充电的锂离子电池,还是一次性的碱性电池,这些大批量商业化的电池供能装置都会面临诸如携带不便、能量密度低等问题。有研究人员采用近场通信(near field communication,NFC)作为能量供应方式[21~23],但是这对供能装置和可穿戴设备之间的距离要求较高,只有始终保持很近的距离,才能够保证能量的持续可靠供应。

因此,为了找到一种更好的能量供应方式,高伟教授提出采用汗液中的乳酸作为能量来源,利用生物燃料电池作为能量供应单元[24],并提出了基于汗液的集能与相关生理信息监测为一体的自供能汗液系统[25],如图 21.12 所示。这种生物燃料电池由乳酸氧化酶(lactate

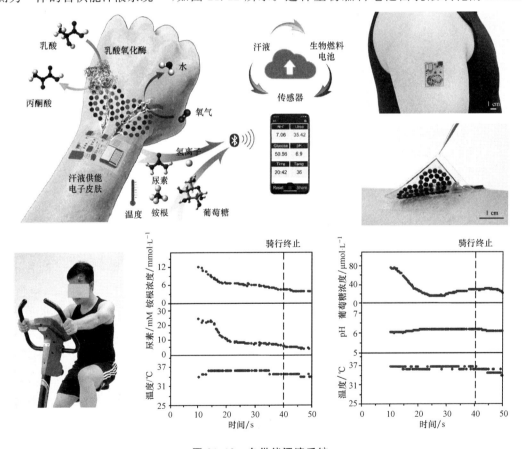

图 21.12　自供能汗液系统

(图片再版许可源自 AAAS 出版社[25])

oxidase)修饰的生物阳极与铂/钴合金修饰的阴极组成,能够高效地利用汗液中的乳酸产生能量,为包括蓝牙模块在内的整个电子系统供能。

在修饰电极的过程中,阳极采用三维镍金属泡沫上修饰二维石墨烯与一维碳纳米管,阴极则采用碳纳米管构建的三维网状结构修饰零维纳米离子,两种方式都有效地增加了电极的电活性面积,得到了较高的功率密度,在汗液中可得到 $2\sim3.5\ mW/cm^2$。同时,生物燃料电池展现了出色的稳定性,在连续供能 60 h 的过程中,功率并无明显衰减。

高伟教授又将生物燃料电池集成到柔性设备之中,构建自供能可穿戴电子皮肤,用于汗液中生物标志物,如尿素、铵根、葡萄糖、氢离子等的实时检测。在此工作的基础上,高伟教授还与加州理工学院的 Emami 教授合作,将整体器件缩小至毫米量级,在提高能量利用效率的同时也大幅降低了系统功耗。

21.5 总结与展望

面向柔性可穿戴汗液生物传感器相关领域,高伟教授对电化学传感器的研究机理及材料和结构展开了深入研究,为与病情诊断和术后治疗相关的可穿戴电子、柔性生物传感带来了令人振奋的机遇。针对汗液中各类生物标志物,包括代谢物、电解质、激素、药物以及其他各类小分子等,进行了非侵入式的连续准确监测。通过对健康人群与病患人群的临床医学研究,展现了可穿戴汗液生物传感器在疾病诊断、健康管理、药物监控以及精神健康等医疗健康领域的应用前景,并提出了全集成自供能汗液系统的概念。这些可穿戴汗液生物传感平台的搭建,为实时监测—原位诊断—精准治疗的个性化医疗健康领域带来了全新的发展思路。

21.6 常见问题与回答

Q1:与可穿戴汗液生物传感器相关的研究工作能否应用于其他非侵入式的生物体液的研究(如眼泪、唾液等)。与其他体液相比,汗液有哪些优点和缺点?

A1:显然,这种针对汗液生物传感器也可以用于其他的体液研究之中,以皮质醇为例,我们利用传感器在汗液/血液/唾液中都进行了检测,显示出了良好的效果。现阶段,血液中的相关物质含量仍是标准化的检测手段,但并不是所有人都能接受扎针抽血,而唾液则极易受到食物等因素的影响,并且对于一些病人来说,唾液难以采集并容易受到污染。相比之下,汗液可以通过离子导入法刺激而产生,相关监测则更为简单高效,展现出了综合的应用前景与优势。

Q2:不同的激光诱导石墨烯化学传感器的可重复性如何?是否有必要在每次使用之前都进行校准?

A2：我们采用这种方法制备了大面积重复性好的可穿戴传感器，通过进一步修饰电极，传感器具有非常低的探测极限。这种直接通过激光诱导产生电极的方法具有很好的可重复性，当然这也与使用的激光机本身有关，好的激光机加工能力强且成本可控。

Q3：在人体实验中，汗液流速和其他因素是否会影响可穿戴汗液生物传感器的性能？

A3：我们设计了一种汗液流速传感器，可以实时得到流速信息。同时，研究发现，流速会影响汗液中一部分生物标志物含量的分析，但是另一部分生物标志物的含量，则与流速无关。将流速引入传感检测，毫无疑问可以提供更为全面的生理信息，并实现更为精确可靠的校准方法。例如，前面提到的尿酸与皮质醇的研究，我们发现它们在汗液与血液中的含量具有高度关联性，如果我们进一步将流速信息引入进来，就会校准得到更为准确的信息。

Q4：如何降低可穿戴汗液生物传感器的成本，让更多的人有机会使用？

A4：我们的可穿戴汗液生物传感器，主要包括电路和传感两部分。其中，电路部分是可以重复利用的，成本在 25～30 美元之间；而传感部分采用的是一次性的传感贴片，可以通过大面积工业化制备来降低成本，如激光加工、丝网印刷以及卷对卷印刷工艺，能够同时进行上百个传感单元的制备。

Q5：基于酶的电化学生物传感器存在一定的限制，例如昂贵的价格、不稳定的性能，那么非酶的生物传感器是否可能被广泛利用？

A5：显然，基于酶的电化学生物传感器存在稳定性的问题，并且酶会受到温度等因素的影响，酶的活性也会随时间逐渐降低。但是考虑到我们采用的是一次性的传感器，并不需要它们连续工作几个月甚至几年。同时，酶的活性并没有那么差，一些植入式的葡萄糖传感器同样采用酶介质，可以在体内连续稳定工作几个月。因此，通过工业加工制造的方法，酶的成本可以进一步降低且保持可靠的工作能力。另一方面，对于非酶的生物传感器，它们对工作环境的要求可能更为苛刻，譬如需要高的 pH，且选择性较差。因此，基于酶的电化学生物传感器仍是现阶段较为可靠的选择。

Q6：在研究中，你会选择什么分子作为标记物来监测哪些疾病？特定分子的浓度有什么限制吗？

A6：这就与我们如何开展项目研究有关，我认为最重要的一点在于，当我想制备针对某一特定物质的传感器时，我会与合作者讨论。有时候我觉得很重要的生物标志物，合作者却觉得它们在一些疾病治疗或者临床应用上并不重要，那么我们就会更关注与临床治疗关联密切的生物标志物。同时，一些生物标志物的浓度很低，这就对生物传感器提出了更高的要求，选择合适的传感器件与检测方法就显得非常关键。

参 考 文 献

[1] 高伟教授课题组. 高伟教授课题组[EB/OL]. https://www. gao. caltech. edu.

[2] iCANX Talks. iCANX Talks 视频[EB/OL]. https://www. iCAN-x. com talk/.

[3] Li J, Zhao J, Rogers J A. Materials and designs for power supply systems in skin-interfaced electronics[J]. Accounts of chemical research, 2018,52(1):53-62.

[4] Lim H, Kim H, Qazi R, et al. Advanced soft materials, sensor integrations, and applications of wearable flexible hybrid electronics in healthcare, energy, and environment[J]. Advanced Materials, 2020,32(15).

[5] Ray T, Chol J, Bandodkar A, et al. Bio-integrated wearable systems: a comprehensive review[J]. Chemical Reviews, 2019,119(8):5461-5533.

[6] Xu C, Yang Y, Gao W. Skin-interfaced sensors in digital medicine: from materials to applications[J]. Matter, 2020,2(6):1414-1445.

[7] Lee E, Kim M, Lee C. Skin-mountable biosensors and therapeutics: a review[J]. Annual Review of Biomedical Engineering, 2019,21:299-323.

[8] Yu Y, Nyein H, Gao W, et al. Flexible electrochemical bioelectronics: the rise of in situ bioanalysis [J]. Advanced Materials, 2020,32(15).

[9] Kim J, Campbell A, De Avila B, et al. Wearable biosensors for healthcare monitoring[J]. Nature Biotechnology, 2019,37(4):389-406.

[10] Heikenfeld J, Jajack A, Feldman B, et al. Accessing analytes in biofluids for peripheral biochemical monitoring[J]. Nature Biotechnology, 2019,37(4):407-419.

[11] Bariya M, Nyein H, Javey A. Wearable sweat sensors[J]. Nature Electronics, 2018,1(3):160-171.

[12] Choi J, Ghaffari R, Baker L, et al. Skin-interfaced systems for sweat collection and analytics[J]. Science Advances, 2018,4(2).

[13] Bandodkar A, Jeang W, Ghaffari R, et al. Wearable sensors for biochemical sweat analysis[J]. Annual Review of Analytical Chemistry, 2019,12:1-22.

[14] Gao W, Emaminejad S, Nyein H Y Y, et al. Fully integrated wearable sensor arrays for multiplexed in situ perspiration analysis[J]. Nature, 2016,529(7587):509-514.

[15] Yang Y, Song Y, Bo X, et al. A laser-engraved wearable sensor for sensitive detection of uric acid and tyrosine in sweat[J]. Nature Biotechnology, 2020,38(2):217-224.

[16] Nyein H Y Y, Gao W, Ziba S, et al. A wearable electrochemical platform for noninvasive simultaneous monitoring of Ca^{2+} and Ph[J]. ACS Nano, 2016,10(7):7216-7224.

[17] Gao W, Nyein H Y Y, Shahpar Z, et al. Wearable microsensor array for multiplexed heavy metal monitoring of body fluids[J]. ACS Sensors, 2016,1(7):866-874.

[18] E S, Gao W, Wu E, et al. Autonomous sweat extraction and analysis applied to cystic fibrosisand glucose monitoring using a fully integrated wearable platform[J]. Proceedings of the National Academy of Sciences, 2017,114(18):4625-4630.

[19] Tai L，Gao W，CHAO M，et al. Methylxanthine drug monitoring with wearable sweat sensors[J]. Advanced Materials，2018，30(23).

[20] T R M，Tu J，Yang Y，et al. Investigation of cortisol dynamics in human sweat using a graphene-based wireless mHealth system[J]. Matter，2020，2(4):921-937.

[21] Bandodkar A，Gutruf P，Choi J，et al. Battery-free，skin-interfaced microfluidic/electronic systems for simultaneous electrochemical，colorimetric，and volumetric analysis of sweat[J]. Science advances，2019，5(1).

[22] Heo S，Kim J，Gutruf P，et al. Wireless，battery-free，flexible，miniaturized dosimeters monitor exposure to solar radiation and to light for phototherapy[J]. Science translational medicine，2018，10(470).

[23] Xu G，Cheng C，Liu Z，et al. Battery-free and wireless epidermal electrochemical system with all-printed stretchable electrode array for multiplexed in situ sweat analysis[J]. Advanced Materials Technologies，2019，4(7).

[24] Bandodkar A，You J，Kim N，et al. Soft，stretchable，high power density electronic skin-based biofuel cells for scavenging energy from human sweat[J]. Energy & Environmental Science，2017，10(7):1581-1589.

[25] Yu Y，Nassar J，Xu C，et al. Biofuel-powered soft electronic skin with multiplexed and wireless sensing for human-machine interfaces[J]. Science Robotics，2020，5(41).

后　记

　　2020 年(中国农历庚子年)注定是不平凡的一年,新型冠状病毒肺炎疫情席卷全球,迅速蔓延,不仅让中国传统的热闹非凡的新春佳节变得异常紧张,也给全世界人民带来了巨大的灾难。无奈之下,各国政府纷纷暂停各类学校的正常线下教学活动,一时间通过网络进行线上教学、直播和会议研讨成为大家采取的主要形式;我作为一名高校教师,毫无疑问地加入这一行列,每日居家采用线上形式给学生们上课。还清晰地记得是 2020 年 4 月初的一天,手机里突然响起了北京大学张海霞老师和电子科技大学张晓升老师两位老朋友的语音群聊电话,接通电话后,张海霞老师兴奋地说,他们打算在线上举办一系列面向全球的微纳科技前沿的讲座,拟邀请领域内知名学术大师义务讲授最新的科研成果和创新技术,为疫情期间居家的学生和研究人员献上丰盛的学术盛宴,问我是否愿意加入。听了张老师的一番介绍后我异常激动,觉得这是一件非常有意义的事情,不但能够在这样的特殊时期便捷地聆听到高水平的学术报告,而且也能通过这种形式向普通民众传播并普及科技创新知识。于是,我们三人一拍即合,iCANX Talks 直播及其学术报告的系列设计由此而生!

　　2020 年 4 月 17 日,iCANX Talks 第一期邀请了两位重量级嘉宾,一位是柔性电子领域权威专家、美国四院院士、美国西北大学 John Rogers 教授,另一位是美国杜克大学 Tony Jun Huang 教授。记得直播当天我们还心怀忐忑地想着这个直播能有人看吗,要是没有人参与讨论和提问的话,是否还得预先找些学生来提问,以免尴尬,等等。然而,意想不到又在情理之中的事情发生了,在筹备仅一周左右且没有大力宣传的情况下,当晚的直播观看人数就突破万人,这已远远超过了我们的预期。至今还记得我们三人盯着屏幕上不断增长的观看人数时那种激动的心情,记得大家在群里共同庆祝首期圆满成功时的喜悦,更记得演讲嘉宾在这个特殊时期里尽心尽力传播科学的那种精神,以及参与互动的观众们的热情鼓励和点赞!感谢你们的支持!在那之后,iCANX Talks 的嘉宾不断壮大,从第二期享誉全球的华人学者王中林院士到麻省理工学院的赵选贺教授,再到后来的 Yury Gogotsi 教授、Paul S. Weiss 教授以及锁志刚教授等一大批世界顶尖科学家纷纷加入,每周五晚上都为全世界观众献上一场又一场精彩的学术盛宴,iCANX Talks 也在百度网络直播平台上达到了每期 30 多万观众的新纪录。至此,iCANX Talks 早已超越我们当初的目标,已然成为学术界家喻户晓的科技前沿阵地!

　　随着 iCANX Talks 系列报告的成功举办,各位嘉宾的原版英文演讲也在 iCANX 科学平台公众号上相继发布,为了能够将嘉宾的演讲内容更好地传承下来,并为国内的科技创新提供更好的学习资源,我们成立了学术工作小组,招募志愿者将嘉宾的报告翻译成中文。志愿者大多为相关专业的在校学生或博士后,由于时效性,每周五的演讲报告需要在两天内翻译成上万字的中文并对外发布,工作强度较高,以致起初较难招到充足的志愿者进行翻译校对,我们常常会指定北京大学、电子科技大学和上海交通大学的学生去做志愿者,参与这样的工作,这里也对你们表示衷心的感谢!为了能够更好地调动志愿者的积极性和吸引更多的志愿者参与翻译工作,我们将发布的中文报告进行打赏收费阅读,所得报酬分发给当期翻译的志愿者,以资鼓励。还记得我们三位老师共同讨论收费标准时的情形,大家都知道这仅仅是一个象征性的收费,但那种提倡并尊重知识付费的执着和认真劲,至今还觉得很是有趣!如今,随着 iCANX Talks 系列报告影响力越来越大,自愿报名参加的志愿者已络绎不绝。显然,他们不是为了稿费,也不追求任何回报,而是出于对知识的渴望和对科学精神的自觉追求,这里真诚地向你们表示感谢!在大家的共同努力下,iCANX Talks 每周的英文原版演讲和相应的中文翻译报告已成为全世界相关领域科技工作者的良师益友,传递着对科学真理的探索,对大自然奥秘的发现,以及对创新精神的热爱!

为了进一步扩大 iCANX Talks 系列报告的影响力,推动我国创新教育的发展,我们将部分演讲嘉宾的中文报告重新编辑成书,并由北京大学出版社正式出版,希望本书能够为微纳科技领域的研究生、高年级本科生和相关研究人员提供参考或作为教材使用。由于编辑过程中时间仓促,有不当之处,还请读者不吝赐教。编写过程中得到了各位演讲嘉宾的大力支持,北京大学出版社王华老师的热情帮助,以及全体志愿者的无私奉献,在此一并表示感谢。最后,衷心祝愿 iCANX Talks 越办越好,成为传播知识、普及科技、推动创新的先锋!

杨卓青

2022 年 4 月 10 日

于上海交通大学